改訂7版

建設業法と技術者制度

編著■建設業技術者制度研究会

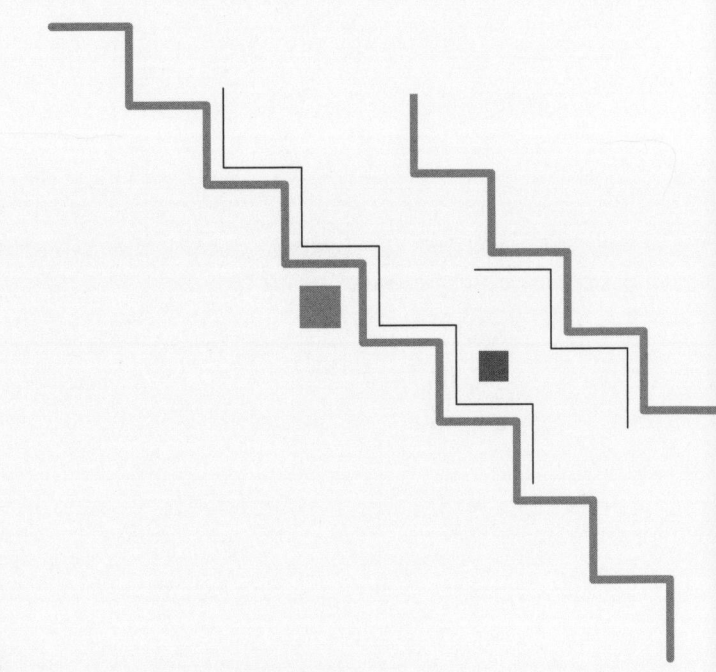

大成出版社

目次

第1章 建設業と技術者 …………………………………………… 1

第2章 建設業の許可と技術者 ……………………………………… 3
 1 許可制度の概要 …………………………………………………… 3
 2 許可の基準 ………………………………………………………… 15
 3 営業所に置く専任の技術者 ……………………………………… 24

第3章 工事現場における技術者 …………………………………… 27
 1 主任技術者・監理技術者の設置 ………………………………… 27
 2 専門技術者 ………………………………………………………… 31
 3 共同企業体工事と技術者 ………………………………………… 32
 4 主任技術者・監理技術者の専任が必要な工事 ………………… 35
 5 技術者に求められる雇用関係 …………………………………… 41
 6 監理技術者資格者証と監理技術者講習 ………………………… 45
 7 監理技術者資格者証の交付等 …………………………………… 50

第4章 技術者の職務 ………………………………………………… 53
 1 主任技術者・監理技術者の職務 ………………………………… 53
 2 施工体制台帳及び施工体系図の作成等 ………………………… 54
 3 建設工事の見積り等 ……………………………………………… 64
 4 工事現場に掲げる標識 …………………………………………… 65

第5章 技術検定 ……………………………………………………… 67
 1 技術検定制度の概要 ……………………………………………… 67
 2 受検資格と受検手続 ……………………………………………… 69
 3 種目別の試験概要 ………………………………………………… 73
  Ⅰ 建設機械施工 ………………………………………………… 73

Ⅱ　土木施工管理……………………………………………84
　　　Ⅲ　建築施工管理……………………………………………88
　　　Ⅳ　電気工事施工管理 ………………………………………93
　　　Ⅴ　管工事施工管理…………………………………………98
　　　Ⅵ　造園施工管理……………………………………………102
　　4　その他の制度…………………………………………………106

第6章　経営事項審査制度と技術者………………………………107
　　1　経営事項審査制度の概要……………………………………107
　　2　技術力の評価…………………………………………………110

第7章　資　　料 …………………………………………………115
〔法律・政令・省令〕
　　○建設業法（抄）〔昭24.5.24法律100〕…………………………115
　　○建設業法施行令（抄）〔昭31.8.29政令273〕 …………………115
　　○建設業法施行規則（抄）〔昭24.7.28建設省令14〕……………115
　　○施工技術検定規則〔昭35.10.13建設省令17〕…………………115

〔告示〕
　　○建設業法施行規則第7条の3第1号又は第2号に掲げ
　　　る者と同等以上の知識及び技術又は技能を有するもの
　　　と認める者を定める件〔平17.12.16国土交通省告示1424〕 …………………180
　　○建設業法第15条第2号イの国土交通大臣が定める試験
　　　及び免許を定める件〔昭63.6.6建設省告示1317〕………………187
　　○建設業法第15条第2号ハの規定により同号イに掲げる
　　　者と同等以上の能力を有する者を定める件〔平元.1.30
　　　建設省告示128〕……………………………………………………190
　　○平成元年建設省告示第128号の規定により行った認定
　　　の更新について定める件〔平7.6.29建設省告示1300〕…………193
　　○建設機械施工について種別を定める等の件〔昭48.4.10

建設省告示860〕·················194

○建築施工管理について種別を定める等の件〔昭58.8.31
建設省告示1508〕·················196

○土木施工管理について種別を定める等の件〔昭59.8.27
建設省告示1254〕·················197

○建設業法施行令第27条の7の規定により2級の技術検定に合格した者について免除する1級の技術検定の実地試験に関する件〔昭37.11.1建設省告示2754〕·················198

○建設業法施行令第27条の10第1項の規定に基づき、同項の表に掲げる額から減じる額を定める件〔昭63.6.6建設省告示1318〕·················199

○建設業法施行令第27条の5第1項第1号から第3号までに掲げる者と同等以上の知識及び経験を有する者を定める件（1級技術検定の受検資格）〔昭37.11.1建設省告示2755〕·················200

○建設業法施行令第27条の5第2項第2号の規定に基づき、国土交通大臣が指定する種別を定める件〔平17.6.17国土交通省告示608〕·················206

○建設業法施行令第27条の5第2項第1号イからニまでに掲げる者と同等以上の知識及び経験を有する者を定める件〔平17.6.17国土交通省告示607〕·················207

○建設業法施行令第27条の5第2項第2号イ又はロに掲げる者と同等以上の知識及び経験を有する者を定める件〔平17.6.17国土交通省告示609〕·················210

○建設業法施行令第27条の5第2項第3号イ(1)又は(2)に掲げる者と同等以上の知識及び経験を有する者を定める件〔平17.6.17国土交通省告示610〕·················214

○建設業法施行令第27条の5第2項第3号ロ(1)又は(2)に掲げる者と同等以上の知識及び経験を有する者を定める件〔平17.6.17国土交通省告示611〕·················217

○建設業法施行令第27条の5第1項第4号及び第2項第3号の規定により技術検定の受検資格を有する者を指定する件〔昭46.3.5建設省告示292〕……………220
○建設業法施行令第27条の7の規定に基づき、2級の技術検定の学科試験の免除を受けることができる者及び免除の範囲を定める件〔平17.6.17国土交通省告示613〕……………221
○建設業法施行令第27条の7の規定に基づき、技術検定の学科試験又は実地試験の免除を受けることができる者及び免除の範囲を定める件〔昭45.5.7建設省告示758〕……………222
○建設業法施行令第27条の7の規定に基づき、技術検定の学科試験又は実地試験の免除を受けることができる者及び免除の範囲を定める件〔昭56.3.16建設省告示506〕……………226
○建設業法施行令第27条の7の規定に基づき、技術検定の学科試験又は実地試験の免除を受けることができる者及び免除の範囲を定める件〔昭59.2.6建設省告示118〕……………227
○建設業法施行令第27条の7の規定に基づき、技術検定の学科試験又は実地試験の免除を受けることができる者及び免除の範囲を定める件〔昭62.11.19建設省告示1946〕……………228
○建設業法施行令第27条の7の規定に基づき、技術検定の学科試験又は実地試験の免除を受けることができる者及び免除の範囲を定める件〔昭63.10.27建設省告示2093〕……………228
○建設業法施行令第27条の7の規定に基づき、技術検定の学科試験又は実地試験の免除を受けることができる者及び免除の範囲を定める件〔平2.8.20建設省告示1467〕……………229
○建設業法施行令第27条の7の規定に基づき、技術検定の学科試験又は実地試験の免除を受けることができる者及び免除の範囲を定める件〔平5.8.9建設省告示1661〕……………230
○建設業法施行令第27条の7の規定に基づき、技術検定の学科試験又は実地試験の免除を受けることができる者及び免除の範囲を定める件〔平6.5.30建設省告示1437〕……………230

○建設業法第27条の23第3項の経営事項審査の項目及び
　基準を定める件〔平20.1.31国土交通省告示85〕……………231
○建設業法第26条の6第1項第2号イ又はロに掲げる者
　と同等以上の能力を有する者を定める件〔平16.1.30国
　土交通省告示64〕……………………………………………251

〔通知〕
○一括下請負の禁止について〔平4.12.17建設省経建379〕……252
○施工体制台帳の作成等について〔平7.6.20建設省経建147〕……257
○建設業者の営業譲渡又は会社分割に係る主任技術者又
　は監理技術者の直接的かつ恒常的な雇用関係の確認の
　事務取扱いについて〔平13.5.30国総建155〕………………267
○持株会社の子会社が置く主任技術者又は監理技術者の
　直接的かつ恒常的な雇用関係の取扱いについて〔平14.
　4.16国総建97〕………………………………………………270
○親会社及びその連結子会社の間の出向社員に係る主任
　技術者又は監理技術者の直接的かつ恒常的な雇用関係
　の取扱い等について〔平15.1.22国総建335〕………………274
○監理技術者制度運用マニュアルについて〔平16.3.1国総
　建315〕…………………………………………………………282
○建築士法等の一部を改正する法律等の施行について
　〔平20.10.8国総建177〕………………………………………304

〔中央建設業審議会　答申・建議等〕
○今後の建設産業政策の在り方について（第一次答申）
　〔昭62.1.13〕……………………………………………………308
○今後の建設産業政策の在り方について（第二次答申）
　〔昭62.8.17〕……………………………………………………316
○今後の建設産業政策の在り方について（第三次答申）
　〔昭63.5.27〕……………………………………………………324

○新たな社会経済情勢の展開に対応した今後の建設業の
　在り方について（第一次答申）〔平4.11.25〕 ……………………334
○新たな社会経済情勢の展開に対応した今後の建設業の
　在り方について（第二次答申）〔平5.3.8〕 ………………………349
○新たな社会経済情勢の展開に対応した今後の建設業の
　在り方について（第三次答申）〔平5.3.8〕 ………………………369
○公共工事に関する入札・契約制度の改革について〔平5.
　12.21〕 ………………………………………………………………380
○新たな時代に向けた建設業法の在り方について〔平6.3.
　25〕 …………………………………………………………………407
○建設市場の構造変化に対応した今後の建設業の目指す
　べき方向について〔平10.2.4〕 ……………………………………417
○技術者制度研究会報告〔平14.10.23〕 ……………………………450

第1章
建設業と技術者

　建設業は、住宅から道路・下水道・鉄道などの公共施設まで私達の生活や生産と密接に関係する施設を整備するという大きな社会的使命を担っています。その使命を全うするために、より良いものを作り出すことが求められています。

　建設業法においても、その第1条で「建設業を営む者の資質の向上、建設工事の請負契約の適正化等を図ることによって、建設工事の適正な施工を確保し、発注者を保護するとともに、建設業の健全な発達を促進し、もって公共の福祉の増進に寄与することを目的とする。」とし、建設工事における適正な施工を強調しています。

　より良い建設生産物を生み出すためには何が必要か。このことを考えるためには、建設業がもつ次のような産業特性を考慮にいれることが特に重要です。

① 一品受注生産
② 総合組立生産
③ 現地屋外生産
④ 労働集約型生産

　建設業については、①一品受注生産であるため発注者があらかじめ品質を確認できないこと、不適正な施工があったとしても完全に修復するのが困難であること、完成後には瑕疵の有無を確認することが困難であること、長期間、不特定多数の人に使用されること等の建設生産物の特性に加え、その施工については、②総合組立生産であることから様々な材料、資機材、施工方

法及び工程等を総合的にマネージメントする必要があること、③現地屋外生産であることから様々な地理的、地形条件の下で、日々変化する気象条件等に対処する必要があること、④労働集約型生産であり、下請業者を含めた様々な技能を持った多数の作業員を使って作り出すといった特性があることから、建設業者はこれら建設業の特性を総合的にマネージメントする能力を有している必要があります。

　一方、発注者は、建設業者の技術力、誠実さ等を信頼して建設工事の施工を託しています。建設業者はその能力を発揮して、その信頼に応える責任があります。特に工事現場においては、建設業者の組織として有する能力と施工管理者である技術者の個人として有する能力が相まって発揮されることにより、はじめてこの責任を果たすことができるわけです。したがって、工事現場における技術者の果たすべき役割は大きく、建設業者は、適切な資格、経験等を有する技術者を工事現場に置かなければなりません。

　本書では、工事現場の技術者を中心に、建設業法に定められている技術者制度を紹介します。

第2章 建設業の許可と技術者

1 許可制度の概要

　建設業を営む場合には、建設業法による建設業の許可を受けることが必要であり、その概要は次のとおりです。

【大臣許可と知事許可】

　建設業の許可は、次のように国土交通大臣又は都道府県知事から受けます。

　①大臣許可：2以上の都道府県の区域に営業所を設けて営業をしようとする場合

　②知事許可：1の都道府県の区域内にのみ営業所を設けて営業をしようとする場合

　これには、営業についての地域的制限はなく、都道府県知事許可であっても全国で営業活動ができます。

【一般建設業の許可と特定建設業の許可】

　建設業の許可は、次のように一般建設業と特定建設業に区分されます。

　①特定建設業の許可：発注者から直接請負う1件の建設工事につき、その工事の全部又は一部を、下請代金の額（その工事に下請契約が2以上あるときは、下請代金の総額）が3,000万円（その工事が建築一式工事の場合には4,500万円）（取引きに係る消費税及び地方消費税の額を含む）以上となる下請契約を締結し

て施工しようとする者

②一般建設業の許可：特定建設業の許可を受けようとする者以外のもので、下記の適用除外を受けないもの

【業種別許可】

建設業の許可は、表2－1に示す28の建設工事の種類ごとに、それぞれ対応する業種ごとに受けることになっており、各業種ごとに一般建設業若しくは特定建設業のいずれか一方のみ許可を受けることができます。

ここで、注意を要するのは、一式工事の許可を受けた業者が、他の専門工事を単独で請負う場合は、その専門工事業の許可を受けなければなりません。

例えば、建築一式工事の許可を受けた業者が、屋根のふき替えのみを請負ったり、店舗の模様替えのみを請負う場合には、それぞれ、屋根工事業、内装仕上工事業の許可が必要となります。

また、土木一式工事の許可を受けた業者が、単に盛土工事とか、グラウト工事、くい打ち工事のみを請負う場合も、とび・土工工事業の許可が必要です。

このように、許可を受けていない建設業種に係る建設工事は請負うことはできませんが、本体工事に附帯する工事については、請負うことができることになっています。

【適用除外】

次のような軽微な建設工事のみを請負うことを営業する者は、建設業の許可を受けなくても建設業を営むことができます。

①建築一式工事の場合：工事1件の請負代金の額が1,500万円に満たない工事又は延べ面積が150㎡に満たない木造住宅工事

②建築一式工事以外の場合：請負代金の額が500万円に満たない工事

第2章 建設業の許可と技術者

表2−1 建設工事の業種区分

建設工事の種類	業種	建設工事の内容	建設工事の例示	建設工事の区分の考え方
	建設業法別表	昭和47年告示第350号	平成13年国総建第97号建設業許可事務ガイドライン別表1	平成13年国総建第97号建設業許可事務ガイドライン
1	土木一式工事	土木工事業	総合的な企画、指導、調整のもとに土木工作物を建設する工事(補修、改造又は解体する工事を含む。以下同じ。)	
2	建築一式工事	建築工事業	総合的な企画、指導、調整のもとに建築物を建設する工事	
3	大工工事	大工工事業	木材の加工又は取付けにより工作物を築造し、又は工作物に木製設備を取付ける工事	大工工事、型枠工事、造作工事	
4	左官工事	左官工事業	工作物に壁土、モルタル、漆くい、プラスター、繊維等をこて塗り、吹付け、又はとぎ出して仕上げる工事	左官工事、モルタル工事、モルタル防水工事、吹付け工事、とぎ出し工事、洗い出し工事	① 防水モルタルを用いた防水工事は左官工事業、防水工事業どちらの許可でも施工可能である。 ② 「ラス張り工事」及び「乾式壁工事」については、通常、左官工事を行う際の準備作業として当然に含まれているものである。

とび・土工工事業	① 足場の組立て、機械器具・建設資材等の重量物の運搬配置、鉄骨等の組立て等を行う工事 ② くい打ち、くい抜き及びくい打ちくい抜きを行う工事 ③ 土砂等の掘削、盛上げ、締固め等を行う工事 ④ コンクリートにより工作物を築造する工事 ⑤ その他基礎的ないしは準備的工事	① とび工事、ひき工事、足場等仮設工事、重量物の揚重運搬配置工事、鉄骨組立工事、コンクリートブロック据付け工事 ② くい工事、くい打ち工事、くい抜き工事、場所打ちくい工事 ③ 土工事、掘削工事、根切り工事、発破工事、盛土工事 ④ コンクリート打設工事、コンクリート圧送工事、プレストレストコンクリート工事 ⑤ 地すべり防止工事、地盤改良工事、ボーリンググラウト工事、土留め工事、仮締切り工事、吹付け工事、道路付属物設置工事、捨石工事、外構工事、はつり工事	① 『とび・土工・コンクリート工事』における「コンクリートブロック据付け工事」並びに『石工事』及び『タイル・れんが・ブロック工事』におけるコンクリートブロック積み(張り)工事間の区分の考え方は、根固めブロック、消波ブロックの据付け等土木工事において規模の大きいコンクリートブロックの据付けを行う工事等及び『土工・コンクリート工事』における「コンクリートブロック据付け工事」であり、建築物の内外装、又は擁壁としてはり付けるコンクリートブロック等がブロック積み(張り)工事等が『タイル・れんが・ブロック工事』における「コンクリートブロック積み(張り)工事」である。 ② 『プレストレストコンクリート工事』のうち橋梁等の土木工作物を総合的に建設する工事は『土木一式工事』に該当する。 ③ 「吹付け工事」とは、「モルタル吹付け工事」及び「種子吹付け工事」を総称したものであり、

第 2 章　建設業の許可と技術者

6	石工事	石工事業	石材（石材に類似のコンクリートブロック及び擬石を含む。）の加工又は積方により工作物を築造し、又は工作物に石材を取付ける工事	石積み（張り）工事、コンクリートブロック積み（張り）工事	法面処理等のためにモルタル又は種子を吹付ける工事をいい、建築物に対するモルタル等の吹付けは「左官工事」における「吹付け工事」に該当する。 ④ 「地盤改良工事」とは、薬液注入工事、ウェルポイント工事等各種の地盤の改良を行う工事を総称したものである。
7	屋根工事	屋根工事業	瓦、スレート、金属薄板等により屋根をふく工事	屋根ふき工事	① 「瓦」、「スレート」及び「金属薄板」については、屋根をふく材料の別を示したものにすぎず、これら以外の材料による屋根ふき工事も多いことから、これらを包括して「屋根ふき工事」とする。したがって「板金屋根工事」も「板金工事」ではなく「屋根工事」に該当する。 ② 「屋根断熱工事」は、断熱処理を施した材料により屋根をふく工事であり「屋根ふき工事」の一類型である。

8	電気工事	電気工事業	発電設備、変電設備、送配電設備、構内電気設備等を設置する工事	発電設備工事、送電線工事、引込線工事、変電設備工事、構内電気設備（非常用電気設備を含む。）工事、照明設備工事、電車線工事、信号設備工事、ネオン装置工事	
9	管工事	管工事業	冷暖房、空気調和、給排水、衛生等のための設備を設置し、又は金属製等の管を使用して水、油、ガス、水蒸気等を送配するための設備を設置する工事	冷暖房設備工事、冷凍冷蔵設備工事、空気調和設備工事、給排水・給湯設備工事、厨房設備工事、衛生設備工事、浄化槽設備工事、水洗便所設備工事、ガス管配管工事、ダクト工事、管内更生工事	し尿処理に関する施設の建設工事における『管工事』、『清掃施設工事』及び『水道施設工事』の区分の考え方は、規模の大小を問わずし尿を処理する浄化槽（合併処理槽を含む。）により処理する施設の建設工事が『管工事』に該当し、公共団体が設置するもので下水道により収集されたし尿を処理する施設の建設工事が『水道施設工事』に該当し、公共団体が設置するし尿をし尿処理施設に搬入するために収集された汲取方式により汲取したし尿を処理する施設の建設工事が『清掃施設工事』に該当する。
10	タイル・れんが・ブロツク工事	タイル・れんが・ブロツク工事業	れんが、コンクリートブロツク等により工作物を築造し、又は工作物にれんが、コンクリートブロツク、タイル等を取付け、又はは張り付ける工事	コンクリートブロツク積み（張り）工事、レンガ積み（張り）工事、タイル張り工事、築炉工事、スレート張り工事	① 「スレート張り工事」とは、スレートを外壁等には張る工事を内容としており、スレートにより屋根をふく工事は「屋根工事」に該当する。 ② 「コンクリートブロック」には、プレキャストコンクリートパネル及びオートクレイブ養生をコンクリートブロックを含む。

	工事業			
11	鋼構造物工事業	鋼構造物工事	形鋼、鋼板等の鋼材の加工又は組立てにより工作物を築造する工事	鉄骨工事、橋梁工事、鉄塔工事、石油、ガス等の貯蔵用タンク設置工事、屋外広告工事、閘門・水門等の門扉設置工事	した軽量気ほうコンクリートパネルも含まれる。『鋼構造物工事』における『鉄骨工事』と『鉄骨組立工事』における『鉄骨組立工事』との区分の考え方は、鉄骨の製作、加工から組立てまでを一貫して請け負うのが『鋼構造物工事』における『鉄骨工事』であり、既に加工された鉄骨を現場で組立てることのみを請け負うのが『とび・土工・コンクリート工事』における『鉄骨組立工事』である。
12	鉄筋工事業	鉄筋工事	棒鋼等の鋼材を加工し、接合し、又は組立てる工事	鉄筋加工組立て工事、ガス圧接工事	
13	ほ装工事業	ほ装工事	道路等の地盤面をアスファルト、コンクリート、砂、砂利、砕石等によりほ装する工事	アスファルトほ装工事、コンクリートほ装工事、ブロックほ装工事、路盤築造工事	① ほ装工事と併せて施工されることが多いガードレール設置工事については、工事の種類としては『ほ装工事』ではなく『とび・土工・コンクリート工事』に該当する。 ② 人工芝張付け工事については、地盤面をコンクリート等では装した上に張り付けるものは『ほ装工事』に該当する。
14	しゅんせつ工事業	しゅんせつ工事	河川、港湾等の水底をしゅんせつする工事	しゅんせつ工事	

15	板金工事業	板金工事	金属薄板等を加工して工作物に取付け、又は工作物に金属製等の付属物を取付ける工事	板金加工取付け工事、建築板金工事	「建築板金工事」とは、建築物の内外装として板金をはり付ける工事をいい、具体的には建築物の外壁へのカラー鉄板張付け工事や厨房の天井へのステンレス板張付け工事等である。
16	ガラス工事業	ガラス工事	工作物にガラスを加工して取付ける工事	ガラス加工取付け工事	
17	塗装工事業	塗装工事	塗料、塗材等を工作物に吹付け、塗付け、又ははり付ける工事	塗装工事、溶射工事、ライニング工事、布張り仕上工事、鋼構造物塗装工事、路面標示工事	「下地調整工事」及び「プラスト工事」については、通常、塗装工事を行う際の準備作業として当然に含まれているものである。
18	防水工事業	防水工事	アスファルト、モルタル、シーリング材等によって防水を行う工事	アスファルト防水工事、モルタル防水工事、シーリング工事、塗膜防水工事、シート防水工事、注入防水工事	『防水工事』に含まれるものは、いわゆる建築系の防水工事のみであり、トンネル防水工事『防水工事』ではなく『とび・土工・コンクリート工事』に該当する。
19	内装仕上工事業	内装仕上工事	木材、石膏ボード、吸音板、壁紙、たたみ、ビニール床タイル、カーペット、ふすま等を用いて建築物の内装仕上げを行う工事	インテリア工事、天井仕上工事、壁張り工事、内装間仕切り工事、床仕上工事、たたみ工事、ふすま工事、家具工事、防音工事	① 「家具工事」とは、建築物に家具を据付け又は家具の材料を現場にて加工若しくは組み立てて据付ける工事をいう。 ② 「防音工事」とは、建築物における通常の防音工事であり、ホール等の構造的に音響効果を目的とするような工事は含まれない。

第2章 建設業の許可と技術者

	業種	内容	例示	区分の考え方
20	機械器具設置工事	機械器具の組立て等により工作物を建設し、又は工作物に機械器具を取付ける工事	プラント設備工事、運搬機器設置工事、内燃力発電設備工事、集塵機器設置工事、給排気機器設置工事、揚排水機器設置工事、ダム用仮設備工事、遊技施設設置工事、舞台装置設置工事、サイロ設置工事、立体駐車設備工事	① 「機械器具設置工事」には広くすべての機械器具類の設置に関する工事が含まれるため、他の工事との重複を避けるために、電気工事」「管工事」「消防施設工事」「電気通信工事」等、これらについては原則としてそれぞれの専門の工事の方に区分するものとし、これらいずれにも該当しない機械器具あるいは複合的な機械器具の設置が「機械器具設置工事」に該当する。 ② 「運搬機器設置工事」には「昇降機設置工事」も含まれる。 ③ 「給排気機器設置工事」とはトンネル、地下道等の給排気用に設置される機械器具に関する工事であり、建築物の中に設置される通常の空調機器の設置工事は「機械器具設置工事」ではなく「管工事」に該当する。
21	熱絶縁工事業	工作物又は工作物の設備を熱絶縁する工事	冷暖房設備、冷凍冷蔵設備、動力設備又は燃料工業、化学工業等の設備の熱絶縁工事	
22	電気通信工事業	有線電気通信設備、無線電気通信設備、放送機械設備、データ通信設備等の電気通信設備を設置する工事	電気通信線路設備工事、電気通信機械設置工事、放送機械設置工事、空中線設備工事、情報制御設備工事、情報処理設備工事	① 「情報制御設備工事」にはコンピューター等の情報処理設備の設置工事も含まれる。 ② 既に設置された電気通信設備の改修、修繕又

	建設工事の種類	建設業の種類	建設工事の内容	建設工事の例示	建設工事の区分の考え方
				データ通信設備工事、情報制御設備工事、TV電波障害防除設備工事	は補修は「電気通信工事」に該当する。なお、保守(電気通信施設の機能性能及び耐久性の確保を図る)に関する役務の提供等の業務は、「電気通信工事」に該当しない。
23	造園工事	造園工事業	整地、樹木の植栽、景石のすえ付け等により庭園、公園、緑地等の苑地を築造し、道路、建築物の屋上等を緑化し、又は植生を復元する工事	植栽工事、地被工事、景石工事、地ごしらえ工事、公園設備工事、広場工事、園路工事、水景工事、屋上等緑化工事	①「広場工事」とは、修景広場、芝生広場、運動広場その他の広場を築造する工事であり、「園路工事」とは、公園内の遊歩道、園道等を建設する工事である。 ②「公園設備工事」には、花壇、噴水その他の修景施設、休憩所その他の休養施設、遊戯施設、便益施設等の建設工事が含まれる。 ③「屋上等緑化工事」とは、建築物の屋上、壁面等を緑化する建設工事である。 ④「植栽工事」には、植生を復元する建設工事が含まれる。
24	さく井工事	さく井工事業	さく井機械等を用いてさく孔、さく井を行う工事又はこれらの工事に伴う揚水設備設置等を行う工事	さく井工事、観測井工事、温泉掘削工事、還元井工事、井戸築造工事、さく孔工事、石油掘削工事、天然ガス掘削工事、揚水設備工事	

第2章 建設業の許可と技術者

25	建具工事業	工作物に木製又は金属製の建具等を取付ける工事	金属製建具取付け工事、サッシ取付け工事、金属製カーテンウォール取付け工事、シャッター取付け工事、自動ドア取付け工事、木製建具取付け工事、ふすま工事	
26	水道施設工事業	上水道、工業用水道等のための取水、浄水、配水等の施設を築造する工事又は公共下水道若しくは流域下水道の処理設備を設置する工事	取水施設工事、浄水施設工事、配水施設工事、下水処理設備工事	上下水道に関する施設の建設工事における『土木一式工事』、『管工事』及び『水道施設工事』間の区分の考え方は、上水道等の取水、浄水、配水等の施設及び下水処理場内の処理設備を築造、設置する工事が『水道施設工事』であり、家屋その他の施設の敷地内の配管工事及び上水道等の配水小管を設置する工事が『管工事』であり、これらの敷地外の例えば公道下等の下水道の配管工事及び下水処理場自体の敷地造成工事が『土木一式工事』である。 なお、農業用水道、かんがい用排水施設等の建設工事は『水道施設工事』ではなく『土木一式工事』に該当する。
27	消防施設工事業	火災警報設備、消火設備、避難設備若しくは消火活動に必要な設備を設置し、又は工作物に取付ける工事	屋内消火栓設置工事、スプリンクラー設置工事、水噴霧、泡、不燃性ガス、蒸発性液体又は粉末による消火設備工事	「金属製避難はしご」とは、火災時等にのみ使用する組立式のはしごであり、ビルの外壁に固定された避難階段等はこれに該当しない。したがって、このような固定された避難階段を設置する工事で、避難階段を設置する工事

28	清掃施設工事	清掃施設工事業	し尿処理施設又はごみ処理施設を設置する工事	し尿処理施設工事、ごみ処理施設工事	公害防止施設を単体で設置する工事については、『清掃施設工事』ではなく、それぞれの公害防止施設ごとに、例えば排水処理設備であれば『管工事』、集塵設備であれば『機械器具設置工事』等に区分すべきものである。

※ 上記表の右端に続く備考欄（前頁からの続き）：

事は『消防施設工事』ではなく、建築物の躯体の一部の工事として『建築一式工事』又は『鋼構造物工事』に該当する。

工事、屋外消火栓設置工事、動力消防ポンプ設備工事、火災報知設備設置工事、漏電火災警報器設置工事、非常警報設備工事、金属製避難はしご、救助袋、緩降機、避難橋又は排煙設備の設置工事

2 許可の基準

　建設業の許可を受けるには、表2―2に示す基準を満たす必要があります。
　特定建設業の許可制度は、下請保護の観点から設けられたもので、このため、その許可基準は一般建設業に比べて厳しくなっているとともに特定建設業者には特に種々の規制が設けられています。
　また、特定建設業の中でも、指定建設業の許可基準は、それ以外の特定建設業の許可基準に比べ営業所に置く専任の技術者の要件が厳しくなっています。
　指定建設業とは、施工技術の総合性、施工技術の普及状況その他の事情を考慮して政令で定められるもので、現在、表2―2の7業種が指定されています。

表2—2　建設業の許可基準

	一般建設業	特定建設業	
		指定建設業以外	指定建設業 土木工事業 建築工事業 電気工事業 管工事業 鋼構造物工事業 ほ装工事業 造園工事業
1 経営業務管理責任者	役員等のうち常勤の1人が許可を受けようとする建設業に関し5年以上経営業務の管理責任者としての経験を有するものであること		
2 営業所専任技術者	許可を受けようとする建設業ごとに次のいずれかの要件を満たす技術者を営業所ごとに置くこと		
	1）指定学科（表2—3参照）を卒業後 ①高等学校（旧実業学校を含む。） 5年以上 ②高等専門学校（旧専門学校を含む。） 3年以上 ③大学（旧大学を含む。）・短大 3年以上 の実務経験を有する者 2）10年以上の実務経験を有する者 3）国土交通大臣が1）又は2）と同等以上と認定した者 ①1・2級の国家資格者等（表2—4参照） ②海外有資格者等	イ）1級国家資格者（表2—4参照） ロ）1）、2）、3）の要件のいずれかに該当する者のうち、発注者から直接請け負い、その請負金額が4,500万円以上のものに関して2年以上指導監督的な実務経験を有する者 ハ）国土交通大臣がイ）又はロ）と同等以上と認定した者 ①海外資格者等	イ）1級国家資格者（表2—4参照） ハ）国土交通大臣がイ）と同等以上と認定した者 ①国土交通大臣特別認定者 ②海外資格者等
3 誠実性	役員、使用人（支配人及び支店又は営業所の代表者）の中に請負契約に関して不正又は不誠実な行為をする者がいないこと		
4 財産的基礎	請負契約を履行するに足る財産的基礎又は金銭的信用を有していること	請負代金の額が8,000万円以上のものを履行するに足る財産的基礎を有していること	

表2―3　建設業の種類別指定学科

業　　種	学　　科
土 木 工 事 業 ほ 装 工 事 業	土木工学（農業土木、鉱山土木、森林土木、砂防、治山、緑地又は造園に関する学科を含む。以下この表において同じ。）、都市工学、衛生工学又は交通工学に関する学科
建 築 工 事 業 大 工 工 事 業 ガ ラ ス 工 事 業 内 装 仕 上 工 事 業	建築学又は都市工学に関する学科
左 官 工 事 業 とび・土工工事業 石 工 事 業 屋 根 工 事 業 タイル・れんが・ブロック工事業 塗 装 工 事 業	土木工学又は建築学に関する学科
電 気 工 事 業 電 気 通 信 工 事 業	電気工学又は電気通信工学に関する学科
管 工 事 業 水 道 施 設 工 事 業 清 掃 施 設 工 事 業	土木工学、建築学、機械工学、都市工学又は衛生工学に関する学科
鋼 構 造 物 工 事 業 鉄 筋 工 事 業	土木工学、建築学又は機械工学に関する学科
しゅんせつ工事業	土木工学又は機械工学に関する学科
板 金 工 事 業	建築学又は機械工学に関する学科
防 水 工 事 業	土木工学又は建築学に関する学科
機械器具設置工事業 消 防 施 設 工 事 業	建築学、機械工学又は電気工学に関する学科
熱 絶 縁 工 事 業	土木工学、建築学又は機械工学に関する学科
造 園 工 事 業	土木工学、建築学、都市工学又は林学に関する学科
さ く 井 工 事 業	土木工学、鉱山学、機械工学又は衛生工学に関する学科
建 具 工 事 業	建築学又は機械工学に関する学科

表2－4

◎ 特定建設業の営業所専任技術者（又は監理技術者）となり得る国家資格
○ 一般建設業の営業所専任技術者（又は主任技術者）となり得る国家資格

(注1) 一般建設業の営業所専任技術者（又は主任技術者）となり得る者のうち、発注者から直接建設工事を請け負い、その請負代金の額が4,500万円以上であるものについて2年以上指導監督的な実務経験を有する者は、当該建設業種における特定建設業【指定建設業を除く】の営業所専任技術者（又は監理技術者）となり得る
(注2) 特定建設業の営業所専任技術者（又は監理技術者）となり得る国家資格を有する者は、一般建設業の営業所専任技術者（又は主任技術者）技術者）となり得る

▨ 指定建設業

資格区分			建設業の種類	土	建	大	左	と	石	屋	電	管	タ	鋼	筋	ほ	しゅ	板	ガ	塗	防	内	機	絶	通	園	井	具	水	消	清
建設業法「技術検定」	合格証明書	1級建設機械施工技士		◎				○																							
		2級建設機械施工技士（第一種～第六種）		○				○																							
		1級土木施工管理技士	土木	◎				◎	◎					◎		◎	◎			◎									◎		
		2級土木施工管理技士	土木	○				○	○					○		○	○												○		
			鋼構造物塗装																	○											
			薬液注入					○																							
		1級建築施工管理技士			◎	◎	◎	◎	◎	◎			◎	◎	◎			◎	◎	◎	◎	◎		◎				◎			
		2級建築施工管理技士	建築		○																										
			躯体			○	○	○	○				○	○	○																
			仕上げ			○	○			○			○					○	○	○	○	○		○				○			
		1級電気工事施工管理技士									◎																				
		2級電気工事施工管理技士									○																				
		1級管工事施工管理技士										◎																			
		2級管工事施工管理技士										○																			
		1級造園施工管理技士																								◎					
		2級造園施工管理技士																								○					

18

第2章　建設業の許可と技術者

資格区分			建設業の種類	土	建	大	左	と	石	屋	電	管	タ	鋼	筋	舗	しゅ	板	ガ	塗	防	内	機	絶	通	園	井	具	水	消	清
建築士法「建築士試験」	免許証		1級建築士		○	○				○			○	○								○									
			2級建築士		○	○				○			○									○									
			木造建築士			○																									
技術士法※1「技術士試験」		登録証	（部門）　　　（選択科目）																												
			建設・総合技術監理「建設」	◎										◎		◎										◎					
			建設・鋼構造及びコンクリート・総合技術監理（建設「鋼構造及びコンクリート」）	◎										◎	◎	◎										◎					
			農業土木・総合技術監理（農業土木「農業土木」）	◎																						◎	◎				
			電気電子・総合技術監理（電気電子）								◎														◎						
			機械・総合技術監理（機械）																				◎	◎							
			機械「流体工学」又は「熱工学」・総合技術監理（機械「流体工学」又は「熱工学」）									◎											◎								
			上下水道・総合技術監理「上下水道」									◎																	◎		
			上下水道「上水道及び工業用水道」・総合技術監理（上下水道「上水道及び工業用水道」）									◎																	◎		
			水産「水産土木」・総合技術監理（水産「水産土木」）	◎																						◎					
			森林「林業」・総合技術監理（森林「林業」）																							◎					
			森林「森林土木」・総合技術監理（森林「森林土木」）	◎																						◎					
			衛生工学・総合技術監理（衛生工学）									◎																			◎
			衛生工学「水質管理」・総合技術監理（衛生工学「水質管理」）																										◎		
			衛生工学「廃棄物管理」・総合技術監理（衛生工学「廃棄物管理」）																												◎

資格区分		建設業の種類（合格後の実務経験）	土	建	大	左	と	石	屋	電	管	タ	鋼	筋	ほ	しゅ	板	ガ	塗	防	内	機	絶	通	園	井	具	水	消	清
電気工事士法「電気工事士試験」	免状	第1種電気工事士								○																				
電気事業法「電気主任技術者国家試験等」	免状	第2種電気工事士　3年								○																				
		電気主任技術者（1種・2種・3種）　5年								○																				
電気通信事業法「電気通信主任技術者試験」	資格者証	電気通信主任技術者　5年																						○						
水道法「給水装置工事主任技術者試験」	免状	給水装置工事主任技術者　1年									○																				
消防法「消防設備士試験」	免状	甲種消防設備士																											○	
		乙　〃																											○	
職業能力開発促進法「技能検定」※2	合格証書	（検定職種）（等級区分が2級のものは、合格後3年の実務経験を要する。）																												
		建築大工			○																										
		左官				○																									
		とび・型枠施工・コンクリート圧送施工					○																								
		ウェルポイント施工					○																								
		冷凍空気調和機器施工									○																				
		配管（選択科目「建築配管作業」）									○																				
		タイル張り										○																			
		築炉・れんが積み										○																			
		ブロック建築・コンクリート積みブロック施工										○																			

第 2 章　建設業の許可と技術者

資格区分		建設業の種類	土	建	大	左	と	石	屋	電	管	タ	鋼	筋	ほ	しゅ	板	ガ	塗	防	内	機	絶	通	園	井	具	水	消	清
合格証書 職業能力開発促進法※2「技能検定」		石材施工						○																						
		鉄工(選択科目「製缶」又は「構造物鉄工作業」)											○																	
		鉄筋施工(選択科目「鉄筋施工図作成作業」及び「鉄筋組立て作業」)												○																
		工場板金															○													
		建築板金							○								○													
		かわらぶき・スレート施工							○																					
		ガラス施工																○												
		塗装																	○											
		路面標示施工																	○											
		畳製作																			○									
		内装仕上げ施工・表装																			○									
		熱絶縁施工																					○							
		建具製作・カーテンウォール施工・サッシ施工																								○				
合格証書 職業能力開発促進法「技能検定」		造　園																							○					
		防水施工																		○										
		さく井																								○				
その他		地すべり防止工事士																										1年			
		建築設備士																										1年			
		一級計装士																										1年			

※1 技術士法における現技術部門と旧技術部門の対応表

現技術部門及び選択科目	旧技術部門及び選択科目
電気電子	電気・電子
総合技術監理（電気電子）	総合技術監理（電気・電子）
機械「流体工学」	機械「流体機械」
総合技術監理（機械「流体工学」）	総合技術監理（機械「流体機械」）
機械「熱工学」	機械「暖冷房及び冷凍機械」
総合技術監理（機械「熱工学」）	総合技術監理（機械「暖冷房及び冷凍機械」）
上下水道	水道
総合技術監理（上下水道）	総合技術監理（水道）
森林	林業
総合技術監理（森林）	総合技術監理（林業）
衛生工学「廃棄物管理」	衛生工学「廃棄物処理」
	衛生工学「汚物処理」
総合技術監理（衛生工学「廃棄物管理」）	総合技術監理（衛生工学「廃棄物処理」）

※2 職業能力開発法における現職種と旧職種の対応表

現職種及び選択科目	旧職種及び選択科目
とび	とび工
冷凍空気調和機器施工	空気調和設備配管
	給排水衛生設備配管
配管「建築配管作業」	配管工
タイル張り	タイル張り工
築炉	築炉工
ブロック建築	ブロック建築工
石材施工	石工
	石積み
鉄工「製缶作業」	製罐
鉄筋施工「鉄筋施工図作成作業」及び「鉄筋組立て作業」	鉄筋組立て
建築板金	板金「建築板金作業」
	板金工「建築板金作業」
工場板金	板金
	板金工
	打出し板金
塗装	木工塗装
	木工塗装工
	建築塗装
	建築塗装工
	金属塗装
	金属塗装工
	噴霧塗装
畳製作	畳工
内装仕上げ施工	カーテン施工
	天井仕上げ施工
	床仕上げ施工
表装	表具
	表具工
建具製作	建具工
	木工「建具製作作業」

指定建設業化に伴う経過措置（技術者の大臣特別認定）

　昭和63年6月6日に施行された改正建設業法により、指定建設業については、営業所に置く専任技術者及び工事現場に置く監理技術者は、原則として建設大臣（現国土交通大臣）の定める国家資格者に限られることになりました。しかし、やむを得ず国家資格者を置くことができないものについては、それまでに特定建設業の営業所専任技術者又は監理技術者として従事していた人を対象に、経過措置として、平成元年から平成3年までの3年間、建設大臣（現国土交通大臣）による特別認定を実施しました。

　また、平成6年の建設業法施行令の改正により、新たに電気工事業及び造園工事業が指定建設業に追加されたことにより、同様の措置がとられました。

　大臣特別認定者は、技術検定に合格したものとみなされているわけではなく、「○○技士」ではありません。

　従って、次の点においては、国家資格者とは異なります。

① 　大臣特別認定は、現にその者が従事している建設業に限定されます。

　　例えば、土木施工管理技士の国家資格者は土木・ほ装・鋼構造物工事業の技術者となることができますが、大臣特別認定では、その者が土木工事の実績しかない場合には、土木工事についてのみ国家資格者と同等以上の者として認定されます。

② 　大臣特別認定を受けた者は、経営事項審査においては、1級国家資格としての評価はなされません。その者が2級国家資格を有していれば2点、そうでなければ1点として評価されます。

3 営業所に置く専任の技術者

前述のように、建設業の許可基準の一つとして、営業所ごとに建設工事の施工に関する一定の資格又は経験を有する技術者で専任のものを置くことが求められています（表2－2）。

この営業所に置く専任の技術者は、建設工事に関する請負契約の適正な締結やその履行を確保するために置かれるもので、常時その営業所に勤務していることが必要であり、それぞれ専任で置くこととされているものです。

この専任の技術者について留意すべき事項は次のとおりです。

【専任のものとは】

専任の技術者は、その営業所に常勤して専らその職務に従事していることが必要ですが、次に掲げるような者は、取扱い上専任と認められない場合があるので、注意することが必要です。

イ　住所が勤務を要する営業所の所在地から著しく遠距離にあり、常識上通勤不可能な者

ロ　他の営業所（他の建設業者の営業所を含む。）における専任の技術者となっている者

ハ　建築士事務所を管理する建築士、専任の宅地建物取引主任者等他の法令により特定の事務所等において専任を要することとされている者（建設業において専任を要する営業所が他の法令により専任を要する事務所等と兼ねている場合において、その事務所等において専任を要する者を除く。）

ニ　イからハまでに掲げる者のほか、他に個人営業を行っている者、他の法人の常勤役員である者等他の営業等について専任に近い状態にあると認められる者

【専任の特例】

営業所における専任の技術者の特例として、当該営業所において請負契約が締結された建設工事であって、工事現場の職務に従事しながら実質的に営業所の職務にも従事しうる程度に工事現場と営業所が近接し、当該営業所と

の間で常時連絡をとりうる体制にあるものについては、所属建設業者と直接的かつ恒常的な雇用関係にある場合に限り、当該工事の専任を要しない監理技術者等となることができます。

【実務の経験】

実務経験により専任技術者になる場合には、許可を受けようとする建設業に係る建設工事に関する実務経験があることが必要です。

その場合の実務経験は、建設工事の施工に関する技術上のすべての職務経験をいい、建設工事の発注にあたって設計技術者として設計に従事した経験や現場監督技術者として監督に従事した経験等も含まれます。

【2以上の建設業の専任技術者を兼ねることができる】

2以上の建設業の許可を受ける場合、それぞれの建設業についてその営業所ごとに別個の者を専任の技術者として置くことは必ずしも必要ではありません。

1人の人が実務経験や資格により2以上の建設業についての要件を満たしているときは、同一の営業所であれば、それぞれの建設業における営業所の専任技術者を兼ねることができます。

例えば、1級土木施工管理技士の資格を持っている人は土木工事業、ほ装工事業等の専任技術者を兼ねることができます。

【経営業務管理責任者と兼ねることもできる】

専任の技術者が許可基準の一つである経営業務の管理責任者の要件を満たしていれば、これを兼ねることができます。

【営業所とは】

本店又は支店若しくは常時建設工事の請負契約を締結する事務所をいいます。

従って、本店又は支店は、常時建設工事の請負契約を締結する事務所でない場合であっても、他の営業所に対し請負契約に関する指導監督を行う等建設業に係る営業に実質的に関与するものである場合には、当然営業所に該当します。

「常時請負契約を締結する事務所」とは、請負契約の見積り、入札、狭義の契約締結等請負契約の締結に係る実体的な行為を行う事務所をいい、契約

書の名義人が当該営業所を代表する者であるか否かを問いません。

第3章
工事現場における技術者

1 主任技術者・監理技術者の設置

　建設業の許可を受けている建設業者は、請負った工事を施工する場合には、請負金額の大小にかかわらず、工事施工の技術上の管理をつかさどるものとして、必ず現場に「主任技術者」を置かなければなりません。
　発注者から直接工事を請負い、そのうち3,000万円（建築一式工事業の場合は4,500万円）以上を下請契約して工事を施工するときは、主任技術者に代えて「監理技術者」を置かなければなりません。
　主任技術者の資格要件は、一般建設業の営業所の専任の技術者の資格要件と同一です。
　また、監理技術者の資格要件は、特定建設業の営業所の専任の技術者の資格要件と同一であり、指定建設業においては、許可基準と同様に国家資格者又は国土交通大臣認定者に限定されています（表2－2参照）。
　この規定に違反して、主任技術者又は監理技術者を置かなかった場合には建設業法に基づき罰則が適用されます。
　主任技術者の職務は、建設工事の施工にあたり、その施工計画を作成し、具体的な工事の工程管理や工事目的物、工事仮設物、工事用資材等の品質管理を行います。また、工事の施工に伴う公衆災害、労働災害等の発生を防止するための安全管理、労務管理等も行います。こうした業務を実施することによって工事の的確な施工を確保に重要な役割りを果たすものです。

監理技術者は、以上のような職務に加え、一定規模以上の建設工事の施工にあたり、下請人を適切に指導、監督するという総合的な機能を果たし、主任技術者のように直接具体的な工事に密接に関与して細かな指示を与えるとともに、さらに工事規模が大きくなることによって複雑化する工事管理と、建設業全体の健全な発達に対して果たす役割りも期待されています。

ここで図3―1のような請負関係にあるとき、各社が工事現場に置かなければならない技術者は次のとおりになります。

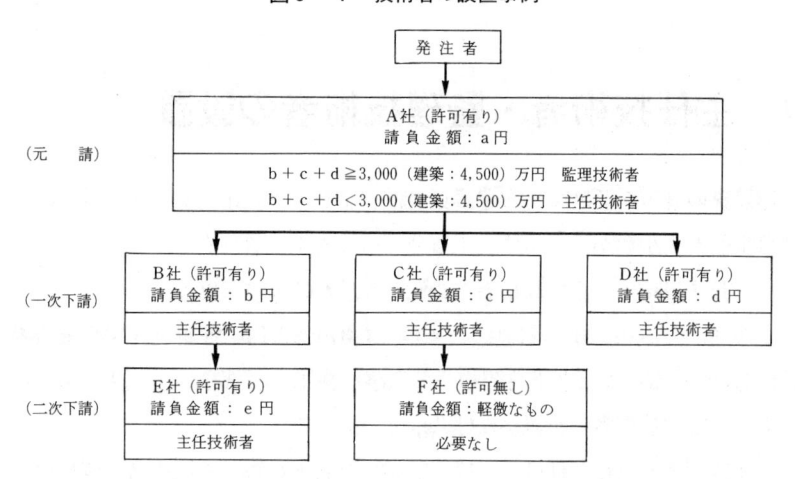

図3―1　技術者の設置事例

```
                        ┌─────────┐
                        │  発 注 者  │
                        └─────────┘
                             │
    ┌──────────────────────────────────────────────────┐
    │              A社（許可有り）                      │
（元　請）│              請負金額：a円                        │
    │   b＋c＋d≧3,000（建築：4,500）万円　監理技術者      │
    │   b＋c＋d＜3,000（建築：4,500）万円　主任技術者      │
    └──────────────────────────────────────────────────┘
         │                    │                    │
   ┌──────────┐      ┌──────────┐      ┌──────────┐
   │B社（許可有り）│      │C社（許可有り）│      │D社（許可有り）│
（一次下請）│請負金額：b円 │      │請負金額：c円 │      │請負金額：d円 │
   │  主任技術者  │      │  主任技術者  │      │  主任技術者  │
   └──────────┘      └──────────┘      └──────────┘
         │                    │
   ┌──────────┐      ┌──────────┐
   │E社（許可有り）│      │F社（許可無し）│
（二次下請）│請負金額：e円 │      │請負金額：軽微なもの│
   │  主任技術者  │      │   必要なし   │
   └──────────┘      └──────────┘
```

(1) A社は、下請代金の額の合計（$b＋c＋d$）が、$b＋c＋d≧3,000$万円（建築一式工事の場合は、4,500万円）のとき、監理技術者を置かなければなりません。また、特定建設業の許可が必要です。

　　　$b＋c＋d＜3,000$万円（建築一式工事の場合は、4,500万円）のとき、A社は、主任技術者を置けばよく、一般建設業の許可でよいことになります。

(2) B、C、D、E社は、建設業の許可を受けている建設業者であるならば、すべてA社とは別に主任技術者を置かなければなりません。

　　　$b、c、d、e＜500$万円（建築一式工事の場合は、1,500万円）の軽微な工事であっても、B、C、D、E社が建設業の許可を受けていれば、主任技術者を置かなければなりません。

(3) e ≧ 3,000万円（建築一式工事の場合は、4,500万円のとき）であってもB社は、発注者から直接工事を請負っていないので、特定建設業者であっても監理技術者を置く必要はなく、主任技術者を置くことになります。

(4) F社のように、軽微な工事のみを行い、建設業の許可を受けずに建設業を営んでいる者は、主任技術者を置く必要がありません。

現場代理人

　現場代理人は、現場において請負人の任務の代行をする者のことをいい、施工の技術上の管理をつかさどる主任技術者や監理技術者とは、概念的には全く別のものです。

　建設業法では、主任技術者（又は監理技術者）を置くことを義務付けてはいますが、現場代理人の選任は義務付けてはいません。

　契約上のトラブルをなくすために、現場代理人を選任した場合にはその権限などについて発注者に通知することを義務付けているにすぎません。

　また、現場代理人と主任技術者等との兼務は認められています。

（参考）

公共工事標準請負契約約款

（現場代理人及び主任技術者等）

第10条　乙は、次の各号に掲げる者を定めて工事現場に設置し、設計図書に定めるところにより、その氏名その他必要な事項を甲に通知しなければならない。これらの者を変更したときも同様とする。

　一　現場代理人

　二　（A）[　]主任技術者

　　　（B）[　]監理技術者

　三　専門技術者（建設業法第26条の2に規定する技術者をいう。以下同じ。）

　［注］（B）は、建設業法第26条第2項の規定に該当する場合に、（A）は、それ以外の場合に適用する。

　　　　［　]の部分には、同法第26条第3項の工事の場合に「専任の」の字句を記入す

る。ただし、当該工事が同法第26条第4項の工事にも該当する場合には、[　]の部分に、「監理技術者資格者証の交付を受けた専任の」の字句を記入する。

2　現場代理人は、この契約の履行に関し、工事現場に常駐し、その運営、取締りを行うほか、請負代金額の変更、請負代金の請求及び受領、第12条第1項の請求の受理、同条第3項の決定及び通知並びにこの契約の解除に係る権限を除き、この契約に基づく乙の一切の権限を行使することができる。

3　乙は、前項の規定にかかわらず、自己の有する権限のうち現場代理人に委任せず自ら行使しようとするものがあるときは、あらかじめ、当該権限の内容を甲に通知しなければならない。

4　現場代理人、主任技術者（監理技術者）及び専門技術者は、これを兼ねることができる。

2　専門技術者

　土木工事業や建築工事業を営む一式工事業者が、土木一式工事又は建築一式工事を施工する場合において、これらの一式工事の内容である他の建設工事を自ら施工しようとするときは、当該工事に関し主任技術者の資格を有するもの（専門技術者）を工事現場に置かなければなりません。

　たとえば、建築一式工事を施工する場合で、大工工事、屋根工事、内装仕上工事、電気工事、管工事等のような一式工事の内容となる専門工事を一式工事業者が自ら施工しようとするときは、それぞれの工事について専門技術者を置かなければなりません。

　それができない場合には、それぞれの専門工事に係る建設業の許可を受けた建設業者に当該工事を施工させなければなりません。

　これは、土木工事業又は建築工事業の主任技術者又は監理技術者は、一式工事を総合的に指導、監督するもので、その機能はむしろ総合的な企画、指導等を行うことにあり、各部分的専門工事について、具体的な工事を的確に施工するためには、施工実務の経験を有する専門技術者を置いて、管理を行わせることが必要であるためです。

　この専門技術者は、一式工事の主任技術者又は監理技術者とは必ず別に置かなければならないということではありません。

　要件が備わっていれば、一式工事の主任技術者又は監理技術者が兼ねることができます。

　また、建設業者は、許可を受けた建設業に係る建設工事に附帯する他の建設工事を施工することができることになっていますが、その場合においても、前述の場合同様、当該工事に関する専門技術者を置かなければなりません。

3 共同企業体工事と技術者

　建設工事における共同企業体は、昭和26年に我が国に制度として導入されて以来、数次にわたる通達等により、大規模工事等の安定的施工や中小建設業者の経営力、施工力の向上等の目的でその活用が図られてきたところであり、近年ではほとんどの公共発注機関において採用されるに至っています。

　一方、これらの各発注機関における共同企業体活用の目的、方法は多様になっており、一部には行き過ぎと見られる活用も行われ、また、共同企業体の円滑な運営に支障が生じている等種々の弊害が指摘されたため、中央建設業審議会では昭和62年8月に「共同企業体の在り方について」答申・建議を行い、共同企業体の活用にあたっての基本的な考え方を示すとともに、「共同企業体運用準則」を定め、これに沿って、公共発注機関が「共同企業体運用基準」を作成するよう求めています。

　ここでは、この「共同企業体運用準則」に定められている技術者の取扱いについてふれることにします。

【共同企業体の方式】

共同企業体はその活用目的に従い次の2つの方式があります。

(1)　特定建設工事共同企業体

　　　大規模かつ技術的難度の高い工事の施工に際して、技術力等を結集することにより工事の安定的施工を確保する場合等、工事の規模、性格等に照らし、共同企業体による施工が必要と認められる場合に工事ごとに結成する共同企業体

(2)　経常建設共同企業体

　　　中小・中堅建設業者が、継続的な協業関係を確保することにより、その経営力・施工力を強化する目的で結成する共同企業体

　　　ここで、中小建設業者とは資本金3億円以下又は従業員数300人以下の会社です。また中堅建設業者とは、資本金20億円以下又は従業員数1,500人以下の会社です。

【特定建設工事共同企業体と技術者】

図3—2　特定建設工事共同企業体において配置すべき技術者

(1) 下請契約の請負代金の額が3,000万円（建築一式工事の場合は、4,500万円）未満の工事を施工する場合

```
共同企業体         A社(代表者)
                      ↓
                  (主任技術者)
                  ／        ＼
B社 →(主任技術者)--------(主任技術者)← C社
```

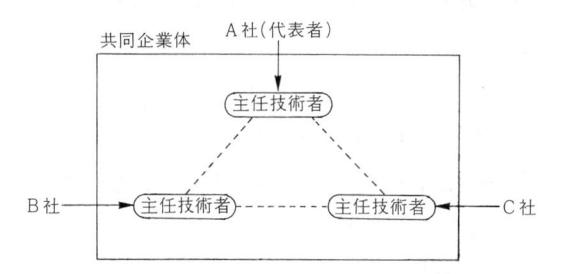

(2) 下請契約の請負代金の額が3,000万円（建築一式工事の場合は、4,500万円）以上の工事を施工する場合

```
共同企業体         A社(代表者)
                      ↓
                  [監理技術者]
                  ／        ＼
B社 →(主任技術者)--------(主任技術者)← C社
```

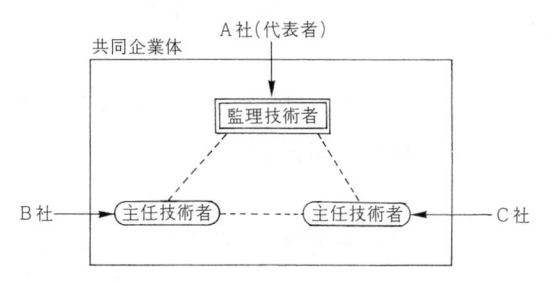

「運用準則」では、特定建設工事共同企業体のすべての構成員が、当該工事に対応する建設業についての<u>監理技術者又は国家資格を有する主任技術者を工事現場に専任で配置し得ることを要件</u>としています。

特定建設工事共同企業体がその請負った公共性のある施設若しくは工作物又は多数の者が利用する施設若しくは工作物に関する重要な工事を施工するときは、建設業法により、各構成員が主任技術者を当該工事現場に専任で置くことが必要となります。また、当該建設工事を施工するために3,000万円（建築一式工事の場合は、4,500万円）以上の下請契約を締結するときには、<u>特定建設業者である構成員1社以上</u>（通常は代表者を含む。）<u>が監理技術者を、その他の構成員が主任技術者をそれぞれ当該工事現場に専任で置くことが必要となります</u>。これらの技術者のうち<u>主任技術者は国家資格を有する者でなければならない</u>としています。

国家資格を有する主任技術者とは、表2—4に示す技術者です。

一方、監理技術者については必ずしも国家資格を有する者である必要はないので、国家資格を有する主任技術者に代えて、経験等により当該工事の監理技術者となり得る者（建設業法第15条第2号ロ又はハに該当する者）を工事現場に置けばよいことになります。

しかし、当該建設工事が指定建設業に関するものである場合には、設置すべき監理技術者は一定の国家資格を有する者等に限定されることになります。また、監理技術者は監理技術者資格者証の交付を受けていて、監理技術者講習を受講した者であることが必要となります。

【経常建設共同企業体と技術者】

経常建設共同企業体の場合、各構成員は共同施工を確保するために一定の技術者を適正に配置し得る者でなければなりません。具体的には、各構成員は原則として、

(1) 当該経常建設共同企業体の登録部門に対応する許可業種に係る監理技術者となることができる者又は国家資格を有し主任技術者となることができる者を有していること
(2) 工事の施工にあたって、これらの技術者を工事現場ごとに専任で配置し得ること

の2つの要件を満たしていることが必要です。

これらの要件は、当該経常建設共同企業体の競争参加資格審査の際ばかりでなく、具体の工事発注の際においても満たされていることが必要です。

工事施工にあたっての技術者の現場配置の考え方は、前述の特定建設工事共同企業体の場合と同様です。

なお、「運用準則」では、主任技術者を国家資格を有する者に限ることについては、地域の現状を踏まえ、発注機関が例外的措置として緩和することも認めています。

4 主任技術者・監理技術者の専任が必要な工事

【専任制度】

公共性のある施設若しくは工作物又は多数の者が利用する施設若しくは工作物に関する重要な建設工事では、工事の安全かつ適正な施工を確保するために、主任技術者又は監理技術者を現場ごとに専任で置く必要があります。

また、この現場専任制度は、元請、下請にかかわらず適用されます。

ここで、「公共性のある施設若しくは工作物又は多数の者が利用する施設若しくは工作物に関する重要な建設工事」とは、請負金額が2,500万円（建築一式工事の場合は5,000万円）以上で、表3－1のものが該当し、個人住宅や長屋を除いた殆どの工事がその対象となっています。

また、併用住宅については、併用住宅の請負代金の総額が5,000万円以上（建築一式工事の場合）である場合であっても、以下の2つの条件を共に満たす場合には、戸建て住宅と同様であるとみなして、主任技術者又は監理技術者の専任配置は必要ありません。

(1) 事務所・病院等の非居住部分（併用部分）の床面積が延べ面積の2分の1以下であること。
(2) 請負代金の総額を居住部分と併用部分の面積比に応じて按分して求めた併用部分に相当する請負金額が、専任要件の金額基準である5,000万円未満（建築一式工事の場合）であること。

表3－1

(1) 国又は地方公共団体が注文者である施設又は工作物に関する工事
(2) 鉄道、軌道、索道、道路、橋、護岸、堤防、ダム、河川に関する工作物、砂防用工作物、飛行場、港湾施設、漁港施設、運河、上水道又は下水道及び電気事業用施設（電気事業の用に供する発電、送電、配電又は変電その他の電気施設をいう。）又はガス事業用施設（ガス事業の用に供するガスの製造又は供給のための施設をいう。）に関する工事

(3) 次に掲げる施設又は工作物に関する建設工事

イ 石油パイプライン事業法(昭和47年法律第105号)第5条第2項第2号に規定する事業用施設

ロ 電気通信事業法(昭和59年法律第86号)第2条第5号に規定する電気通信事業者(同法第9条に規定する電気通信回線設備を設置するものに限る。)が同条第4号に規定する電気通信事業の用に供する施設

ハ 放送法(昭和25年法律第132号)第2条第3号の2に規定する放送事業者が同条第1号に規定する放送の用に供する施設(鉄骨造又は鉄筋コンクリート造の塔その他これに類する施設に限る。)

ニ 学校

ホ 図書館、美術館、博物館又は展示場

ヘ 社会福祉法(昭和26年法律第45号)第2条第1項に規定する社会福祉事業の用に供する施設

ト 病院又は診療所

チ 火葬場、と畜場又は廃棄物処理施設

リ 熱供給事業法(昭和47年法律第88号)第2条第4項に規定する熱供給施設

ヌ 集会場又は公会堂

ル 市場又は百貨店

ヲ 事務所

ワ ホテル又は旅館

カ 共同住宅、寄宿舎又は下宿

ヨ 公衆浴場

タ 興行場又はダンスホール

レ 神社、寺院又は教会

ソ 工場、ドック又は倉庫

ツ 展望塔

【専任で設置すべき期間】

(1) 主任技術者及び監理技術者の専任を要しない期間

発注者から直接建設工事を請負った建設業者が、監理技術者等を専任

で設置すべき期間は契約工期が基本となりますが、次の期間については、発注者と建設業者の間で設計図書若しくは打合せ記録等の書面により明確になっていれば専任を要しません。
① 現場施工に着手するまでの期間

　請負契約の締結後、現場事務所の設置、資機材の搬入又は仮設工事等が開始されるまでの準備期間については、専任を要しません。
② 工事を全面的に一時中止している期間

　工事用地等の確保が未了、自然災害の発生又は埋蔵文化財調査等により、工事を全面的に一時中止している期間については、専任を要しません。
③ 工事完成後の期間

　工事完成後、検査が終了し、事務手続、後片付け等のみが残っている期間は、専任を要しません。ただし、発注者の都合により検査が遅延している場合は、その期間も専任を要しません。

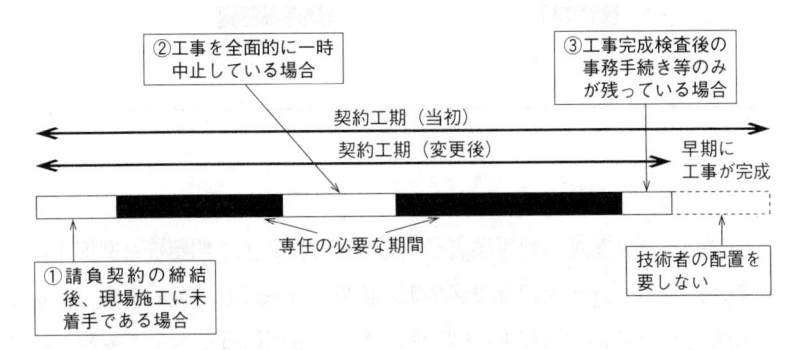

```
　　　　　　　②工事を全面的に一時　　　　　　③工事完成検査後の
　　　　　　　　中止している場合　　　　　　　　事務手続き等のみ
　　　　　　　　　　　　　　　　　　　　　　　　が残っている場合
　　　　　　　　　　　　　契約工期（当初）
　　　　　　　　　　　　　契約工期（変更後）　　　　　　　早期に
　　　　　　　　　　　　　　　　　　　　　　　　　　　　　工事が完成

　　　　　　　　　　　　専任の必要な期間　　　　　　　技術者の配置を
　　①請負契約の締結　　　　　　　　　　　　　　　　　要しない
　　　後、現場施工に未
　　　着手である場合
```

④ 工場製作のみが行われている期間

　橋梁、ポンプ、ゲート、エレベーター等の工場製作を含む工事の工場製作のみが行われている期間は、専任を要しません。

　なお、工事の工場製作過程において、同一工場内で他の同種工事に係る製作と一元的な管理体制のもとで製作を行うことが可能である場合は、同一の監理技術者等がこれらの製作を一括して管理することができます。

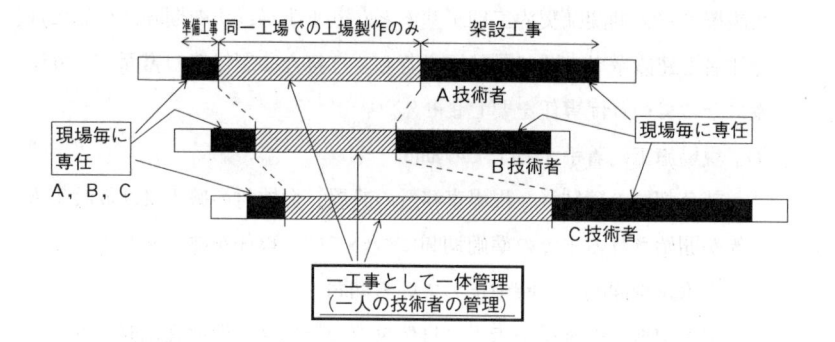

[図: A技術者・B技術者・C技術者の工事期間と専任の関係を示す図。準備工、同一工場での工場製作のみ、架設工事、現場毎に専任、A,B,C、一工事として一体管理（一人の技術者の管理）]

(2) 下請工事における専任の必要な期間

下請工事においては、施工が断続的に行われることが多いことを考慮し、専任の必要な期間は、当該下請工事の施工期間とされています。

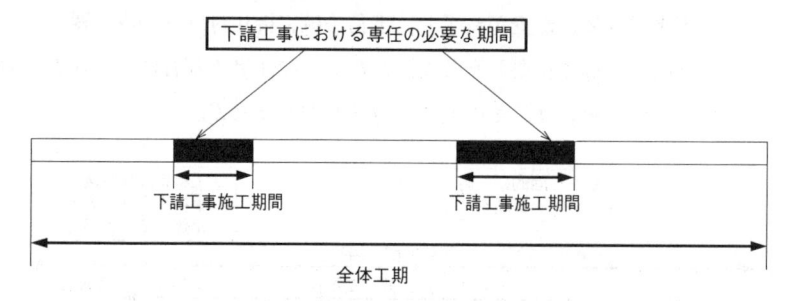

[図: 下請工事における専任の必要な期間／下請工事施工期間／全体工期]

(3) フレックス工期の取扱い

フレックス工期（建設業者が一定の期間内で工事開始日を選択することができ、これが手続上書面により明確になっている契約方式に係る工期をいいます。）を採用する場合には、工事開始日をもって契約工期の開始日とし、契約締結日から工事開始日までの期間は、技術者を設置す

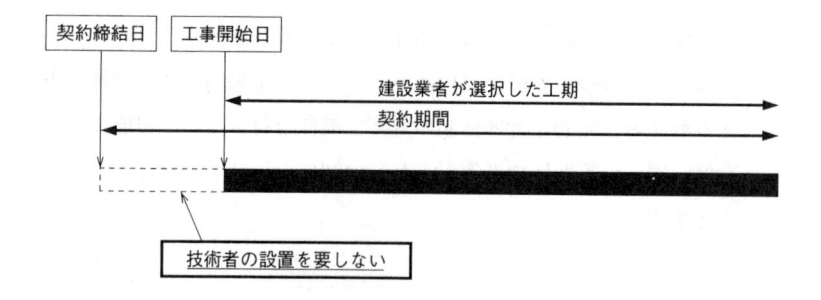

[図: 契約締結日／工事開始日／建設業者が選択した工期／契約期間／技術者の設置を要しない]

ることを要しません。

【専任を要する関連工事の取扱い】

同一あるいは別々の主体が発注する密接な関連のある二以上の工事を同一の建設業者が同一の場所又は近接した場所において施工する場合は、同一の専任の主任技術者がこれらの工事を管理することができますが、専任の監理技術者については認められていません。

ただし、契約工期の重複する複数の請負契約に係る工事で工作物等に一体性が認められるもので、当初の請負契約以外の請負契約が随意契約により締結される場合については、これらを一の工事とみなし、同一の技術者が全体を掌握し技術上の管理を行うことが合理的であると考えられますので、専任の監理技術者についても認められています。この場合、建設業法第3条第1項（一般建設業と特定建設業の区分）、同法第26条第1項及び第2項（主任技術者と監理技術者の区分）等の規定については、一の工事として適用されます。

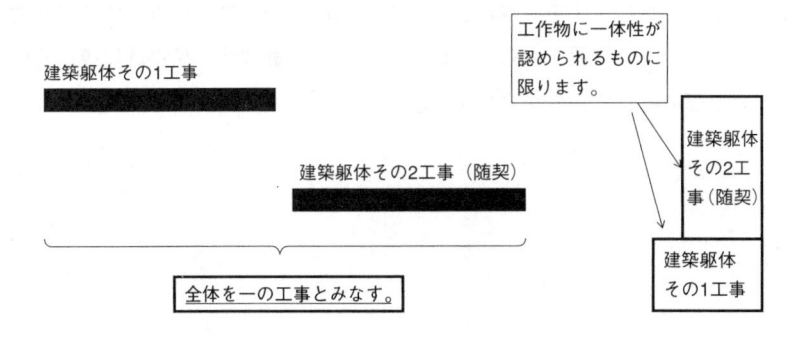

【「専任」と「常駐」】

専任とは、他の工事現場に係る職務を兼務せず、常時継続的に当該工事現場に係る職務にのみ従事することを意味し、常駐とは、現場施工の稼動中、特別の理由がある場合を除き常時継続的に当該工事現場に滞在していることを意味します。

専任が求められる期間中は、実質的に常駐することが合理的であるため、ほとんど同義に使われています。

【技術者の途中交代】

建設工事の適正な施工の確保を阻害する恐れがあることから、施工管理をつかさどっている監理技術者等の工期途中での交代は、当該工事における入札・契約手続きの公平性の確保を踏まえた上で、慎重かつ必要最小限とする必要があり、これが認められる場合としては、監理技術者等の死亡、傷病または退職等、真にやむを得ない場合のほか、次のような場合が考えられます。

(1) 受注者の責によらない理由により工事中止又は工事内容の大幅な変更が発生し、工期が延長された場合
(2) 橋梁、ポンプ、ゲート等の工場製作を含む工事であって、工場から現地へ工事の現場が移行する時点
(3) ダム、トンネル等の大規模な工事で、一つの契約工期が多年に及ぶ場合

なお、いずれの場合であっても、発注者と発注者から直接建設工事を請負った建設業者との協議により、交代の時期は工程上一定の区切りと認められる時点とするほか、交代前後における監理技術者等の技術力が同等以上に確保されるとともに、工事の規模、難易度等に応じ一定期間重複して工事現場に設置するなどの措置をとることにより、工事の継続性、品質確保等に支障がないと認められることが必要です。

5 技術者に求められる雇用関係

　建設業法では、建設業者は請負った建設工事を施工するときは、工事現場における建設工事の施工の技術上の管理をつかさどる技術者（主任技術者又は監理技術者）を置かなければならないとされています。また、当該建設業者と主任技術者又は監理技術者との間には「直接的かつ恒常的な雇用関係」が求められます。

　発注者は、建設業者の施工実績等を拠り所にその建設業者を信頼して建設工事の施工を託しています。そのため、建設工事の施工を託された建設業者は発注者の信頼を裏切らぬよう当該建設工事を適正に施工する責任があり、工事現場に適切な資格や経験を持った技術者を置く必要があります。また、現場に置かれる技術者は、当該工事を請負う建設会社の持つ工事実績により蓄積された技術・品質管理等のノウハウや当該企業の組織力、支援体制等を最大限活用できることが必要不可欠となります。

　このように、建設業者が組織として有する能力と現場技術者の個人として有する能力が相まって発揮されることによりはじめて発注者に託された責任を果たすことができ、この点で建設業者と現場技術者の雇用関係は極めて重要であり、これが両者の間に直接的かつ恒常的な雇用関係を求めている最大の理由です。

　仮に一定の雇用関係のない技術者であれば、発注者が期待している建設業者の持つ総合的な技術力等の発揮は期待できませんし、技術者不在の施工能力のないペーパーカンパニー等の受注も認めることになります。

　以上のように、不良不適格業者を排除し、適正な施工を確保する観点から、直接的かつ恒常的な雇用関係が求められています。

(1) 直接的雇用関係

　　直接的な雇用関係とは、監理技術者等とその所属建設業者との間に第三者の介入する余地のない雇用に関する一定の権利義務関係（賃金、労働時間、雇用、権利構成）が存在することをいいますが、資格者証、健康保険被保険者証又は市区町村が作成する住民税特別徴収税額通知書等

によって建設業者との雇用関係が確認できることが必要です。したがって、在籍出向者、派遣社員については直接的な雇用関係にあるとはいえません。

(2) 恒常的雇用関係

　恒常的な雇用関係とは、一定の期間にわたり当該建設業者に勤務し、日々一定時間以上職務に従事することが担保されていることをいいますが、建設工事の適正な施工を確保するためには、建設業者は、技術者の持つ能力・適正等を熟知し、責任を持って工事現場に設置しなくてはなりませんし、また当該技術者は、所属建設業者の持つ組織的な技術力、支援体制等を熟知し、それらを十分かつ円滑に活用して工事管理等の業務を行う必要があります。このように現場の技術者と所属建設業者が双方の持つ技術力等を熟知するためには、両者の間に雇用関係が生じてから一定の期間が必要と考えられます。

　特に国、地方公共団体等が発注する公共工事において、発注者から直接請負う建設業者の専任の主任技術者又は監理技術者については、所属建設業者から入札の申込のあった日（指名競争に付す場合であって入札の申込を伴わないものにあっては入札の執行日、随意契約による場合にあっては見積書の提出のあった日）以前に3ヶ月以上の雇用関係にあることが必要です。

　この3ヶ月の雇用期間は、公共工事の品質確保の観点から、建設業者と所属技術者が双方に理解しあうための最低限の期間として定められたものですが、特定の工事のためのみに技術者を雇用するといった施工能力の無い不良不適格業者を排除することも目的としています。

　恒常的な雇用関係については、資格者証の交付年月日若しくは変更履歴又は健康保険被保険者証の交付年月日等により確認できることが必要です。

　※　恒常的雇用関係の特例

　　合併、営業譲渡又は会社分割等の組織変更に伴う所属建設業者の変更（契約書又は登記簿の謄本等で確認できる必要があります。）があった場合には、変更前の建設業者と3ヶ月以上の雇用関係にある者に

ついては、変更後に所属する建設業者との間にも恒常的な雇用関係があるものとみなされます。また、震災等の自然災害の発生又はその恐れにより、最寄りの建設業者により即時に対応することが、その後の被害の発生又は拡大を防止する観点から最も合理的であって、当該建設業者に要件を満たす技術者がいない場合など、緊急の必要その他やむを得ない事情がある場合については、恒常的な雇用関係にあるものとみなされます。

(3) 雇用関係の特例措置

昨今の建設投資の低迷による経営環境の悪化等に対応するため、建設業者が業務範囲や業務体制等を見直し、営業譲渡や会社分割をしたり、持株会社化、親子会社化により企業集団を形成し、経営基盤の強化や経営の合理化を図っている場合における建設業者と監理技術者等との間の直接的かつ恒常的な雇用関係の取扱いの特例について、次の通り定めています。

① 営業譲渡又は会社分割した場合の取扱い

出向先企業が出向元企業からの出向社員を工事現場に主任技術者や監理技術者として配置しようとする場合で、出向元企業が当該建設業の許可を廃止したときは、営業譲渡の日や会社分割の登記をした日から3年以内に限り、出向社員と出向先企業との間に、直接的かつ恒常的な雇用関係があるものとみなされます。

② 持株会社の子会社についての取扱い

国土交通大臣の認定を受けた企業集団に属する親会社からその子会社である建設業者への出向社員を子会社が工事現場に主任技術者や監理技術者として配置する場合は、出向社員と子会社との間に、直接的かつ恒常的な雇用関係があるものとみなされます。ただし、子会社が親会社からの出向社員を主任技術者や監理技術者として配置しようとする工事で、企業集団に属する親会社やその他の子会社がその工事の下請負人となる場合は、一括下請負の恐れがあるため認められていません。

③ 親会社及びその連結子会社についての取扱い

連結財務諸表提出会社である親会社と連結子会社からなる企業集団に属する建設業者間の出向社員を、出向先企業が工事現場に主任技術者や監理技術者として配置する場合は、出向社員と出向先企業との間に、直接的かつ恒常的な雇用関係があるものとみなされます。ただし、受注機会を増やすことを目的としたペーパーカンパニーの設立等を助長する恐れから経営事項審査の受審は、親会社か子会社の一方に限っています。また、企業集団を構成する親会社やその連結子会社がその下請負人となる工事については、一括下請負の恐れがあるため認められていません。

6 監理技術者資格者証と監理技術者講習

(1) 資格者証制度及び監理技術者講習制度の適用範囲

　公共性のある施設若しくは工作物又は多数の者が利用する施設若しくは工作物に関する重要な建設工事における専任の監理技術者は、資格者証の交付を受けている者であって、監理技術者講習を受講したもののうちから選任しなければなりません。

(2) 監理技術者資格者証

　資格者証は、次の事項等を簡便に確認するために活用されています。

① 当該建設工事の監理技術者が所定の資格を有しているかどうか

② 監理技術者としてあらかじめ定められた本人が専任で職務に従事しているかどうか

③ 工事を施工する建設業者と直接的かつ恒常的な雇用関係にある者であるかどうか

　建設業者に選任された監理技術者は、発注者等から請求があった場合は、資格者証を提示しなければなりませんので、現場においてはいつも資格者証を携帯しておく必要があります。

　監理技術者になり得る者として、指定建設業7業種については次の①及び③、指定建設業以外の21業種については①～③となっています。

① 一定の国家資格者

② 一定の指導監督的な実務経験を有する者

③ 国土交通大臣認定者

　資格者証には、本人の顔写真の他に保有資格や所属建設業者名などの事項が記載されます。

図3—3　資格者証の様式

（表面）

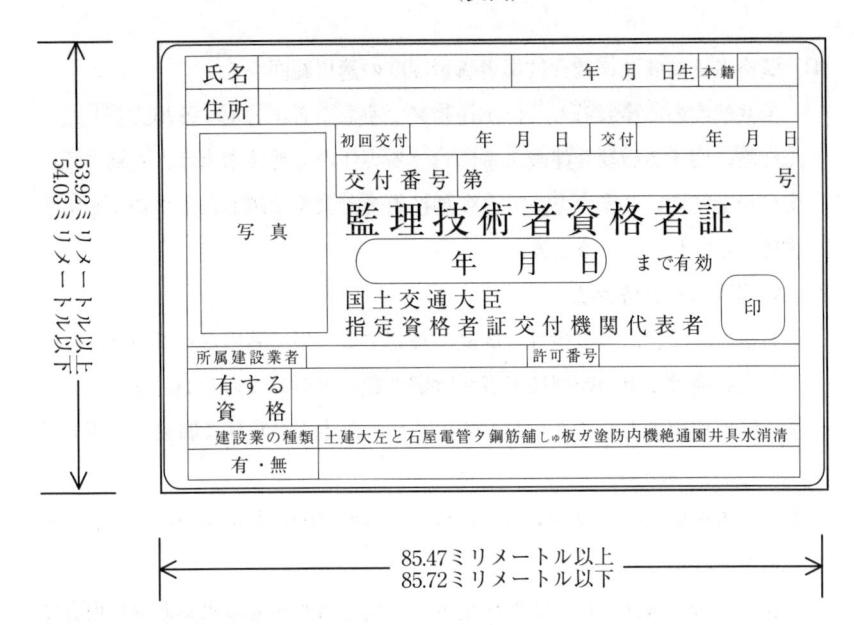

```
┌─────────────────────────────────┐
│ 氏名              │     年 月 日生 │本籍│
│ 住所              │                │    │
│        │初回交付│  年  月  日│交付│ 年 月 日│
│        │交付番号│    第              号   │
│  写 真 │   監理技術者資格者証              │
│        │      年  月  日  まで有効         │
│        │   国土交通大臣              ┌──┐│
│        │   指定資格者証交付機関代表者 │印││
│ 所属建設業者        │ 許可番号              │
│ 有する │                                   │
│ 資 格  │                                   │
│ 建設業の種類│土建大左と石屋電管タ鋼筋舗しゅ板ガ塗防内機絶通園井具水消清│
│ 有・無 │                                   │
└─────────────────────────────────┘
```

53.92ミリメートル以上
54.03ミリメートル以下

85.47ミリメートル以上
85.72ミリメートル以下

(3) 監理技術者講習

　監理技術者は常に最新の法律制度や技術動向を把握しておくことが必要であることから、専任の監理技術者として選任されている期間中のいずれの日においても、講習を修了した日から5年を経過することのないように監理技術者講習を受講していなければいけません。

　監理技術者講習は、所定の要件を満たすことにより国土交通大臣の登録を受けた登録講習機関が実施し、監理技術者として従事するために必要な次の事項に関し最新の事例を用いて、講義と試験によって行われます。

① 建設工事に関する法律制度
② 建設工事の施工計画の作成、工程管理、品質管理その他の技術上の管理
③ 建設工事に関する最新の材料、資機材及び施工方法

　受講希望者はいずれかの登録講習機関に受講の申請を行うことにより講習を受講することができます。

各登録講習機関から講習の修了者に対し受講を証明する「監理技術者講習修了証」が交付され、発注者等から提示を求められることがあるので、資格者証と同様に携帯しておくことが望まれます。

図3—4　修了証の様式

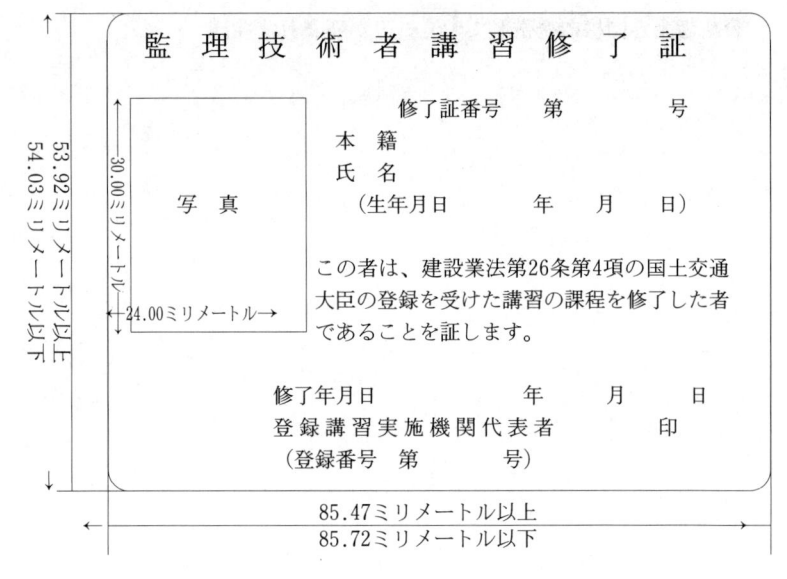

(表面)

```
┌─────────────────────────────────────┐
│      監 理 技 術 者 講 習 修 了 証      │
│                                     │
│   ┌─────────┐   修了証番号　第　　　号 │
│   │         │   本　籍                │
│   │         │   氏　名                │
│   │  写 真  │   (生年月日　年　月　日) │
│   │         │                         │
│   │         │  この者は、建設業法第26条第4項の国土交通 │
│   │         │  大臣の登録を受けた講習の課程を修了した者 │
│   └─────────┘  であることを証します。 │
│                                     │
│                修了年月日　　　年　月　日 │
│                登録講習実施機関代表者　　印 │
│                (登録番号　第　　　号)     │
└─────────────────────────────────────┘
```

縦: 53.92ミリメートル以上　54.03ミリメートル以下
写真: 30.00ミリメートル、24.00ミリメートル
横: 85.47ミリメートル以上　85.72ミリメートル以下

(裏面)

注意事項
1　建設業法第26条第4項の規定により選任されている監理技術者は、当該選任の期間中のいずれの日においてもその日の前5年以内に行われた講習を受講していなければならない。
2　建設業法第26条第4項に規定する発注者から本証の提示を求められることがある。
3　本証は、他人に貸与し、又は譲渡してはならない。

備考
1　材質は、プラスチック又はこれと同程度以上の耐久性を有するものとすること。
2　「本籍」の欄は、本籍地の所在する都道府県名(日本の国籍を有しない者にあつては、その者が有する国籍)を記載すること。

ここまでの技術者制度全体をとりまとめると表3—2のようになります。

表3—2　建設業法における技術者制度

		指定建設業 （土木工事業　ほ装工事業 建築工事業　電気工事業 管工事業　造園工事業 鋼構造物工事業）		その他 大工／左官／とび・土工・コンクリート／石／屋根／タイル・れんが・ブロック／鉄筋／しゅんせつ／板金／ガラス／塗装／防水／内装仕上／機械器具設置／熱絶縁／電気通信／さく井／建具／水道施設／消防施設／清掃施設	
建設業の許可制度	許可を受けている業種				
	許可の種類	特　定	一　般	特　定	一　般
	営業所に必要な専任の技術者の資格要件	一級国家資格者 国土交通大臣特別認定者	一級国家資格者 二級国家資格者 実務経験者	一級国家資格者 実務経験者	一級国家資格者 二級国家資格者 実務経験者
工事現場の技術者制度	元請工事における下請金額合計	3,000万円以上※1	3,000万円未満※1	3,000万円以上※1は契約できない	3,000万円以上※1	3,000万円未満※1	3,000万円以上※1は契約できない
	工事現場に置くべき技術者	監理技術者	主任技術者	監理技術者	主任技術者
	技術者の資格要件	一級国家資格者 国土交通大臣特別認定者	一級国家資格者 二級国家資格者 実務経験者	一級国家資格者 実務経験者	一級国家資格者 二級国家資格者 実務経験者
	技術者の現場専任	公共性のある施設若しくは工作物又は多数の者が利用する施設若しくは工作物に関する重要な建設工事であって請負金額が2,500万円以上※2となる工事			
	監理技術者資格者証の携帯	専任が求められる監理技術者は必要	必要なし	専任が求められる監理技術者は必要	必要なし
	監理技術者講習受講の必要性				

※1：建築一式工事の場合は4,500万円以上
※2：建築一式工事の場合は5,000万円以上

7 監理技術者資格者証の交付等

　監理技術者になり得る者は、指定資格者証交付機関に申請することにより資格者証の交付を受けることができます。
　資格者証の交付等に関する事務を行う指定資格者証交付機関として(財)建設業技術者センターが指定されています。
　資格者証の交付等の手続には、次の5種類があり、監理技術者資格を有する人は、(財)建設業技術者センター所定の申請書に添付書類を添えて申請するか、又はインターネットにより申請することにより、資格者証の交付を受けることができます。

① 新　　　規：資格者証を新たに取得する場合
② 追　　　加：既に交付された資格者証に、新たな資格を追加する場合
③ 更　　　新：既に交付された資格者証の有効期間の更新をする場合
④ 再 交 付：既に交付された資格者証を紛失、破損した場合
⑤ 変更届出：既に交付された資格者証に記載された氏名、本籍、住所、所属建設業者又は許可番号に変更があった場合、並びに資格者証に記載されている監理技術者資格を有しなくなった場合

監理技術者資格者証の交付等に関する問合せ先
　㈶建設業技術者センター
　　〒102-0084　東京都千代田区二番町3番地　麹町スクエア4階
　　　ＴＥＬ　03-3514-4711
　　　　　　ホームページ　http://cezaidan.or.jp

「監理技術者資格者証」の交付まで

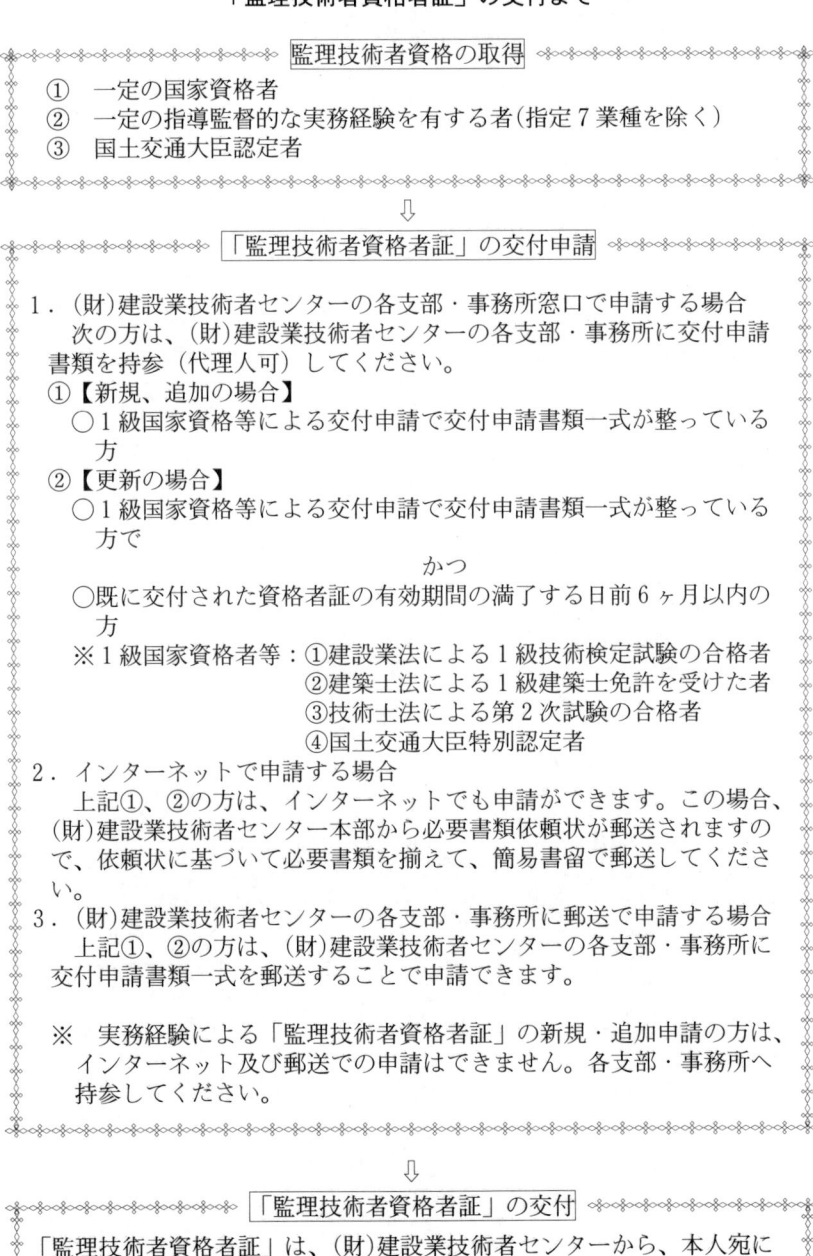

監理技術者資格の取得

① 一定の国家資格者
② 一定の指導監督的な実務経験を有する者（指定7業種を除く）
③ 国土交通大臣認定者

⇩

「監理技術者資格者証」の交付申請

1. (財)建設業技術者センターの各支部・事務所窓口で申請する場合
　次の方は、(財)建設業技術者センターの各支部・事務所に交付申請書類を持参（代理人可）してください。
　①【新規、追加の場合】
　　○1級国家資格等による交付申請で交付申請書類一式が整っている方
　②【更新の場合】
　　○1級国家資格等による交付申請で交付申請書類一式が整っている方で
　　　　　　　　　かつ
　　○既に交付された資格者証の有効期間の満了する日前6ヶ月以内の方
　　※1級国家資格者等：①建設業法による1級技術検定試験の合格者
　　　　　　　　　　　②建築士法による1級建築士免許を受けた者
　　　　　　　　　　　③技術士法による第2次試験の合格者
　　　　　　　　　　　④国土交通大臣特別認定者
2. インターネットで申請する場合
　　上記①、②の方は、インターネットでも申請ができます。この場合、(財)建設業技術者センター本部から必要書類依頼状が郵送されますので、依頼状に基づいて必要書類を揃えて、簡易書留で郵送してください。
3. (財)建設業技術者センターの各支部・事務所に郵送で申請する場合
　　上記①、②の方は、(財)建設業技術者センターの各支部・事務所に交付申請書類一式を郵送することで申請できます。

　※　実務経験による「監理技術者資格者証」の新規・追加申請の方は、インターネット及び郵送での申請はできません。各支部・事務所へ持参してください。

⇩

「監理技術者資格者証」の交付

「監理技術者資格者証」は、(財)建設業技術者センターから、本人宛に郵送されます。

第4章
技術者の職務

1 主任技術者・監理技術者の職務

　建設業法において、主任技術者や監理技術者は「工事現場における建設工事の施工の技術上の管理をつかさどる者」とされ、具体的には「工事現場における建設工事を適正に実施するため、施工計画の作成、工程管理、品質管理その他技術上の管理及び工事の施工に従事する者の技術上の指導監督」がその職務であり、これを誠実に行うことが義務づけられています。一方、「工事の施工に従事する者は、主任技術者や監理技術者がその職務として行う指導に従わなければならない」こととなっています。
　また、請負った工事の全部又は主たる部分や請負った工事の一部分であって他の部分から独立してその機能を発揮する工作物の工事を一括して他の業者に請負わせる場合でも、自らが総合的に企画、調整及び指導を行い、下請に出した工事の施工に実質的に関与していなければならず、これを怠ると建設業法第22条に規定する「一括下請負の禁止」に抵触し、営業停止等の監督処分を受けることになります。
　このように、建設工事の現場における技術者の役割は極めて重要なものとなっています。

2 施工体制台帳及び施工体系図の作成等

　発注者から直接建設工事を請負った建設業者は、発注者に対し工事の着手段階から完成までのすべての責任を負っており、的確かつ効率的な施工の確保を図る必要があります。

　そのためには、技術者の適正な配置を徹底し、配置された技術者により業種・工程間の総合的な施工管理及び専門工事業者の適切な指導監督を行う必要があります。

　また、その下請負人が建設業法等の関係法令に違反しないよう指導に努めなければなりません。

　このような下請負人に対する指導監督を行うためには、まず、監理技術者が建設工事の施工体制を的確に把握しておく必要があります。

　そこで、建設業法では、発注者から直接建設工事を請負った特定建設業者で当該建設工事を施工するために総額3,000万円（建築一式工事の場合は4,500万円）以上の下請契約を締結したものは、施工体制台帳を作成し、工事期間中、工事現場ごとに備え付けなければならないこととされています。

　さらに、施工体制台帳を作成した特定建設業者は、発注者から請求があったときは、当該建設工事の発注者が必要に応じ施工体制を確認できるよう、施工体制台帳をその発注者の閲覧に供しなければならないこととされています。公共工事の入札及び契約の適正化の促進に関する法律（以下、「入契法」といいます。）では、公共工事については、作成した施工体制台帳の写しを発注者に提出しなければならないこととされています。

　また、監理技術者は、建設工事の全貌を常に把握する必要があること、下請業者も含めて当該建設工事の施工に対する責任があること、技術者の適正な配置を徹底する必要があること、下請業者も当該建設工事の全貌を把握し、工事現場における役割分担を確認する必要があること等から、施工体制台帳を作成する特定建設業者は、当該建設工事に係るすべての建設業者名、技術者名等を記載し工事現場における施工の分担関係を明示した施工体系図を作成し、これを当該工事現場の見やすい場所に掲げなければならないこととさ

れています。入契法では、公共工事については、施工体系図を当該工事現場の工事関係者や公衆が見やすい場所に掲げなければならないこととされています。

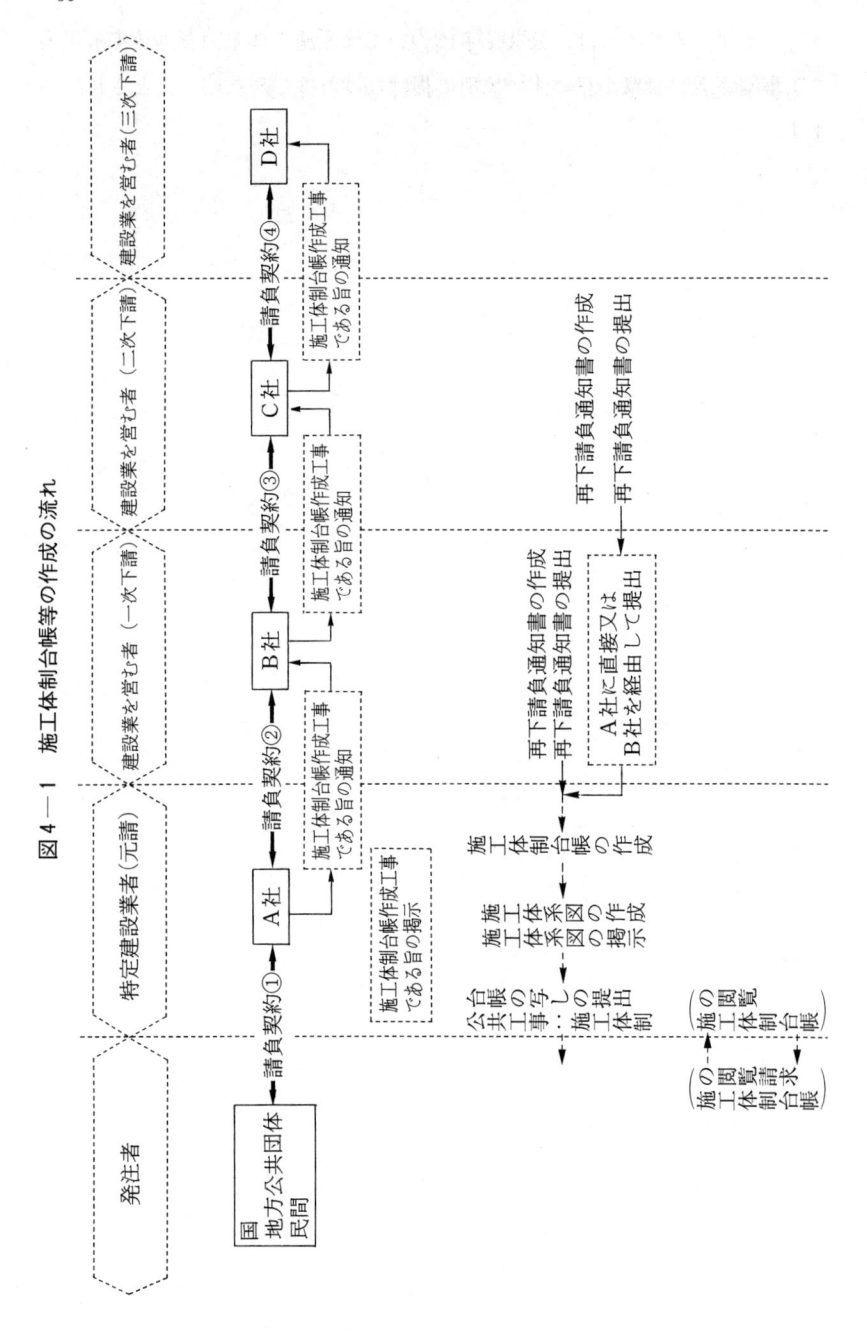

図 4 — 1　施工体制台帳等の作成の流れ

第4章 技術者の職務

表4-1 施工体制台帳の内容

記載事項	添付書類
(1) 自社(A社)に関する事項 　イ 名称、許可番号 　ロ 許可を受けている建設業の種類	
(2) 自社(A社)が発注者と締結した建設工事の請負契約①に関する事項 　イ 工事の名称、内容、発注者の名称、工期、請負契約を締結した年月日、住所 　ロ 請負契約を締結した営業所の名称、所在地 　ハ 自社(A社)が監督員を置く場合は、その者の氏名、権限、意見の申出方法 　ニ 自社(A社)が現場代理人を置く場合は、その者の氏名、権限、意見の申出方法 　ホ 監理技術者の氏名、監理技術者資格、専任か否かの別 　ヘ 自社(A社)が監理技術者に加えて専門技術者を置く場合、その者の氏名、その者がつかさどる建設工事の内容、主任技術者資格	｝請負契約書の写し 監理技術者資格(資格者証が必要な工事の場合は資格者証の写しに限る)及び雇用関係を証する書面又はこれらの写し {主任技術者資格及び雇用関係を証する書面又はこれらの写し}
(3) 自社(A社)の下請負人B社に関する事項 　イ 下請負人B社の名称、住所 　ロ 下請負人B社が建設業者の場合は、その許可番号、施工に必要な許可業種	
(4) 自社(A社)が下請負人B社と締結した建設工事の請負契約②に関する事項 　イ 工事の名称、内容、工期、請負契約を締結した年月日 　ロ 下請負人B社が監督員を置く場合は、その者の氏名、権限、意見の申出方法 　ハ 自社(A社)が現場代理人を置く場合は、その者の氏名、権限、意見の申出方法 　ニ 下請負人B社が建設業者の場合は、主任技術者の氏名、専任か否かの別 　ホ 下請負人B社が主任技術者に加えて専門技術者を置く場合、その者の氏名、その者がつかさどる建設工事の内容、主任技術者資格 　ヘ 請負契約を締結した自社(A社)の営業所の名称、所在地	｝請負契約書の写し 再下請通知書一式(その添付書類を含む)

注
1　添付書類に記載されている事項は、施工体制台帳への記載が省略できる。
2　「ヘ」の監督員に関する事項及び「ニ」の現場代理人に関する事項は、建設業法第19条の2に規定する通知書類の添付により、施工体制台帳への記載が省略できる。
3　{カッコ}書きは、該当する場合にのみ必要なものである。

表4－2　再下請負通知書の内容

記載事項	添付書類
(1) 自社に関する事項 　イ　名称、住所、(自社が建設業者の場合は、その許可番号)	
(2) 自社が注文者と締結した建設工事の請負契約に関する事項 　イ　工事の名称、請負契約を締結した年月日、注文者の名称	請負契約の写し
(3) 自社の下請負人に関する事項 　イ　下請負人の名称、住所 　ロ　下請負人が建設業者の場合は、その許可番号、施工に必要な許可業種	
(4) 自社が下請負人と締結した建設工事の請負契約に関する事項 　イ　工事の名称、内容、工期 　ロ　請負契約を締結した年月日 　ハ　{自社が監督員を置く場合は、その者の氏名、権限、意見の申出方法} 　ニ　{下請負人が現場代理人を置く場合は、その者の氏名、権限、意見の申出方法} 　ホ　{下請負人が建設業者の場合は、下請負人の置く主任技術者の氏名、主任技術者資格、専任か否かの別} 　ヘ　{下請負人が主任技術者に加えて専門技術者を置く場合は、その者の氏名、その者が管理をつかさどる建設工事の内容、主任技術者資格}	請負契約の写し

注　1　添付書類に記載されている事項は、再下請負通知書への記載が省略できる。
　　2　「ハ」の監督員に関する事項及び「ニ」の現場代理人に関する事項は、建設業法第19条の2に規定する通知書類の添付により、再下請負通知書への記載が省略できる。
　　3　{カッコ}書きは、該当する場合にのみ必要なものである。

第4章 技術者の職務

【施工体制台帳の内容と作成の流れ】

施工体制台帳の記載内容及びその添付書類は、次のようなものとなります。

①自社に関する事項
②自社が発注者と締結した建設工事の請負契約に関する事項
③自社の下請負人に関する事項
④自社が下請負人と締結した建設工事の請負契約に関する事項

また、発注者から直接建設工事を請負った特定建設業者は、下請契約の総額により施工体制台帳を作成しなければならなくなったときは、一次下請負人に対し「その請負った工事を他の建設業を営む者に請負わせたときは再下請負通知書を提出しなければならない（施工体制台帳作成建設工事である）」旨及び当該通知書を提出すべき場所（元請業者の連絡先）を遅滞なく書面により通知するとともに、当該事項を記載した書面を工事現場の見やすいところに掲げなければなりません。

一方、一次の下請業者に限らず全ての下請負人は、自らが請負った建設工事の一部をさらに他の建設業を営む者に請負わせたときは、遅滞なく施工体制台帳を作成する特定建設業者に、次のような事項からなる再下請負通知をしなければなりません。

①自社に関する事項
②自社が注文者と締結した建設工事の請負契約に関する事項
③自社の下請負人に関する事項
④自社が下請負人と締結した建設工事の請負契約に関する事項

また、再下請負通知を行った者は、その下請負人に対し「その請負った工事をさらに他の建設業を営む者に請負わせたときは再下請負通知書を提出しなければならない（施工体制台帳作成建設工事である）」旨及び当該通知書を提出すべき場所（元請業者の連絡先）を遅滞なく通知しなければなりません。

これらの具体的な仕組みを図4－1に示します。

　a　下請契約②の締結時

　　　元請であるA社は、一次下請金額の総額が3,000万円（建築一式工事の場合は4,500万円）以上の場合は、一次下請であるB社に「その請負った工事を他の建設業を営む者に請負わせたときは再下請負通知書を提出しなければならない」旨を通知するとともに、当該事項を記

載した書面を工事現場の見やすいところに掲げます。

　　また、A社は表4－1に示す記載事項と添付書類からなる施工体制台帳を作成します。
　b　下請契約③の締結時

　　一次下請であるB社がその請負った建設工事の一部を二次下請であるC社に請負わせたときは、B社はC社に対し「その請負った工事を他の建設業を営む者に請負わせたときは再下請負通知書を提出しなければならない」旨を通知します。

　　また、B社は、表4－2に示す記載事項と添付書類からなる再下請負通知書を作成し、これを元請であるA社に提出します。これにより、A社は施工体制台帳にC社の内容を追加することになります。
　c　下請契約④の締結時

　　二次下請であるC社がその請負った建設工事の一部をさらに三次下請であるD社に請負わせたときは、C社はD社に対し「その請負った工事を他の建設業を営む者に請負わせたときは再下請負通知書を提出しなければならない」旨を通知します。

　　また、C社は表4－2に示す記載事項と添付書類からなる再下請負通知書を作成し、これを元請であるA社に提出します。

　　C社が作成した再下請負通知は、C社が直接A社に提出しても、B社を経由してA社に提出してもかまいませんが、確実にかつ遅滞なくA社の手に届くことが重要です。

　　これにより、A社は施工体制台帳にD社の内容を追加することになります。
　d　D社のように、その請負った建設工事を他の建設業を営む者に請負わせていないときは、再下請負通知書の作成の義務は生じません。

【施工体制台帳の修正】

　下請負人は、再下請負通知書に記載されている事項に変更が生じた場合は、遅滞なく、変更年月日を付記して元請に通知する必要があり、また、施工体制台帳を作成する特定建設業者は施工体制台帳の修正、追加を行わなければなりません。

【施工体制台帳の様式】

　施工体制台帳や再下請負通知書には、様式は定められていませんが、施工体制台帳は工事の施工分担（請負契約関係）がわかるよう作成しなければなりません。

　また、添付書類に施工体制台帳及び再下請負通知書の記載事項が記載されていれば、記載を省略することができます。ただし、この場合、施工体制台帳や再下請負通知書に記載すべき事項が添付書類の「どこに記載されているか」を明確にしておく必要があります（表4－1、表4－2参照）。

第4章 技術者の職務

【施工体系図の作成】

施工体制台帳を作成する特定建設業者は、作成した施工体制台帳に基づき図4-2のように、建設業者の名称、工事の内容、工期、監理技術者(主任技術者)の氏名(専門技術者を置く場合はその者の氏名、その者が管理をつかさどる工事の内容)を記載した施工体系図を作成し、現場の見やすい場所(公共工事については、工事関係者及び公衆が見やすい場所)に掲げなければなりません。

施工体系図には、様式は定められていませんが、工事の施工分担がわかるようになっている必要があります。このため、図4-2のような樹状図のようなものが一般的ですが、関係業者数が多い等、樹状図にすることが困難な場合は、工事の施工分担がわかるような表にすることも可能です。

また、建設業者の追加・削除により、施工体系に変更があった場合は、速やかに施工体系図の変更又は追加・削除を行い、現時点における建設工事全体の施工体系がいつでも把握できるようにしなければなりません。

図4-2 施工体系図の記載事項

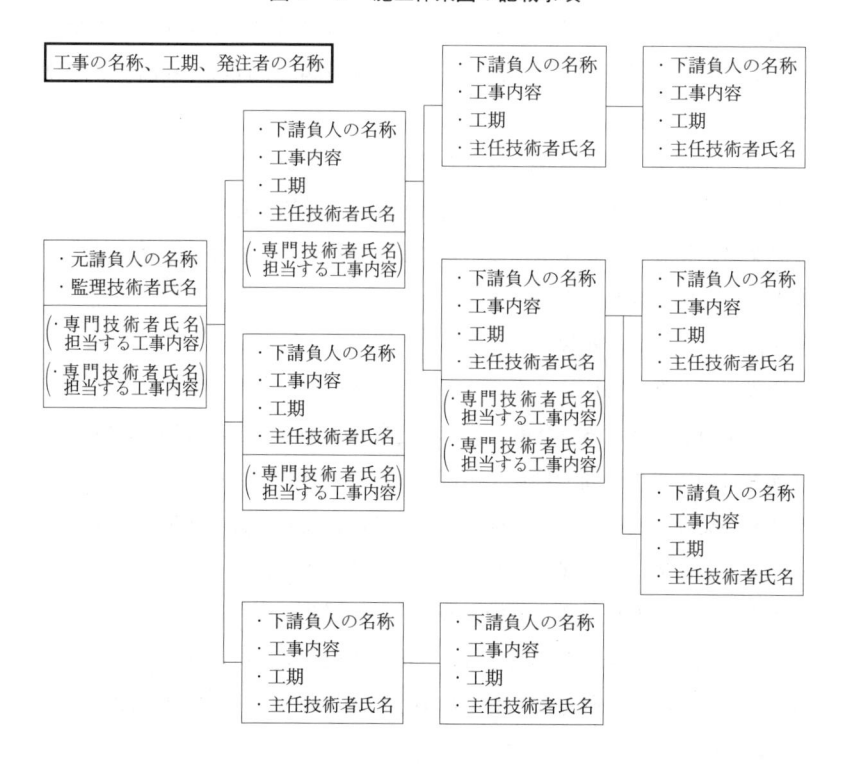

【営業に関する図書の保存】

　建設工事は工事目的物の引渡し後に瑕疵をめぐる紛争が生じることが多く、その解決の円滑化を図るために、施工に関する事実関係の証拠となる書類を適切に保存する必要があります。

　具体的には、次の(1)～(3)に掲げる図書を、目的物の引渡しをした時から10年間保存することが必要となります。

　(1)～(3)の図書は、必要に応じ当該営業所において電子計算機その他の機器を用いて明確に紙面に表示されることを条件として、電子計算機に備えられたファイル又は磁気ディスク等による記録をもって代えることができます。

(1) 完成図

　　建設工事の種類や規模、請負契約の内容によっては、完成図を作成する場合もあれば、しない場合もあるものと考えられますが、作成した場合にあっては、建設工事の目的物の完成時の状況を表した完成図を保存しなければなりません。

　　完成図としては、例えば、土木工事であれば平面図・縦断面図・横断面図・構造図等、建築工事であれば平面図・配置図・立面図・断面図等が該当します。

　　なお、完成図が作成される場合としては、①請負契約において建設業者が作成することが求められている場合、②請負契約に定めはありませんが建設業者が建設工事の施工上の必要に応じて作成した場合、③発注者から提供された場合等が考えられます。

(2) 発注者との打合せ記録

　　建設工事を進めていくに当たっては、工事内容の確認・変更、発注者からの工事方法に関する具体的な指示、建設業者からの工事方法の提案等の様々な目的で当事者間で打合せが行われるものと想定されます。こうした打合せの記録を作成している場合にあっては、建設工事の施工の過程を明らかにするため、その保存を義務付けられています。

　　工事目的物の瑕疵をめぐる紛争の解決の円滑化に資する資料を保存するという観点から、保存が必要な打合せ記録の範囲は、打合せ方法（対面、電話等）の別による限定はしませんが、当該打合せが工事内容に関するも

のであり、かつ、当該記録を当事者間で相互に交付した場合に限ることとします。

なお、いわゆる「指示書」「報告書」等についても、その名称の如何を問わず、当該記録が工事内容に関するものであって、かつ、当事者間で相互に交付された場合には、保存義務の対象となることに留意してください。

(3) 施工体系図

作成特定建設業者にあっては、建設業法第24条の7第4項の規定に基づき作成される建設工事における各下請人の施工の分担関係を表示した施工体系図の保存を義務付けられます。施工体系図は工期の進行により変更が加えられる場合が考えられますが、保存された施工体系図により、重層化した下請け構造の全体像が明らかとなるようにしなければなりません。

3 建設工事の見積り等

　建設工事の請負契約の締結に当たって、その代金がいわゆるドンブリによるものであると、疎漏工事や安全施工の阻害、下請いじめ等多くの問題を抱えることになります。

　また、建設産業の近代化を阻害している要因の一つにドンブリ勘定体質があるのではないかという指摘がなされることがあります。

　このため、建設業法では、適正な請負価格を設定することにより、建設工事の適正な施工を確保し、発注者を保護するとともに、建設業の健全な発展を促進するため、「建設業者は、建設工事の請負契約を締結するに際して、工事の内容に応じ、工事の種別ごとに材料費、労務費その他の経費の内訳を明らかにして、建設工事の見積りを行うよう努めなければならない」ことにしています。

　また、「建設業者は、建設工事の注文者から請求があったときは、請負契約が成立するまでの間に、建設工事の見積書を提示しなければならない」こととなっています。

　建設工事の見積りにおける基本的事項は、材料費、労務費、機械経費等により構成される直接工事費であり、見積りに際しては、工事の施工に係る技術的な問題点等を検討した上で、施工方法、プロセス等を具体的にイメージすることが必要となります。

　つまり、適正な見積りを行うためには、一定の技術力が必要であるということであり、技術者は、工事の施工段階ばかりでなく、見積りのような業務に携わることによって工事の受注に際しても重要な役割を持っているということです。

4 工事現場に掲げる標識

　建設業者は、その店舗及び建設工事の現場ごとに標識を掲げなければなりません。

　この趣旨は、第1に、その建設業の営業又は建設工事の施工が建設業法による許可を受けた適法な業者によってなされていることを対外的に明らかにさせることです。

　第2の目的は、建設工事においては、その工事現場が移動的かつ一時的であり、多数の下請負人が同時に施工に携わるため、安全施工、災害防止等の責任があいまいになりがちであるため、対外的にその責任主体を明確にすることです。

図 4-3　建設業法施行規則　様式第29号

建　設　業　の　許　可　票		
商　号　又　は　名　称		
代　表　者　の　氏　名		
主任技術者の氏名	専　任　の　有　無	
資格名	資格者証交付番号	
一般建設業又は特定建設業の別		
許　可　を　受　け　た　建　設　業		
許　可　番　号	国土交通大臣　知事	許可（　）第　号
許　可　年　月　日		

←40 cm以上→　（縦：40cm以上）

記載要領
1　「主任技術者の氏名」の欄は、法第26条第2項の規定に該当する場合には、「主任技術者の氏名」を「監理技術者の氏名」とし、その監理技術者の氏名を記載すること。
2　「専任の有無」の欄は、法第26条第3項の規定に該当する場合に、「専任」と記載すること。
3　「資格名」の欄は、当該主任技術者又は監理技術者が法第7条第2項ハ又は法第15条第2項イに該当する者である場合に、その者が有する資格等を記載すること。
4　「資格者証交付番号」の欄は、法第26条第4項に該当する場合に、当該監理技術者が有する資格者証の交付番号を記載すること。
5　「許可を受けた建設業」の欄には、当該建設工事の現場で行っている建設工事に係る許可を受けた建設業を記載すること。
6　「国土交通大臣　知事」については、不要のものを消すこと。

第5章 技術検定

1 技術検定制度の概要

　技術検定は、建設業法に基づき、施工技術の向上を図るため、建設業者の施工する建設工事に従事し又はしようとする者について行われるものです。

　現在、技術検定は、表5―1に示す6種目について、それぞれ1級・2級の別に、学科試験と実地試験により行われています。

　また、2級建設機械施工技術検定、2級土木施工管理技術検定、2級建築施工管理技術検定は次のようにそれぞれ種別に細分して行われています。

　・2級建設機械施工技術検定：「第一種」から「第六種」
　・2級土木施工管理技術検定：「土木」、「鋼構造物塗装」、「薬液注入」
　・2級建築施工管理技術検定：「建築」、「躯体」、「仕上げ」

　この試験においては、工事の施工に当たり、工程管理、品質管理、安全管理及び原価管理の知識並びにその応用能力が問われます。

　技術検定の合格者は、例えば「1級土木施工管理技士」のように、級及び種目の名称を冠する技士の名称を称することができ、種目、級ごとに建設業の許可基準の一つである営業所ごとに置く専任の技術者や、工事現場に置く主任技術者又は監理技術者としての要件を備えるとともに経営事項審査における技術力の評価において計上する技術者数にカウントされることになります。

　また、公共工事の発注者によっては、建設工事の現場に置く技術者について、これらの有資格者を指定する場合があります。

表5－1　技術検定の概要（令第27条の3参照）

検定種目	検定技術	指定試験機関 （試験実施機関）	国土交通省担当課
建設機械施工	建設工事の実施に当たり、建設機械を適確に操作するとともに、建設機械の運用を統一的かつ能率的に行うために必要な技術	(社)日本建設機械化協会	総合政策局 建設施工企画課
土木施工管理	土木一式工事の実施に当たり、その施工計画の作成及び当該工事の工程管理、品質管理、安全管理等工事の施工の管理を適確に行うために必要な技術	(財)全国建設研修センター	大臣官房 技術調査課
建築施工管理	建築一式工事の実施に当たり、その施工計画及び施工図の作成並びに当該工事の工程管理、品質管理、安全管理等工事の施工の管理を適確に行うために必要な技術	(財)建設業振興基金	大臣官房 官庁営繕部 整備課
電気工事施工管理	電気工事の実施に当たり、その施工計画及び施工図の作成並びに当該工事の工程管理、品質管理、安全管理等工事の施工の管理を適確に行うために必要な技術	(財)建設業振興基金	大臣官房 官庁営繕部 設備・環境課
管工事施工管理	管工事の実施に当たり、その施工計画及び施工図の作成並びに当該工事の工程管理、品質管理、安全管理等工事の施工の管理を適確に行うために必要な技術	(財)全国建設研修センター	大臣官房 官庁営繕部 設備・環境課
造園施工管理	造園工事の実施に当たり、その施工計画及び施工図の作成並びに当該工事の工程管理、品質管理、安全管理等工事の施工の管理を適確に行うために必要な技術	(財)全国建設研修センター	都市・地域整備局 公園緑地課

2 受検資格と受検手続

　技術検定を受けるためには、定められた受検資格が必要です。
　この受検資格は、技術検定の種目ごとにも規定がありますが、建設機械施工技術検定を除く種目に共通な受検資格を表5—2に示します（建設機械施工技術検定の受検資格については81頁を参照してください。）。なお、海外の学歴を有する人や、大学から大学院に飛び入学をした人は、国土交通大臣による受検資格の認定が必要となります。
　学科試験にのみ合格した人は、一定の期間内に行われる学科試験が免除され、実地試験のみを受験すればよいこととなっています（令第27条の7）。
　技術検定は、国土交通大臣が指定した表5—1の試験機関が実施しており、受検の申し込みは各試験機関に対し行います。
　学科試験及び実地試験に合格した人は、国土交通大臣に技術検定合格証明書の交付の申請をすることにより合格証明書が交付されます。図5—1に、申し込みから合格証明書の交付までの流れを示します。
　実施スケジュールは年度によって多少の変動がありますが、平成20年度の実施スケジュールは図5—2のとおりです。

表5—2　技術検定の受検資格の概要

(1)　1級の受検資格（令第27条の5第1項参照）

学　歴　等	受検に必要な実務経験年数	
	指　定　学　科	指　定　学　科　以　外
大　　　　　　　学	卒業後3年以上	卒業後4年6カ月以上
短期大学、高等専門学校	卒業後5年以上	卒業後7年6カ月以上
高　等　学　校	卒業後10年以上	卒業後11年6カ月以上
中　等　学　校	卒業後15年以上	
2級技術検定合格者	2級合格後5年以上	

（注1）　2級合格者で合格後の実務が5年に満たない者は、実務経験の総年数が次表(2)の実務経験に6年を加えた年数以上であれば受検することができる。
（注2）　実務経験の年数には、指導監督的実務経験年数1年以上が含まれていなければならない。

(注3) 中等教育学校又は高等学校卒業者若しくは2級合格者として1級を受検する者であって、指導監督的実務として専任の主任技術者の経験をしている者については、2年の実務経験年数の短縮を行う。

(2) 2級の受検資格（令第27条の5第2項参照）

学　歴　等	受検に必要な実務経験年数		
	指定学科		指定学科以外
	学科試験	実地試験	
大　　　　学	なし	卒業後1年以上	卒業後1年6ヵ月以上
短期大学・高等専門学校	なし	卒業後2年以上	卒業後3年以上
高　等　学　校	なし	卒業後3年以上	卒業後4年6ヵ月以上
上　記　以　外	8年以上		

(注1) 指定学科を修めた者は、卒業見込時に学科試験のみを受験することができる。
(注2) 指定学科を修めた場合であっても、大学卒業後1年以上、短期大学・高等専門学校卒業後2年以上、高校卒業後3年以上経過した後は、学科試験のみを受験することはできない。

注　指定学科（施工技術検定規則、建設省令第17号第2条参照）

検定種目	学　　　　　　科
土木施工管理	土木工学、都市工学、衛生工学、交通工学又は建築学に関する学科
建築施工管理	建築学、土木工学、都市工学、衛生工学、電気工学又は機械工学に関する学科
電気工事施工管理	電気工学、土木工学、都市工学、機械工学又は建築学に関する学科
管工事施工管理	土木工学、都市工学、衛生工学、電気工学、機械工学又は建築学に関する学科
造園施工管理	土木工学、園芸学、林学、都市工学、交通工学又は建築学に関する学科

(注) 土木工学に関する学科には農業土木、鉱山土木、森林土木、砂防、治山、緑地又は造園に関する学科を含む。

(3) 学科試験の免除（令第27条の7参照）

受検する級・種目・種別	免除される学科試験
1級の学科試験に合格した者	次回の技術検定の学科試験
2級の学科試験に合格した者	
建設機械施工 　建築施工管理（躯体・仕上げ） 　土木施工管理（鋼構造物塗装・薬液注入）	次回の技術検定の学科試験
その他の種目・種別	

第5章 技術検定

	大学の指定学科を修め卒業後1年以内に学科試験のみ受験し合格した者	卒業後4年以内に行われる連続する2回の技術検定の学科試験
	短大・高等専門学校の指定学科を修め卒業後2年以内に学科試験のみ受験し合格した者	卒業後5年以内に行われる連続する2回の技術検定の学科試験
	高校の指定学科を修め卒業後3年以内に学科試験のみ受験し合格した者	卒業後6年以内に行われる連続する2回の技術検定の学科試験
	その他の者	次回の技術検定の学科試験

図5−1　技術検定の申込から合格証明書交付まで

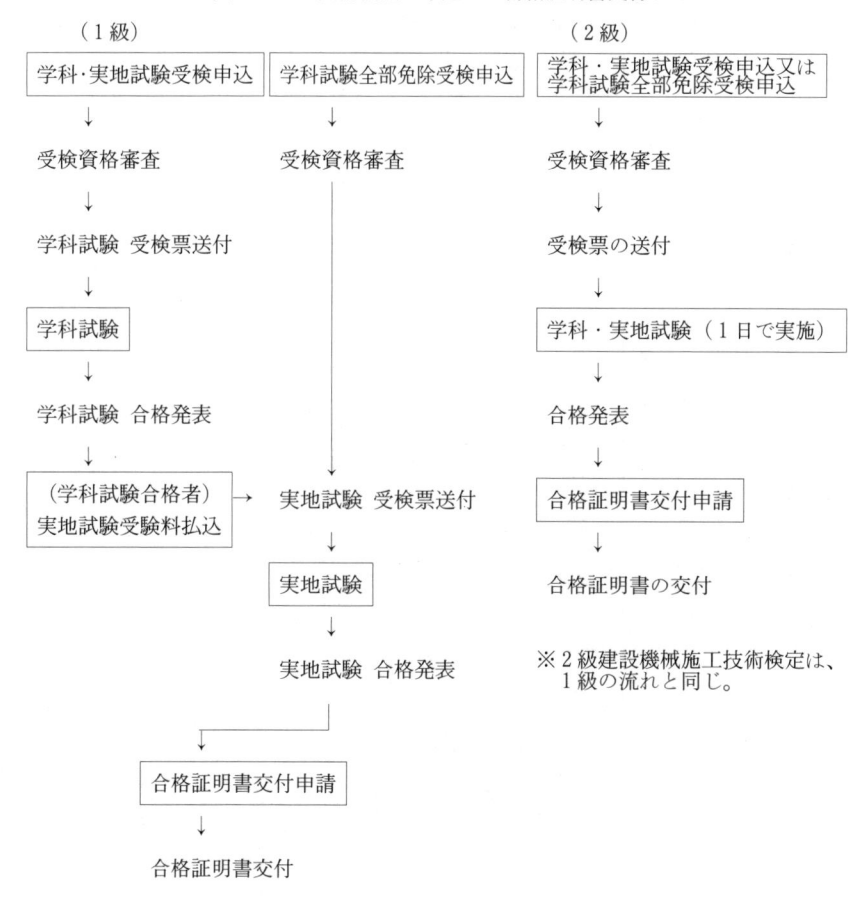

```
(1級)                                              (2級)
┌─────────────┐ ┌─────────────┐    ┌──────────────────┐
│学科・実地試験受検申込│ │学科試験全部免除受検申込│    │学科・実地試験受検申込又は│
└─────────────┘ └─────────────┘    │学科試験全部免除受検申込 │
        ↓                ↓             └──────────────────┘
    受検資格審査        受検資格審査              ↓
        ↓                ↓                  受検資格審査
   学科試験 受検票送付                           ↓
        ↓                                   受検票の送付
  ┌─────┐                                    ↓
  │学科試験│                              学科・実地試験（1日で実施）
  └─────┘                                    ↓
        ↓                                   合格発表
   学科試験 合格発表                            ↓
        ↓                ↓              合格証明書交付申請
 ┌──────────┐                               ↓
 │(学科試験合格者)│→  実地試験 受検票送付      合格証明書の交付
 │実地試験受験料払込│          ↓
 └──────────┘      ┌─────┐
                      │実地試験│        ※2級建設機械施工技術検定は、
                      └─────┘          1級の流れと同じ。
                          ↓
                    実地試験 合格発表
                          ↓
                  ┌──────────┐
                  │合格証明書交付申請│
                  └──────────┘
                          ↓
                    合格証明書交付
```

図5-2 技術検定の実施スケジュール

検定種別	級	2月	3月	4月	5月	6月	7月	8月	9月	10月	11月	12月	1月	2月	3月
建設機械施工技術検定	1級		受検申込			学科試験	学科試験合格発表		実地試験		実地試験合格発表	合格証明書交付			
	2級		受検申込			学科試験	学科試験合格発表・実地試験申込		実地試験		実地試験合格発表	合格証明書交付			
土木施工管理技術検定	1級			受検申込			学科試験	学科試験合格発表		実地試験			実地試験合格発表	合格証明書交付	
	2級			受検申込						学科・実地試験			合格発表		合格証明書交付
管工事施工管理技術検定	1級				受検申込				学科試験	学科試験合格発表	実地試験			実地試験合格発表	合格証明書交付
	2級				受検申込						学科・実地試験	合格発表			合格証明書交付
造園施工管理技術検定	1級				受検申込				学科試験	学科試験合格発表	実地試験	実地試験合格発表		合格証明書交付	
	2級				受検申込					学科・実地試験		合格発表	合格証明書交付		
建築施工管理技術検定	1級	受検申込				学科試験	学科試験合格発表			実地試験				実地試験合格発表	合格証明書交付
	2級										学科・実地試験			合格発表	合格証明書交付
電気工事施工管理技術検定	1級	受検申込				学科試験	学科試験合格発表			実地試験				実地試験合格発表	合格証明書交付
	2級										学科・実地試験			合格発表	合格証明書交付

3 種目別の試験概要

I 建設機械施工

(1) 資格のねらいと概要

　建設業における施工技術の確保等を目的に、昭和35年に建設業法の一部改正が行われ、技術検定制度が設けられました。その時に、建設機械施工が、その種目として設けられました。

　建設工事の機械化施工においては、施工能率を高め、施工品質を向上させ、工事費を軽減するためには、使用される建設機械の優劣とともに、現場で機械施工を管理し、また機械を操作する機械技術者の能力が重要な要素となります。この要請に応えるため創設されたのが「建設機械施工」の検定制度です。

　2級は、表5−3に示す6つの種別に区分されており、その種別ごとに試験が行われます。

　また、1級は種別には区分されていませんが、実地試験においては2級の6つの種別に対応する科目から2科目を選択する必要があります。

表5−3　2級建設機械施工の種別

名　称	種　別	
	内　　容	
第一種	ブルドーザー、トラクター、ショベル、モーター・スクレーパーその他これらに類する建設機械による施工	
第二種	パワー・ショベル、バックホウ、ドラグライン、クラムシェルその他これらに類する建設機械による施工	
第三種	モータ・グレーダーによる施工	
第四種	ロード・ローラー、タイヤ・ローラー、振動ローラーその他これらに類する建設機械による施工	
第五種	アスファルト・プラント、アスファルト・デストリビューター、アスファルト・フィニッシャー、コンクリート・スプレッダー、コンクリート・フィニッシャー、コンクリート表面仕上機等による施工	
第六種	くい打機、くい抜機、大口径掘削機その他これらに類する建設機械による施工	

表5—4　建設機械施工の試験科目及び試験基準

（1級）（施工技術検定規則別表第1参照）

試験区分	試験科目	試　験　基　準
学科試験	土木工学	① 建設機械による建設工事の施工に必要な土木工学に関する一般的な知識を有すること。 ② 設計図書に関する一般的な知識を有すること。
	建設機械原動機	① 建設機械の内燃機関の構造及び機能に関する一般的な知識を有すること。 ② 建設機械の内燃機関の運転及び取扱いに関する一般的な知識を有すること。 ③ 建設機械の内燃機関の衰損、故障及び不調の原因並びにその対策に関する一般的な知識を有すること。
	石油燃料	石油燃料の種類、用途及び取扱いに関する一般的な知識を有すること。
	潤滑剤	潤滑剤の種類、用途及び取扱いに関する一般的な知識を有すること。
	建設機械	① 建設機械の構造及び機能に関する一般的な知識を有すること。 ② 建設機械の運転及び取扱いに関する一般的な知識を有すること。 ③ 建設機械の衰損、故障及び不調の原因並びにその対策に関する一般的な知識を有すること。
	建設機械施工法	① 建設機械による建設工事の施工の方法に関する一般的な知識を有すること。 ② 建設機械の施工能力の測定に関する一般的な知識を有すること。 ③ 建設機械による建設工事の施工の経費の積算に関する一般的な知識を有すること。 ④ 建設機械による建設工事の施工の計画、運営及び管理に関する一般的な知識を有すること。
	法規	建設工事の施工に必要な法令に関する一般的な知識を有すること。
実地試験	右欄に掲げる科目のうち二科目 / トラクター系建設機械操作施工法	① トラクター系建設機械（ブルドーザー、トラクター、ショベル、モーター・スクレーパーその他これらに類する建設機械をいう。以下同じ。）の操作を正確に行う能力を有すること。 ② トラクター系建設機械の点検及び故障の発見を正確に行う能力を有すること。 ③ トラクター系建設機械による建設工事の施工を適確に行う能力を有すること。
	ショベル系建設機械操作施工法	① ショベル系建設機械（パワー・ショベル、バックホウ、ドラグライン、クラムシェルその他これらに類する建設機械をいう。以下同じ。）の操作を正確に行う能力を有すること。 ② ショベル系建設機械の点検及び故障の発見を正確に行う能力を有すること。 ③ ショベル系建設機械による建設工事の施工を適確に行う能力を有すること。
		① モーター・グレーダーの操作を正確に行う能力を有すること。

実地試験	右欄に掲げる科目のうち二科目	モーター・グレーダー操作施工法	② モーター・グレーダーの点検及び故障の発見を正確に行う能力を有すること。 ③ モーター・グレーダーによる建設工事の施工を適確に行う能力を有すること。
		締め固め建設機械操作施工法	① 締め固め建設機械(ロード・ローラー、タイヤ・ローラー、振動ローラーその他これらに類する建設機械をいう。以下同じ。)の操作を正確に行う能力を有すること。 ② 締め固め建設機械の点検及び故障の発見を正確に行う能力を有すること。 ③ 締め固め建設機械による建設工事の施工を適確に行う能力を有すること。
		ほ装用建設機械操作施工法	① ほ装用建設機械(アスファルト・プラント、アスファルト・デストリビューター、アスファルト・フィニッシャー、コンクリート・スプレッダー、コンクリート・フィニッシャー、コンクリート表面仕上機等をいう。以下同じ。)の操作を正確に行う能力を有すること。 ② ほ装用建設機械の点検及び故障の発見を正確に行う能力を有すること。 ③ ほ装用建設機械による建設工事の施工を適確に行う能力を有すること。
		基礎工事用建設機械操作施工法	① 基礎工事用建設機械(くい打機、くい抜機、大口径掘削機その他これらに類する建設機械をいう。以下同じ。)の操作を正確に行う能力を有すること。 ② 基礎工事用建設機械の点検及び故障の発見を正確に行う能力を有すること。 ③ 基礎工事用建設機械による建設工事の施工を適確に行う能力を有すること。
	建設機械組合せ施工法		建設機械の組合せによる建設工事の施工の監督を適確に行う能力を有すること。

(2級)(施工技術検定規則別表第2参照)

試験区分	試験科目	試 験 基 準
学科試験	土木工学	① 建設機械による建設工事の施工に必要な土木工学に関する概略の知識を有すること。 ② 設計図書を正確に読みとるための知識を有すること。
	建設機械原動機	① 建設機械の内燃機関の構造及び機能に関する概略の知識を有すること。 ② 建設機械の内燃機関の運転及び取扱いに関する概略の知識を有すること。 ③ 建設機械の内燃機関の衰損、故障及び不調の原因並びにその対策に関する概略の知識を有すること。
	石油燃料	石油燃料の種類、用途及び取扱いに関する概略の知識を有すること。
	潤滑剤	潤滑剤の種類、用途及び取扱いに関する概略の知識を有すること。
	トラクター系建設機械	① トラクター系建設機械の構造及び機能に関する一般的な知識を有すること。 ② トラクター系建設機械の運転及び取扱いに関する一般的な知識を有すること。 ③ トラクター系建設機械の衰損、故障及び不調の原因並びにその対策に関する一般的な知識を有すること。
	ショベル系建設機械	① ショベル系建設機械の構造及び機能に関する一般的な知識を有すること。 ② ショベル系建設機械の運転及び取扱いに関する一般的な知識を有すること。 ③ ショベル系建設機械の衰損、故障及び不調の原因並びにその対策に関する一般的な知識を有すること。
	モーター・グレーダー	① モーター・グレーダーの構造及び機能に関する一般的な知識を有すること。 ② モーター・グレーダーの運転及び取扱いに関する一般的な知識を有すること。 ③ モーター・グレーダーの衰損、故障及び不調の原因並びにその対策に関する一般的な知識を有すること。
	締め固め建設機械	① 締め固め建設機械の構造及び機能に関する一般的な知識を有すること。 ② 締め固め建設機械の運転及び取扱いに関する一般的な知識を有すること。 ③ 締め固め建設機械の衰損、故障及び不調の原因並びにその対策に関する一般的な知識を有すること。
	ほ装用建設機械	① ほ装用建設機械の構造及び機能に関する一般的な知識を有すること。 ② ほ装用建設機械の運転及び取扱いに関する一般的な知識を有すること。 ③ ほ装用建設機械の衰損、故障及び不調の原因並びにその対策に関する一般的な知識を有すること。
	基礎工事用建設機械	① 基礎工事用建設機械の構造及び機能に関する一般的な知識を有すること。 ② 基礎工事用建設機械の運転及び取扱いに関する一般的な知識を有すること。

学科試験		③ 基礎工事用建設機械の衰損、故障及び不調の原因並びにその対策に関する一般的な知識を有すること。
	トラクター系建設機械施工法	① トラクター系建設機械による建設工事の施工の方法に関する一般的な知識を有すること。 ② トラクター系建設機械を主にした建設機械の組合せによる建設工事の施工に関する概略の知識を有すること。 ③ トラクター系建設機械の施工能力の測定に関する一般的な知識を有すること。 ④ トラクター系建設機械による建設工事の施工の運営及び管理に関する概略の知識を有すること。
	ショベル系建設機械施工法	① ショベル系建設機械による建設工事の施工の方法に関する一般的な知識を有すること。 ② ショベル系建設機械を主にした建設機械の組合せによる建設工事の施工に関する概略の知識を有すること。 ③ ショベル系建設機械の施工能力の測定に関する一般的な知識を有すること。 ④ ショベル系建設機械による建設工事の施工の運営及び管理に関する概略の知識を有すること。
	モーター・グレーダー施工法	① モーター・グレーダーによる建設工事の施工の方法に関する一般的な知識を有すること。 ② モーター・グレーダーを主にした建設機械の組合せによる建設工事の施工に関する概略の知識を有すること。 ③ モーター・グレーダーの施工能力の測定に関する一般的な知識を有すること。 ④ モーター・グレーダーによる建設工事の施工の運営及び管理に関する概略の知識を有すること。
	締め固め建設機械施工法	① 締め固め建設機械による建設工事の施工の方法に関する一般的な知識を有すること。 ② 締め固め建設機械を主にした建設機械の組合せによる建設工事の施工に関する概略の知識を有すること。 ③ 締め固め建設機械の施工能力の測定に関する一般的な知識を有すること。 ④ 締め固め建設機械による建設工事の施工の運営及び管理に関する概略の知識を有すること。
	ほ装用建設機械施工法	① ほ装用建設機械による建設工事の施工の方法に関する一般的な知識を有すること。 ② ほ装用建設機械を主にした建設機械の組合せによる建設工事の施工に関する概略の知識を有すること。 ③ ほ装用建設機械の施工能力の測定に関する一般的な知識を有すること。 ④ ほ装用建設機械による建設工事の施工の運営及び管理に関する概略の知識を有すること。
	基礎工事用建設機械施工法	① 基礎工事用建設機械による建設工事の施工の方法に関する一般的な知識を有すること。 ② 基礎工事用建設機械を主にした建設機械の組合せによる建設工事の施工に関する概略の知識を有すること。 ③ 基礎工事用建設機械の施工能力の測定に関する一般的な知識を有すること。 ④ 基礎工事用建設機械による建設工事の施工の運営及び管理に関する概略の知識を有すること。
	法　　規	建設工事の施工に必要な法令に関する概略の知識を有すること。

実地試験	トラクター系建設機械操作施工法	① トラクター系建設機械の操作を正確に行う能力を有すること。 ② トラクター系建設機械の点検及び故障の発見を正確に行う能力を有すること。 ③ トラクター系建設機械による建設工事の施工を適確に行う能力を有すること。
	ショベル系建設機械操作施工法	① ショベル系建設機械の操作を正確に行う能力を有すること。 ② ショベル系建設機械の点検及び故障の発見を正確に行う能力を有すること。 ③ ショベル系建設機械による建設工事の施工を適確に行う能力を有すること。
	モーター・グレーダー操作施工法	① モーター・グレーダーの操作を正確に行う能力を有すること。 ② モーター・グレーダーの点検及び故障の発見を正確に行う能力を有すること。 ③ モーター・グレーダーによる建設工事の施工を適確に行う能力を有すること。
	締め固め建設機械操作施工法	① 締め固め建設機械の操作を正確に行う能力を有すること。 ② 締め固め建設機械の点検及び故障の発見を正確に行う能力を有すること。 ③ 締め固め建設機械による建設工事の施工を適確に行う能力を有すること。
	ほ装用建設機械操作施工法	① ほ装用建設機械の操作を正確に行う能力を有すること。 ② ほ装用建設機械の点検及び故障の発見を正確に行う能力を有すること。 ③ ほ装用建設機械による建設工事の施工を適確に行う能力を有すること。
	基礎工事用建設機械操作施工法	① 基礎工事用建設機械の操作を正確に行う能力を有すること。 ② 基礎工事用建設機械の点検及び故障の発見を正確に行う能力を有すること。 ③ 基礎工事用建設機械による建設工事の施工を適確に行う能力を有すること。

表5－5　建設機械施工の試験の出題範囲（平成20年度）

(1) 学科出題範囲

級別区分	出題方式	試験科目	出題数	解答数
1級	択一式	7科目	50問	40問
		土木工学	16	10
		建設機械原動機	2	2
		石油燃料	1	1
		潤滑剤	1	1
		建設機械	10	10
		建設機械施工法	10	10
		法規	10	6
	記述式	2科目	6問	2問
		土木関係科目	3	1
		機械関係科目	3	1
2級	択一式共通問題	5科目	30問	20問
		土木工学	16	10
		建設機械原動機	2	2
		石油燃料	1	1
		潤滑剤	1	1
		法規	10	6
	択一式種別問題（第1種～第6種）	2科目	20問	20問
		建設機械（種別）	10	10
		建設機械施工法（種別）	10	10

　択一式は試験科目から平均して出題されますが、記述式の場合、選択して解答することになります。

(2) 実地出題範囲

級別区分	試験科目	使用機械
1級・2級	トラクター系建設機械操作施工法 ① 基本動作試験 ② 作業試験 ③ 総合評価	ブルドーザー（6～12t級）
	ショベル系建設機械操作施工法 ① 基本動作試験 ② 作業試験 ③ 総合評価	バックホウ（0.28～0.45㎡級）
	モーター・グレーダー操作施工法 ① 基本動作試験 ② 作業試験 ③ 総合評価	モーター・グレーダー（3.1m級）
	締固め建設機械操作施工法 ① 基本動作試験 ② 作業試験 ③ 総合評価	ロード・ローラー（10～12t級）
	ほ装用建設機械操作施工法 ① 基本動作試験 ② 作業試験 ③ 総合評価	アスファルトフィニッシャー（ほ装幅2.5～6m級）
	基礎工事用建設機械操作施工法 ① 基本動作試験 ② 作業試験 ③ 総合評価	杭打機 （アースオーガ30Kw級）
1級	建設機械組合せ施工法（記述式） 出題　1問　解答　1問	

　実地試験は1、2級とも同じコースで実施されるため区別はありません。制限時間内に建設機械による操作施工を適切に行うことができるかどうかが試験されます。

(2) 受検資格

受検資格は表5－6に示すとおりです。

また、2級の技術検定合格者は、合格した種別に関して、1級の実地試験の選択科目が免除されます。

表5－6　建設機械施工技術検定の受検資格

1）1級建設機械施工技術検定

学歴又は資格	必要な実務経験年数			
	指定学科		指定学科以外	
	専任の主任技術者	指導監督的実務経験	専任の主任技術者	指導監督的実務経験
大学卒業後		3年以上		4年6ヵ月以上
短期大学、高等専門学校卒業後		5年以上		7年6ヵ月以上
高等学校卒業後	8年以上	10年以上	9年6ヵ月以上	11年6ヵ月以上
上記学歴によらない場合	専任の主任技術者　　13年以上			
	指導監督的実務経験　15年以上			

2級建設機械施工技術検定合格者		指定学科		指定学科以外	
		専任の主任技術者	指導監督的実務経験	専任の主任技術者	指導監督的実務経験
	高等学校卒業後	次のいずれかに該当 ①2級の種別の一つの経験が2年以上で、他の種別を通算して6年以上 ②同上の経験が1年6ヵ月以上2年未満で、他の種別を通算して7年以上 ③2級合格後3年以上	次のいずれかに該当 ①2級の種別の一つの経験が2年以上で、他の種別を通算して8年以上 ②同上の経験が1年6ヵ月以上2年未満で、他の種別を通算して9年以上 ③2級合格後5年以上	次のいずれかに該当 ①2級の種別の一つの経験が3年以上で、他の種別を通算して7年以上 ②同上の経験が2年3ヵ月以上3年未満で、他の種別を通算して8年6ヵ月以上 ③2級合格後3年以上	次のいずれかに該当 ①2級の種別の一つの経験が3年以上で、他の種別を通算して9年以上 ②同上の経験が2年3ヵ月以上3年未満で、他の種別を通算して10年6ヵ月以上 ③2級合格後5年以上
	上記学歴によらない場合	専任の主任技術者 　次のいずれかに該当 　①2級の種別の一つの経験が6年以上で、他の種別を通算して10年以上 　②同上の経験が4年以上6年未満で、他の種別を通算して12年以上 　③2級合格後3年以上 指導監督的実務経験 　次のいずれかに該当 　①2級の種別の一つの経験が6年以上で、他の種別を通算して12年以上 　②同上の経験が4年以上6年未満で、他の種別を通算して14年以上 　③2級合格後5年以上			

注）1．「専任の主任技術者」とは、現場における専任の主任技術者を1年以上経験していること。
　　2．「指導監督的実務経験」とは、現場における指導監督的実務経験を1年以上有していること。

2) 2級建設機械施工技術検定

学歴又は資格	必要な実務経験年数	
	指定学科	指定学科以外
大学卒業後	受検しようとする種別に6カ月以上で、他の種別の経験を通算して1年以上	受検しようとする種別に9カ月以上で、他の種別の経験を通算して1年6カ月以上
短期大学、高等専門学校卒業後	次のいずれかに該当 ①受検しようとする種別に1年6カ月以上 ②同上の経験が1年以上1年6カ月未満で、他の種別の経験を通算して2年以上	次のいずれかに該当 ①受検しようとする種別に2年以上 ②同上の経験が1年6カ月以上2年未満で、他の種別の経験を通算して3年以上
高等学校卒業後	次のいずれかに該当 ①受検しようとする種別に2年以上 ②同上の経験が1年6カ月以上2年未満で、他の種別の経験を通算して3年以上	次のいずれかに該当 ①受検しようとする種別に3年以上 ②同上の経験が2年3カ月以上3年未満で、他の種別の経験を通算して4年6カ月以上
上記学歴によらない場合	次のいずれかに該当 ①受検しようとする種別に6年以上 ②同上の経験が4年以上6年未満で、他の種別の経験を通算して8年以上	

注 指定学科

建設機械施工	土木工学(農業土木、鉱山土木、森林土木、砂防、治山、緑地又は造園に関する学科を含む。)、都市工学、衛生工学、交通工学、電気工学、機械工学又は建築学に関する学科

(3) 問合せ先その他

 イ 指定試験機関

  社団法人 日本建設機械化協会

  〒105-0011 東京都港区芝公園3-5-8 機械振興会館

  TEL 03-3433-1575

 ロ 受験の手引き販売先と最寄の問合せ先

名称	所在地		電話番号
㈳日本建設機械化協会試験部	〒105-0011	東京都港区芝公園3-5-8 機械振興会館2F	03-3433-1575
同 北海道支部	〒060-0003	札幌市中央区北3条西2-8 さつけんビル5F	011-231-4428
同 東北支部	〒980-0802	仙台市青葉区二日町16-1 二日町東急ビル5F	022-222-3915
同 北陸支部	〒951-8131	新潟市中央区新光町6-1 興和ビル9F	025-280-0128

同	中 部 支 部	〒460-0008	名古屋市中区栄4-3-26 昭和ビル9F	052-241-2394
同	関 西 支 部	〒540-0012	大阪市中央区谷町2-7-4 谷町スリースリーズビル8F	06-6941-8845
同	中 国 支 部	〒730-0013	広島市中区八丁堀12-22 築地ビル4F	082-221-6841
同	四 国 支 部	〒760-0066	高松市福岡町3-11-22 建設クリエイトビル4F	087-821-8074
同	九 州 支 部	〒810-0041	福岡市博多区博多駅東2-8-26	092-436-3322
㈳沖縄建設弘済会		〒901-2122	浦添市字勢理客4-18-1 トヨタマイカーセンター4F	098-879-2097

Ⅱ 土木施工管理

(1) 資格のねらいと概要

　　土木施工管理技術検定制度は、昭和44年に創設されました。この技術検定は、建設工事を確実にかつ安全に施工するため、建設業28業種のうち8業種〔土木一式工事、とび・土工・コンクリート工事、石工事（コンクリートブロック積工事等）、鋼構造物工事、ほ装工事、しゅんせつ工事、塗装工事、水道施設工事〕について、施工計画の作成、施工現場における工程管理、品質管理、安全管理等、工事の施工に必要な技術上の管理能力を問うものです。

　　なお、2級は、昭和59年度から、「土木」、「鋼構造物塗装」、「薬液注入」の3つの種別に分けて実施されています。

表5—7　土木施工管理の試験科目及び試験基準
（1級）（施工技術検定規則別表第1参照）

試験区分	試験科目	試　験　基　準
学科試験	土木工学等	① 土木一式工事の施工に必要な土木工学、電気工学、機械工学及び建築学に関する一般的な知識を有すること。 ② 設計図書に関する一般的な知識を有すること。
	施工管理法	土木一式工事の施工計画の作成方法及び工程管理、品質管理、安全管理等工事の施工の管理方法に関する一般的な知識を有すること。
	法　規	建設工事の施工に必要な法令に関する一般的な知識を有すること。
実地試験	施工管理法	① 土質試験及び土木材料の強度等の試験を正確に行うことができ、かつ、その試験の結果に基づいて工事の目的物に所要の強度を得る等のために必要な措置を行うことができる高度の応用能力を有すること。 ② 設計図書に基づいて工事現場における施工計画を適切に作成すること、又は施工計画を実施することができる高度の応用能力を有すること。

第 5 章　技術検定

（2級）（施工技術検定規則別表第2参照）

試験区分	試験科目	試　験　基　準
学科試験	土木工学等	① 土木一式工事の施工に必要な土木工学、電気工学、機械工学及び建築学に関する概略の知識を有すること。 ② 設計図書を正確に読みとるための知識を有すること。
	施工管理法	土木一式工事の施工計画の作成方法及び工程管理、品質管理、安全管理等工事の施工の管理方法に関する概略の知識を有すること。
	鋼構造物塗装施工管理法	土木一式工事のうち鋼構造物塗装に係る工事の施工計画の作成方法及び工程管理、品質管理、安全管理等工事の施工の管理方法に関する一般的な知識を有すること。
	薬液注入施工管理法	土木一式工事のうち薬液注入に係る工事の施工計画の作成方法及び工程管理、品質管理、安全管理等工事の施工の管理方法に関する一般的な知識を有すること。
	法規	建設工事の施工に必要な法令に関する概略の知識を有すること。
実地試験	施工管理法	① 土質試験及び土木材料の強度等の試験を正確に行うことができ、かつ、その試験の結果に基づいて工事の目的物に所要の強度を得る等のために必要な措置を行うことができる一応の応用能力を有すること。 ② 設計図書に基づいて工事現場における施工計画を適切に作成すること、又は施工計画を実施することができる一応の応用能力を有すること。
	鋼構造物塗装施工管理法	① 鋼構造物塗装に係る土木材料の特性等を正確に把握することができ、かつ、鋼構造物の防錆等の工事の目的に必要な措置を行うことができる高度の応用能力を有すること。 ② 設計図書に基づいて土木一式工事のうち鋼構造物塗装に係る工事の工事現場における施工計画を適切に作成すること、又は施工計画を実施することができる高度の応用能力を有すること。
	薬液注入施工管理法	① 薬液注入に係る土木材料の特性等を正確に把握することができ、かつ、地盤の強化等の工事の目的に必要な措置を行うことができる高度の応用能力を有すること。 ② 設計図書に基づいて土木一式工事のうち薬液注入に係る工事の工事現場における施工計画を適切に作成すること、又は施工計画を実施することができる高度の応用能力を有すること。

表 5-8　土木施工管理の試験の出題範囲（平成20年度）

区分	科目	1級		2級					
				土木		鋼構造物塗装		薬液注入	
		出題数	解答数	出題数	解答数	出題数	解答数	出題数	解答数
学科試験	土木工学等（Ⅰ） 　土　　　　工 　コンクリート 　基　　　　礎	15	12	11	9	土木工学概論 材料 施工 18	16	18	16
	土木工学等（Ⅱ） 　構造物（コンクリート・鋼） 　河　川　・　砂　防 　道　路　・　舗　装 　ダム・水力・トンネル 　海　岸　・　港　湾 　鉄　道　・　地　下　鉄 　上　　下　　水　　道	34	10	20	6				
	法　規 　労　働　基　準　法 　労　働　安　全　衛　生　法 　建　　設　　業　　法 　道　路　関　係　法 　河　川　関　係　法 　建　築　基　準　法 　火　薬　類　取　締　法 　公　害　関　係　法 　港　　則　　法	12	8	11	6	11	6	11	6
	土木工学等（Ⅲ） 　測　　　　　　量 　設　計　図　書 　電　気　・　機　械	5	5	4	4	3	3	3	3
	施工管理法 　施　工　計　画 　（建　設　機　械） 　工　程　管　理 　安　全　管　理 　（建　設　機　械） 　品　質　管　理 　環　境　保　全　計　画 　廃　棄　物　処　理	30	30	15	15	15	15	15	15
	計	96	65	61	40	47	40	47	40
実地試験	施工管理法	記述式問題 出題6問 解答4問		記述式問題 出題5問　　解答4問					

学科試験は四肢択一問題となっています。

(2) 受検資格

受検資格は原則として前出表5—2に示したとおりです。

また、下記の部門の技術士で、表5—2の受検資格を有する方は、1・2級の学科試験が免除されます。

(昭和45年5月7日建設省告示第758号を参照)

- 建設部門
- 上下水道部門
- 農業部門（選択科目を「農業土木」とするもの）
- 森林部門（選択科目を「森林土木」とするもの）
- 水産部門（選択科目を「水産土木」とするもの）
- 総合技術監理部門（選択科目を建設部門若しくは上下水道部門に係るもの、「農業土木」、「森林土木」又は「水産土木」とするもの）

---

(3) 問合せ先その他

イ 指定試験機関

　　財団法人　全国建設研修センター

　　〒100-0014　東京都千代田区永田町1-11-30 サウスヒル永田町ビル

　　TEL 03-3581-0138

ロ 受験の手引き販売先

　　㈶全国建設研修センターの他、下記においても取り扱っています。

　　㈶北海道開発協会　　㈳東北建設協会　　㈳関東建設弘済会
　　㈳北陸建設弘済会　　㈳中部建設協会　　㈳近畿建設協会
　　㈳中国建設弘済会　　㈳四国建設弘済会　㈳九州建設弘済会
　　㈳沖縄建設弘済会

Ⅲ 建築施工管理

(1) 資格のねらいと概要

建築施工管理技術検定制度は、昭和58年に創設されました。

建築工事に係る主な資格として、建築士と建築施工管理技士がありますが、この2つの資格の役割の違いを示す言葉として、「工事監理」と「施工管理」とが用いられます。工事監理は建築主の依頼により設計者などが工事が設計図書のとおりに実施されているかを確認する行為を示し、施工管理は工事施工者自らが工事に関して行う品質管理等の行為を示しますが、建築工事が適正に行われるためには、2つのカンリは対等であることが望ましいと考えられます。

建築施工管理技術検定は、工事監理と施工管理の立場を明確に区分し、建築工事がより適正に行われることを期待して設けられたものです。

なお、2級は、「建築」、「躯体」、「仕上げ」の3つの種別に分けて実施されています。

表5-9 建築施工管理の試験科目及び試験基準

(1級)(施工技術検定規則別表第1参照)

試験区分	試験科目	試 験 基 準
学科試験	建築学等	① 建築一式工事の施工に必要な建築学、土木工学、電気工学及び機械工学に関する一般的な知識を有すること。 ② 設計図書に関する一般的な知識を有すること。
	施工管理法	建築一式工事の施工計画の作成方法及び工程管理、品質管理、安全管理等工事の施工の管理方法に関する一般的な知識を有すること。
	法規	建設工事の施工に必要な法令に関する一般的な知識を有すること。
実地試験	施工管理法	① 建築材料の強度等を正確に把握し、及び工事の目的物に所要の強度、外観等を得るために必要な措置を適切に行うことができる高度の応用能力を有すること。 ② 設計図書に基づいて、工事現場における施工計画を適切に作成し、及び施工図を適正に作成することができる高度の応用能力を有すること。

(2級)(施工技術検定規則別表第2参照)

試験区分	試験科目	試験基準
学科試験	建築学等	① 建築一式工事の施工に必要な建築学、土木工学、電気工学及び機械工学に関する概略の知識を有すること。 ② 設計図書を正確に読みとるための知識を有すること。
	施工管理法	建築一式工事の施工計画の作成方法及び工程管理、品質管理、安全管理等工事の施工の管理方法に関する概略の知識を有すること。
	躯体施工管理法	建築一式工事のうち基礎及び躯体に係る工事の施工計画の作成方法及び工程管理、品質管理、安全管理等工事の施工の管理方法に関する一般的な知識を有すること。
	仕上施工管理法	建築一式工事のうち仕上げに係る工事の施工計画の作成方法及び工程管理、品質管理、安全管理等工事の施工の管理方法に関する一般的な知識を有すること。
	法規	建設工事の施工に必要な法令に関する概略の知識を有すること。
実地試験	施工管理法	① 建築材料の強度等を正確に把握し、及び工事の目的物に所要の強度、外観等を得るために必要な措置を適切に行うことができる一応の応用能力を有すること。 ② 設計図書に基づいて、工事現場における施工計画を適切に作成し、及び施工図を適正に作成することができる一応の応用能力を有すること。
	躯体施工管理法	① 基礎及び躯体に係る建築材料の強度等を正確に把握し、及び工事の目的物に所要の強度等を得るために必要な措置を適切に行うことができる高度の応用能力を有すること。 ② 設計図書に基づいて、建築一式工事のうち基礎及び躯体に係る工事の工事現場における施工計画を適切に作成し、及び施工図を適正に作成することができる高度の応用能力を有すること。
	仕上施工管理法	① 仕上げに係る建築材料の強度等を正確に把握し、及び工事の目的物に所要の強度、外観等を得るために必要な措置を適切に行うことができる高度の応用能力を有すること。 ② 設計図書に基づいて、建築一式工事のうち仕上げに係る工事の工事現場における施工計画を適切に作成し、及び施工図を適正に作成することができる高度の応用能力を有すること。

表5−10　建築施工管理の試験の出題範囲（平成20年度）

区分	科目	細分	細目	1級 出題数	1級 解答数	2級 建築 出題数	2級 建築 解答数	2級 躯体 出題数	2級 躯体 解答数	2級 仕上げ 出題数	2級 仕上げ 解答数
学科試験	建築学等	建築学	計画・原論 一般構造 構造力学 建築材料	15	12	出題14問	解答9問				
		施工	施工	25	10	30	12	30	12	30	12
		共通	外構等 土木等 機械設備関係 電気設備関係 設計関係 契約関係	5	5	出題3問	解答3問				
	施工管理法		工事施工 施工計画 工程管理 品質管理 安全管理	25	25	10	10	10	10	10	10
	法規		建築基準法 建設業法 労働基準法 労働安全衛生法 その他関連法規	12	8	出題8問	解答6問				
			計	82	60	65	40	65	40	65	40
実地試験	・建築学等に関する知識 ・施工管理法 ・法規			記述式問題 出題6問 解答6問		記述式問題 出題5問　解答5問					

学科試験は四肢択一問題となっています。

(2) 受検資格

受検資格は前出表5－2に示す以外に、次に示す方にも与えられています。

（1級）（昭和37年11月1日建設省告示第2755号の22を参照）

> 2級建築士試験に合格した後建築工事に関し指導監督的実務経験1年以上を含む5年以上の実務経験を有する者

（2級）（平成17年6月17日国土交通省告示第609号を参照）

職業能力開発促進法による技能検定に合格した者。

（受験種別ごとの検定職種は、下記のとおりです。）

受験種別	技 能 検 定 職 種
躯　体	鉄工（選択科目を「構造物鉄工作業」とするものに限る。）、とび、ブロック建築、エーエルシーパネル施工、型枠施工、コンクリート圧送施工、鉄筋施工（選択科目を「鉄筋組立て作業」とするものに限る。） ※上記職種に関する2級技能検定に合格した者は、別途、躯体工事に関し4年以上の実務経験が必要
仕上げ	建築板金（選択科目を「内外装板金作業」とするものに限る。）、石材施工（選択科目を「石張り作業」とするものに限る。）、建築大工、左官、れんが積み、タイル張り、畳製作、防水施工、内装仕上げ施工（選択科目を「プラスチック系床仕上げ工事作業」、「カーペット系床仕上げ工事作業」、「鋼製下地工事作業」又は「ボード仕上げ工事作業」とするものに限る。）、スレート施工、熱絶縁施工、カーテンウォール施工、サッシ施工、ガラス施工、表装（選択科目を「壁装作業」とするものに限る。）、塗装（選択科目を「建築塗装作業」とするものに限る。） ※上記職種に関する2級技能検定に合格した者は、別途、仕上げ工事に関し4年以上の実務経験が必要

また、1級建築士試験に合格している方で、表5－2の受検資格を有する方は、1・2級の学科試験が免除されます。
（昭和45年5月7日建設省告示第758号を参照）
(3)　問合せ先その他
　　イ　指定試験機関
　　　　　財団法人　建設業振興基金
　　　　　　〒105-0001　東京都港区虎ノ門4-2-12 虎ノ門4丁目MTビル2号館
　　　　　　TEL　03-5473-1581
　　ロ　受験の手引き販売先
　　　　　㈶建設業振興基金の他、下記においても取り扱っています。
　　　　　　㈶北海道開発協会　　㈳東北建設協会　　㈳関東建設弘済会
　　　　　　㈳北陸建設弘済会　　㈳中部建設協会　　㈳近畿建設協会
　　　　　　㈳中国建設弘済会　　㈳四国建設弘済会　㈳九州建設弘済会
　　　　　　㈳沖縄建設弘済会　　㈳公共建築協会

Ⅳ 電気工事施工管理

(1) 資格のねらいと概要

　　電気工事業においては、建築設備等の高度化、多様化から、その必要性が強く、6番目の技術検定種目として、昭和63年度より実施されています。

　　この技術検定に基づく施工管理技士は、請負工事を受注した側で、その工事を適正に施工していくための施工管理をする者の資格です。

表5-11　電気工事施工管理の試験科目と試験基準

(1級)(施工技術検定規則別表第1参照)

試験区分	試験科目	試験基準
学科試験	電気工学等	① 電気工事の施工に必要な電気工学、土木工学、機械工学及び建築学に関する一般的な知識を有すること。 ② 発電設備、変電設備、送配電設備、構内電気設備等に関する一般的な知識を有すること。 ③ 設計図書に関する一般的な知識を有すること。
学科試験	施工管理法	電気工事の施工計画の作成方法及び工程管理、品質管理、安全管理等工事の施工の管理方法に関する一般的な知識を有すること。
学科試験	法規	建設工事の施工に必要な法令に関する一般的な知識を有すること。
実地試験	施工管理法	設計図書で要求される電気設備の性能を確保するために設計図書を正確に理解し、電気設備の施工図を適正に作成し、及び必要な機材の選定、配置等を適切に行うことができる高度の応用能力を有すること。

（2級）（施工技術検定規則別表第2参照）

試験区分	試験科目	試験基準
学科試験	電気工学等	① 電気工事の施工に必要な電気工学、土木工学、機械工学及び建築学に関する概略の知識を有すること。 ② 電気設備に関する概略の知識を有すること。 ③ 設計図書を正確に読み取るための知識を有すること。
	施工管理法	電気工事の施工計画の作成方法及び工程管理、品質管理、安全管理等工事の施工の管理方法に関する概略の知識を有すること。
	法規	建設工事の施工に必要な法令に関する概略の知識を有すること。
実地試験	施工管理法	設計図書で要求される電気設備の性能を確保するために設計図書を正確に理解し、電気設備の施工図を適正に作成し、及び必要な機材の選定、配置等を適切に行うことができる一応の応用能力を有すること。

表 5—12 電気工事施工管理の試験の出題範囲（平成20年度）

区分	科目	細分	細目	1級 出題数	1級 解答数	2級 出題数	2級 解答数
学科試験	電気工学等	電気工学	電気理論 電気機器 電力系統 電気応用	15	10	12	8
		電気設備	発電設備 変電設備 送配電設備 構内電気設備 電車線 その他の設備	33	15	20	11
		関連分野	機械設備関係 土木関係 建築関係	8	5	6	3
			設計・契約関係	2	2	1	1
	施工管理法		工事施工	9	6	13	9
			施工計画 工程管理 品質管理 安全管理	12	12		
	法規		建設業法 電気事業法 建築基準法 労働安全衛生法 その他関連法規	13	10	12	8
	計			92	60	64	40
実地試験	電気工学等に関する知識 施工管理法 法規			記述式問題 出題4問 解答4問		記述式問題 出題4問 解答4問	

学科試験は四肢択一問題となっています。

(2) 受検資格

受検資格は前出表5―2に示す以外は、次に示す方にも与えられています。

（1級）（昭和37年11月1日建設省告示第2755号の23及び24を参照）

> ① 電気事業法による第一種、第二種、第三種電気主任技術者免状の交付を受けた者で、電気工事に関し指導監督的実務経験1年以上を含む6年以上の実務経験を有する者
> ② 電気工事士法による第一種電気工事士免状の交付を受けた者

（2級）（平成17年6月17日国土交通省告示第610号、第611号を参照）

> ① 電気事業法による第一種、第二種、第三種電気主任技術者免状の交付を受けた者で、電気工事に関し1年以上の実務経験を有する者
> ② 電気工事士法による第一種電気工事士免状の交付を受けた者
> ③ 電気工事士法による第二種電気工事士（旧電気工事士を含む）免状の交付を受けた者で、電気工事に関し1年以上の実務経験を有する者

また、下記の部門の技術士で、表5―2の受検資格を有する方は、1・2級の学科試験が免除されます。

（昭和45年5月7日建設省告示第758号参照）

> ・電気電子部門
> ・建設部門
> ・総合技術監理部門（選択科目を電気電子部門又は建設部門に係るものとするもの）

(3) 問合せ先その他
　イ　指定試験機関
　　　　財団法人　建設業振興基金
　　　　　〒105-0001　東京都港区虎ノ門4-2-12　虎ノ門4丁目MTビル2号館
　　　　　TEL　03-5473-1581
　ロ　受験の手引き販売先
　　　　㈶建設業振興基金の他、下記においても取り扱っています。
　　　　　㈶北海道開発協会　　㈳東北建設協会　　㈳関東建設弘済会
　　　　　㈳北陸建設弘済会　　㈳中部建設協会　　㈳近畿建設協会
　　　　　㈳中国建設弘済会　　㈳四国建設弘済会　㈳九州建設弘済会
　　　　　㈳沖縄建設弘済会　　㈳公共建築協会　　㈳日本電設工業協会

V 管工事施工管理

(1) 資格のねらいと概要

建設業法における「管工事」とは、「冷暖房、空気調和、給排水、衛生等のための設備を設置し、又は金属製等の管を使用して水、油、ガス、水蒸気等を送配するための設備を設置する工事」と説明されています。

具体的な工事としては、「冷暖房設備工事、冷凍冷蔵設備工事、空気調和設備工事、給排水・給湯設備工事、厨房設備工事、衛生設備工事、浄化槽工事、水洗便所設備工事、ガス管配管工事、ダクト工事、管内更生工事」とされています。

管工事施工管理技士は、昭和47年に、空調衛生設備技術の進歩に伴い、建物の居住水準を向上させることが重視され、その重要性が高まると予想される「管工事」の施工技術の向上を図るために創設された資格です。

表5—13 管工事施工管理の試験科目及び試験基準

(1級)(施工技術検定規則別表第1参照)

試験区分	試験科目	試 験 基 準
学科試験	機械工学等	① 管工事の施工に必要な機械工学、衛生工学、電気工学及び建築学に関する一般的な知識を有すること。 ② 冷暖房、空気調和、給排水、衛生等の設備(以下「設備」という。)に関する一般的な知識を有すること。 ③ 設計図書に関する一般的な知識を有すること。
	施工管理法	管工事の施工計画の作成方法及び工程管理、品質管理、安全管理等工事の施工の管理方法に関する一般的な知識を有すること。
	法 規	建設工事の施工に必要な法令に関する一般的な知識を有すること。
実地試験	施工管理法	設計図書で要求される設備の性能を確保するために設計図書を正確に理解し、設備の施工図を適正に作成し、及び必要な機材の選定、配置等を適切に行うことができる高度の応用能力を有すること。

第5章 技術検定

（2級）（施工技術検定規則別表第2参照）

試験区分	試験科目	試験基準
学科試験	機械工学等	① 管工事の施工に必要な機械工学、衛生工学、電気工学及び建築学に関する概略の知識を有すること。 ② 設備に関する概略の知識を有すること。 ③ 設計図書を正確に読みとるための知識を有すること。
	施工管理法	管工事の施工計画の作成方法及び工程管理、品質管理、安全管理等工事の施工の管理方法に関する概略の知識を有すること。
	法規	建設工事の施工に必要な法令に関する概略の知識を有すること。
実地試験	施工管理法	設計図書で要求される設備の性能を確保するために設計図書を正確に理解し、設備の施工図を適正に作成し、及び必要な機材の選定、配置等を適切に行うことができる一応の応用能力を有すること。

表5—14 管工事施工管理の試験の出題範囲（平成20年度）

区分	科目	細分	細目	1級 出題数	1級 解答数	2級 出題数	2級 解答数
学科試験	機械工学等	施工に必要な知識	機械工学及び衛生工学：環境工学／流体工学／熱工学／その他（音、腐食）	10	10	4	4
			電気工学	2	2	1	1
			建築学	2	2	1	1
		設備に関する知識	空調：空気調和／冷暖房／換気・排煙	23	12	17	9
			衛生：上下水道／給水・給湯／排水・通気				
			機材：機器／配管・ダクト	5	5	4	4
		設計図書に関する知識		2	2	1	1
	施工管理法		施工計画／工程管理／品質管理／安全管理／工事施工／機器の据付け／配管・ダクト／保温・保冷・塗装／その他（試運転／防食・防振）	17	17	14	12
	法規		労働安全衛生法／労働基準法／建築基準法／建設業法／消防法／その他	12	10	10	8
			計	73	60	52	40
実地試験	施工管理法		設計図書の理解、施工図の作成／機材の選定、配置／工程管理・安全管理／施工経験	記述式問題 出題6問 解答4問		記述式問題 出題6問 解答4問	

学科試験は四肢択一問題となっています。

第5章 技術検定

(2) 受検資格

受検資格は、前出表5-2に示す以外に、次に示す方にも与えられています。

(1級)（昭和37年11月1日建設省告示第2755号の25を参照）

> 職業能力開発促進法による技能検定のうち検定職種を1級の配管とするものに合格した者であつて、管工事に関し指導監督的実務経験1年以上を含む10年以上の実務経験を有する者

(2級)（平成17年6月17日国土交通省告示第610号、第611号を参照）

> 職業能力開発促進法による技能検定のうち検定職種を1級の配管とするもの（選択科目を「建築配管作業」とするものに限る。以下同じ。）に合格した者又は検定職種を2級の配管とするものに合格した者であつて、管工事に関し4年以上の実務経験を有する者

また、下記の部門の技術士で、表5-2の受検資格を有する方は、1・2級の学科試験が免除されます。

（昭和45年5月7日建設省告示第758号を参照）

> ・機械部門（選択科目を「流体工学」又は「熱工学」とするもの）
> ・上下水道部門
> ・衛生工学部門
> ・総合技術監理部門（選択科目を「流体工学」、「熱工学」又は上下水道部門若しくは衛生工学部門に係るものとするもの）

(3) 問合せ先その他

　イ　指定試験機関

　　　財団法人　全国建設研修センター

　　　　〒100-0014　東京都千代田区永田町1-11-30 サウスヒル永田町ビル

　　　　TEL　03-3581-0139

　ロ　受験の手引き販売先

　　　㈶全国建設研修センターの他、下記においても取り扱っています。

(社)北海道開発協会　(社)東北建設協会　(社)関東建設弘済会
(社)北陸建設弘済会　(社)中部建設協会　(社)近畿建設協会
(社)中国建設弘済会　(社)四国建設弘済会　(社)九州建設弘済会
(社)沖縄建設弘済会

Ⅵ　造園施工管理

(1) 資格のねらいと概要

　もともと造園工事は、生きた植物や自然石等の材料を主体としており、これら材料の選定、取扱い及び工事完成後の植木等の成長についての予見等、特殊な施工管理技術を必要としていましたが、近年では一般土木工事、建築工事、電気工事等の知識、技術も必要とする複雑な総合工事が多くなってきています。

　このように、大規模化、複雑化してきた造園工事を工期内に適正に実施していくために、造園工事に関する施工、管理技術の研鑽向上を一層図っていくことが必要となり、昭和50年度から「造園施工管理技術検定」が設けられました。

表5―15　造園施工管理の試験科目及び試験基準
(1級)(施工技術検定規則別表第1参照)

試験区分	試験科目	試　験　基　準
学科試験	土木工学等	① 造園工事の施工に必要な土木工学、園芸学、電気工学、機械工学及び建築学に関する一般的な知識を有すること。 ② 設計図書に関する一般的な知識を有すること。
	施工管理法	造園工事の施工計画の作成方法及び工程管理、品質管理、安全管理等工事の施工の管理方法に関する一般的な知識を有すること。
	法　規	建設工事の施工に必要な法令に関する一般的な知識を有すること。
実地試験	施工管理法	① 工事の目的物に所要の外観、強度等を得るために必要な措置を適切に行うことができる高度の応用能力を有すること。 ② 設計図書に基づいて工事現場における施工計画を適切に作成すること、又は施工計画を実施することができる高度の応用能力を有すること。

(2級)(施工技術検定規則別表第2参照)

試験区分	試験科目	試 験 基 準
学科試験	土木工学等	① 造園工事の施工に必要な土木工学、園芸学、電気工学、機械工学及び建築学に関する概略の知識を有すること。 ② 設計図書を正確に読みとるための知識を有すること。
	施工管理法	造園工事の施工計画の作成方法及び工程管理、品質管理、安全管理等工事の施工の管理方法に関する概略の知識を有すること。
	法　規	建設工事の施工に必要な法令に関する概略の知識を有すること。
実地試験	施工管理法	① 工事の目的物に所要の外観、強度等を得るために必要な措置を適切に行うことができる一応の応用能力を有すること。 ② 設計図書に基づいて工事現場における施工計画を適切に作成すること、又は施工計画を実施することができる一応の応用能力を有すること。

表5—16　造園施工管理の試験の出題範囲（平成20年度）

区分	科目	細分	細目	1級 出題数	1級 解答数	2級 出題数	2級 解答数
学科試験	土木工学等	原論	歴史・都市計画 地質・土壌 植物・生理・生態	6	6	6	6
		材料	植　　　　物 石 そ　の　他	5	5	5	5
		施工	植　　　　栽 遊具その他施設 園路広場工 運動施設工 池及び流れ工その他	12	12	11	11
		土木工学	土　　　　工 コンクリート工 よう壁工 排　水　工	4	4	4	4
		建築学	茶室・あづまや 便所・その他	2	2	1	1
		電気工学	照　明　工　学 そ　の　他	1	1	1	1
		その他	給　水　工　学 設　計　図　書	3	3	2	2
	施工管理法		施　工　管　理 工　程　管　理 品　質　管　理 安　全　管　理	25	25	15	15
	法規		都市公園法 都市計画法 建築基準法 建設業法 労働基準法 労働安全衛生法 その他関連法規	7	7	5	5
	計			65	65	50	50
実地試験	施工管理法			記述式問題 出題5問 解答3問		記述式問題 出題3問 解答3問	

学科試験は四肢択一問題となっています。

(2) 受検資格

受検資格は前出表5－2に示す以外に、次に示す方にも与えられています。

（1級）（昭和37年11月1日建設省告示第2755号の26を参照）

> 職業能力開発促進法による技能検定のうち検定職種を1級の造園とするものに合格した者であつて、造園工事に関し指導監督的実務経験1年以上を含む10年以上の実務経験を有する者

（2級）（平成17年6月17日国土交通省告示第610号、第611号を参照）

> 職業能力開発促進法による技能検定のうち検定職種を1級の造園とするものに合格した者又は検定職種を2級の造園とするものに合格した者であつて造園工事に関し4年以上の実務経験を有する者

また、下記の部門の技術士で、表5－2の受検資格を有する方は、1・2級の学科試験が免除されます。

（昭和45年5月7日建設省告示第758号を参照）

> ・建設部門
> ・農業部門（選択科目を「農業土木」とするもの）
> ・森林部門（選択科目を「林業」又は「森林土木」とするもの）
> ・総合技術監理部門（選択科目を建設部門に係るもの、「農業土木」、「林業」又は「森林土木」とするもの）

(3) 問合せ先その他

　イ　指定試験機関

　　　財団法人　全国建設研修センター

　　　　〒100-0014　東京都千代田区永田町1-11-30サウスヒル永田町ビル

　　　　TEL　03-3581-0139

　ロ　受験の手引き販売先

　　　㈶全国建設研修センターの他、下記においても取り扱っています。

　　　　㈶北海道開発協会　　㈳東北建設協会　　㈳関東建設弘済会
　　　　㈳北陸建設弘済会　　㈳中部建設協会　　㈳近畿建設協会
　　　　㈳中国建設弘済会　　㈳四国建設弘済会　㈳九州建設弘済会
　　　　㈳沖縄建設弘済会

4 その他の制度

　2級技術検定における指定学科の卒業生又は卒業見込者を対象として公益法人により実施され、合格した人は2級技術検定の学科試験の一部が免除されていた施工技術者試験については、「公益法人に対する行政の関与のあり方の改革実施計画（平成14年3月閣議決定）」に基づき2級技術検定に一本化されることとなり、平成17年度をもって廃止しました。

　なお、平成17年度まで実施された施工技術者試験の合格者は、平成23年度までの2級技術検定の学科試験の全部が免除されることとなっています。

施工技術者試験の種目	免除される技術検定の範囲
土木施工技術者試験	平成23年度までの2級土木施工管理技術検定の学科試験の全部（種別は、土木、鋼構造物塗装、薬液注入のいずれでも可）
建築施工技術者試験	平成23年度までの2級建築施工管理技術検定の学科試験の全部（種別は、建築、躯体、仕上げのいずれでも可）
電気工事施工技術者試験	平成23年度までの2級電気工事施工管理技術検定の学科試験の全部
管工事施工技術者試験	平成23年度までの2級管工事施工管理技術検定の学科試験の全部
造園施工技術者試験	平成23年度までの2級造園施工管理技術検定の学科試験の全部

第6章
経営事項審査制度と技術者

1 経営事項審査制度の概要

　公共工事の入札に参加するためには、工事の適正な施工を確保する観点から、一定の資格審査を受けることになりますが、この資格審査は、次の2つに大別することができます（図6―1参照）。
(1) 個々の発注者ごとに審査の対象や内容、基準がまちまちである項目（発注者別に評価する事項）
(2) 発注者によって特段の差が生ずることなく判断される項目（客観的事項）

　このうち後者の審査については、建設業者の指導監督に当たっている許可行政庁が統一的に実施したほうが合理的であり相応しいことから、昭和36年以来、「経営事項審査制度」として建設業法に位置付けられ、公共工事の入札参加資格の審査手法として、各発注者において活用され定着しているところです（図6―2参照）。

　経営事項審査の審査項目は、経営規模（X_1、X_2）、経営状況（Y）、技術力（Z）、その他（W）の4つに大別されており、総合評点は、X_1、X_2、Y、Z、Wの点数にウエイトを掛けて合計することにより算出されます（表6―1参照）。

図6-1 公共工事入札参加手続

＜制度的根拠＞
中建審勧告
＋
発注機関が定める
業者選定要領等

指名競争入札
↓
格付
↓
資格審査（発注者）
・客観的事項　＋　・発注者別に評価する事項
　　　　　　　　　・工事成績
　　　　　　　　　・その他
↑結果

＜制度的根拠＞
建設業法第27条
の23

経営事項審査
国土交通大臣又は都道府県知事
及び
登録経営状況分析機関
・経営に関する客観的事項
　・経営規模
　・経営状況
　・技術力、その他(社会性等)

←経審申請
経審結果通知→

資格審査申請（経審結果通知を添付）

公共工事の入札に参加しようとする建設業者

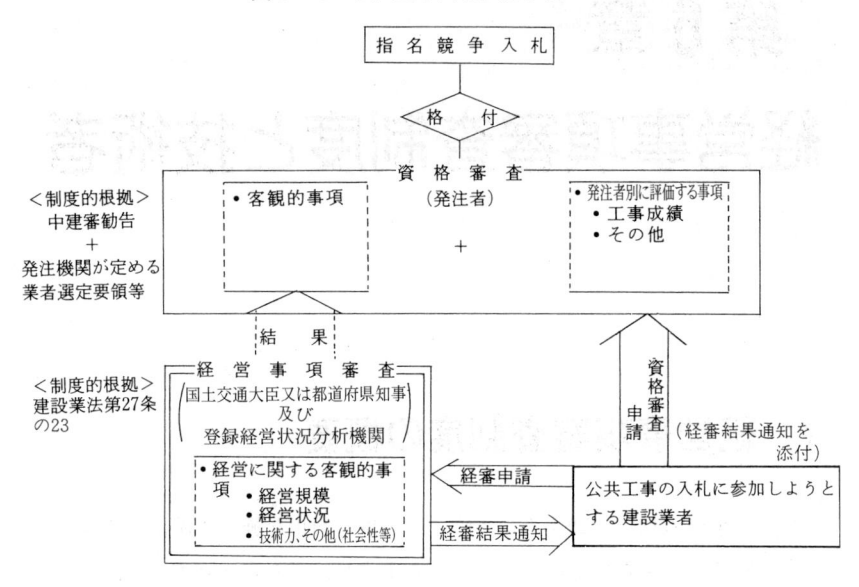

図6-2 経営事項審査の手続

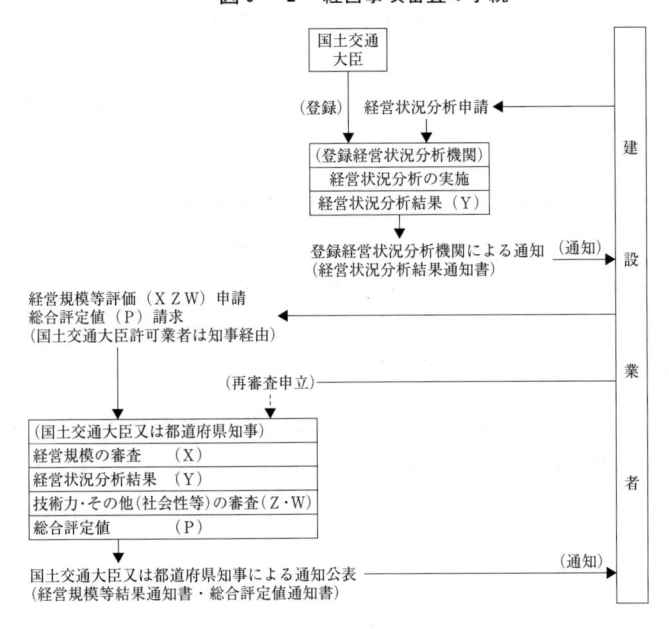

国土交通大臣
（登録）　経営状況分析申請 ←
↓
(登録経営状況分析機関)
経営状況分析の実施
経営状況分析結果（Y）
↓
登録経営状況分析機関による通知　（通知）
(経営状況分析結果通知書)　→

経営規模等評価（X Z W）申請
総合評定値（P）請求
(国土交通大臣許可業者は知事経由)
←（再審査申立)─

(国土交通大臣又は都道府県知事)
経営規模の審査　　（X）
経営状況分析結果　（Y）
技術力・その他(社会性等)の審査(Z・W)
総合評定値　　　　（P）

国土交通大臣又は都道府県知事による通知公表 →　（通知）
(経営規模等結果通知書・総合評定値通知書)

建　設　業　者

第6章 経営事項審査制度と技術者

表6－1　経営事項審査における審査項目

	審　査　項　目
経営規模 X_1	工事種類別年間平均完成工事高
	自己資本額
X_2	平均利益額
経営状況 Y	純支払利息比率
	負債回転期間
	売上高経常利益率
	総資本売上総利益率
	自己資本対固定資産比率
	自己資本比率
	営業キャッシュフロー（絶対額）
	利益剰余金（絶対額）
技術力 Z	工事種類別技術職員数
	工事種類別年間平均元請完成工事高
その他（社会性等）W	労働福祉の状況
	営業年数
	防災協定締結の状況
	法令遵守の状況
	建設業の経理に関する状況
	研究開発の状況

↓

総合評定値$(P) = 0.25X_1 + 0.15X_2 + 0.20Y + 0.25Z + 0.15W$

2 技術力の評価

　経営事項審査における技術力（Z）のうち、技術職員数は、建設業の許可における営業所の専任の技術者や主任技術者・監理技術者に成り得る技術職員等の数により評価されます。

　これらの技術職員の数は、建設業法に定める28の建設工事の種類ごとに技術力を評価するため、建設業の種類別にカウントすることになっています。

　また、技術力（Z）の評点は、これらの技術職員が持っている資格等の区分により与えられる数値の合計に基づき算出されます（表6－2参照）。

　技術者は、評価対象となっている業種の中から任意の2業種を選択し、申請を行います。

例：1級土木施工管理技士・1級建築施工管理技士・1級電気工事施工管理技士を所有している技術者の場合・・・

保有資格		土	建	大	左	と	石	屋	電	管	タ	鋼	筋	ほ	し	板	ガ	塗	防	内	機	絶	通	園	井	具	水	消	清
	1級土木施工	◎				◎	◎				◎		◎	◎		◎											◎		
	1級建築施工		◎	◎	◎	◎	◎	◎				◎	◎			◎	◎	◎	◎	◎						◎			
	1級電気工事施工								◎																				

◎の業種が、当該資格で評価されうる業種

| 評価(例1) | | | ○ | | | ○ | | | | | | | | | | | | | | | | | | | | | | | |
| 評価(例2) | ○ | ○ | | | | | | | | | | | | | | | | | | | | | | | | | | | |

・○の業種が評価業種
・1つの資格の評価対象から2つ選択（例1）してもかまわないし、2つの資格からそれぞれ1つずつ選択（例2）してもかまわない

第6章 経営事項審査制度と技術者

表6-2 業種別技術職員コード表

(◎は5点 ○は2点 △は1点)

◎のˎのら監理技術者資格者証を有し、かつ、監理技術者講習を当期事業年度開始日の直前5年以内に受講した者は1点加点されます。

区分	コード	資格区分	(資格の取得後に必要な実務経験年数)	技術職員区分 1級	技術職員区分 2級	技術職員区分 基幹技能	技術職員区分 その他	土木	PC	建築	大工	左官	とび・土工	石	屋根	電気	管	タイル・れんが・ブロック	鋼構造物	鉄筋	ほ装	しゅんせつ	板金	ガラス	塗装	防水	内装仕上	機械器具設置	熱絶縁	電気通信	造園	さく井	建具	水道施設	消防施設	清掃施設
技術	149	水産「水産土木」・総合技術監理（水産「水産土木」）		○				◎	◎																													
術	150	森林「林業」・総合技術監理（森林「林業」）		○																																		◎
士	151	森林「森林土木」・総合技術監理（森林「森林土木」）		○				◎																														
法	152	衛生工学・総合技術監理（衛生工学）		○															◎																			
	153	衛生工学「水質管理」・総合技術監理（衛生工学「水質管理」）		○															◎																			
	154	衛生工学「廃棄物管理」・総合技術監理（衛生工学「廃棄物管理」）		○															◎																			
電気工事士法	155	第1種電気工事士			○													○																				
	256	第2種電気工事士	(3年)		○													△																				
電気事業法	258	電気主任技術者（第1種～第3種）	(5年)		○													△																				
電気通信事業法	259	電気通信主任技術者	(5年)		○																											◎						
水道法	265	給水装置工事主任技術者	(1年)		○														○																			
消防法	168	甲種消防設備士			○																																	
	169	乙種消防設備士			○																																	
	171	建築大工（1級）				○						○																											
	271	〃（2級）	(3年)			○						△																											
	172	左官（1級）				○							○																										
	272	〃（2級）	(3年)			○							△																										
	173	とび・とび工・型枠施工・コンクリート圧送施工（1級）				○								○																									
	273	〃（2級）	(3年)			○								△△																									
	166	ウェルポイント施工（1級）				○								○																									
	266	〃（2級）	(3年)			○								△△																									
職業能力開発促進法	174	冷凍空気調和機器施工・空気調和設備配管（1級）				○														○																			
	274	〃（2級）	(3年)			○														△																			
	175	給排水衛生設備配管（1級）				○														○																			
	275	〃（2級）	(3年)			○														△																			
	176	配管・配管工（1級）				○														○																			
	276	〃（2級）	(3年)			○														△																			
	177	タイル張り・タイル張り工（1級）				○															△																		
	277	〃（2級）	(3年)			○															△																		
	178	築炉・築炉工・れんが積み				○															△																		
	278	〃（2級）	(3年)			○															△																		
	179	ブロック建築・ブロック建築工（1級）・コンクリート積みブロック施工				○															△																		
	279	〃（2級）	(3年)			○															△																		

第6章 経営事項審査制度と技術者

コード	技術職員区分 1級	基幹技能者	2級	その他	資格区分〔資格の取得後に必要な実務経験年数〕	建設業の種類 土	建	大	左	と	石	屋	電	管	タ	鋼	筋	ほ	し	板	ガ	塗	防	内	機	絶	通	園	井	具	水	消	清
180			○		石工・石材施工・石積み (1級)						○																						
280				○	〃 (2級)						△																						
181			○		鉄工・製罐 (1級)											○																	
281				○	〃 (2級) [3年]											△																	
182			○		鉄筋組立て・鉄筋施工 (1級)												○																
282				○	〃 (2級) [3年]												△																
183			○		工場板金 (1級)															○														
283				○	〃 (2級) [3年]															△														
184			○		板金工「建築板金作業」・建築板金・板金工「建築板金作業」(1級)															○														
284				○	〃 (2級) [3年]															△														
185			○		板金・板金工・打出し板金 (1級)															○														
285				○	〃 (2級) [3年]															△														
186			○		かわらぶき・スレート施工 (1級)							○																							
286				○	〃 (2級) [3年]							△																						
187			○		ガラス施工 (1級)																○														
287				○	〃 (2級) [3年]																△														
188			○		塗装・木工塗装・木工塗装工 (1級)																	○													
288				○	〃 (2級) [3年]																	△													
189			○		建築塗装・建築塗装工 (1級)																	○													
289				○	〃 (2級) [3年]																	△													
190			○		金属塗装・金属塗装工 (1級)																	○													
290				○	〃 (2級) [3年]																	△													
191			○		噴霧塗装 (1級)																	○													
291				○	〃 (2級) [3年]																	△													
167			○		路面標示施工																	○													
192			○		畳製作・畳工 (1級)																			○											
292				○	〃 (2級) [3年]																			△											
193			○		内装仕上げ施工・カーテン施工・天井仕上げ施工・床仕上げ施工・表装・表具・表具工 (1級)																			○											
293				○	〃 (2級) [3年]																			△											
194			○		熱絶縁施工 (1級)																					○									
294				○	〃 (2級) [3年]																					△									
195			○		建具製作・建具工・木工・カーテンウォール施工・サッシ施工 (1級)																												○		
295				○	〃 (2級) [3年]																												△		
196			○		造園 (1級)																							○							
296				○	〃 (2級) [3年]																							△							

114

コード	技術職員区分 1級	2級	基幹技能	その他	資格区分	(資格の取得後に必要な実務経験年数)	建設業の種類
197	○				防水施工（1級）		防 ○
297		○			〃（2級）		防 △
198	○				さく井（1級）		井 ○
298		○			〃（2級）		井 △
061				○	地すべり防止工事	（3年）	土△ とび△
062				○	建築設備士	（1年）	建△ 管△
063				○	計装	（1年）	電△ 管△
064			○		基幹技能者		
099				○	その他		

※ 1 講習の種類に応じて 2 業種以内に限り 3 点が評価します。
※ 2 業種以内に限り 1 点が配点します。

備考
資格区分の欄の右端に記載されている年数は、当該欄に記載されている資格を取得するための試験に合格した後法第 7 条第 2 号ハに該当する者となるために必要な実務経験の年数である。

第7章
資 料

○建設業法（抄）

$\begin{pmatrix}昭和24年5月24日\\法律第100号\end{pmatrix}$

最終改正　平成20年5月2日法律第28号

注：法律の条文は☐にて囲んだ。

○建設業法施行令（抄）

$\begin{pmatrix}昭和31年8月29日\\政令第273号\end{pmatrix}$

最終改正　平成20年5月23日政令第186号

○建設業法施行規則（抄）

$\begin{pmatrix}昭和24年7月28日\\建設省令第14号\end{pmatrix}$

最終改正　平成20年12月1日国土交通省令第97号

○施工技術検定規則

$\begin{pmatrix}昭和35年10月13日\\建設省令第17号\end{pmatrix}$

最終改正　平成20年2月1日国土交通省令第5号

注：施工技術検定規則の条文は♯にて囲んだ。

第1章　総則

（目的）

第1条　この法律は、建設業を営む者の資質の向上、建設工事の請負契約の適正化等を図ることによつて、建設工事の適正な施工を確保し、発注者を保護するとともに、建設業の健全な発達を促進し、もつて公共の福祉の増進に寄与することを目的とする。

（定義）

第2条　この法律において「建設工事」とは、土木建築に関する工事で別表第1の上欄に掲げるものをいう。

2　この法律において「建設業」とは、元請、下請その他いかなる名義をもつてするかを問わず、建設工事の完成を請け負う営業をいう。

3　この法律において「建設業者」とは、第3条第1項の許可を受けて建設業を営む者をいう。

4　この法律において「下請契約」とは、建設工事を他の者から請け負つた建設業を営む者と他の建設業を営む者との間で当該建設工事の全部又は一部について締結される請負契約をいう。

5　この法律において「発注者」とは、建設工事（他の者から請け負つたものを除く。）の注文者をいい、「元請負人」とは、下請契約における注文者で建設業者であるものをいい、「下請負人」とは、下請契約における請負人をいう。

第2章　建設業の許可

第1節　通則

（建設業の許可）

第3条　建設業を営もうとする者は、次に掲げる区分により、この章で定めるところにより、二以上の都道府県の区域内に営業所（本店又は支店若しくは政令で定めるこれに準ずるものをいう。以下同じ。）を設けて営業をしようと

する場合にあつては国土交通大臣の、一の都道府県の区域内にのみ営業所を設けて営業をしようとする場合にあつては当該営業所の所在地を管轄する都道府県知事の許可を受けなければならない。ただし、政令で定める軽微な建設工事のみを請け負うことを営業とする者は、この限りでない。

一　建設業を営もうとする者であつて、次号に掲げる者以外のもの

二　建設業を営もうとする者であつて、その営業にあたつて、その者が発注者から直接請け負う1件の建設工事につき、その工事の全部又は一部を、下請代金の額（その工事に係る下請契約が二以上あるときは、下請代金の額の総額）が政令で定める金額以上となる下請契約を締結して施工しようとするもの

2　前項の許可は、別表第1の上欄に掲げる建設工事の種類ごとに、それぞれ同表の下欄に掲げる建設業に分けて与えるものとする。

3　第1項の許可は、5年ごとにその更新を受けなければ、その期間の経過によつて、その効力を失う。

4　前項の更新の申請があつた場合において、同項の期間（以下「許可の有効期間」という。）の満了の日までにその申請に対する処分がされないときは、従前の許可は、許可の有効期間の満了後もその処分がされるまでの間は、なおその効力を有する。

5　前項の場合において、許可の更新がされたときは、その許可の有効期間は、従前の許可の有効期間の満了の日の翌日から起算するものとする。

6　第1項第1号に掲げる者に係る同項の許可（第3項の許可の更新を含む。以下「一般建設業の許可」という。）を受けた者が、当該許可に係る建設業について、第1項第2号に掲げる者に係る同項の許可（第3項の許可の更新を含む。以下「特定建設業の許可」という。）を受けたときは、その者に対する当該建設業に係る一般建設業の許可は、その効力を失う。

政令　（支店に準ずる営業所）

　　　第1条　建設業法（以下「法」という。）第3条第1項の政令で定める支店に準ずる営業所は、常時建設工事の請負契約を締結する事務所とする。

政令　（法第3条第1項ただし書の軽微な建設工事）

第1条の2 法第3条第1項ただし書の政令で定める軽微な建設工事は、工事1件の請負代金の額が建築一式工事にあつては1,500万円に満たない工事又は延べ面積が150平方メートルに満たない木造住宅工事、建築一式工事以外の建設工事にあつては500万円に満たない工事とする。

2　前項の請負代金の額は、同一の建設業を営む者が工事の完成を二以上の契約に分割して請け負うときは、各契約の請負代金の額の合計額とする。ただし、正当な理由に基いて契約を分割したときは、この限りでない。

3　注文者が材料を提供する場合においては、その市場価格又は市場価格及び運送賃を当該請負契約の請負代金の額に加えたものを第1項の請負代金の額とする。

政　令　（法第3条第1項第2号の金額）

第2条　法第3条第1項第2号の政令で定める金額は、3,000万円とする。ただし、同項の許可を受けようとする建設業が建築工事業である場合においては、4,500万円とする。

（附帯工事）

第4条　建設業者は、許可を受けた建設業に係る建設工事を請け負う場合においては、当該建設工事に附帯する他の建設業に係る建設工事を請け負うことができる。

第2節　一般建設業の許可

（許可の申請）

第5条　一般建設業の許可（第8条第2号及び第3号を除き、以下この節において「許可」という。）を受けようとする者は、国土交通省令で定めるところにより、二以上の都道府県の区域内に営業所を設けて営業をしようとする場合にあつては国土交通大臣に、一の都道府県の区域内にのみ営業所を設けて営業をしようとする場合にあつては当該営業所の所在地を管轄する都道府県知事に、次に掲げる事項を記載した許可申請書を提出しなければならない。

一　商号又は名称
二　営業所の名称及び所在地
三　法人である場合においては、その資本金額（出資総額を含む。以下同じ。）及び役員の氏名
四　個人である場合においては、その者の氏名及び支配人があるときは、その者の氏名
五　許可を受けようとする建設業
六　他に営業を行つている場合においては、その営業の種類

（許可の基準）
第7条　国土交通大臣又は都道府県知事は、許可を受けようとする者が次に掲げる基準に適合していると認めるときでなければ、許可をしてはならない。
一　法人である場合においてはその役員（業務を執行する社員、取締役、執行役又はこれらに準ずる者をいう。以下同じ。）のうち常勤であるものの1人が、個人である場合においてはその者又はその支配人のうち1人が次のいずれかに該当する者であること。
　　イ　許可を受けようとする建設業に関し5年以上経営業務の管理責任者としての経験を有する者
　　ロ　国土交通大臣がイに掲げる者と同等以上の能力を有するものと認定した者
二　その営業所ごとに、次のいずれかに該当する者で専任のものを置く者であること。
　　イ　許可を受けようとする建設業に係る建設工事に関し学校教育法（昭和22年法律第26号）による高等学校（旧中等学校令（昭和18年勅令第36号）による実業学校を含む。以下同じ。）若しくは中等教育学校を卒業した後5年以上又は同法による大学（旧大学令（大正7年勅令第388号）による大学を含む。以下同じ。）若しくは高等専門学校（旧専門学校令（明治36年勅令第61号）による専門学校を含む。以下同じ。）を卒業した後3年以上実務の経験を有する者で在学中に国土交通省令で定める学科を修めたもの

ロ　許可を受けようとする建設業に係る建設工事に関し10年以上実務の経験を有する者
　　　ハ　国土交通大臣がイ又はロに掲げる者と同等以上の知識及び技術又は技能を有するものと認定した者
　三　法人である場合においては当該法人又はその役員若しくは政令で定める使用人が、個人である場合においてはその者又は政令で定める使用人が、請負契約に関して不正又は不誠実な行為をするおそれが明らかな者でないこと。
　四　請負契約（第3条第1項ただし書の政令で定める軽微な建設工事に係るものを除く。）を履行するに足りる財産的基礎又は金銭的信用を有しないことが明らかな者でないこと。

規　則　（国土交通省令で定める学科）

第1条　建設業法（以下「法」という。）第7条第2号イに規定する学科は、次の表の上欄に掲げる許可（一般建設業の許可をいう。第4条第2項を除き、以下この条から第10条までにおいて同じ。）を受けようとする建設業に応じて同表の下欄に掲げる学科とする。

許可を受けようとする建設業	学　科
土木工事業 舗装工事業	土木工学（農業土木、鉱山土木、森林土木、砂防、治山、緑地又は造園に関する学科を含む。以下この表において同じ。）、都市工学、衛生工学又は交通工学に関する学科
建築工事業 大工工事業 ガラス工事業 内装仕上工事業	建築学又は都市工学に関する学科
左官工事業 とび・土工工事業 石工事業 屋根工事業 タイル・れんが・ブロック工事業 塗装工事業	土木工学又は建築学に関する学科
電気工事業 電気通信工事業	電気工学又は電気通信工学に関する学科
管工事業 水道施設工事業 清掃施設工事業	土木工学、建築学、機械工学、都市工学又は衛生工学に関する学科

鋼構造物工事業 鉄筋工事業	土木工学、建築学又は機械工学に関する学科
しゆんせつ工事業	土木工学又は機械工学に関する学科
板金工事業	建築学又は機械工学に関する学科
防水工事業	土木工学又は建築学に関する学科
機械器具設置工事業 消防施設工事業	建築学、機械工学又は電気工学に関する学科
熱絶縁工事業	土木工学、建築学又は機械工学に関する学科
造園工事業	土木工学、建築学、都市工学又は林学に関する学科
さく井工事業	土木工学、鉱山学、機械工学又は衛生工学に関する学科
建具工事業	建築学又は機械工学に関する学科

第3節　特定建設業の許可

（許可の基準）

第15条　国土交通大臣又は都道府県知事は、特定建設業の許可を受けようとする者が次に掲げる基準に適合していると認めるときでなければ、許可をしてはならない。

一　第7条第1号及び第3号に該当する者であること。

二　その営業所ごとに次のいずれかに該当する者で専任のものを置く者であること。ただし、施工技術（設計図書に従つて建設工事を適正に実施するために必要な専門の知識及びその応用能力をいう。以下同じ。）の総合性、施工技術の普及状況その他の事情を考慮して政令で定める建設業（以下「指定建設業」という。）の許可を受けようとする者にあつては、その営業所ごとに置くべき専任の者は、イに該当する者又はハの規定により国土交通大臣がイに掲げる者と同等以上の能力を有するものと認定した者でなければならない。

　イ　第27条第1項の規定による技術検定その他の法令の規定による試験で許可を受けようとする建設業の種類に応じ国土交通大臣が定めるものに合格した者又は他の法令の規定による免許で許可を受けようとする建設業の種類に応じ国土交通大臣が定めるものを受けた者

　ロ　第7条第2号イ、ロ又はハに該当する者のうち、許可を受けようとす

る建設業に係る建設工事で、発注者から直接請け負い、その請負代金の額が政令で定める金額以上であるものに関し2年以上指導監督的な実務の経験を有する者

　ハ　国土交通大臣がイ又はロに掲げる者と同等以上の能力を有するものと認定した者

三　発注者との間の請負契約で、その請負代金の額が政令で定める金額以上であるものを履行するに足りる財産的基礎を有すること。

政　令　（法第15条第2号ただし書の建設業）

第5条の2　法第15条第2号ただし書の政令で定める建設業は、次に掲げるものとする。

　一　土木工事業

　二　建築工事業

　三　電気工事業

　四　管工事業

　五　鋼構造物工事業

　六　舗装工事業

　七　造園工事業

政　令　（法第15条第2号ロの金額）

第5条の3　法第15条第2号ロの政令で定める金額は、4,500万円とする。

政　令　（法第15条第3号の金額）

第5条の4　法第15条第3号の政令で定める金額は、8,000万円とする。

（準用規定）

第17条　第5条、第6条及び第8条から第14条までの規定は、特定建設業の許可及び特定建設業の許可を受けた者（以下「特定建設業者」という。）について準用する。この場合において、第6条第1項第5号中「次条第1号及び第2号」とあるのは「第7条第1号及び第15条第2号」と、第11条第4項中「同条第2号イ、ロ若しくはハ」とあるのは「第15条第2号イ、ロ若しくはハ」と、「同号ハ」とあるのは「同号イ、ロ又はハ」と、同条第5項中「第

7条第1号若しくは第2号」とあるのは「第7条第1号若しくは第15条第2号」と読み替えるものとする。

第3章　建設工事の請負契約
（建設工事の請負契約の内容）
第19条　建設工事の請負契約の当事者は、前条の趣旨に従つて、契約の締結に際して次に掲げる事項を書面に記載し、署名又は記名押印をして相互に交付しなければならない。
一　工事内容
二　請負代金の額
三　工事着手の時期及び工事完成の時期
四　請負代金の全部又は一部の前金払又は出来形部分に対する支払の定めをするときは、その支払の時期及び方法
五　当事者の一方から設計変更又は工事着手の延期若しくは工事の全部若しくは一部の中止の申出があつた場合における工期の変更、請負代金の額の変更又は損害の負担及びそれらの額の算定方法に関する定め
六　天災その他不可抗力による工期の変更又は損害の負担及びその額の算定方法に関する定め
七　価格等（物価統制令（昭和21年勅令第118号）第2条に規定する価格等をいう。）の変動若しくは変更に基づく請負代金の額又は工事内容の変更
八　工事の施工により第三者が損害を受けた場合における賠償金の負担に関する定め
九　注文者が工事に使用する資材を提供し、又は建設機械その他の機械を貸与するときは、その内容及び方法に関する定め
十　注文者が工事の全部又は一部の完成を確認するための検査の時期及び方法並びに引渡しの時期
十一　工事完成後における請負代金の支払の時期及び方法
十二　工事の目的物の瑕疵を担保すべき責任又は当該責任の履行に関して講ずべき保証保険契約の締結その他の措置に関する定めをするときは、その内容
十三　各当事者の履行の遅滞その他債務の不履行の場合における遅延利息、

違約金その他の損害金
　十四　契約に関する紛争の解決方法
2　請負契約の当事者は、請負契約の内容で前項に掲げる事項に該当するものを変更するときは、その変更の内容を書面に記載し、署名又は記名押印をして相互に交付しなければならない。
3　建設工事の請負契約の当事者は、前2項の規定による措置に代えて、政令で定めるところにより、当該契約の相手方の承諾を得て、電子情報処理組織を使用する方法その他の情報通信の技術を利用する方法であつて、当該各項の規定による措置に準ずるものとして国土交通省令で定めるものを講ずることができる。この場合において、当該国土交通省令で定める措置を講じた者は、当該各項の規定による措置を講じたものとみなす。

（現場代理人の選任等に関する通知）
第19条の2　請負人は、請負契約の履行に関し工事現場に現場代理人を置く場合においては、当該現場代理人の権限に関する事項及び当該現場代理人の行為についての注文者の請負人に対する意見の申出の方法（第3項において「現場代理人に関する事項」という。）を、書面により注文者に通知しなければならない。
2　注文者は、請負契約の履行に関し工事現場に監督員を置く場合においては、当該監督員の権限に関する事項及び当該監督員の行為についての請負人の注文者に対する意見の申出の方法（第4項において「監督員に関する事項」という。）を、書面により請負人に通知しなければならない。
3　請負人は、第1項の規定による書面による通知に代えて、政令で定めるところにより、同項の注文者の承諾を得て、現場代理人に関する事項を、電子情報処理組織を使用する方法その他の情報通信の技術を利用する方法であつて国土交通省令で定めるものにより通知することができる。この場合において、当該請負人は、当該書面による通知をしたものとみなす。
4　注文者は、第2項の規定による書面による通知に代えて、政令で定めるところにより、同項の請負人の承諾を得て、監督員に関する事項を、電子情報処理組織を使用する方法その他の情報通信の技術を利用する方法であつて国土交通省令で定めるものにより通知することができる。この場合において、当該注文者は、当該書面による通知をしたものとみなす。

（建設工事の見積り等）

第20条 建設業者は、建設工事の請負契約を締結するに際して、工事内容に応じ、工事の種別ごとに材料費、労務費その他の経費の内訳を明らかにして、建設工事の見積りを行うよう努めなければならない。

2 建設業者は、建設工事の注文者から請求があつたときは、請負契約が成立するまでの間に、建設工事の見積書を提示しなければならない。

3 建設工事の注文者は、請負契約の方法が随意契約による場合にあつては契約を締結する以前に、入札の方法により競争に付する場合にあつては入札を行う以前に、第19条第1項第1号及び第3号から第14号までに掲げる事項について、できる限り具体的な内容を提示し、かつ、当該提示から当該契約の締結又は入札までに、建設業者が当該建設工事の見積りをするために必要な政令で定める一定の期間を設けなければならない。

（一括下請負の禁止）

第22条 建設業者は、その請け負つた建設工事を、いかなる方法をもつてするかを問わず、一括して他人に請け負わせてはならない。

2 建設業を営む者は、建設業者から当該建設業者の請け負つた建設工事を一括して請け負つてはならない。

3 前2項の建設工事が多数の者が利用する施設又は工作物に関する重要な建設工事で政令で定めるもの以外の建設工事である場合において、当該建設工事の元請負人があらかじめ発注者の書面による承諾を得たときは、これらの規定は、適用しない。

4 発注者は、前項の規定による書面による承諾に代えて、政令で定めるところにより、同項の元請負人の承諾を得て、電子情報処理組織を使用する方法その他の情報通信の技術を利用する方法であつて国土交通省令で定めるものにより、同項の承諾をする旨の通知をすることができる。この場合において、当該発注者は、当該書面による承諾をしたものとみなす。

（施工体制台帳及び施工体系図の作成等）

第24条の7 特定建設業者は、発注者から直接建設工事を請け負つた場合にお

いて、当該建設工事を施工するために締結した下請契約の請負代金の額（当該下請契約が2以上あるときは、それらの請負代金の額の総額）が政令で定める金額以上になるときは、建設工事の適正な施工を確保するため、国土交通省令で定めるところにより、当該建設工事について、下請負人の商号又は名称、当該下請負人に係る建設工事の内容及び工期その他の国土交通省令で定める事項を記載した施工体制台帳を作成し、工事現場ごとに備え置かなければならない。

2　前項の建設工事の下請負人は、その請け負つた建設工事を他の建設業を営む者に請け負わせたときは、国土交通省令で定めるところにより、同項の特定建設業者に対して、当該他の建設業を営む者の商号又は名称、当該者の請け負つた建設工事の内容及び工期その他の国土交通省令で定める事項を通知しなければならない。

3　第1項の特定建設業者は、同項の発注者から請求があつたときは、同項の規定により備え置かれた施工体制台帳を、その発注者の閲覧に供しなければならない。

4　第1項の特定建設業者は、国土交通省令で定めるところにより、当該建設工事における各下請負人の施工の分担関係を表示した施工体系図を作成し、これを当該工事現場の見やすい場所に掲げなければならない。

政　令　（法第24条の7第1項の金額）

第7条の4　法第24条の7第1項の政令で定める金額は、3,000万円とする。ただし、特定建設業者が発注者から直接請け負つた建設工事が建築一式工事である場合においては、4,500万円とする。

規　則　（施工体制台帳の記載事項等）

第14条の2　法第24条の7第1項の国土交通省令で定める事項は、次のとおりとする。

一　作成特定建設業者（法第24条の7第1項の規定により施工体制台帳を作成する場合における当該特定建設業者をいう。以下同じ。）が許可を受けて営む建設業の種類

二　作成特定建設業者が請け負つた建設工事に関する次に掲げる事項
　　イ　建設工事の名称、内容及び工期

ロ　発注者と請負契約を締結した年月日、当該発注者の商号、名称又は氏名及び住所並びに当該請負契約を締結した営業所の名称及び所在地

ハ　発注者が監督員を置くときは、当該監督員の氏名及び法第19条の2第2項に規定する通知事項

ニ　作成特定建設業者が現場代理人を置くときは、当該現場代理人の氏名及び法第19条の2第1項に規定する通知事項

ホ　監理技術者の氏名、その者が有する監理技術者資格及びその者が専任の監理技術者であるか否かの別

ヘ　法第26条の2第1項又は第2項の規定により建設工事の施工の技術上の管理をつかさどる者でホの監理技術者以外のものを置くときは、その者の氏名、その者が管理をつかさどる建設工事の内容及びその有する主任技術者資格（建設業の種類に応じ、法第7条第2号イ若しくはロに規定する実務の経験若しくは学科の修得又は同号ハの規定による国土交通大臣の認定があることをいう。以下同じ。）

三　前号の建設工事の下請負人に関する次に掲げる事項

イ　商号又は名称及び住所

ロ　当該下請負人が建設業者であるときは、その者の許可番号及びその請け負つた建設工事に係る許可を受けた建設業の種類

四　前号の下請負人が請け負つた建設工事に関する次に掲げる事項

イ　建設工事の名称、内容及び工期

ロ　当該下請負人が注文者と下請契約を締結した年月日

ハ　注文者が監督員を置くときは、当該監督員の氏名及び法第19条の2第2項に規定する通知事項

ニ　当該下請負人が現場代理人を置くときは、当該現場代理人の氏名及び法第19条の2第1項に規定する通知事項

ホ　当該下請負人が建設業者であるときは、その者が置く主任技術者の氏名、当該主任技術者が有する主任技術者資格及び当該主任技術者が専任の者であるか否かの別

ヘ　当該下請負人が法第26条の2第1項又は第2項の規定により建

設工事の施工の技術上の管理をつかさどる者でホの主任技術者以外のものを置くときは、当該者の氏名、その者が管理をつかさどる建設工事の内容及びその有する主任技術者資格

ト　当該建設工事が作成特定建設業者の請け負わせたものであるときは、当該建設工事について請負契約を締結した作成特定建設業者の営業所の名称及び所在地

2　施工体制台帳には、次に掲げる書類を添付しなければならない。

一　前項第2号ロの請負契約及び同項第4号ロの下請契約に係る法第19条第1項及び第2項の規定による書面の写し（作成特定建設業者が注文者となつた下請契約以外の下請契約であつて、公共工事（公共工事の入札及び契約の適正化の促進に関する法律（平成12年法律第127号）第2条第2項に規定する公共事業をいう。第14条の4第3項において同じ。）以外の建設工事について締結されるものに係るものにあつては、請負代金の額に係る部分を除く。）

二　前項第2号ホの監理技術者が監理技術者資格を有することを証する書面（当該監理技術者が法第26条第4項の規定により選任しなければならない者であるときは、監理技術者資格者証の写しに限る。）及び当該監理技術者が作成特定建設業者に雇用期間を特に限定することなく雇用されている者であることを証する書面又はこれらの写し

三　前項第2号ヘに規定する者を置くときは、その者が主任技術者資格を有することを証する書面及びその者が作成特定建設業者に雇用期間を特に限定することなく雇用されている者であることを証する書面又はこれらの写し

3　第1項各号に掲げる事項が電子計算機に備えられたファイル又は磁気ディスク等に記録され、必要に応じ当該工事現場において電子計算機その他の機器を用いて明確に紙面に表示されるときは、当該記録をもつて法第24条の7第1項に規定する施工体制台帳への記載に代えることができる。

4　法第19条第3項に規定する措置が講じられた場合にあつては、契約事項等が電子計算機に備えられたファイル又は磁気ディスク等に記録

され、必要に応じ当該工事現場において電子計算機その他の機器を用いて明確に紙面に表示されるときは、当該記録をもつて第2項第1号に規定する添付書類に代えることができる。

|規　則|　（下請負人に対する通知等）

第14条の3　特定建設業者は、作成特定建設業者に該当することとなつたときは、遅滞なく、その請け負つた建設工事を請け負わせた下請負人に対し次に掲げる事項を書面により通知するとともに、当該事項を記載した書面を当該工事現場の見やすい場所に掲げなければならない。
　　一　作成特定建設業者の商号又は名称
　　二　当該下請負人の請け負つた建設工事を他の建設業を営む者に請け負わせたときは法第24条の7第2項の規定による通知（以下「再下請負通知」という。）を行わなければならない旨及び当該再下請負通知に係る書類を提出すべき場所
　2　特定建設業者は、前項の規定による書面による通知に代えて、第5項で定めるところにより、当該下請負人の承諾を得て、前項各号に掲げる事項を電子情報処理組織を使用する方法その他の情報通信の技術を利用する方法であつて次に掲げるもの（以下この条において「電磁的方法」という。）により通知することができる。この場合において、当該特定建設業者は、当該書面による通知をしたものとみなす。
　　一　電子情報処理組織を使用する方法のうちイ又はロに掲げるもの
　　　イ　特定建設業者の使用に係る電子計算機と下請負人の使用に係る電子計算機とを接続する電気通信回線を通じて送信し、受信者の使用に係る電子計算機に備えられたファイルに記録する方法
　　　ロ　特定建設業者の使用に係る電子計算機に備えられたファイルに記録された同項各号に掲げる事項を電気通信回線を通じて下請負人の閲覧に供し、当該下請負人の使用に係る電子計算機に備えられたファイルに当該事項を記録する方法（電磁的方法による通知を受ける旨の承諾又は受けない旨の申出をする場合にあつては、特定建設業者の使用に係る電子計算機に備えられたファイルにその旨を記録する方法）
　　二　磁気ディスク等をもつて調製するファイルに前項各号に掲げる事

項を記録したものを交付する方法

3 前項に掲げる方法は、下請負人がファイルへの記録を出力することによる書面を作成することができるものでなければならない。

4 第2項第1号の「電子情報処理組織」とは、特定建設業者の使用に係る電子計算機と、下請負人の使用に係る電子計算機とを電気通信回線で接続した電子情報処理組織をいう。

5 特定建設業者は、第2項の規定により第1項各号に掲げる事項を通知しようとするときは、あらかじめ、当該下請負人に対し、その用いる次に掲げる電磁的方法の種類及び内容を示し、書面又は電磁的方法による承諾を得なければならない。

一 第2項各号に規定する方法のうち特定建設業者が使用するもの
二 ファイルへの記録の方式

6 前項の規定による承諾を得た特定建設業者は、当該下請負人から書面又は電磁的方法により電磁的方法による通知を受けない旨の申出があつたときは、当該下請負人に対し、第1項各号に掲げる事項の通知を電磁的方法によつてしてはならない。ただし、当該下請負人が再び前項の規定による承諾をした場合は、この限りでない。

規　則　（再下請負通知を行うべき事項等）

第14条の4　法第24条の7第2項の国土交通省令で定める事項は、次のとおりとする。

一 再下請負通知人（再下請負通知を行う場合における当該下請負人をいう。以下同じ。）の商号又は名称及び住所並びに当該再下請負通知人が建設業者であるときは、その者の許可番号

二 再下請負通知人が請け負つた建設工事の名称及び注文者の商号又は名称並びに当該建設工事について注文者と下請契約を締結した年月日

三 再下請負通知人が前号の建設工事を請け負わせた他の建設業を営む者に関する第14条の2第1項第3号イ及びロに掲げる事項並びに当該者が請け負つた建設工事に関する同項第4号イからへまでに掲げる事項

2 再下請負通知人に該当することとなつた建設業を営む者（以下この

条において「再下請負人通知人該当者」という。）は、その請け負つた建設工事を他の建設業を営む者に請け負わせる都度、遅滞なく、前項各号に掲げる事項を記載した書面（以下「再下請負通知書」という。）により再下請負通知を行うとともに、当該他の建設業を営む者に対し、前条第1項各号に掲げる事項を書面により通知しなければならない。

3 再下請負通知書には、再下請負通知人が第1項第3号に規定する他の建設業を営む者と締結した請負契約に係る法第19条第1項及び第2項の規定による書面の写し（公共工事以外の建設工事について締結される請負契約の請負代金の額に係る部分を除く。）を添付しなければならない。

4 再下請負通知人該当者は、第2項の規定による書面による通知に代えて、第7項で定めるところにより、作成特定建設業者又は第2項に規定する他の建設業を営む者（以下この条において「再下請負人」という。）の承諾を得て、第1項各号に掲げる事項又は前条第1項各号に掲げる事項を電子情報処理組織を使用する方法その他の情報通信の技術を利用する方法であつて次に掲げるもの（以下この条において「電磁的方法」という。）により通知することができる。この場合において、当該再下請負通知人該当者は、当該書面による通知をしたものとみなす。

　一　電子情報処理組織を使用する方法のうちイ又はロに掲げるもの
　　イ　再下請負通知人該当者の使用に係る電子計算機と作成特定建設業者又は再下請負人の使用に係る電子計算機とを接続する電気通信回線を通じて送信し、受信者の使用に係る電子計算機に備えられたファイルに記録する方法
　　ロ　再下請負通知人該当者の使用に係る電子計算機に備えられたファイルに記録された第1項各号に掲げる事項又は前条第1項各号に掲げる事項を電気通信回線を通じて作成特定建設業者又は再下請負人の閲覧に供し、当該作成特定建設業者又は当該再下請負人の使用に係る電子計算機に備えられたファイルに当該事項を記録する方法（電磁的方法による通知を受ける旨の承諾又は受けない旨の申出をする場合にあつては、再下請負通知人該当者の使用に

係る電子計算機に備えられたファイルにその旨を記録する方法）

二 磁気ディスク等をもつて調製するファイルに同項各号に掲げる事項を記録したものを交付する方法

5 前項に掲げる方法は、作成特定建設業者又は再下請負人がファイルへの記録を出力することによる書面を作成することができるものでなければならない。

6 第4項第1号の「電子情報処理組織」とは、再下請負通知人該当者の使用に係る電子計算機と、作成特定建設業者又は再下請負人の使用に係る電子計算機とを電気通信回線で接続した電子情報処理組織をいう。

7 再下請負通知人該当者は、第4項の規定により第1項各号に掲げる事項又は前条第1項各号に掲げる事項を通知しようとするときは、あらかじめ、当該作成特定建設業者又は当該再下請負人に対し、その用いる次に掲げる電磁的方法の種類及び内容を示し、書面又は電磁的方法による承諾を得なければならない。

一 第4項各号に規定する方法のうち再下請負通知人該当者が使用するもの

二 ファイルへの記録の方法

8 前項の規定による承諾を得た再下請負通知人該当者は、当該作成特定建設業者又は当該再下請負人から書面又は電磁的方法により電磁的方法による通知を受けない旨の申出があつたときは、当該作成特定建設業者又は当該再下請負人に対し、第1項各号に掲げる事項又は前条第1項各号に掲げる事項の通知を電磁的方法によつてしてはならない。ただし、当該作成特定建設業者又は当該再下請負人が再び前項の規定による承諾をした場合は、この限りでない。

9 法第19条第3項に規定する措置が講じられた場合にあつては、契約事項等が電子計算機に備えられたファイル又は磁気ディスク等に記録され、必要に応じ電子計算機その他の機器を用いて明確に紙面に表示されるときは、当該記録をもつて第3項に規定する添付書類に代えることができる。

規則 （施工体制台帳の記載方法等）

第14条の5 　第14条の2第2項の規定により添付された書類に同条第1項各号に掲げる事項が記載されているときは、同項の規定にかかわらず、施工体制台帳の当該事項を記載すべき箇所と当該書類との関係を明らかにして、当該事項の記載を省略することができる。この項前段に規定する書類以外の書類で同条第1項各号に掲げる事項が記載されたものを施工体制台帳に添付するときも、同様とする。

2 　第14条の2第1項第3号及び第4号に掲げる事項の記載並びに同条第2項第1号に掲げる書類（同条第1項第4号ロの下請契約に係るものに限る。）及び前項後段に規定する書類（同条第1項第3号又は第4号に掲げる事項が記載されたものに限る。）の添付は、下請負人ごとに、かつ、各下請負人の施工の分担関係が明らかとなるように行わなければならない。

3 　作成特定建設業者は、第14条の2第1項各号に掲げる事項の記載並びに同条第2項各号に掲げる書類及び第1項後段に規定する書類の添付を、それぞれの事項又は書類に係る事実が生じ、又は明らかとなつたとき（同条第1項第1号に掲げる事項にあつては、作成特定建設業者に該当することとなつたとき）に、遅滞なく、当該事項又は書類について行い、その見やすいところに商号又は名称、許可番号及び施工体制台帳である旨を明示して施工体制台帳を作成しなければならない。

4 　第14条の2第1項各号に掲げる事項又は同条第2項第2号若しくは第3号に掲げる書類について変更があつたときは、遅滞なく、当該変更があつた年月日を付記して、変更後の当該事項を記載し、又は変更後の当該書類を添付しなければならない。

5 　第1項の規定は再下請負通知書における前条第1項各号に掲げる事項の記載について、前項の規定は当該事項に変更があつたときについて準用する。この場合において、第1項中「第14条の2第2項」とあるのは「前条第3項」と、前項中「記載し、又は変更後の当該書類を添付しなければ」とあるのは「書面により作成特定建設業者に通知しなければ」と読み替えるものとする。

6 　再下請負通知人は、前項において準用する第4項の規定による書面による通知に代えて、第9項で定めるところにより、作成特定建設業

者の承諾を得て、前条第１項各号に掲げる事項を電子情報処理組織を使用する方法その他の情報通信の技術を利用する方法であつて次に掲げるもの（以下この条において「電磁的方法」という。）により通知することができる。この場合において、当該再下請負通知人は、当該書面による通知をしたものとみなす。

一　電子情報処理組織を使用する方法のうちイ又はロに掲げるもの
　　イ　再下請負通知人の使用に係る電子計算機と作成特定建設業者の使用に係る電子計算機とを接続する電気通信回線を通じて送信し、受信者の使用に係る電子計算機に備えられたファイルに記録する方法
　　ロ　再下請負通知人の使用に係る電子計算機に備えられたファイルに記録された前条第１項各号に掲げる事項を電気通信回線を通じて作成特定建設業者の閲覧に供し、当該作成特定建設業者の使用に係る電子計算機に備えられたファイルに同項各号に掲げる事項を記録する方法（電磁的方法による通知を受ける旨の承諾又は受けない旨の申出をする場合にあつては、再下請負通知人の使用に係る電子計算機に備えられたファイルにその旨を記録する方法）

二　磁気ディスク等をもつて調製するファイルに前条第１項各号に掲げる事項を記録したものを交付する方法

7　前項に掲げる方法は、作成特定建設業者がファイルへの記録を出力することによる書面を作成することができるものでなければならない。

8　第６項第１号の「電子情報処理組織」とは、再下請負通知人の使用に係る電子計算機と、作成特定建設業者の使用に係る電子計算機とを電気通信回線で接続した電子情報処理組織をいう。

9　再下請負通知人は、第６項の規定により前条第１項各号に掲げる事項を通知しようとするときは、あらかじめ、当該作成特定建設業者に対し、その用いる次に掲げる電磁的方法の種類及び内容を示し、書面又は電磁的方法による承諾を得なければならない。

一　第６項各号に規定する方法のうち再下請負通知人が使用するもの
二　ファイルへの記録の方法

10　前項の規定による承諾を得た再下請負通知人は、当該作成特定建設

業者から書面又は電磁的方法により電磁的方法による通知を受けない旨の申出があつたときは、当該作成特定建設業者に対し、前条第1項各号に掲げる事項の通知を電磁的方法によつてしてはならない。ただし、当該作成特定建設業者が再び前項の規定による承諾をした場合は、この限りでない。

規　則　（施工体系図）

第14条の6　施工体系図は、第1号に掲げる事項を表示するほか、第2号に掲げる事項を同号の下請負人ごとに、かつ、各下請負人の施工の分担関係が明らかとなるよう系統的に表示して作成しておかなければならない。

一　作成特定建設業者の商号又は名称、作成特定建設業者が請け負つた建設工事の名称、工期及び発注者の商号、名称又は氏名、監理技術者の氏名並びに第14条の2第1項第2号ヘに規定する者を置くときは、その者の氏名及びその者が管理をつかさどる建設工事の内容

二　前号の建設工事の下請負人で現にその請け負つた建設工事を施工しているものの商号又は名称、当該請け負つた建設工事の内容及び工期並びに当該下請負人が建設業者であるときは、当該下請負人が置く主任技術者の氏名並びに第14条の2第1項第4号ヘに規定する者を置く場合における当該者の氏名及びその者が管理をつかさどる建設工事の内容

規　則　（施工体制台帳の備置き等）

第14条の7　法第24条の7第1項の規定による施工体制台帳（施工体制台帳に添付された第14条の2第2項各号に掲げる書類及び第14条の5第1項後段に規定する書類を含む。）の備置き及び法第24条の7第4項の規定による施工体系図の掲示は、第14条の2第1項第2号の建設工事の目的物の引渡しをするまで（同号ロの請負契約に基づく債権債務が消滅した場合にあつては、当該債権債務の消滅するまで）行わなければならない。

第4章　施工技術の確保

（施工技術の確保）

第25条の27　建設業者は、施工技術の確保に努めなければならない。
2　国土交通大臣は、前項の施工技術の確保に資するため、必要に応じ、講習の実施、資料の提供その他の措置を講ずるものとする。

（主任技術者及び監理技術者の設置等）
第26条　建設業者は、その請け負つた建設工事を施工するときは、当該建設工事に関し第7条第2号イ、ロ又はハに該当する者で当該工事現場における建設工事の施工の技術上の管理をつかさどるもの（以下「主任技術者」という。）を置かなければならない。
2　発注者から直接建設工事を請け負つた特定建設業者は、当該建設工事を施工するために締結した下請契約の請負代金の額（当該下請契約が2以上あるときは、それらの請負代金の額の総額）が第3条第1項第2号の政令で定める金額以上になる場合においては、前項の規定にかかわらず、当該建設工事に関し第15条第2号イ、ロ又はハに該当する者（当該建設工事に係る建設業が指定建設業である場合にあつては、同号イに該当する者又は同号ハの規定により国土交通大臣が同号イに掲げる者と同等以上の能力を有するものと認定した者）で当該工事現場における建設工事の施工の技術上の管理をつかさどるもの（以下「監理技術者」という。）を置かなければならない。
3　公共性のある施設若しくは工作物又は多数の者が利用する施設若しくは工作物に関する重要な建設工事で政令で定めるものについては、前2項の規定により置かなければならない主任技術者又は監理技術者は、工事現場ごとに、専任の者でなければならない。
4　前項の規定により専任の者でなければならない監理技術者は、第27条の18第1項の規定による監理技術者資格者証の交付を受けている者であつて、第26条の4から第26条の6までの規定により国土交通大臣の登録を受けた講習を受講したもののうちから、これを選任しなければならない。
5　前項の規定により選任された監理技術者は、発注者から請求があつたときは、監理技術者資格者証を提示しなければならない。

政　令　（専任の主任技術者又は監理技術者を必要とする建設工事）
第27条　法第26条第3項の政令で定める重要な建設工事は、次の各号のいずれかに該当する建設工事で工事1件の請負代金の額が2,500万円

（当該建設工事が建築一式工事である場合にあつては、5,000万円）以上のものとする。

一　国又は地方公共団体が注文者である施設又は工作物に関する建設工事

二　第15条第1号及び第3号に掲げる施設又は工作物に関する建設工事

三　次に掲げる施設又は工作物に関する建設工事

　　イ　石油パイプライン事業法（昭和47年法律第105号）第5条第2項第2号に規定する事業用施設

　　ロ　電気通信事業法（昭和59年法律第86号）第2条第5号に規定する電気通信事業者（同法第9条に規定する電気通信回線設備を設置するものに限る。）が同条第4号に規定する電気通信事業の用に供する施設

　　ハ　放送法（昭和25年法律第132号）第2条第3号の2に規定する放送事業者が同条第1号に規定する放送の用に供する施設（鉄骨造又は鉄筋コンクリート造の塔その他これに類する施設に限る。）

　　ニ　学校

　　ホ　図書館、美術館、博物館又は展示場

　　ヘ　社会福祉法（昭和26年法律第45号）第2条第1項に規定する社会福祉事業の用に供する施設

　　ト　病院又は診療所

　　チ　火葬場、と畜場又は廃棄物処理施設

　　リ　熱供給事業法（昭和47年法律第88号）第2条第4項に規定する熱供給施設

　　ヌ　集会場又は公会堂

　　ル　市場又は百貨店

　　ヲ　事務所

　　ワ　ホテル又は旅館

　　カ　共同住宅、寄宿舎又は下宿

　　ヨ　公衆浴場

　　タ　興行場又はダンスホール

　　レ　神社、寺院又は教会

　　ソ　工場、ドック又は倉庫

ッ　展望塔

2　前項に規定する建設工事のうち密接な関係のある二以上の工事を同一の建設業者が同一の場所又は近接した場所において施工するものについては、同一の専任の主任技術者がこれらの工事を管理することができる。

|規　則|　（講習の受講）

第17条の14　法第26条第4項の規定により選任されている監理技術者は、当該選任の期間中のいずれの日においてもその日の前5年以内に行われた同項の登録を受けた講習を受講していなければならない。

第26条の2　土木工事業又は建築工事業を営む者は、土木一式工事又は建築一式工事を施工する場合において、土木一式工事又は建築一式工事以外の建設工事（第3条第1項ただし書の政令で定める軽微な建設工事を除く。）を施工するときは、当該建設工事に関し第7条第2号イ、ロ又はハに該当する者で当該工事現場における当該建設工事の施工の技術上の管理をつかさどるものを置いて自ら施工する場合のほか、当該建設工事に係る建設業の許可を受けた建設業者に当該建設工事を施工させなければならない。

2　建設業者は、許可を受けた建設業に係る建設工事に附帯する他の建設工事（第3条第1項ただし書の政令で定める軽微な建設工事を除く。）を施工する場合においては、当該建設工事に関し第7条第2号イ、ロ又はハに該当する者で当該工事現場における当該建設工事の施工の技術上の管理をつかさどるものを置いて自ら施工する場合のほか、当該建設工事に係る建設業の許可を受けた建設業者に当該建設工事を施工させなければならない。

（主任技術者及び監理技術者の職務等）

第26条の3　主任技術者及び監理技術者は、工事現場における建設工事を適正に実施するため、当該建設工事の施工計画の作成、工程管理、品質管理その他の技術上の管理及び当該建設工事の施工に従事する者の技術上の指導監督の職務を誠実に行わなければならない。

2　工事現場における建設工事の施工に従事する者は、主任技術者又は監理技術者がその職務として行う指導に従わなければならない。

(登録)
第26条の4 第26条第4項の登録は、同項の講習を行おうとする者の申請により行う。

(登録の要件等)
第26条の6 国土交通大臣は、第26条の4の規定により申請のあつた講習が次に掲げる要件のすべてに適合しているときは、その登録をしなければならない。この場合において、登録に関して必要な手続は、国土交通省令で定める。
一 次に掲げる科目について行われるものであること。
　イ 建設工事に関する法律制度
　ロ 建設工事の施工計画の作成、工程管理、品質管理その他の技術上の管理
　ハ 建設工事に関する最新の材料、資機材及び施工方法
二 前号ロ及びハに掲げる科目にあつては、次のいずれかに該当する者が講師として講習の業務に従事するものであること。
　イ 監理技術者となつた経験を有する者
　ロ 学校教育法による高等学校、中等教育学校、大学、高等専門学校又は専修学校における別表第2に掲げる学科の教員となつた経歴を有する者
　ハ イ又はロに掲げる者と同等以上の能力を有する者

(講習の実施に係る業務)
第26条の8 登録講習実施機関は、公正に、かつ、第26条の6第1項第1号及び第2号に掲げる要件並びに国土交通省令で定める基準に適合する方法により講習を行わなければならない。

規則　(講習の実施基準)
　　第17条の6 法第26条の8の国土交通省令で定める基準は、次に掲げるとおりとする。
　　　一 講習は、講義及び試験により行うものであること。
　　　二 受講者があらかじめ受講を申請した者本人であることを確認する

こと。

三　講習は、次の表の上欄に掲げる科目に応じ、それぞれ同表の中欄に掲げる内容について、同表の下欄に掲げる時間以上行うこと。

	科目	内容	時間
(1)	建設工事に関する法律制度	イ　法及び法に基づく命令並びに関係法令等 ロ　建設工事の適正な施工に係る施策	1.5時間
(2)	建設工事の施工計画の作成、工程管理、品質管理その他の技術上の管理	イ　建設工事の施工計画の作成に関する事項 ロ　工程管理に関する事項 ハ　品質管理に関する事項 ニ　安全管理に関する事項	2.5時間
(3)	建設工事に関する最新の材料、資機材及び施工方法	イ　最新の材料及び資機材の特性に関する事項 ロ　施工の合理化に係る方法に関する事項 ハ　材料、資機材及び施工方法に係る技術基準に関する事項 ニ　その他材料、資機材及び施工方法に関し必要な事項	2時間

備考　(2)及び(3)に掲げる科目は、最新の事例を用いて講習を行うこと。

四　前号の表の上欄に掲げる科目及び同表の中欄に掲げる内容に応じ、教本等必要な教材を用いて実施されること。

五　講師は、講義の内容に関する受講者の質問に対し、講義中に適切に応答すること。

六　試験は、受講者が講義の内容を十分に理解しているかどうか的確に把握できるものであること。

七　講習の課程を修了した者（以下「修了者」という。）に対して、別記様式第25号の3による修了証を交付すること。

八　講習を実施する日時、場所その他講習の実施に関し必要な事項及び当該講習が国土交通大臣の登録を受けた講習である旨を公示すること。

九　講習以外の業務を行う場合にあつては、当該業務が国土交通大臣の登録を受けた講習であると誤認されるおそれがある表示その他の行為をしないこと。

(技術検定)

第27条 国土交通大臣は、施工技術の向上を図るため、建設業者の施工する建設工事に従事し又はしようとする者について、政令の定めるところにより、技術検定を行うことができる。

2 前項の検定は、学科試験及び実地試験によつて行う。

3 国土交通大臣は、第1項の検定に合格した者に、合格証明書を交付する。

4 合格証明書の交付を受けた者は、合格証明書を滅失し、又は損傷したときは、合格証明書の再交付を申請することができる。

5 第1項の検定に合格した者は、政令で定める称号を称することができる。

政　令　(技術検定の種目等)

第27条の3 法第27条第1項の規定による技術検定は、次の表の検定種目の欄に掲げる種目について、同表の検定技術の欄に掲げる技術を対象として行う。

検定種目	検　定　技　術
建設機械施工	建設工事の実施に当たり、建設機械を適確に操作するとともに、建設機械の運用を統一的かつ能率的に行うために必要な技術
土木施工管理	土木一式工事の実施に当たり、その施工計画の作成及び当該工事の工程管理、品質管理、安全管理等工事の施工の管理を適確に行うために必要な技術
建築施工管理	建築一式工事の実施に当たり、その施工計画及び施工図の作成並びに当該工事の工程管理、品質管理、安全管理等工事の施工の管理を適確に行うために必要な技術
電気工事施工管理	電気工事の実施に当たり、その施工計画及び施工図の作成並びに当該工事の工程管理、品質管理、安全管理等工事の施工の管理を適確に行うために必要な技術
管工事施工管理	管工事の実施に当たり、その施工計画及び施工図の作成並びに当該工事の工程管理、品質管理、安全管理等工事の施工の管理を適確に行うために必要な技術
造園施工管理	造園工事の実施に当たり、その施工計画及び施工図の作成並びに当該工事の工程管理、品質管理、安全管理等工事の施工の管理を適確に行うために必要な技術

2 技術検定は、1級及び2級に区分して行う。

3 建設機械施工、土木施工管理及び建築施工管理に係る2級の技術検定は、当該種目を国土交通大臣が定める種別に細分して行う。

（試験の科目及び基準）

第1条 1級の技術検定の学科試験及び実地試験の科目及び基準は別表第1に、2級の技術検定の学科試験及び実地試験の科目及び基準は別表第2に定めるとおりとする。

2 建設業法施行令（以下「令」という。）第27条の3第3項の規定により国土交通大臣が種別を定めた場合における学科試験及び実地試験の科目は、別表第2に定める科目のうちから国土交通大臣が種別ごとに指定するものとする。

政 令　（技術検定の方法及び基準）

第27条の4　実地試験は、その回の技術検定における学科試験に合格した者及び第27条の7の規定により学科試験の全部の免除を受けた者について行うものとする。ただし、国土交通省令で定める種目及び級に係る技術検定の実地試験は、種目及び級を同じくするその回の技術検定における学科試験を受験した者及び同条の規定により当該学科試験の全部の免除を受けた者について行うものとする。

2 学科試験及び実地試験の科目及び基準は、国土交通省令で定める。

（令第27条の4第1項ただし書の種目及び級）

第1条の2　令第27条の4第1項ただし書の国土交通省令で定める種目及び級は、土木施工管理、建築施工管理、電気工事施工管理、管工事施工管理及び造園施工管理の2級とする。

政 令　（受検資格）

第27条の5　1級の技術検定を受けることができる者は、次のとおりとする。

一　学校教育法（昭和22年法律第26号）による大学（短期大学を除き、旧大学令（大正7年勅令第388号）による大学を含む。）を卒業した

後受検しようとする種目に関し指導監督的実務経験1年以上を含む3年以上の実務経験を有する者で在学中に国土交通省令で定める学科を修めたもの

二 学校教育法による短期大学又は高等専門学校（旧専門学校令（明治36年勅令第61号）による専門学校を含む。）を卒業した後受検しようとする種目に関し指導監督的実務経験1年以上を含む5年以上の実務経験を有する者で在学中に国土交通省令で定める学科を修めたもの

三 受検しようとする種目について2級の技術検定に合格した後同種目に関し指導監督的実務経験1年以上を含む5年以上の実務経験を有する者

四 国土交通大臣が前3号に掲げる者と同等以上の知識及び経験を有するものと認定した者

2 2級の技術検定を受けることができる者は、次の各号に掲げる種目の区分に応じ、当該各号に定める者とする。

一 建設機械施工 次のいずれかに該当する者

　イ 学校教育法による高等学校（旧中等学校令（昭和18年勅令第36号）による実業学校を含む。以下同じ。）又は中等教育学校を卒業した後受検しようとする種別に関し2年以上の実務経験を有する者で在学中に国土交通省令で定める学科を修めたもの

　ロ 学校教育法による高等学校又は中等教育学校を卒業した後建設機械施工に関し、受検しようとする種別に関する1年6月以上の実務経験を含む3年以上の実務経験を有する者で在学中に国土交通省令で定める学科を修めたもの

　ハ 受検しようとする種別に関し6年以上の実務経験を有する者

　ニ 建設機械施工に関し、受検しようとする種別に関する4年以上の実務経験を含む8年以上の実務経験を有する者

　ホ 国土交通大臣がイからニまでに掲げる者と同等以上の知識及び経験を有するものと認定した者

二 土木施工管理又は建築施工管理（国土交通大臣が指定する種別のものに限る。） 次のいずれかに該当する者

イ　学校教育法による高等学校又は中等教育学校を卒業した後受検しようとする種別に関し3年以上の実務経験を有する者で在学中に国土交通省令で定める学科を修めたもの

　ロ　受検しようとする種別に関し8年以上の実務経験を有する者

　ハ　国土交通大臣がイ又はロに掲げる者と同等以上の知識及び経験を有するものと認定した者

三　土木施工管理若しくは建築施工管理（前号の国土交通大臣が指定する種別のものを除く。以下「一般土木建築施工管理」という。）又は電気工事施工管理、管工事施工管理若しくは造園施工管理　次に掲げる試験の区分に応じ、それぞれに定める者

　イ　学科試験　次のいずれかに該当する者

　　(1)　学校教育法による高等学校又は中等教育学校を卒業した者で在学中に国土交通省令で定める学科を修めたもの

　　(2)　受検しようとする種目（一般土木建築施工管理にあつては、種別。ロ(1)及び(2)において同じ。）に関し8年以上の実務経験を有する者

　　(3)　国土交通大臣が(1)又は(2)に掲げる者と同等以上の知識及び経験を有するものと認定した者

　ロ　実地試験　次のいずれかに該当する者

　　(1)　学校教育法による高等学校又は中等教育学校を卒業した後受検しようとする種目に関し3年以上の実務経験を有する者で在学中に国土交通省令で定める学科を修めたもの

　　(2)　受検しようとする種目に関し8年以上の実務経験を有する者

　　(3)　国土交通大臣が(1)又は(2)に掲げる者と同等以上の知識及び経験を有するものと認定した者

（令第27条の5の学科）

第2条　令第27条の5第1項第1号及び第2号並びに第2項第1号イ及びロ、第2号イ並びに第3号イ(1)及びロ(1)の国土交通省令で定める学科は、次の表の上欄に掲げる検定種目に応じて、同表の下欄に掲げる学科とする。

第7章 資　　料

検定種目	学　　　　　　　科
建設機械施工	土木工学（農業土木、鉱山土木、森林土木、砂防、治山、緑地又は造園に関する学科を含む。以下同じ。）、都市工学、衛生工学、交通工学、電気工学、機械工学又は建築学に関する学科
土木施工管理	土木工学、都市工学、衛生工学、交通工学又は建築学に関する学科
建築施工管理	建築学、土木工学、都市工学、衛生工学、電気工学又は機械工学に関する学科
電気工事施工管理	電気工学、土木工学、都市工学、機械工学又は建築学に関する学科
管工事施工管理	土木工学、都市工学、衛生工学、電気工学、機械工学又は建築学に関する学科
造園施工管理	土木工学、園芸学、林学、都市工学、交通工学又は建築学に関する学科

（検定の公告）

第3条　技術検定の実施期日、実施場所その他の技術検定の実施に関し必要な事項は、国土交通大臣があらかじめ官報で公告する。

（受検申請）

第4条　技術検定の学科試験又は実地試験を受けようとする者は、様式第1号による技術検定受検申請書に、令第27条の5第1項第1号若しくは第2号又は第2項第1号イ若しくはロ、第2号イ若しくは第3号ロ(1)に該当する者にあつては第1号及び第3号から第5号までに掲げる書類を、同条第1項第3号又は第2項第1号ハ若しくはニ、第2号ロ若しくは第3号イ(2)若しくはロ(2)に該当する者にあつては第3号から第5号までに掲げる書類を、同項第3号イ(1)に該当する者にあつては第1号、第4号及び第5号に掲げる書類を、その他の者にあつては第2号から第5号までに掲げる書類をそれぞれ添付して、これを国土交通大臣（技術検定の学科試験又は実地試験を受けようとする者からの技術検定受検申請書の受理に関する事務を行う者が指定試験機関であるときは、指定試験機関）に提出しなければならない。

一　令第27条の5第1項第1号若しくは第2号又は第2項第1号イ若しくはロ、第2号イ若しくは第3号イ(1)若しくはロ(1)に規

定する学校を卒業したこと及びこれらの規定に規定する学科を修めたことを証する証明書（その証明書を得ることができない正当な理由があるときは、これに代わる適当な書類）

二　国土交通大臣が令第27条の5第1項第4号又は第2項第1号ホ、第2号ハ若しくは第3号イ(3)若しくはロ(3)の規定による認定をするために必要な資料となるべき書類（実務経験を証する書類を除く。）

三　実務経験を証する様式第2号による使用者の証明（その証明書を得ることができない正当な理由があるときは、これに代わる適当な書類）

四　国土交通大臣が令第27条の6の規定によつて指定する精神上及び身体上の欠陥がないことを証するに足りる書面

五　申請前6月以内に、脱帽して正面から上半身を写した写真で、縦5.5センチメートル横4センチメートルのもの

2　国土交通大臣（技術検定の学科試験又は実地試験を受けようとする者からの技術検定受検申請書の受理に関する事務を行う者が指定試験機関であるときは、指定試験機関、第10条第3項において同じ。）は、技術検定の学科試験又は実地試験を受けようとする者に係る本人確認情報（住民基本台帳法（昭和42年法律第81号）第30条の5第1項に規定する本人確認情報をいう。以下同じ。）について、同法第30条の7第3項の規定によるその提供を受けることができないときは、その者に対し、住民票の抄本又はそれに代わる書面を提出させることができる。

3　学科試験に合格した者は、種目及び級（学科試験に合格した技術検定が建設機械施工、土木施工管理又は建築施工管理に係る2級の技術検定である場合においては、種目及び種別）を同じくする次回の技術検定を受けようとする場合においては、第1項の規定にかかわらず、令第27条の5第1項第1号若しくは第2号又は第2項第1号イ若しくはロ、第2号イ若しくは第3号ロ(1)に該当する者にあつては第1項第1号及び第3号に掲げる書類、同条第1項第3号又は第2項第1号ハ若しくはニ、第2号ロ若しくは第

3号ロ(2)に該当する者にあつては第1項第3号に掲げる書類、その他の者にあつては第1項第2号及び第3号に掲げる書類を添付することを要しない。ただし、同条第2項第3号ロ(1)及び(3)に該当する者が初めて実地試験を受けようとする場合にあつては、この限りでない。

政令　(受検欠格)

第27条の6　国土交通大臣が、種目ごとに、当該種目に係る建設工事に従事するのに障害となると認めて指定する精神上又は身体上の欠陥を有する者は、前条の規定にかかわらず、当該種目に係る技術検定を受けることができない。

政令　(試験の免除)

第27条の7　次の表の上欄に掲げる者については、申請により、それぞれ同表の下欄に掲げる試験を免除する。

1級の技術検定の学科試験に合格した者	種目を同じくする次回の1級の技術検定の学科試験の全部
2級の技術検定の学科試験に合格した者	次の各号に掲げる種目の区分に応じ、当該各号に定める技術検定の学科試験の全部 1　第27条の5第2項第1号又は第2号に掲げる種目　種目及び種別を同じくする次回の2級の技術検定 2　第27条の5第2項第3号に掲げる種目　種目（一般土木建築施工管理にあつては、種目及び種別）を同じくする2級の技術検定で国土交通大臣が定めるもの
1級の技術検定に合格した者	2級の技術検定の学科試験又は実地試験の一部で国土交通大臣が定めるもの
2級の技術検定に合格した者	種目を同じくする1級の技術検定の学科試験又は実地試験の一部で国土交通大臣が定めるもの
他の法令の規定による免許で国土交通大臣が定めるものを受けた者又は国土交通大臣が定める検定若しくは試験に合格した者	国土交通大臣が定める学科試験又は実地試験の全部又は一部

> （試験の免除の申請）
> **第5条** 令第27条の7の規定により技術検定の学科試験又は実地試験の全部の免除を受けようとする者は様式第3号による技術検定試験全部免除申請書に、同条の規定により技術検定の学科試験又は実地試験の一部の免除を受けようとする者は様式第4号による技術検定試験一部免除申請書に、それぞれ当該免除を受ける資格を有することを証明する書類を添付して、これを技術検定受検申請書とともに国土交通大臣（技術検定の学科試験又は実地試験の全部又は一部を受けようとする者からの技術検定試験全部免除申請書又は技術検定試験一部免除申請書の受理に関する事務を行う者が指定試験機関であるときは、指定試験機関）に提出しなければならない。

政　令　（称号）

　第27条の8　法第27条第5項の政令で定める称号は、級及び種目の名称を冠する技士とする。

政　令　（合格の取消し）

　第27条の9　国土交通大臣は、技術検定に合格した者が不正の方法によつて技術検定を受けたことが明らかになつたときは、その合格を取り消さなければならない。

　2　合格を取り消された者は、合格証明書を国土交通大臣に返付しなければならない。

政　令　（受験手数料等）

　第27条の10　学科試験又は実地試験の受験手数料の額は、次の表に掲げるとおりとする。ただし、第27条の7の規定により学科試験又は実地試験の一部の免除を受けることができる者が当該学科試験又は実地試験を受けようとする場合においては、当該学科試験又は実地試験について同表に掲げる額から国土交通大臣が定める額を減じた額とする。

検定種目	1　　　級		2　　　級	
	学科試験	実地試験	学科試験	実地試験
建設機械施工	10,100円	27,800円	10,100円	21,600円
土木施工管理	8,200円	8,200円	4,100円	4,100円
建築施工管理	9,400円	9,400円	4,700円	4,700円
電気工事施工管理	11,800円	11,800円	5,900円	5,900円
管工事施工管理	8,500円	8,500円	4,250円	4,250円
造園施工管理	10,400円	10,400円	5,200円	5,200円

2　技術検定の合格証明書の交付又は再交付の手数料の額は、2,200円とする。

政　令　（国土交通省令への委任）

第27条の11　この政令で定めるもののほか、技術検定に関し必要な事項は、国土交通省令で定める。

（受検票の交付）

第6条　国土交通大臣（受検票の交付に関する事務を行う者が指定試験機関であるときは、指定試験機関）は、技術検定受検申請書及びその添付書類（令第27条の7に規定する試験の免除の申請があつた場合においては、これらの書類並びに技術検定試験全部免除申請書又は技術検定試験一部免除申請書及びその添付書類）を審査し、受検資格（令第27条の7に規定する試験の免除の申請があつた場合においては、受検資格及び試験の免除を受ける資格）があると認めた者に様式第5号による受検票を交付するものとする。ただし、令第27条の7の規定により学科試験及び実地試験の全部の免除を受けて技術検定を受けようとする者については、受検票を交付することを要しない。

（試験の合格の通知）

第7条　国土交通大臣又は指定試験機関は、技術検定の学科試験又は実地試験に合格した者に、書面でその旨を通知するものとする。

（合格者の公告）

第8条　技術検定に合格した者は、国土交通大臣（合格者の公告に関する事務を行う者が指定試験機関であるときは、指定試験機関）が官報で公告する。

（合格証明書の交付）

第8条の2　建設業法（昭和24年法律第100号。以下「法」という。）第27条第3項の規定により合格証明書の交付を受けようとする者は、様式第5号の2による合格証明書交付申請書を国土交通大臣に提出しなければならない。

（合格証明書の様式）

第9条　合格証明書の様式は、様式第6号によるものとする。

（合格証明書の書換え申請）

第10条　合格証明書の交付を受けた者は、本籍又は氏名を変更したときは、合格証明書の書換えを申請することができる。

2　前項の申請をしようとする者は、様式第7号による技術検定合格証明書書換申請書に合格証明書及び住民票の抄本又はこれに代わる書面を添付して、これを国土交通大臣に提出しなければならない。

3　国土交通大臣は、第1項の申請をしようとする者に係る本人確認情報について、住民基本台帳法第30条の7第3項の規定によるその提供を受けることができないときは、その者に対し、住民票の抄本又はこれに代わる書面を提出させることができる。

（合格証明書の再交付申請）

第11条　法第27条第4項の規定により合格証明書の再交付を申請しようとする者は、様式第8号による技術検定合格証明書再交付申請書を国土交通大臣に提出しなければならない。

（指定試験機関の指定）

第27条の2　国土交通大臣は、その指定する者（以下「指定試験機関」という。）に、学科試験及び実地試験の実施に関する事務（以下「試験事務」という。）の全部又は一部を行わせることができる。

2　前項の規定による指定は、試験事務を行おうとする者の申請により行う。
3　国土交通大臣は、指定試験機関に試験事務を行わせるときは、当該試験事務を行わないものとする。

（監理技術者資格者証の交付）

第27条の18　国土交通大臣は、監理技術者資格（建設業の種類に応じ、第15条第2号イの規定により国土交通大臣が定める試験に合格し、若しくは同号イの規定により国土交通大臣が定める免許を受けていること、第7条第2号イ若しくはロに規定する実務の経験若しくは学科の修得若しくは同号ハの規定による国土交通大臣の認定があり、かつ、第15条第2号ロに規定する実務の経験を有していること、又は同号ハの規定により同号イ若しくはロに掲げる者と同等以上の能力を有するものとして国土交通大臣がした認定を受けていることをいう。以下同じ。）を有する者の申請により、その申請者に対して、監理技術者資格者証（以下「資格者証」という。）を交付する。

2　資格者証には、交付を受ける者の氏名、交付の年月日、交付を受ける者が有する監理技術者資格、建設業の種類その他の国土交通省令で定める事項を記載するものとする。
3　第1項の場合において、申請者が二以上の監理技術者資格を有する者であるときは、これらの監理技術者資格を合わせて記載した資格者証を交付するものとする。
4　資格者証の有効期間は、5年とする。
5　資格者証の有効期間は、申請により更新する。
6　第4項の規定は、更新後の資格者証の有効期間について準用する。

|規　則|（資格者証の交付の申請）|

第17条の29　法第27条の18第1項の規定による資格者証の交付を受けようとする者は、次に掲げる事項を記載した資格者証交付申請書に交付の申請前6月以内に撮影した無帽、正面、上三分身、無背景の縦の長さ3.0センチメートル、横の長さ2.4センチメートルの写真でその裏面に氏名及び撮影年月日を記入したもの（以下「資格者証用写真」とい

う。）を添えて、これを国土交通大臣（指定資格者証交付機関が交付等事務を行う場合にあつては、指定資格者証交付機関。第17条の31第1項並びに第17条の32第1項及び第4項において同じ。）に提出しなければならない。

一　申請者の氏名、生年月日、本籍及び住所
二　監理技術者資格
三　建設業者の業務に従事している場合にあつては、当該建設業者の商号又は名称及び許可番号

2　前項の資格者証明交付申請書には、次に掲げる書類を添付しなければならない。

一　住民票の抄本又はこれに代わる書面
二　建設業者の業務に従事している場合にあつては、当該建設業者の業務に従事している旨を証する書面

3　国土交通大臣（指定資格者証交付機関が交付等事務を行う場合にあつては、指定資格者証交付機関。第17条の31において同じ。）は、資格者証の交付を受けようとする者に係る本人確認情報について、住民基本台帳法第30条の7第3項の規定によるその提供を受けることができないときは、その者に対し、住民票の抄本又はこれに代わる書面を提出させることができる。

4　資格者証交付申請書の様式は、別記様式第25号の4によるものとする。

5　資格者証の交付の申請が既に交付された資格者証に記載されている監理技術者資格以外の監理技術者資格の記載に係るものである場合には、当該申請により行う資格者証の交付は、その既に交付された資格者証と引換えに行うものとする。

|規　則|　（資格者証の記載事項及び様式）

第17条の30　法第27条の18第2項の国土交通省令で定める事項は、次のとおりとする。

一　交付を受ける者の氏名、生年月日、本籍及び住所
二　最初に資格者証の交付を受けた年月日
三　現に所有する資格者証の交付を受けた年月日

四　交付を受ける者が有する監理技術者資格
　　　五　建設業の種類
　　　六　資格者証交付番号
　　　七　資格者証の有効期間の満了する日
　　　八　交付を受ける者が建設業者の業務に従事している場合にあつては、前条第１項第３号に掲げる事項
　　２　資格者証の様式は、別記様式第25号の５によるものとする。
　　３　資格者証の記載に用いる略語は、国土交通大臣が定めるところによるものとする。

規　則　（資格者証の記載事項の変更）

第17条の31　資格者証の交付を受けている者は、次の各号の一に該当することとなつた場合においては、30日以内に国土交通大臣に届け出て、資格者証に変更に係る事項の記載を受けなければならない。
　　　一　氏名、本籍又は住所を変更したとき。
　　　二　資格者証に記載されている監理技術者資格を有しなくなつたとき。
　　　三　資格者証の交付を受けている者が建設業者の業務に従事している場合にあつては、第17条の29第１項第３号に掲げる事項について変更があつたとき。
　　２　前項の規定による届出をしようとする者は、別記様式第25号の６による資格者証変更届出書を、前項第３号に該当することとなつた場合においてはこれに第17条の29第２項第２号に掲げる書面を添えて、これを提出しなければならない。
　　３　国土交通大臣は、第１項の規定による届出をしようとする者に係る本人確認情報について、住民基本台帳法第30条の７第３項の規定によるその提供を受けることができないときは、その者に対し、住民票の抄本又はこれに代わる書面を提出させることができる。

規　則　（資格者証の再交付等）

第17条の32　資格者証の交付を受けている者は、資格者証を亡失し、滅失し、汚損し、又は破損したときは、国土交通大臣に資格者証の再交付を申請することができる。
　　２　前項の規定による再交付を申請しようとする者は、資格者証用写真

を添付した別記様式第25号の7による**資格者証再交付申請書**を提出しなければならない。

3 汚損又は破損を理由とする資格者証の再交付は、汚損し、又は破損した資格者証と引換えに新たな資格者証を交付して行うものとする。

4 資格者証を亡失してその再交付を受けた者は、亡失した資格者証を発見したときは、遅滞なく、発見した資格者証を国土交通大臣に返納しなければならない。

| 規　則 | （資格者証の有効期間の更新）

第17条の33 法第27条の18第5項の規定による資格者証の有効期間の更新の申請は、新たな資格者証の交付を申請することにより行うものとする。

2 第17条の29第1項から第4項までの規定は、前項の交付申請について準用する。

3 第1項の新たな資格者証の交付は、当該申請者が現に有する資格者証と引換えに行うものとする。

（指定資格者証交付機関）

第27条の19 国土交通大臣は、その指定する者（以下「指定資格者証交付機関」という。）に、資格者証の交付及びその有効期間の更新の実施に関する事務（以下「交付等事務」という。）を行わせることができる。

2 前項の規定による指定は、交付等事務を行おうとする者の申請により行う。

3 国土交通大臣は、前項の規定による申請をした者が次の各号のいずれかに該当するときは、第1項の規定による指定をしてはならない。

一 一般社団法人又は一般財団法人以外の者であること。

二 第5項において準用する第27条の14第1項又は第2項の規定により指定を取り消されその取消しの日から起算して2年を経過しない者であること。

4 国土交通大臣は、指定資格者証交付機関に交付等事務を行わせるときは、当該交付等事務を行わないものとする。

5 第27条の4、第27条の8、第27条の12、第27条の13、第27条の14（同条第2項第1号を除く。）、第27条の15及び第27条の17の規定は、指定資格者証交付機関について準用する。この場合において、第27条の4第1項及び第27条

の14第2項第5号中「第27条の2第1項」とあるのは「第27条の19第1項」と、第27条の8及び第27条の14第2項第4号中「試験事務規程」とあるのは「交付等事務規程」と、第27条の12第1項、第27条の13第1項及び第2項、第27条の14第2項及び第3項、第27条の15並びに第27条の17中「試験事務」とあるのは「交付等事務」と、第27条の14第1項中「第27条の3第2項各号（第3号を除く。）の一に」とあるのは「第27条の19第3項第1号に」と、同条第2項第2号中「第27条の6第1項若しくは第2項、第27条の9、第27条の10又は前条第1項」とあるのは「前条第1項又は第27条の20」と、同項第3号中「第27条の5第2項（第27条の6第3項において準用する場合を含む。）、第27条の8第2項又は第27条の11」とあるのは「第27条の8第2項」と、第27条の15第1項中「第27条の2第3項」とあるのは「第27条の19第4項」と読み替えるものとする。

（手数料）

第27条の21 資格者証の交付又は資格者証の有効期間の更新を受けようとする者は、実費を勘案して政令で定める額の手数料を国（指定資格者証交付機関が行う資格者証の交付又は資格者証の有効期間の更新を受けようとする者は、指定資格者証交付機関）に納めなければならない。

2 前項の規定により指定資格者証交付機関に納められた手数料は、指定資格者証交付機関の収入とする。

政　令　（資格者証交付等手数料）

第27条の12 法第27条の21第1項の政令で定める額は、7,600円とする。

第4章の2　建設業者の経営に関する事項の審査等

（経営事項審査）

第27条の23 公共性のある施設又は工作物に関する建設工事で政令で定めるものを発注者から直接請け負おうとする建設業者は、国土交通省令で定めるところにより、その経営に関する客観的事項について審査を受けなければならない。

2 前項の審査（以下「経営事項審査」という。）は、次に掲げる事項につい

て、数値による評価をすることにより行うものとする。
　一　経営状況
　二　経営規模、技術的能力その他の前号に掲げる事項以外の客観的事項
３　前項に定めるもののほか、経営事項審査の項目及び基準は、中央建設業審議会の意見を聴いて国土交通大臣が定める。

政　令　（公共性のある施設又は工作物に関する建設工事）

第27条の13　法第27条の23第１項の政令で定める建設工事は、国、地方公共団体、法人税法（昭和40年法律第34号）別表第１に掲げる公共法人（地方公共団体を除く。）又はこれらに準ずるものとして建設省令で定める法人が発注者であり、かつ、工事１件の請負代金の額が500万円（当該建設工事が建築一式工事である場合にあつては、1,500万円）以上のものであつて、次に掲げる建設工事以外のものとする。

　一　堤防の欠壊、道路の埋没、電気設備の故障その他施設又は工作物の破壊、埋没等で、これを放置するときは、著しい被害を生ずるおそれのあるものによつて必要を生じた応急の建設工事
　二　前号に掲げるもののほか、経営事項審査を受けていない建設業者が発注者から直接請け負うことについて緊急の必要その他やむを得ない事情があるものとして国土交通大臣が指定する建設工事

規　則　（令第27条の13の法人）

第18条　令第27条の13の国土交通省令で定める法人は、関西国際空港株式会社、公害健康被害補償予防協会、首都高速道路株式会社、消防団員等公務災害補償等共済基金、地方競馬全国協会、東京地下鉄株式会社、東京湾横断道路の建設に関する特別措置法（昭和61年法律第45号）第２条第１項に規定する東京湾横断道路建設事業者、独立行政法人科学技術振興機構、独立行政法人勤労者退職金共済機構、独立行政法人新エネルギー・産業技術総合開発機構、独立行政法人中小企業基盤整備機構、独立行政法人日本原子力研究開発機構、独立行政法人農業者年金基金、独立行政法人理化学研究所、中日本高速道路株式会社、成田国際空港株式会社、西日本高速道路株式会社、日本環境安全事業株式会社、日本小型自動車振興会、日本自転車振興会、日本私立学校振

第7章 資　　料　　　　　　　　　　　　157

興・共済事業団、日本たばこ産業株式会社、日本電信電話株式会社等に関する法律（昭和59年法律第85号）第1条第1項に規定する会社及び同条第2項に規定する地域会社、農林漁業団体職員共済組合、阪神高速道路株式会社、東日本高速道路株式会社、本州四国連絡高速道路株式会社並びに旅客鉄道株式会社及び日本貨物鉄道株式会社に関する法律（昭和61年法律第88号）第1条第3項に規定する会社とする。

|規　則|　（経営事項審査の申請等）

第18条の2　法第27条の23第1項の建設業者は、同項の建設工事について発注者と請負契約を締結する日の1年7月前の日の直後の事業年度終了の日以降に経営事項審査を受けていなければならない。

2　国土交通大臣又は都道府県知事は、経営事項審査の申請の時期及び方法等を定め、その内容を公示するものとする。

3　法第27条の23第4項及び第5項の規定により提出すべき経営事項審査申請書及びその添付書類は、前項の規定に基づき公示されたところにより、国土交通大臣の許可を受けた者にあつてはその主たる営業所を管轄する都道府県知事を経由して国土交通大臣に、都道府県知事の許可を受けた者にあつては当該都道府県知事に提出しなければならない。

|規　則|　（経営事項審査の客観的事項）

第18条の3　法第27条の23第2項第2号に規定する客観的事項は、経営規模、技術的能力及び次の各号に掲げる事項とする。

一　労働福祉の状況

二　建設業の営業年数

三　法令遵守の状況

四　建設業の経理に関する状況

五　研究開発の状況

六　防災活動への貢献の状況

2　前項に規定する技術的能力は、次の各号に掲げる事項により評価することにより審査するものとする。

一　法第7条第2号イ、ロ若しくはハ又は法第15条第2号イ、ロ若しくはハに該当する者の数

二　工事現場において基幹的な役割を担うために必要な技能に関する

講習であつて、次条から第18条の3の4までの規定により国土交通大臣の登録を受けたもの（以下「登録基幹技能者講習」という。）を修了した者の数

三　元請完成工事高

3　第1項第4号に規定する事項は、次の各号に掲げる事項により評価することにより審査するものとする。

一　会計監査人又は会計参与の設置の有無

二　建設業の経理に関する業務の責任者のうち次に掲げる者による建設業の経理が適正に行われたことの確認の有無

　イ　公認会計士、会計士補、税理士及びこれらとなる資格を有する者

　ロ　建設業の経理に必要な知識を確認するための試験であつて、第18条の4、第18条の5及び第18条の7において準用する第7条の5の規定により国土交通大臣の登録を受けたもの（以下「登録経理試験」という。）に合格した者

三　建設業に従事する職員のうち前号イ又はロに掲げる者で建設業の経理に関する業務を遂行する能力を有するものと認められるものの数

規則　（登録の申請）

第18条の3の2　前条第2項第2号の登録は、登録基幹技能者講習の実施に関する事務（以下「登録基幹技能者講習事務」という。）を行おうとする者の申請により行う。

2　前条第2項第2号の登録を受けようとする者（以下「登録基幹技能者講習事務申請者」という。）は、次に掲げる事項を記載した申請書を国土交通大臣に提出しなければならない。

一　登録基幹技能者講習事務申請者の氏名又は名称及び住所並びに法人（法人でない社団又は財団で代表者又は管理人の定めがあるものを含む。以下この条から第18条の3の4までにおいて同じ。）にあつては、その代表者の氏名

二　登録基幹技能者講習事務を行おうとする事務所の名称及び所在地

三　登録基幹技能者講習事務を開始しようとする年月日

　　　　四　登録基幹技能者講習委員（第18条の３の４第１項第２号に規定する合議制の機関を構成する者をいう。以下同じ。）となるべき者の氏名及び略歴並びに同号イ又はロに該当する者にあつては、その旨

　　　　五　登録基幹技能者講習の種目

　　３　前項の申請書には、次に掲げる書類を添付しなければならない。

　　　　一　個人である場合においては、次に掲げる書類

　　　　　　イ　住民票の抄本又はこれに代わる書面

　　　　　　ロ　略歴を記載した書類

　　　　二　法人である場合においては、次に掲げる書類

　　　　　　イ　定款又は寄附行為及び登記事項証明書

　　　　　　ロ　株主名簿若しくは社員名簿の写し又はこれらに代わる書面

　　　　　　ハ　申請に係る意思の決定を証する書類

　　　　　　ニ　役員の氏名及び略歴を記載した書類

　　　　三　登録基幹技能者講習事務の概要を記載した書類

　　　　四　登録基幹技能者講習委員のうち、第18条の３の４第１項第２号イ又はロに該当する者にあつては、その資格等を有することを証する書類

　　　　五　登録基幹技能者講習事務以外の業務を行おうとするときは、その業務の種類及び概要を記載した書類

　　　　六　登録基幹技能者講習事務申請者が次条各号のいずれにも該当しない者であることを誓約する書面

　　　　七　その他参考となる事項を記載した書類

規　則　　（欠格条項）

　　第18条の３の３　次の各号のいずれかに該当する者が行う講習は、第18条の３第２項第２号の登録を受けることができない。

　　　　一　法の規定に違反し、罰金以上の刑に処せられ、その執行を終わり、又は執行を受けることがなくなつた日から起算して２年を経過しない者

　　　　二　第18条の３の13の規定により第18条の３第２項第２号の登録を取り消され、その取消しの日から起算して２年を経過しない者

　　　　三　法人であつて、登録基幹技能者講習事務を行う役員のうちに前２

号のいずれかに該当する者があるもの

規　則　（登録の要件等）

第18条の3の4　国土交通大臣は、第18条の3の2の規定による登録の申請が次に掲げる要件のすべてに適合しているときは、その登録をしなければならない。

一　第18条の3の6第3号の表の上欄に掲げる科目について講習が行われるものであること。

二　次のいずれかに該当する者を2名以上含む5名以上の者によつて構成される合議制の機関により試験問題の作成及び合否判定が行われるものであること。

　　イ　学校教育法による大学若しくはこれに相当する外国の学校において登録基幹技能者講習の種目に関する科目を担当する教授若しくは准教授の職にあり、若しくはこれらの職にあつた者又は登録基幹技能者講習の種目に関する科目の研究により博士の学位を授与された者

　　ロ　国土交通大臣がイに掲げる者と同等以上の能力を有すると認める者

2　第18条の3第2項第2号の登録は、登録基幹技能者講習登録簿に次に掲げる事項を記載してするものとする。

一　登録年月日及び登録番号

二　登録基幹技能者講習事務を行う者（以下「登録基幹技能者講習実施機関」という。）の氏名又は名称及び住所並びに法人にあつては、その代表者の氏名

三　登録基幹技能者講習事務を行う事務所の名称及び所在地

四　登録基幹技能者講習事務を開始する年月日

五　登録基幹技能者講習の種目

規　則　（登録の更新）

第18条の3の5　第18条の3第2項第2号の登録は、5年ごとにその更新を受けなければ、その期間の経過によつて、その効力を失う。

2　前3条の規定は、前項の登録の更新について準用する。

（登録基幹技能者講習事務の実施に係る義務）

第18条の3の6 登録基幹技能者講習実施機関は、公正に、かつ、第18条の3の4第1項各号に掲げる要件及び次に掲げる基準に適合する方法により登録基幹技能者講習事務を行わなければならない。

一 講習は、講義及び試験により行うものであること。

二 受講者があらかじめ受講を申請した者本人であることを確認すること。

三 講義は、次の表の上欄に掲げる科目に応じ、それぞれ同表の下欄に掲げる内容について、合計10時間以上行うこと。

科目	内容	
基幹技能一般知識に関する科目	工事現場における基幹的な役割及び当該役割を担うために必要な技能に関する事項	
基幹技能関係法令に関する科目	労働安全衛生法その他関係法令に関する事項	
建設工事の施工管理、工程管理、資材管理その他の技術上の管理に関する科目	イ	施工管理に関する事項
	ロ	工程管理に関する事項
	ハ	資材管理に関する事項
	ニ	原価管理に関する事項
	ホ	品質管理に関する事項
	ヘ	安全管理に関する事項

四 前号の表の上欄に掲げる科目及び同表の下欄に掲げる内容に応じ、教本等必要な教材を用いて実施されること。

五 講師は、講義の内容に関する受講者の質問に対し、講義中に適切に応答すること。

六 試験は、第3号の表の上欄に掲げる科目に応じ、それぞれ同表の下欄に掲げる内容について、1時間以上行うこと。

七 終了した試験の問題及び合格基準を公表すること。

八 講習の課程を修了した者に対して、別記様式第30号による登録基幹技能者講習修了証を交付すること。

九 講習を実施する日時、場所その他講習の実施に関し必要な事項及び当該講習が国土交通大臣の登録を受けた講習である旨を公示すること。

十　講習以外の業務を行う場合にあつては、当該業務が国土交通大臣の登録を受けた講習であると誤認されるおそれがある表示その他の行為をしないこと。

|規　則|　（登録事項の変更の届出）

第18条の3の7　登録基幹技能者講習実施機関は、第18条の3の4第2項第2号から第4号までに掲げる事項を変更しようとするときは、変更しようとする日の2週間前までに、その旨を国土交通大臣に届け出なければならない。

|規　則|　（規程）

第18条の3の8　登録基幹技能者講習実施機関は、次に掲げる事項を記載した登録基幹技能者講習事務に関する規程を定め、当該事務の開始前に、国土交通大臣に届け出なければならない。これを変更しようとするときも、同様とする。

一　登録基幹技能者講習事務を行う時間及び休日に関する事項

二　登録基幹技能者講習事務を行う事務所及び講習の実施場所に関する事項

三　登録基幹技能者講習の日程、公示方法その他の登録基幹技能者講習事務の実施の方法に関する事項

四　登録基幹技能者講習の受講の申込みに関する事項

五　登録基幹技能者講習の受講手数料の額及び収納の方法に関する事項

六　登録基幹技能者講習委員の選任及び解任に関する事項

七　登録基幹技能者講習試験の問題の作成及び合否判定の方法に関する事項

八　終了した登録基幹技能者講習試験の問題及び合格基準の公表に関する事項

九　登録基幹技能者講習修了証の交付及び再交付に関する事項

十　登録基幹技能者講習事務に関する秘密の保持に関する事項

十一　登録基幹技能者講習事務に関する公正の確保に関する事項

十二　不正受講者の処分に関する事項

十三　第18条の3の14第3項の帳簿その他の登録基幹技能者講習事務

に関する書類の管理に関する事項

十四　その他登録基幹技能者講習事務に関し必要な事項

|規　則|　（登録基幹技能者講習事務の休廃止）

第18条の3の9　登録基幹技能者講習実施機関は、登録基幹技能者講習事務の全部又は一部を休止し、又は廃止しようとするときは、あらかじめ、次に掲げる事項を記載した届出書を国土交通大臣に提出しなければならない。

一　休止し、又は廃止しようとする登録基幹技能者講習事務の範囲

二　休止し、又は廃止しようとする年月日及び休止しようとする場合にあつては、その期間

三　休止又は廃止の理由

|規　則|　（財務諸表等の備付け及び閲覧等）

第18条の3の10　登録基幹技能者講習実施機関は、毎事業年度経過後3月以内に、その事業年度の財産目録、貸借対照表及び損益計算書又は収支計算書並びに事業報告書（その作成に代えて電磁的記録の作成がされている場合における当該電磁的記録を含む。次項において「財務諸表等」という。）を作成し、5年間事務所に備えて置かなければならない。

2　登録基幹技能者講習を受講しようとする者その他の利害関係人は、登録基幹技能者講習実施機関の業務時間内は、いつでも、次に掲げる請求をすることができる。ただし、第2号又は第4号の請求をするには、登録基幹技能者講習実施機関の定めた費用を支払わなければならない。

一　財務諸表等が書面をもつて作成されているときは、当該書面の閲覧又は謄写の請求

二　前号の書面の謄本又は抄本の請求

三　財務諸表等が電磁的記録をもつて作成されているときは、当該電磁的記録に記録された事項を紙面又は出力装置の映像面に表示したものの閲覧又は謄写の請求

四　前号の電磁的記録に記録された事項を電磁的方法であつて、次に掲げるもののうち登録基幹技能者講習実施機関が定めるものにより

提供することの請求又は当該事項を記載した書面の交付の請求
> イ　送信者の使用に係る電子計算機と受信者の使用に係る電子計算機とを電気通信回線で接続した電子情報処理組織を使用する方法であつて、当該電気通信回線を通じて情報が送信され、受信者の使用に係る電子計算機に備えられたファイルに当該情報が記録されるもの
> ロ　磁気ディスク等をもつて調製するファイルに情報を記録したものを交付する方法

3　前項第4号イ又はロに掲げる方法は、受信者がファイルへの記録を出力することにより書面を作成することができるものでなければならない。

|規　則|

（適合命令）

第18条の3の11　国土交通大臣は、登録基幹技能者講習実施機関の実施する登録基幹技能者講習が第18条の3の4第1項の規定に適合しなくなつたと認めるときは、当該登録基幹技能者講習実施機関に対し、同項の規定に適合するため必要な措置をとるべきことを命ずることができる。

|規　則|

（改善命令）

第18条の3の12　国土交通大臣は、登録基幹技能者講習実施機関が第18条の3の6の規定に違反していると認めるときは、当該登録基幹技能者講習実施機関に対し、同条の規定による登録基幹技能者講習事務を行うべきこと又は登録基幹技能者講習事務の方法その他の業務の方法の改善に関し必要な措置をとるべきことを命ずることができる。

|規　則|

（登録の取消し等）

第18条の3の13　国土交通大臣は、登録基幹技能者講習実施機関が次の各号のいずれかに該当するときは、当該登録基幹技能者講習実施機関が行う講習の登録を取り消し、又は期間を定めて登録基幹技能者講習事務の全部若しくは一部の停止を命ずることができる。

一　第18条の3の3第1号又は第3号に該当するに至つたとき。

二　第18条の3の7から第18条の3の9まで、第18条の3の10第1項又は次条の規定に違反したとき。

三　正当な理由がないのに第18条の3の10第2項各号の規定による請
　　　　　求を拒んだとき。
　　　四　前2条の規定による命令に違反したとき。
　　　五　第18条の3の15の規定による報告を求められて、報告をせず、又
　　　　　は虚偽の報告をしたとき。
　　　六　不正の手段により第18条の3第2項第2号の登録を受けたとき。

|規　則|　　　（帳簿の記載等）

　　第18条の3の14　登録基幹技能者講習実施機関は、登録基幹技能者講習
　　に関する次に掲げる事項を記載した帳簿を備えなければならない。
　　　一　講習の実施年月日
　　　二　講習の実施場所
　　　三　受講者の受講番号、氏名、生年月日及び合否の別
　　　四　登録基幹技能者講習修了証の交付年月日
　　2　前項各号に掲げる事項が、電子計算機に備えられたファイル又は磁
　　　気ディスク等に記録され、必要に応じ登録基幹技能者講習実施機関に
　　　おいて電子計算機その他の機器を用いて明確に紙面に表示されるとき
　　　は、当該記録をもつて同項に規定する帳簿への記載に代えることがで
　　　きる。
　　3　登録基幹技能者講習実施機関は、第1項に規定する帳簿（前項の規
　　　定による記録が行われた同項のファイル又は磁気ディスク等を含む。）
　　　を、登録基幹技能者講習事務の全部を廃止するまで保存しなければな
　　　らない。
　　4　登録基幹技能者講習実施機関は、次に掲げる書類を備え、登録基幹
　　　技能者講習を実施した日から3年間保存しなければならない。
　　　一　登録基幹技能者講習の受講申込書及び添付書類
　　　二　終了した登録基幹技能者講習の試験問題及び答案用紙

|規　則|　　　（報告の徴収）

　　第18条の3の15　国土交通大臣は、登録基幹技能者講習事務の適切な実
　　施を確保するため必要があると認めるときは、登録基幹技能者講習実
　　施機関に対し、登録基幹技能者講習事務の状況に関し必要な報告を求
　　めることができる。

|規　則| （公示）

第18条の3の16　国土交通大臣は、次に掲げる場合には、その旨を官報に公示しなければならない。

一　第18条の3第2項第2号の登録をしたとき。

二　第18条の3の7の規定による届出があつたとき。

三　第18条の3の9の規定による届出があつたとき。

四　第18条の3の13の規定により登録を取り消し、又は登録基幹技能者講習事務の停止を命じたとき。

|規　則| （登録の申請）

第18条の4　第18条の3第3項第2号ロの登録は、登録経理試験の実施に関する事務（以下「登録経理試験事務」という。）を行おうとする者の申請により行う。

2　前条第2項第2号の登録を受けようとする者（以下「登録経理試験事務申請者」という。）は、次に掲げる事項を記載した申請書を国土交通大臣に提出しなければならない。

一　登録経理試験事務申請者の氏名又は名称及び住所並びに法人にあつては、その代表者の氏名

二　登録経理試験事務を行おうとする事務所の名称及び所在地

三　登録経理試験事務を開始しようとする年月日

四　登録経理試験委員（次条第1項第2号に規定する合議制の機関を構成する者をいう。以下同じ。）となるべき者の氏名及び略歴並びに同号イからニまでのいずれかに該当する者にあつては、その旨

3　前項の申請書には、次に掲げる書類を添付しなければならない。

一　個人である場合においては、次に掲げる書類

　　イ　住民票の抄本又はこれに代わる書面

　　ロ　略歴を記載した書類

二　法人である場合においては、次に掲げる書類

　　イ　定款又は寄附行為及び登記事項申請書

　　ロ　株主名簿若しくは社員名簿の写し又はこれらに代わる書面

　　ハ　申請に係る意思の決定を証する書類

　　ニ　役員の氏名及び略歴を記載した書類

第7章 資　　料　　　　　　　　　　　　　　167

　三　登録経理試験委員のうち、次条第1項第2号イから二までのいずれかに該当する者にあつては、その資格等を有することを証する書類

　四　登録経理試験事務以外の業務を行おうとするときは、その業務の種類及び概要を記載した書類

　五　登録経理試験事務申請者が第18条の7において準用する第7条の5各号のいずれにも該当しない者であることを誓約する書面

　六　その他参考となる事項を記載した書類

|規　則|　（登録の要件等）

第18条の5　国土交通大臣は、前条の規定による登録の申請が次に掲げる要件のすべてに適合しているときは、その登録をしなければならない。

　一　次に掲げる内容について試験が行われるものであること。

　　イ　会計学

　　ロ　会社法その他会計に関する法令

　　ハ　建設業に関する法令（会計に関する部分に限る。）

　　ニ　その他建設業会計に関する知識

　二　次のいずれかに該当する者を2名以上含む10名以上の者によつて構成される合議制の機関により試験問題の作成及び合否判定が行われるものであること。

　　イ　学校教育法による大学若しくはこれに相当する外国の学校において会計学その他の登録経理試験事務に関する科目を担当する教授若しくは准教授の職にあり、若しくはこれらの職にあつた者又は会計学その他の登録経理試験事務に関する科目の研究により博士の学位を授与された者

　　ロ　建設業者のうち株式会社であつて総売上高のうち建設業に係る売上高の割合が5割を超えているものに対し、証券取引法（昭和23年法律第25号）第193条の2に規定する監査証明又は会社法第396条に規定する監査に係る業務（ハにおいて「建設業監査等」という。）に5年以上従事した者

　　ハ　監査法人の行う建設業監査等にその社員として5年以上関与し

た公認会計士

ニ　国土交通大臣がイからハまでに掲げる者と同等以上の能力を有すると認める者

2　第18条の3第2項第2号の登録は、登録経理試験登録簿に次に掲げる事項を記載してするものとする。

一　登録年月日及び登録番号

二　登録経理試験事務を行う者（以下「登録経理試験実施機関」という。）の氏名又は名称及び住所並びに法人にあつては、その代表者の氏名

三　登録経理試験事務を行う事務所の名称及び所在地

四　登録経理試験事務を開始する年月日

規則　（登録経理試験事務の実施に係る義務）

第18条の6　登録経理試験実施機関は、公正に、かつ、前条第1項各号に掲げる要件及び次に掲げる基準に適合する方法により登録経理試験事務を行わなければならない。

一　次の表の第1欄に掲げる級ごとに、同表の第2欄に掲げる科目の区分に応じ、それぞれ同表の第3欄に掲げる内容について、同表の第4欄に掲げる時間を標準として試験を行うこと。

級	科目	内容	時間
1級	建設業の原価計算に関する科目	建設工事の施工前における見積り、積算段階における工事原価予測並びに発生原価の把握及び測定による工事原価管理に関する一般的事項	4時間30分
	建設業の財務諸表に関する科目	会計理論、会計基準及び建設業の計算書類の作成に関する一般的事項	
	建設業の財務分析に関する科目	財務諸表等を用いた建設業の経営分析に関する一般的事項	
2級	建設業の原価計算に関する科目	建設工事の施工前における見積り、積算段階における工事原価予測並びに発生原価の把握及び測定による工事原価管理に関する概略的事項	2時間
	建設業の財務諸表に関する科目	会計理論、会計基準及び建設業の計算書類の作成に関する概略的事項	

第7章 資　　料　　　　　　　　169

二　登録経理試験を実施する日時、場所その他登録経理試験の実施に関し必要な事項をあらかじめ公示すること。

三　登録経理試験に関する不正行為を防止するための措置を講じること。

四　終了した登録経理試験の問題及び合格基準を公表すること。

五　登録経理試験に合格した者に対し、別記様式第25号の7の2による合格証明書（以下「登録経理試験合格証明書」という。）を交付すること。

規　則　（準用規定）

第18条の7　第7条の5、第7条の7及び第7条の9から第7条の18までの規定は、登録経理試験実施機関について準用する。この場合において、次の表の上欄に掲げる規定中同表の中欄に掲げる字句は、それぞれ同表の下欄に掲げる字句に読み替えるものとする。

第7条の5、第7条の7第1項、第7条の15第6号、第7条の18第1号	第7条の3第2号の表とび・土工工事業の項第4号	第18条の3第2項第2号
第7条の5第2号、第7条の18第4号	第7条の15	第18条の7において準用する第7条の15
第7条の5第3号、第7条の10、第7条の11（見出しを含む。）、第7条の14、第7条の15、第7条の16第3項、第7条の17、第7条の18第4号	登録地すべり防止工事試験事務	登録経理試験事務
第7条の7第2項	前3条	第18条の4、第18条の5及び第18条の7において準用する第7条の5
第7条の9から第7条の11まで、第7条の12第1項及び第2項、第7条の13から第7条の17まで	登録地すべり防止工事試験実施機関	登録経理試験実施機関
第7条の9	第7条の6第2項第2号	第18条の5第2項第2号
第7条の10第3号	登録地すべり防止工事試験の	登録経理試験の
第7条の10第4号、第5号、第7号及び第8号、第7条の16第4項各号	登録地すべり防止工事試験	登録経理試験
第7条の10第6号	登録地すべり防止工事試験委員	登録経理試験委員

第7条の10第9号	登録地すべり防止工事試験合格証明書	登録経理試験合格証明書
第7条の10第13号	第7条の16第3項	第18条の7において準用する第7条の16第3項
第7条の12第2項、第7条の16第4項	登録地すべり防止工事試験を	登録経理試験を
第7条の13	登録地すべり防止工事試験が	登録経理試験が
	第7条の6第1項	第18条の5第1項
第7条の14	第7条の8	第18条の6
第7条の15第1号	第7条の5第1号	第18条の7において準用する第7条の5第1号
第7条の15第2号、第7条の18第2号	第7条の9	第18条の7において準用する第7条の9
第7条の15第2号	次条	第7条の16
第7条の15第3号	第7条の12第2項各号	第18条の7において準用する第7条の12第2項各号
第7条の15第4号	前2条	第18条の7において準用する第7条の13又は前条
第7条の15第5号	第7条の17	第18条の7において準用する第7条の17
第7条の16第1項	登録地すべり防止工事試験に	登録経理試験に
第7条の18第3号	第7条の11	第18条の7において準用する第7条の11

第5章 監督

（指示及び営業の停止）

第28条 国土交通大臣又は都道府県知事は、その許可を受けた建設業者が次の各号のいずれかに該当する場合又はこの法律の規定（第19条の3、第19条の4及び第24条の3から第24条の5までを除き、公共工事の入札及び契約の適正化の促進に関する法律（平成12年法律第127号。以下「入札契約適正化法」という。）第13条第3項の規定により読み替えて適用される第24条の7第4項を含む。第4項において同じ。）若しくは入札契約適正化法第13条第1項若しくは第2項の規定に違反した場合においては、当該建設業者に対して、

必要な指示をすることができる。特定建設業者が第41条第2項又は第3項の規定による勧告に従わない場合において必要があると認めるときも、同様とする。
- 一 建設業者が建設工事を適切に施工しなかつたために公衆に危害を及ぼしたとき、又は危害を及ぼすおそれが大であるとき。
- 二 建設業者が請負契約に関し不誠実な行為をしたとき。
- 三 建設業者（建設業者が法人であるときは、当該法人又はその役員）又は政令で定める使用人がその業務に関し他の法令（入札契約適正化法及びこれに基づく命令を除く。）に違反し、建設業者として不適当であると認められるとき。
- 四 建設業者が第22条の規定に違反したとき。
- 五 第26条第1項又は第2項に規定する主任技術者又は監理技術者が工事の施工の管理について著しく不適当であり、かつ、その変更が公益上必要であると認められるとき。
- 六 建設業者が、第3条第1項の規定に違反して同項の許可を受けないで建設業を営む者と下請契約を締結したとき。
- 七 建設業者が、特定建設業者以外の建設業を営む者と下請代金の額が第3条第1項第2号の政令で定める金額以上となる下請契約を締結したとき。
- 八 建設業者が、情を知つて、第3項の規定により営業の停止を命ぜられている者又は第29条の4第1項の規定により営業を禁止されている者と当該停止され、又は禁止されている営業の範囲に係る下請契約を締結したとき。

2 都道府県知事は、その管轄する区域内で建設工事を施工している第3条第1項の許可を受けないで建設業を営む者が次の各号の一に該当する場合においては、当該建設業を営む者に対して、必要な指示をすることができる。
- 一 建設工事を適切に施工しなかつたために公衆に危害を及ぼしたとき、又は危害を及ぼすおそれが大であるとき。
- 二 請負契約に関し著しく不誠実な行為をしたとき。

3 国土交通大臣又は都道府県知事は、その許可を受けた建設業者が第1項各号の一に該当するとき若しくは同項若しくは次項の規定による指示に従わないとき又は建設業を営む者が前項各号の一に該当するとき若しくは同項の規定による指示に従わないときは、その者に対し、1年以内の期間を定めて、

その営業の全部又は一部の停止を命ずることができる。

4　都道府県知事は、国土交通大臣又は他の都道府県知事の許可を受けた建設業者で当該都道府県の区域内において営業を行うものが、当該都道府県の区域内における営業に関し、第1項各号のいずれかに該当する場合又はこの法律の規定若しくは入札契約適正化法第13条第1項若しくは第2項の規定に違反した場合においては、当該建設業者に対して、必要な指示をすることができる。

5　都道府県知事は、国土交通大臣又は他の都道府県知事の許可を受けた建設業者で当該都道府県の区域内において営業を行うものが、当該都道府県の区域内における営業に関し、第1項各号の一に該当するとき又は同項若しくは前項の規定による指示に従わないときは、その者に対し、1年以内の期間を定めて、当該営業の全部又は一部の停止を命ずることができる。

注　第1項から第5項は、平成19年5月法律第66号により改正され、平成21年10月1日から施行

第28条　国土交通大臣又は都道府県知事は、その許可を受けた建設業者が次の各号のいずれかに該当する場合又はこの法律の規定（第19条の3、第19条の4及び第24条の3から第24条の5までを除き、公共工事の入札及び契約の適正化の促進に関する法律（平成12年法律第127号。以下「入札契約適正化法」という。）第13条第3項の規定により読み替えて適用される第24条の7第4項を含む。第4項において同じ。）、入札契約適正化法第13条第1項若しくは第2項の規定若しくは特定住宅瑕疵担保責任の履行の確保等に関する法律（平成19年法律第66号。以下この条において「履行確保法」という。）第3条第6項、第4条第1項、第7条第2項、第8条第1項若しくは第2項若しくは第10条の規定に違反した場合においては、当該建設業者に対して、必要な指示をすることができる。特定建設業者が第41条第2項又は第3項の規定による勧告に従わない場合において必要があると認めるときも、同様とする。

一　建設業者が建設工事を適切に施工しなかつたために公衆に危害を及ぼしたとき、又は危害を及ぼすおそれが大であるとき。

二　建設業者が請負契約に関し不誠実な行為をしたとき。

三　建設業者（建設業者が法人であるときは、当該法人又はその役員）又

は政令で定める使用人がその業務に関し他の法令（入札契約適正化法及び履行確保法並びにこれらに基づく命令を除く。）に違反し、建設業者として不適当であると認められるとき。

四　建設業者が第22条の規定に違反したとき。

五　第26条第1項又は第2項に規定する主任技術者又は監理技術者が工事の施工の管理について著しく不適当であり、かつ、その変更が公益上必要であると認められるとき。

六　建設業者が、第3条第1項の規定に違反して同項の許可を受けないで建設業を営む者と下請契約を締結したとき。

七　建設業者が、特定建設業者以外の建設業を営む者と下請代金の額が第3条第1項第2号の政令で定める金額以上となる下請契約を締結したとき。

八　建設業者が、情を知つて、第3項の規定により営業の停止を命ぜられている者又は第29条の4第1項の規定により営業を禁止されている者と当該停止され、又は禁止されている営業の範囲に係る下請契約を締結したとき。

九　履行確保法第3条第1項、第5条又は第7条第1項の規定に違反したとき。

2　都道府県知事は、その管轄する区域内で建設工事を施工している第3条第1項の許可を受けないで建設業を営む者が次の各号のいずれかに該当する場合においては、当該建設業を営む者に対して、必要な指示をすることができる。

一　建設工事を適切に施工しなかつたために公衆に危害を及ぼしたとき、又は危害を及ぼすおそれが大であるとき。

二　請負契約に関し著しく不誠実な行為をしたとき。

3　国土交通大臣又は都道府県知事は、その許可を受けた建設業者が第1項各号の一に該当するとき若しくは同項若しくは次項の規定による指示に従わないとき又は建設業を営む者が前項各号のいずれかに該当するとき若しくは同項の規定による指示に従わないときは、その者に対し、1年以内の期間を定めて、その営業の全部又は一部の停止を命ずることができる。

4　都道府県知事は、国土交通大臣又は他の都道府県知事の許可を受けた建

設業者で当該都道府県の区域内において営業を行うものが、当該都道府県の区域内における営業に関し、第1項各号のいずれかに該当する場合又はこの法律の規定若しくは入札契約適正化法第13条第1項若しくは第2項の規定若しくは履行確保法第3条第6項、第4条第1項、第7条第2項、第8条第1項若しくは第2項若しくは第10条の規定に違反した場合においては、当該建設業者に対して、必要な指示をすることができる。

5　都道府県知事は、国土交通大臣又は他の都道府県知事の許可を受けた建設業者で当該都道府県の区域内において営業を行うものが、当該都道府県の区域内における営業に関し、第1項各号のいずれかに該当するとき又は同項若しくは前項の規定による指示に従わないときは、その者に対し、1年以内の期間を定めて、当該営業の全部又は一部の停止を命ずることができる。

6　都道府県知事は、前2項の規定による処分をしたときは、遅滞なく、その旨を、当該建設業者が国土交通大臣の許可を受けたものであるときは国土交通大臣に報告し、当該建設業者が他の都道府県知事の許可を受けたものであるときは当該他の都道府県知事に通知しなければならない。

7　国土交通大臣又は都道府県知事は、第1項第1号若しくは第3号に該当する建設業者又は第2項第1号に該当する第3条第1項の許可を受けないで建設業を営む者に対して指示をする場合において、特に必要があると認めるときは、注文者に対しても、適当な措置をとるべきことを勧告することができる。

（許可の取消し）

第29条　国土交通大臣又は都道府県知事は、その許可を受けた建設業者が次の各号の一に該当するときは、当該建設業者の許可を取り消さなければならない。

一　一般建設業の許可を受けた建設業者にあつては第7条第1号又は第2号、特定建設業者にあつては同条第1号又は第15条第2号に掲げる基準を満たさなくなつた場合

二　第8条第1号又は第7号から第11号まで（第17条において準用する場合を含む。）のいずれかに該当するに至つた場合

二の二　第9条第1項各号（第17条において準用する場合を含む。）の一に該当する場合において一般建設業の許可又は特定建設業の許可を受けないとき。

三　許可を受けてから1年以内に営業を開始せず、又は引き続いて1年以上営業を休止した場合

四　第12条各号（第17条において準用する場合を含む。）の一に該当するに至つた場合

五　不正の手段により第3条第1項の許可（同条第3項の許可の更新を含む。）を受けた場合

六　前条第1項各号の一に該当し情状特に重い場合又は同条第3項又は第5項の規定による営業の停止の処分に違反した場合

2　国土交通大臣又は都道府県知事は、その許可を受けた建設業者が第3条の2第1項の規定により付された条件に違反したときは、当該建設業者の許可を取り消すことができる。

（許可の取消し等の場合における建設工事の措置）

第29条の3　第3条第3項の規定により建設業の許可がその効力を失つた場合にあつては当該許可に係る建設業者であつた者又はその一般承継人は、第28条第3項若しくは第5項の規定により営業の停止を命ぜられた場合又は前2条の規定により建設業の許可を取り消された場合にあつては当該処分を受けた者又はその一般承継人は、許可がその効力を失う前又は当該処分を受ける前に締結された請負契約に係る建設工事に限り施工することができる。この場合において、これらの者は、許可がその効力を失つた後又は当該処分を受けた後、2週間以内に、その旨を当該建設工事の注文者に通知しなければならない。

2　特定建設業者であつた者又はその一般承継人若しくは特定建設業者の一般承継人が前項の規定により建設工事を施工する場合においては、第16条の規定は、適用しない。

3　国土交通大臣又は都道府県知事は、第1項の規定にかかわらず、公益上必要があると認めるときは、当該建設工事の施工の差止めを命ずることができる。

4　第1項の規定により建設工事を施工する者で建設業者であつたもの又はその一般承継人は、当該建設工事を完成する目的の範囲内においては、建設業者とみなす。

5　建設工事の注文者は、第1項の規定により通知を受けた日又は同項に規定する許可がその効力を失つたこと、若しくは処分があつたことを知つた日から30日以内に限り、その建設工事の請負契約を解除することができる。

第7章　雑則

（標識の掲示）
第40条　建設業者は、その店舗及び建設工事の現場ごとに、公衆の見易い場所に、国土交通省令の定めるところにより、許可を受けた別表第1の下欄の区分による建設業の名称、一般建設業又は特定建設業の別その他国土交通省令で定める事項を記載した標識を掲げなければならない。

規　則　（標識の記載事項及び様式）
第25条　法第40条の規定により建設業者が掲げる標識の記載事項は、店舗にあつては第1号から第4号までに掲げる事項、建設工事の現場にあつては第1号から第5号までに掲げる事項とする。
一　一般建設業又は特定建設業の別
二　許可年月日、許可番号及び許可を受けた建設業
三　商号又は名称
四　代表者の氏名
五　主任技術者又は監理技術者の氏名
2　法第40条の規定により建設業者の掲げる標識は店舗にあつては別記様式第28号、建設工事の現場にあつては別記様式第29号による。

第8章　罰則

第47条　次の各号の一に該当する者は、3年以下の懲役又は300万円以下の罰

金に処する。
- 一　第3条第1項の規定に違反して許可を受けないで建設業を営んだ者
- 一の二　第16条の規定に違反して下請契約を締結した者
- 二　第28条第3項又は第5項の規定による営業停止の処分に違反して建設業を営んだ者
- 二の二　第29条の4第1項の規定による営業の禁止の処分に違反して建設業を営んだ者
- 三　虚偽又は不正の事実に基づいて第3条第1項の許可（同条第3項の許可の更新を含む。）を受けた者

2　前項の罪を犯した者には、情状により、懲役及び罰金を併科することができる。

第50条　次の各号のいずれかに該当する者は、6月以下の懲役又は100万円以下の罰金に処する。
- 一　第5条（第17条において準用する場合を含む。）の規定による許可申請書又は第6条第1項（第17条において準用する場合を含む。）の規定による書類に虚偽の記載をしてこれを提出した者
- 二　第11条第1項から第4項まで（第17条において準用する場合を含む。）の規定による書類を提出せず、又は虚偽の記載をしてこれを提出した者
- 三　第11条第5項（第17条において準用する場合を含む。）の規定による届出をしなかつた者
- 四　第27条の24第2項若しくは第27条の26第2項の申請書又は第27条の24第3項若しくは第27条の26第3項の書類に虚偽の記載をしてこれを提出した者

2　前項の罪を犯した者には、情状により、懲役及び罰金を併科することができる。

第52条　次の各号のいずれかに該当する者は、100万円以下の罰金に処する。
- 一　第26条第1項から第3項までの規定による主任技術者又は監理技術者を置かなかつた者
- 二　第26条の2の規定に違反した者

三　第29条の3第1項後段の規定による通知をしなかつた者

四　第27条の24第4項又は第27条の26第4項の規定による報告をせず、若しくは資料の提出をせず、又は虚偽の報告をし、若しくは虚偽の資料を提出した者

五　第31条第1項又は第42条の2第1項の規定による報告をせず、又は虚偽の報告をした者

六　第31条第1項又は第42条の2第1項の規定による検査を拒み、妨げ、又は忌避した者

第53条　法人の代表者又は法人若しくは人の代理人、使用人、その他の従業者が、その法人又は人の業務又は財産に関し、次の各号に掲げる規定の違反行為をしたときは、その行為者を罰するほか、その法人に対して当該各号に定める罰金刑を、その人に対して各本条の罰金刑を科する。

一　第47条　1億円以下の罰金刑

二　第50条又は前条　各本条の罰金刑

第55条　次の各号のいずれかに該当する者は、10万円以下の過料に処する。

一　第12条（第17条において準用する場合を含む。）の規定による届出を怠つた者

二　正当な理由がなくて第25条の13第3項の規定による出頭の要求に応じなかつた者

三　第40条の規定による標識を掲げない者

四　第40条の2の規定に違反した者

五　第40条の3の規定に違反して、帳簿を備えず、帳簿に記載せず、若しくは帳簿に虚偽の記載をし、又は帳簿若しくは図書を保存しなかつた者

附　則〔平成15年6月18日法律第96号抄〕

（施行期日）

第1条　この法律は、平成16年3月1日から施行する。

(建設業法の一部改正に伴う経過措置)

第3条 第2条の規定による改正後の建設業法(以下この条において「新建設業法」という。)第26条第4項の登録を受けようとする者は、第2条の規定の施行前においても、その申請を行うことができる。新建設業法第26条の10第1項の規定による講習規程の届出についても、同様とする。

2　第2条の規定の施行の際現に同条の規定による改正前の建設業法(以下この条において「旧建設業法」という。)第27条の18第4項の指定を受けている講習は、第2条の規定の施行の日から起算して6月を経過する日までの間は、新建設業法第26条第4項の登録を受けた講習とみなす。

3　第2条の規定の施行前5年以内に受講した旧建設業法第27条の18第4項の指定を受けた講習は、その講習を修了した日から起算して5年を経過する日までの間は、新建設業法第26条第4項の登録を受けた講習とみなす。

　　附　則〔平成20年5月2日法律第28号抄〕

(施行期日)

第1条 この法律は、公布の日から施行する。〔ただし書略〕

| 政　令 | 附　則〔平成20年5月23日政令第186号抄〕 |

(施行期日)

第1条 この政令は、建築士法等の一部を改正する法律の施行の日(平成20年11月28日)から施行する。

| 規　則 | 附　則〔平成20年12月1日国土交通省令第97号抄〕 |

1　この省令は、公布の日から施行する。

○建設業法施行規則第7条の3第1号又は第2号に掲げる者と同等以上の知識及び技術又は技能を有するものと認める者を定める件

〔平成17年12月16日　国土交通省告示第1424号〕

最終改正　平成18年3月30日国土交通省告示第416号

建設業法施行規則の一部を改正する省令（平成17年国土交通省令第113号）の施行に伴い、及び建設業法施行規則（昭和24年建設省令第14号）第7条の3第3号の規定に基づき、国土交通大臣が建設業法施行規則第7条の3第1号又は第2号に掲げる者と同等以上の知識及び技術又は技能を有するものと認める者を次のように定める。

建設業法施行規則第7条の3第3号の規定に基づき、建設業法施行規則第7条の3第1号又は第2号に掲げる者と同等以上の知識及び技術又は技能を有するものと認める者を次のとおり定める。

一　次の表の上欄に掲げる許可を受けようとする建設業の種類に応じ、それぞれ同表の下欄に掲げる者

大工工事業	1　職業能力開発促進法施行規則の一部を改正する省令（平成15年厚生労働省令第180号。以下「平成15年改正省令」という。）の施行の際現に職業能力開発促進法（昭和44年法律第64号）第44条第1項の規定又は同法附則第2条の規定による廃止前の職業訓練法（昭和33年法律第133号）第25条第1項の規定による技能検定（以下「職業能力開発促進法による技能検定」という。）のうち検定職種を1級の建築大工とするものに合格した者 2　平成15年改正省令の施行の際現に職業能力開発促進法による技能検定のうち検定職種を2級の建築大工とするものに合格した者であってその後大工工事に関し1年以上の実務の経験を有するもの
左官工事業	1　平成15年改正省令の施行の際現に職業能力開発促進法による技能検定のうち検定職種を1級の左官とするものに合格した者 2　平成15年改正省令の施行の際現に職業能力開発促進法による技能検定のうち検定職種を2級の左官とするものに合格した者であってその後左官工事に関し1年以上の

	実務の経験を有するもの
とび・土工工事業	1　平成15年改正省令の施行の際現に職業能力開発促進法による技能検定のうち検定職種を1級のとび・とび工、型枠施工、コンクリート圧送施工又はウェルポイント施工とするものに合格した者 2　平成15年改正省令の施行の際現に職業能力開発促進法による技能検定のうち検定職種を2級のとび若しくはとび工とするものに合格した者であってその後とび工事に関し1年以上の実務の経験を有するもの、検定職種を2級の型枠施工若しくはコンクリート圧送施工とするものに合格した者であってその後コンクリート工事に関し1年以上実務の経験を有するもの又は検定職種を2級のウェルポイント施工とするものに合格した者であってその後土工工事に関し1年以上実務の経験を有するもの 3　社団法人斜面防災対策技術協会又は社団法人地すべり対策技術協会の行う平成17年度までの地すべり防止工事士資格認定試験に合格し、かつ、地すべり防止工事士として登録した後土工工事に関し1年以上実務の経験を有する者
石工事業	1　平成15年改正省令の施行の際現に職業能力開発促進法による技能検定のうち検定職種を1級のブロック建築、ブロック建築工、石材施工、石積み又は石工とするものに合格した者 2　平成15年改正省令の施行の際現に職業能力開発促進法による技能検定のうち検定職種を2級のブロック建築、ブロック建築工、石材施工、石積み又は石工とするものに合格した者であってその後石工事に関し1年以上実務の経験を有するもの
屋根工事業	1　平成15年改正省令の施行の際現に職業能力開発促進法による技能検定のうち検定職種を1級の板金（選択科目を「建築板金作業」とするものに限る。）、建築板金、板金工（選択科目を「建築板金作業」とするものに限る。）、かわらぶき又はスレート施工とするものに合格した者 2　平成15年改正省令の施行の際現に職業能力開発促進法による技能検定のうち検定職種を2級の板金（選択科目を「建築板金作業」とするものに限る。）、建築板金、板金工（選択科目を「建築板金作業」とするものに限る。）、かわらぶき又はスレート施工とするものに合格した者であってその後屋根工事に関し1年以上実務の経験を有するもの
	社団法人日本計装工業会の行う平成17年度までの1級の計

電気工事業	装士技術審査に合格した後電気工事に関し1年以上実務の経験を有する者
管工事業	1　技術士法（昭和58年法律第25号）第4条第1項の規定による第2次試験のうち技術部門を機械部門（選択科目を技術士法施行規則の一部を改正する省令（平成15年文部科学省令第36号）による改正前の技術士法施行規則（昭和59年総理府令第5号。以下「旧技術士法施行規則」という。）による「流体機械」又は「暖冷房及び冷凍機械」とするものに限る。）、又は総合技術監理部門（選択科目を旧技術士法施行規則による「流体機械」又は「暖冷房及び冷凍機械」とするものに限る。）とするものに合格した者 2　平成15年改正省令の施行の際現に職業能力開発促進法による技能検定のうち検定職種を1級の冷凍空気調和機器施工、配管（検定職種を職業訓練法施行令の一部を改正する政令（昭和48年政令第98号。以下「昭和48年改正政令」という。）による改正後の配管とするものにあっては、選択科目を「建築配管作業」とするものに限る。以下同じ。）、空気調和設備配管、給排水衛生設備配管又は配管工とするものに合格した者 3　平成15年改正省令の施行の際現に職業能力開発促進法による技能検定のうち検定職種を2級の冷凍空気調和機器施工、配管、空気調和設備配管、給排水衛生設備配管又は配管工とするものに合格した者であってその後配管工事に関し1年以上実務の経験を有するもの 4　社団法人日本計装工業会の行う平成17年度までの1級の計装士技術審査に合格した後管工事に関し1年以上実務の経験を有する者
タイル・れんが・ブロック工事業	1　平成15年改正省令の施行の際現に職業能力開発促進法による技能検定のうち検定職種を1級のタイル張り、タイル張り工、築炉、築炉工、ブロック建築若しくはブロック建築工とするもの又は検定職種をれんが積み若しくはコンクリート積みブロック施工とするものに合格した者 2　平成15年改正省令の施行の際現に職業能力開発促進法による技能検定のうち検定職種を2級のタイル張り、タイル張り工、築炉、築炉工、ブロック建築又はブロック建築工とするものに合格した者であってその後タイル・れんが・ブロック工事に関し1年以上実務の経験を有するもの
	1　平成15年改正省令の施行の際現に職業能力開発促進法

鋼構造物工事業	による技能検定のうち検定職種を1級の鉄工（検定職種を昭和48年改正政令による改正後の鉄工とするものにあっては、選択科目を「製罐作業」又は「構造物鉄工作業」とするものに限る。以下同じ。）又は製罐とするものに合格した者 2　平成15年改正省令の施行の際現に職業能力開発促進法による技能検定のうち検定職種を2級の鉄工又は製罐とするものに合格した者であってその後鋼構造物工事に関し1年以上実務の経験を有するもの
鉄筋工事業	1　平成15年改正省令の施行の際現に職業能力開発促進法の規定による技能検定のうち検定職種を1級の鉄筋組立てとするものに合格した者 2　平成15年改正省令の施行の際現に職業能力開発促進法の規定による技能検定のうち検定職種を鉄筋施工とし、かつ、選択科目を「鉄筋施工図作成作業」とするもの及び検定職種を鉄筋施工とし、かつ、選択科目を「鉄筋組立て作業」とするものに合格した者であってその後鉄筋工事に関し1年以上実務の経験を有する者又は検定職種を2級の鉄筋組立てとするものに合格した者であってその後鉄筋工事に関し1年以上実務の経験を有するもの（検定職種を1級の鉄筋施工とするものであって選択科目を「鉄筋施工図作成作業」とするもの及び検定職種を1級の鉄筋施工とするものであって選択科目を「鉄筋組立て作業」とするものに合格した者については、実務の経験は要しない。）
板金工事業	1　平成15年改正省令の施行の際現に職業能力開発促進法による技能検定のうち検定職種を1級の板金、工場板金、建築板金、打出し板金又は板金工とするものに合格した者 2　平成15年改正省令の施行の際現に職業能力開発促進法による技能検定のうち検定職種を2級の板金、工場板金、建築板金、打出し板金又は板金工とするものに合格した者であってその後板金工事に関し1年以上実務の経験を有するもの
ガラス工事業	1　平成15年改正省令の施行の際現に職業能力開発促進法による技能検定のうち検定職種を1級のガラス施工とするものに合格した者 2　平成15年改正省令の施行の際現に職業能力開発促進法による技能検定のうち検定職種を2級のガラス施工とするものに合格した者であってその後ガラス工事に関し1年以上実務の経験を有するもの

塗装工事業	1　平成15年改正省令の施行の際現に職業能力開発促進法による技能検定のうち検定職種を1級の塗装、木工塗装、木工塗装工、建築塗装、建築塗装工、金属塗装、金属塗装工若しくは噴霧塗装とするもの又は検定職種を路面標示施工とするものに合格した者 2　平成15年改正省令の施行の際現に職業能力開発促進法による技能検定のうち検定職種を2級の塗装、木工塗装、木工塗装工、建築塗装、建築塗装工、金属塗装、金属塗装工又は噴霧塗装とするものに合格した者であってその後塗装工事に関し1年以上実務の経験を有するもの
防水工事業	1　平成15年改正省令の施行の際現に職業能力開発促進法による技能検定のうち検定職種を1級の防水施工とするものに合格した者 2　平成15年改正省令の施行の際現に職業能力開発促進法による技能検定のうち検定職種を2級の防水施工とするものに合格した者であってその後防水工事に関し1年以上実務の経験を有するもの
内装仕上工事業	1　平成15年改正省令の施行の際現に職業能力開発促進法による技能検定のうち検定職種を1級の畳製作、畳工、内装仕上げ施工、カーテン施工、天井仕上げ施工、床仕上げ施工、表装、表具又は表具工とするものに合格した者 2　平成15年改正省令の施行の際現に職業能力開発促進法による技能検定のうち検定職種を2級の畳製作、畳工、内装仕上げ施工、カーテン施工、天井仕上げ施工、床仕上げ施工、表装、表具又は表具工とするものに合格した者であってその後内装仕上工事に関し1年以上実務の経験を有するもの
熱絶縁工事業	1　平成15年改正省令の施行の際現に職業能力開発促進法による技能検定のうち検定職種を1級の熱絶縁施工とするものに合格した者 2　平成15年改正省令の施行の際現に職業能力開発促進法による技能検定のうち検定職種を2級の熱絶縁施工とするものに合格した者であってその後熱絶縁工事に関し1年以上実務の経験を有するもの
造園工事業	1　平成15年改正省令の施行の際現に職業能力開発促進法による技能検定のうち検定職種を1級の造園とするものに合格した者 2　平成15年改正省令の施行の際現に職業能力開発促進法による技能検定のうち検定職種を2級の造園とするもの

	に合格した者であってその後造園工事に関し1年以上実務の経験を有するもの
さく井工事業	1 平成15年改正省令の施行の際現に職業能力開発促進法による技能検定のうち検定職種を1級のさく井とするものに合格した者 2 平成15年改正省令の施行の際現に職業能力開発促進法による技能検定のうち検定職種を2級のさく井とするものに合格した者であってその後さく井工事に関し1年以上実務の経験を有するもの 3 社団法人斜面防災対策技術協会又は社団法人地すべり対策技術協会の行う平成17年度までの地すべり防止工事士資格認定試験に合格し、かつ、地すべり防止工事士として登録した後さく井工事に関し1年以上実務の経験を有する者
建具工事業	1 平成15年改正省令の施行の際現に職業能力開発促進法による技能検定のうち検定職種を1級の木工(選択科目を「建具製作作業」とするものに限る。以下同じ。)、建具製作、建具工、カーテンウォール施工又はサッシ施工とするものに合格した者 2 平成15年改正省令の施行の際現に職業能力開発促進法による技能検定のうち検定職種を2級の木工、建具製作、建具工、カーテンウォール施工又はサッシ施工とするものに合格した者であってその後建具工事に関し1年以上実務の経験を有するもの
水道施設工事業	技術士法第4条第1項の規定による第2次試験のうち技術部門を衛生工学部門(選択科目を旧技術士法施行規則による「廃棄物処理(選択科目を技術士法施行規則の一部を改正する総理府令(昭和57年総理府令第37号)による改正前の技術士法施行規則(昭和32年総理府令第85号)による「汚物処理」とするものを含む。)」とするものに限る。)又は総合技術監理部門(選択科目を旧技術士法施行規則による「廃棄物処理」とするものに限る。)とするものに合格した者
清掃施設工事業	技術士法第4条第1項の規定による第2次試験のうち技術部門を衛生工学部門(選択科目を旧技術士法施行規則による「廃棄物処理(選択科目を技術士法施行規則の一部を改正する総理府令による改正前の技術士法施行規則による「汚物処理」とするものを含む。)」とするものに限る。)又は総合技術監理部門(選択科目を旧技術士法施行規則による「廃棄物処理」とするものに限る。)とするものに合格した者

二　前号に掲げる者のほか、国土交通大臣が建設業法第7条第2号イ又はロに掲げる者と同等以上の知識及び技術又は技能を有するものと認める者

　　　附　則
1　この告示は、平成18年4月1日から施行する。
2　建設業法第7条第2号イ又はロに掲げる者と同等以上の知識及び技術又は技能を有する者を定める件（昭和47年建設省告示第352号）は、この告示の施行の日において、廃止する。

　　　附　則〔平成18年3月30日国土交通省告示第416号〕

この告示は、公布の日から施行する。ただし、第2条の改正規定は、平成18年4月1日から施行する。

○建設業法第15条第2号イの国土交通大臣が定める試験及び免許を定める件

〔昭和63年6月6日〕
〔建設省告示第1317号〕

最終改正　平成17年2月23日国土交通省告示第204号

　建設業法（昭和24年法律第100号）第15条第2号イの国土交通大臣が定める試験及び免許を次のとおり定め、昭和63年6月6日から適用する。

　なお、昭和47年建設省告示第353号は、廃止する。

　許可を受けようとする建設業が次の表の上欄に掲げる建設業である場合において、それぞれ同表の下欄に掲げる試験又は免許

土木工事業	1　建設業法による技術検定のうち検定種目を1級の建設機械施工又は1級の土木施工管理とするもの 2　技術士法（昭和58年法律第25号）による第2次試験のうち技術部門を建設部門、農業部門（選択科目を「農業土木」とするものに限る。）、森林部門（選択科目を「森林土木」とするものに限る。）、水産部門（選択科目を「水産土木」とするものに限る。）又は総合技術監理部門（選択科目を建設部門に係るもの、「農業土木」、「森林土木」又は「水産土木」とするものに限る。）とするもの
建築工事業 大工工事業 屋根工事業 タイル・れんが・ブロック工事業 内装仕上工事業	1　建設業法による技術検定のうち検定種目を1級の建築施工管理とするもの 2　建築士法（昭和25年法律第202号）による1級建築士の免許
左官工事業 鉄筋工事業 板金工事業 ガラス工事業 防水工事業 熱絶縁工事業 建具工事業	建設業法による技術検定のうち検定種目を1級の建築施工管理とするもの
とび・土工工事業	1　建設業法による技術検定のうち検定種目を1級の建設機械施工、1級の土木施工管理又は1級の建築施工管理とするもの 2　技術士法による第2次試験のうち技術部門を建設部門、農業部門（選択科目を「農業土木」とするものに限る。）、

	森林部門（選択科目を「森林土木」とするものに限る。）、水産部門（選択科目を「水産土木」とするものに限る。）又は総合技術監理部門（選択科目を建設部門に係るもの、「農業土木」、「森林土木」又は「水産土木」とするものに限る。）とするもの
石　工　事　業 塗　装　工　事　業	建設業法による技術検定のうち検定種目を1級の土木施工管理又は1級の建築施工管理とするもの
電　気　工　事　業	1　建設業法による技術検定のうち検定種目を1級の電気工事施工管理とするもの 2　技術士法による第2次試験のうち技術部門を電気電子部門、建設部門又は総合技術監理部門（選択科目を電気電子部門又は建設部門に係るものとするものに限る。）とするもの
管　工　事　業	1　建設業法による技術検定のうち検定種目を1級の管工事施工管理とするもの 2　技術士法による第2次試験のうち技術部門を機械部門（選択科目を「流体工学」、「熱工学」とするものに限る。）、上下水道部門又は衛生工学部門又は総合技術監理部門（選択科目を「流体工学」、「熱工学」又は上下水道部門若しくは衛生工学部門に係るものとするものに限る。）とするもの
鋼構造物工事業	1　建設業法による技術検定のうち検定種目を1級の土木施工管理又は1級の建築施工管理とするもの 2　建築士法による1級建築士の免許 3　技術士法による第2次試験のうち技術部門を建設部門（選択科目を「鋼構造及びコンクリート」とするものに限る。）又は総合技術監理部門（選択科目を「鋼構造及びコンクリート」とするものに限る。）とするもの
舗　装　工　事　業	1　建設業法による技術検定のうち検定種目を1級の建設機械施工又は1級の土木施工管理とするもの 2　技術士法による第2次試験のうち技術部門を建設部門又は総合技術監理部門（選択科目を「建設部門」に係るものとするものに限る。）とするもの
しゅんせつ工事業	1　建設業法による技術検定のうち検定種目を1級の土木施工管理とするもの 2　技術士法による第2次試験のうち技術部門を建設部門、水産部門（選択科目を「水産土木」とするものに限る。）又は総合技術監理部門（選択科目を建設部門に係るもの又は「水産土木」とするものに限る。）とするもの
	技術士法による第2次試験のうち技術部門を機械部門又は

機械器具設置工事業	総合技術監理部門（選択科目を機械部門に係るものとするものに限る。）とするもの
電気通信工事業	技術士法による第2次試験のうち技術部門を電気電子部門又は総合技術監理部門（選択科目を電気電子部門に係るものとするものに限る。）とするもの
造園工事業	1　建設業法による技術検定のうち検定種目を1級の造園施工管理とするもの 2　技術士法による第2次試験のうち技術部門を建設部門、森林部門（選択科目を「林業」又は「森林土木」とするものに限る。）又は総合技術監理部門（選択科目を建設部門に係るもの、「林業」又は「森林土木」とするものに限る。）とするもの
さく井工事業	技術士法による第2次試験のうち技術部門を上下水道部門（選択科目を「上水道及び工業用水道」とするものに限る。）又は総合技術監理部門（選択科目を「上水道及び工業用水道」とするものに限る。）とするもの
水道施設工事業	1　建設業法による技術検定のうち検定種目を1級の土木施工管理とするもの 2　技術士法による第2次試験のうち技術部門を上下水道部門、衛生工学部門（選択科目を「水質管理」又は「廃棄物管理」とするものに限る。）又は総合技術監理部門（選択科目を上下水道部門に係るもの、「水質管理」又は「廃棄物管理」とするものに限る。）とするもの
清掃施設工事業	技術士法による第2次試験のうち技術部門を衛生工学部門（選択科目を「廃棄物管理」とするものに限る。）又は総合技術監理部門（選択科目を「廃棄物管理」とするものに限る。）とするもの

○建設業法第15条第2号ハの規定により同号イに掲げる者と同等以上の能力を有する者を定める件

〔平成元年1月30日 建設省告示第128号〕

最終改正　平成12年12月12日建設省告示第2345号

建設業法（昭和24年法律第100号）第15条第2号ハの規定により同号イに掲げる者と同等以上の能力を有する者を次のように定める。

一　許可を受けようとする建設業が土木工事業、建築工事業、管工事業、鋼構造物工事業又は舗装工事業である場合において、次のすべてに該当する者で国土交通大臣が建設業法第15条第2号イに掲げる者と同等以上の能力を有すると認める者

(1)　建設業法の一部を改正する法律（昭和62年法律第69号。以下「法」という。）の施行の際に特定建設業の許可を受けて当該建設業を営んでいた者の専任技術者（建設業法第15条第2号の規定により営業所ごとに置くべき専任の者をいう。）として当該建設業に関しその営業所に置かれていた者又は法施行前1年間に当該建設業に係る建設工事に関し監理技術者として置かれていた経験のある者であること。

(2)　当該建設業に係る昭和63年度、平成元年度又は平成2年度の1級技術検定を受検した者であること。

(3)　当該建設業が次表の上欄に掲げる建設業である場合においては、それぞれ同表の下欄に掲げる講習の効果評定に合格した者であること。

土木工事業	財団法人全国建設研修センター及び社団法人日本建設機械化協会の行う平成元年度又は平成2年度の土木技術者特別認定講習
建築工事業	財団法人建設業振興基金の行う平成元年度又は平成2年度の建築技術者特別認定講習
管工事業	財団法人全国建設研修センターの行う平成元年度又は平成2年度の管工事技術者特別認定講習
鋼構造物工事業	財団法人全国建設研修センター及び社団法人日本建設機械化協会の行う平成元年度若しくは平成2年度の土木技術者特別認定講習又は財団法人建設業振興基金の行う平成元年度若しくは平成2年度の建築技術者特別認定講習

舗装工事業	財団法人全国建設研修センター及び社団法人日本建設機械化協会の行う平成元年度又は平成2年度の土木技術者特別認定講習

二　許可を受けようとする建設業が管工事業である場合において、職業能力開発促進法（昭和44年法律第64号）による技能検定のうち検定職種を1級の配管（検定職種を職業訓練法施行令の一部を改正する政令（昭和48年政令第98号）による改正後の配管とするものにあっては、選択科目を「建築配管作業」とするものに限る。）、空気調和設備配管、給排水設備配管又は配管工とするものに合格した者で国土交通大臣が定める考査に合格し国土交通大臣が建設業法第15条第2号イに掲げる者と同等以上の能力を有する者と認めるもの。

三　許可を受けようとする建設業が鋼構造物工事業である場合において、職業能力開発促進法による技能検定のうち検定職種を1級の鉄工及び製缶とするものに合格した者で国土交通大臣が定める考査に合格し国土交通大臣が建設業法第15条第2号イに掲げる者と同等以上の能力を有する者と認めるもの。

四　許可を受けようとする建設業が電気工事業又は造園工事業である場合において、次のすべてに該当する者で国土交通大臣が建設業法第15条第2号イに掲げる者と同等以上の能力を有する者と認めるもの

(1)　建設業法施行令の一部を改正する政令（平成6年政令第391号。以下「改正令」という。）の公布の日から改正令附則第1項ただし書に規定する改正規定の施行の日までの間（以下「特定期間」という。）に特定建設業の許可を受けて当該建設業を営む者の専任技術者（建設業法第15条第2号の規定により営業所ごとに置くべき専任の者をいう。）として当該建設業に関しその営業所に置かれた者又は特定期間若しくは改正令の公布前1年間に当該建設業に係る建設工事に関し監理技術者として置かれた経験のある者であること。

(2)　当該建設業に係る平成6年度、平成7年度又は平成8年度の1級技術検定を受検した者であること。

(3)　当該建設業が次表の上欄に掲げる建設業である場合においては、それぞれ同表の下欄に掲げる講習の効果評定に合格した者であること。

電気工事業	財団法人建設業振興基金の行う平成7年度又は平成8年度の電気工事技術者特別認定講習
造園工事業	財団法人全国建設研修センターの行う平成7年度又は平成8年度の造園技術者特別認定講習

五 その受けたこの告示(第2号及び第3号を除く。)の規定による認定(その更新を含む。)が有効期間(附則第2項に規定する有効期間をいう。)の満了により効力を失った者で、当該認定の有効期間の満了の日(やむを得ない理由のため、当該認定の更新を受けることができなかった者にあっては、当該事情がやんだ日)の翌日から起算して6月を経過しない日までに財団法人全国建設研修センター、財団法人建設業振興基金及び社団法人日本建設機械化協会が実施する監理技術者講習を受講したもののうち、国土交通大臣が建設業法第15条第2号イに掲げる者と同等以上の能力を有するものと認めるもの。

附　則〔平成元年1月30日建設省告示第128号〕

最終改正　平成12年12月12日建設省告示第2345号

1　この告示は、公布の日から施行する。

2　本則(第2号及び第3号を除く。)の規定による認定の有効期間は次の各号に掲げる認定の区分に応じ当該各号に定める期間とし、更新は別に国土交通大臣が定めるところにより行う。

一　本則第1号又は第4号の規定による認定　5年

二　本則第5号の規定による認定　当該認定の日から有効期間(この項に規定する有効期間をいう。以下同じ。)の満了により効力を失う前の本則(第2号及び第3号を除く。)の規定による認定(その更新を含む。)の有効期間の満了の日から起算して5年を経過した日まで

附　則〔平成12年12月12日建設省告示第2345号〕

この告示は、内閣法の一部を改正する法律(平成11年法律第88号)の施行の日(平成13年1月6日)から施行する。

◯平成元年建設省告示第128号の規定により行った認定の更新について定める件

〔平成7年6月29日
建設省告示第1300号〕

最終改正　平成12年12月12日建設省告示第2345号

　平成元年建設省告示第128号附則第2項に規定する同告示（第2号及び第3号を除く。）の規定による認定の更新は、次に定めるところにより行うこととしたので、告示する。

　なお、平成5年建設省告示第2181号は、廃止する。

　国土交通大臣は、平成元年建設省告示第128号附則第2項に規定する同告示（第2号及び第3号を除く。）の規定による認定（以下「認定」という。）の更新を受けようとする者が次の各号に適合する者であるときは、その申請により認定の更新を行う。

一　その者が認定（その更新を含む。以下同じ。）を受けている建設業について、昭和63年建設省告示第1317号で定める試験に合格していない者又は同告示で定める免許を受けていない者

二　更新を受けようとする認定の有効期間（平成元年建設省告示第128号附則第2項に規定する有効期間をいう。以下同じ。）の満了の日の一年前から有効期間の満了の日までの間に、財団法人全国建設研修センター、財団法人建設業振興基金及び社団法人日本建設機械化協会が実施する監理技術者講習を受講した者

　　附　則

1　この告示は、公布の日から施行する。

2　平成8年5月30日に認定の有効期間が満了する者で平成7年5月29日までに本則第2号に規定する講習を受講したものについては、本則の規定中「次の各号」とあるのは「第一号」とする。

　　附　則〔平成12年12月12日建設省告示第2345号〕

　この告示は、内閣法の一部を改正する法律（平成11年法律第88号）の施行の日（平成13年1月6日）から施行する。

○建設機械施工について種別を定める等の件

〔昭和48年4月10日〕
〔建設省告示第860号〕

最終改正　平成17年6月17日国土交通省告示第603号

　建設機械施工に係る2級の技術検定について建設業法施行令（昭和31年政令第273号）第27条の3第3項の規定により国土交通大臣が定める種別は次の表の種別の欄に掲げる種別とし、及び当該種別について施工技術検定規則（昭和35年建設省令第17号）第1条第2項の規定により国土交通大臣が指定する学科試験及び実地試験の科目は同表の学科試験科目及び実地試験科目の欄に掲げる学科試験及び実地試験の科目とする。なお、昭和35年建設省告示第2206号は、廃止する。

種別		学科試験科目	実地試験科目
名称	内容		
第一種	ブルドーザー、トラクター・ショベル、モーター・スクレーパーその他これらに類する建設機械による施工	土木工学 建設機械原動機 石油燃料 潤滑剤 トラクター系建設機械 トラクター系建設機械施工法 法規	トラクター系建設機械操作施工法
第二種	パワー・ショベル、バックホウ、ドラグライン、クラムシェルその他これらに類する建設機械による施工	土木工学 建設機械原動機 石油燃料 潤滑剤 ショベル系建設機械 ショベル系建設機械施工法 法規	ショベル系建設機械操作施工法
第三種	モーター・グレーダーによる施工	土木工学 建設機械原動機 石油燃料 潤滑剤 モーター・グレーダー モーター・グレーダー	モーター・グレーダー操作施工法

		施工法 法規	
第四種	ロード・ローラー、タイヤ・ローラー、振動ローラーその他これらに類する建設機械による施工	土木工学 建設機械原動機 石油燃料 潤滑剤 締め固め建設機械 締め固め建設機械施工法 法規	締め固め建設機械操作施工法
第五種	アスファルト・プラント、アスファルト・デストリビューター、アスファルト・フィニッシャー、コンクリート・スプレッダー、コンクリート・フィニッシャー、コンクリート表面仕上機等による施工	土木工学 建設機械原動機 石油燃料 潤滑剤 ほ装用建設機械 ほ装用建設機械施工法 法規	ほ装用建設機械操作施工法
第六種	くい打機、くい抜機、大口径掘削機その他これらに類する建設機械による施工	土木工学 建設機械原動機 石油燃料 潤滑剤 基礎工事用建設機械 基礎工事用建設機械施工法 法規	基礎工事用建設機械操作施工法

附　則〔平成17年6月17日国土交通省告示第603号〕

　この告示による改正後の建設機械施工について種別を定める等の件は、平成18年において行われる技術検定から適用するものとし、平成17年において行われる技術検定については、なお従前の例による。

○建築施工管理について種別を定める等の件

〔昭和58年8月31日
建設省告示第1508号〕

最終改正　平成17年6月17日国土交通省告示第605号

　建築施工管理に係る2級の技術検定について建設業法施行令(昭和31年政令第273号)第27条の3第3項の規定により国土交通大臣が定める種別は次の表の種別の欄に掲げる種別とし、及び当該種別について施工技術検定規則(昭和35年建設省令第17号)第1条第2項の規定により国土交通大臣が指定する学科試験及び実地試験の科目は同表の学科試験科目及び実地試験科目の欄に掲げる学科試験及び実地試験の科目とする。

種別	学科試験科目	実地試験科目
建　築	建築学等 施工管理法 法規	施工管理法
躯体	建築学等 躯体施工管理法 法規	躯体施工管理法
仕上げ	建築学等 仕上施工管理法 法規	仕上施工管理法

　　附　則〔平成17年6月17日国土交通省告示第605号〕
　この告示による改正後の建築施工管理について種別を定める等の件は、平成18年において行われる技術検定から適用するものとし、平成17年において行われる技術検定については、なお従前の例による。

○土木施工管理について種別を定める等の件

〔昭和59年8月27日〕
〔建設省告示第1254号〕

最終改正　平成17年6月17日国土交通省告示第604号

　土木施工管理に係る2級の技術検定について建設業法施行令（昭和31年政令第273号）第27条の3第3項の規定により国土交通大臣が定める種別は次の表の種別の欄に掲げる種別とし、及び当該種別について施工技術検定規則（昭和35年建設省令第17号）第1条第2項の規定により国土交通大臣が指定する学科試験及び実地試験の科目は同表の学科試験科目及び実地試験科目の欄に掲げる学科試験及び実地試験の科目とする。

種別	学科試験科目	実地試験科目
土木	土木工学等 施工管理法 法規	施工管理法
鋼構造物塗装	土木工学等 鋼構造物塗装施工管理法 法規	鋼構造物塗装施工管理法
薬液注入	土木工学等 薬液注入施工管理法 法規	薬液注入施工管理法

　　附　則〔平成17年6月17日国土交通省告示第604号〕
　この告示による改正後の土木施工管理について種別を定める等の件は、平成18年において行われる技術検定から適用するものとし、平成17年において行われる技術検定については、なお従前の例による。

○建設業法施行令第27条の7の規定により2級の技術検定に合格した者について免除する1級の技術検定の実地試験に関する件

〔昭和37年11月1日　建設省告示第2754号〕

最終改正　昭和63年6月6日建設省告示第1321号

　建設業法施行令（昭和31年政令第273号）第27条の7の規定により2級の技術検定に合格した者について免除する1級の技術検定の実地試験の一部は、検定種目を建設機械施工とする場合における2級の技術検定の実地試験において合格した科目に関するものとする。

　　前　文〔抄〕〔昭和44年9月24日建設省告示第3484号〕

昭和44年9月24日から適用する。

　　附　則〔昭和63年6月6日建設省告示第1321号〕

この告示は、昭和63年6月6日から施行する。

○建設業法施行令第27条の10第1項の規定に基づき、同項の表に掲げる額から減じる額を定める件

〔昭和63年 6 月 6 日 建設省告示第1318号〕

最終改正　平成12年12月12日建設省告示第2345号

建設業法施行令（昭和31年政令第273号）第27条の10第1項の規定により、同項の表に掲げる額から減じる額を次のとおり定め、昭和63年6月6日から適用する。

検定種目を建設機械施工とする場合における2級の技術検定の実地試験において合格した科目について免除を受けて1級の技術検定の実地試験を受けようとする者が納めなければならない受験手数料に関し、国土交通大臣が定める額は、次のとおりとする。

免除を受けようとする科目1科目につき6,400円

　　附　則〔平成12年12月12日建設省告示第2345号〕

この告示は、内閣法の一部を改正する法律（平成11年法律第88号）の施行の日（平成13年1月6日）から施行する。

○建設業法施行令第27条の5第1項第1号から第3号までに掲げる者と同等以上の知識及び経験を有する者を定める件（1級技術検定の受検資格）

〔昭和37年11月1日
建設省告示第2755号〕

最終改正　平成18年3月30日国土交通省告示第416号

建設業法施行令（昭和31年政令第273号）第27条の5第1項第4号の規定により、同項第1号から第3号までに掲げる者と同等以上の知識及び経験を有する者を次のとおり定める。

一　学校教育法（昭和22年法律第26号）による大学（短期大学を除き、旧大学令（大正7年勅令第388号）による大学を含む。）を卒業した後受検しようとする種目に関し指導監督的実務経験1年以上を含む4年6月以上の実務経験を有する者で在学中に施工技術検定規則（昭和35年建設省令第17号。以下「規則」という。）第2条に定める学科を修めなかつたもの

二　学校教育法による短期大学又は高等専門学校（旧専門学校令（明治36年勅令第61号）による専門学校を含む。）を卒業した後受検しようとする種目に関し指導監督的実務経験1年以上を含む7年6月以上の実務経験を有する者で在学中に規則第2条に定める学科を修めなかつたもの

三　旧専門学校卒業程度検定規程（昭和18年文部省令第46号）による検定で規則第2条に定める学科に関するものに合格した後受検しようとする種目に関し指導監督的実務経験1年以上を含む5年以上の実務経験を有する者

四　旧専門学校卒業程度検定規程による検定で規則第2条に定める学科以外の学科に関するものに合格した後受検しようとする種目に関し指導監督的実務経験1年以上を含む7年6月以上の実務経験を有する者

五　学校教育法による高等学校（旧中等学校令（昭和18年勅令第36号）による実業学校を含む。）又は中等教育学校を卒業した後受検しようとする種目に関し指導監督的実務経験1年以上を含む10年以上の実務経験を有する者で在学中に規則第2条に定める学科を修めたもの

六　学校教育法による高等学校又は中等教育学校を卒業した後受検しようとする種目に関し建設業法（昭和24年法律第100号）第26条第3項の規定により専任であることを要する主任技術者としての実務経験（以下「専任の主任技術者としての実務経験」という。）1年以上を含む8年以上の実務経験を有する者で在学中に規則第2条に定める学科を修めたもの

七　学校教育法による高等学校又は中等教育学校を卒業した後受検しようとする種目に関し指導監督的実務経験1年以上を含む11年6月以上の実務経験を有する者で在学中に規則第2条に定める学科を修めなかつたもの

八　学校教育法による高等学校又は中等教育学校を卒業した後受検しようとする種目に関し専任の主任技術者としての実務経験1年以上を含む9年6月以上の実務経験を有する者で在学中に規則第2条に定める学科を修めなかつたもの

九　旧高等学校令（大正7年勅令第389号）による高等学校の尋常科、旧青年学校令（昭和14年勅令第254号）による青年学校本科、旧師範教育令（昭和18年勅令第109号）による附属中学校、師範学校予科若しくは青年師範学校予科を卒業し、又は修了した者で、受検しようとする種目に関し指導監督的実務経験1年以上を含む11年6月以上の実務経験を有するもの

十　旧高等学校令による高等学校の尋常科、旧青年学校令による青年学校本科、旧師範教育令による附属中学校、師範学校予科若しくは青年師範学校予科を卒業し、又は修了した者で、受検しようとする種目に関し専任の主任技術者としての実務経験1年以上を含む9年6月以上の実務経験を有するもの

十一　旧実業学校卒業程度検定規程（大正14年文部省令第30号）による検定で規則第2条に定める学科に関するものに合格した後受検しようとする種目に関し指導監督的実務経験1年以上を含む10年以上の実務経験を有する者

十二　旧実業学校卒業程度検定規程による検定で規則第2条に定める学科に関するものに合格した後受検しようとする種目に関し専任の主任技術者としての実務経験1年以上を含む8年以上の実務経験を有する者

十三　旧実業学校卒業程度検定規程による検定で規則第2条に定める学科以外の学科に関するものに合格した後受検しようとする種目に関し指導監督的実務経験1年以上を含む11年6月以上の実務経験を有する者

十四　旧実業学校卒業程度検定規程による検定で規則第2条に定める学科以外の学科に関するものに合格した後受検しようとする種目に関し専任の主任技術者とし

ての実務経験1年以上を含む9年6月以上の実務経験を有する者

十五　高等学校卒業程度認定試験規則（平成17年文部科学省令第1号）による試験、旧大学入学資格検定規程（昭和26年文部省令第13号）による検定、旧専門学校入学者検定規程（大正13年文部省令第22号）による検定又は旧高等学校高等科入学資格試験規程（大正8年文部省令第9号）による試験に合格した者で、受検しようとする種目に関し指導監督的実務経験1年以上を含む11年6月以上の実務経験を有するもの

十六　高等学校卒業程度認定試験規則による試験、旧大学入学資格検定規程による検定、旧専門学校入学者検定規程による検定又は旧高等学校高等科入学資格試験規程による試験に合格した者で、受検しようとする種目に関し専任の主任技術者としての実務経験1年以上を含む九年六月以上の実務経験を有するもの

十七　受検しようとする種目について2級の技術検定に合格した後同種目に関し専任の主任技術者としての実務経験1年以上を含む3年以上の実務経験を有する者

十八　受検しようとする種目について2級の技術検定に合格した者のうち、その受検資格が建設業法施行令第27条の5第2項第1号イから二まで又は平成17年国土交通省告示第607号の第4号から第8号までに規定するものであって、その受検資格に定められている実務経験の年数に6年を加えた年数の実務経験を有し、かつ、その実務経験に指導監督的実務経験1年以上を含むもの

十八の二　受検しようとする種目について2級の技術検定に合格した者のうち、その受検資格が建設業法施行令第27条の5第2項第2号イ若しくはロ又は平成17年国土交通省告示第609号の第4号から第8号までに規定するものであって、その受検資格に定められている実務経験の年数に6年を加えた年数の実務経験を有し、かつ、その実務経験に指導監督的実務経験1年以上を含むもの

十八の三　受検しようとする種目について2級の技術検定に合格した者のうち、その受検資格が建設業法施行令第27条の5第2項第3号ロ(1)若しくは(2)又は平成17年国土交通省告示第611号の第4号から第8号までに規定するものであって、その受検資格に定められている実務経験の年数に6年を加えた年数の実務経験を有し、かつ、その実務経験に指導監督的実務経験1年以上を含むもの

十九　受検しようとする種目について2級の技術検定に合格した者のうち、その受検資格が建設業法施行令第27条の5第2項第1号イから二まで又は平成17年国土交通省告示第607号の第4号から第8号までに規定するものであって、その受検

資格に定められている実務経験の年数に4年を加えた年数の実務経験を有し、かつ、その実務経験に専任の主任技術者としての実務経験1年以上を含むもの

十九の二　受検しようとする種目について2級の技術検定に合格した者のうち、その受検資格が建設業法施行令第27条の5第2項第2号イ若しくはロ又は平成17年国土交通省告示第609号の第4号から第8号までに規定するものであって、その受検資格に定められている実務経験の年数に4年を加えた年数の実務経験を有し、かつ、その実務経験に専任の主任技術者としての実務経験1年以上を含むもの

十九の三　受検しようとする種目について2級の技術検定に合格した者のうち、その受検資格が建設業法施行令第27条の5第2項第3号ロ(1)若しくは(2)又は平成17年国土交通省告示第611号の第4号から第8号までに規定するものであって、その受検資格に定められている実務経験の年数に4年を加えた年数の実務経験を有し、かつ、その実務経験に専任の主任技術者としての実務経験1年以上を含むもの

二十　受検しようとする種目に関し指導監督的実務経験1年以上を含む15年以上の実務経験を有する者

二十一　受検しようとする種目に関し専任の主任技術者としての実務経験1年以上を含む13年以上の実務経験を有する者

二十二　受検しようとする種目が建築施工管理である場合においては、建築士法（昭和25年法律第202号）による2級建築士試験に合格した後同種目に関し指導監督的実務経験1年以上を含む五年以上の実務経験を有する者

二十三　受検しようとする種目が電気工事施工管理である場合においては、電気事業法（昭和39年法律第170号）による第1種、第2種又は第3種電気主任技術者免状の交付を受けた者（同法附則第7項の規定により同法の第1種、第2種又は第3種電気主任技術者免状の交付を受けた者とみなされた者を含む。）であつて、同種目に関し指導監督的実務経験1年以上を含む6年以上の実務経験を有する者

二十四　受検しようとする種目が電気工事施工管理である場合においては、電気工事士法（昭和35年法律第139号）による第1種電気工事士免状の交付を受けた者

二十五　受検しようとする種目が管工事施工管理である場合においては、職業能力開発促進法（昭和44年法律第64号）による技能検定のうち検定職種を1級の配管とするものに合格した者であつて、同種目に関し指導監督的実務経験1年以上を含む10年以上の実務経験を有する者

二十六　受検しようとする種目が造園施工管理である場合においては、職業能力開発促進法による技能検定のうち検定職種を1級の造園とするものに合格した者であつて、同種目に関し指導監督的実務経験1年以上を含む10年以上の実務経験を有する者

二十七　その他国土交通大臣が建設業法施行令第27条の5第1項第1号から第3号までに掲げる者と同等以上の学歴又は資格及び実務経験を有すると認める者

二十八　昭和35年建設省告示第2207号第18号に掲げる者であつて、受検しようとする種目について同号に該当することとなつた後同種目に関し指導監督的実務経験1年以上を含む7年以上の実務経験を有する者

二十九　昭和35年建設省告示第2207号第18号に掲げる者であつて、受検しようとする種目について同号に該当することとなつた後同種目に関し専任の主任技術者としての実務経験1年以上を含む5年以上の実務経験を有する者

　　　附　則〔平成17年2月23日国土交通省告示第200号〕

1　職業能力開発促進法施行規則の一部を改正する省令（平成15年12月25日厚生労働省令第180号）の施行の際現に職業能力開発促進法（昭和44年法律第64号）による技能検定のうち検定職種を1級の配管とするものに合格した者（同法による技能検定のうち検定職種を職業訓練法施行令の一部を改正する政令（昭和48年政令第98号）による改正前の職業訓練法施行令による1級の空気調和設備配管若しくは給排水衛生設備配管とするものに合格した者又は同法附則第2条の規定による廃止前の職業訓練法（昭和33年法律第133号）による技能検定のうち検定職種を1級の配管工とするものに合格した者を含む。）は、告示の第25号に定めるものとみなす。

2　職業能力開発促進法施行規則の一部を改正する省令（平成15年12月25日厚生労働省令第180号）の施行の際現に職業能力開発促進法による技能検定のうち検定職種を1級の造園とするものに合格した者は、告示の第26号に定めるものとみなす。

　　　附　則〔平成17年6月17日国土交通省告示第606号〕

この告示による改正後の技術検定の学科試験又は実地試験の免除を受けることができる者及び免除の範囲を定める件は、平成18年において行われる技術検定から適用するものとし、平成17年において行われる技術検定については、なお従前の例による。

附　則〔平成18年3月30日国土交通省告示第416号〕
この告示は、公布の日から施行する。〔ただし書略〕

○建設業法施行令第27条の5第2項第2号の規定に基づき、国土交通大臣が指定する種別を定める件

〔平成17年 6月17日〕
〔国土交通省告示第608号〕

建設業法施行令(昭和31年政令第273号)第27条の5第2項第2号の規定に基づき、国土交通大臣が指定する種別は、次の各号に掲げる種目の区分に応じ、当該各号に定める種別とする。

一 土木施工管理　鋼構造物塗装及び薬液注入
二 建築施工管理　躯体及び仕上げ

附　則

この告示は、平成18年において行われる技術検定から適用するものとし、平成17年において行われる技術検定については、なお従前の例による。

○建設業法施行令第27条の5第2項第1号イから二までに掲げる者と同等以上の知識及び経験を有する者を定める件

〔平成17年6月17日〕
〔国土交通省告示第607号〕

　建設業法施行令（昭和31年政令第273号。以下「令」という。）第27条の5第2項第1号ホの規定により、同号イから二までに掲げる者と同等以上の知識及び経験を有する者は、次のとおりとする。

一　学校教育法（昭和22年法律第26号）による大学（短期大学を除き、旧大学令（大正7年勅令第388号）による大学を含む。以下同じ。）を卒業した後建設機械施工に関し受検しようとする種別に関する6月以上の実務経験を含む1年以上の実務経験を有する者で在学中に施工技術検定規則（昭和35年建設省令第17号。以下「規則」という。）第2条に定める学科を修めたもの

二　学校教育法による大学を卒業した後建設機械施工に関し受検しようとする種別に関する9月以上の実務経験を含む1年6月以上の実務経験を有する者で在学中に規則第2条に定める学科を修めなかったもの

三　学校教育法による短期大学又は高等専門学校（旧専門学校令（明治36年勅令第61号）による専門学校を含む。以下同じ。）を卒業した後受検しようとする種別に関し1年6月以上の実務経験を有する者又は建設機械施工に関し、受検しようとする種別に関する1年以上の実務経験を含む2年以上の実務経験を有する者で在学中に規則第2条に定める学科を修めたもの

四　学校教育法による短期大学又は高等専門学校を卒業した後受検しようとする種別に関し2年以上の実務経験を有する者又は建設機械施工に関し、受検しようとする種別に関する1年6月以上の実務経験を含む3年以上の実務経験を有する者で在学中に規則第2条に定める学科を修めなかったもの

五　旧専門学校卒業程度検定規程（昭和18年文部省令第46号）による検定で規則第2条に定める学科に関するものに合格した後受検しようとする種別に関し1年6月以上の実務経験を有する者又は建設機械施工に関し、受検しようとする種別に関する1年以上の実務経験を含む2年以上の実務経験を有する者

六　旧専門学校卒業程度検定規程による検定で規則第2条に定める学科以外の学科に関するものに合格した後受検しようとする種別に関し2年以上の実務経験を有する者又は建設機械施工に関し、受検しようとする種別に関する1年6月以上の実務経験を含む3年以上の実務経験を有する者

七　学校教育法による高等学校（旧中等学校令（昭和18年勅令第36号）による中等学校を含む。）又は中等教育学校を卒業した後受検しようとする種別に関し3年以上の実務経験を有する者又は建設機械施工に関し、受検しようとする種別に関する2年3月以上の実務経験を含む4年6月以上の実務経験を有する者で在学中に規則第2条に定める学科を修めなかったもの

八　旧高等学校令（大正7年勅令第389号）による高等学校の尋常科、旧青年学校令（昭和14年勅令第254号）による青年学校本科、旧師範教育令（昭和18年勅令第109号）による附属中学校、師範学校予科若しくは青年師範学校予科を卒業し、又は修了した者で、受検しようとする種別に関し3年以上の実務経験を有する者又は建設機械施工に関し、受検しようとする種別に関する2年3月以上の実務経験を含む4年6月以上の実務経験を有するもの

九　旧実業学校卒業程度検定規程（大正14年文部省令第30号）による検定で規則第2条に定める学科に関するものに合格した後受検しようとする種別に関し2年以上の実務経験を有する者又は建設機械施工に関し、受検しようとする種別に関する1年6月以上の実務経験を含む3年以上の実務経験を有する者

十　旧実業学校卒業程度検定規程による検定で規則第2条に定める学科以外の学科に関するものに合格した後受検しようとする種別に関し3年以上の実務経験を有する者又は建設機械施工に関し、受検しようとする種別に関する2年3月以上の実務経験を含む4年6月以上の実務経験を有する者

十一　高等学校卒業程度認定試験規則（平成17年文部科学省令第1号）による試験、旧大学入学資格検定規程（昭和26年文部省令第13号）による検定、旧専門学校入学者検定規程（大正13年文部省令第22号）による検定又は旧高等学校高等科入学資格試験規程（大正8年文部省令第9号）による試験に合格した者で、受検しようとする種別に関し3年以上の実務経験を有するもの又は建設機械施工に関し、受検しようとする種別に関する2年3月以上の実務経験を含む4年6月以上の実務経験を有するもの

十二　その他国土交通大臣が令第27条の5第2項第1号イから二までに掲げる者と

同等以上の知識及び経験を有すると認める者

　附　則

1　この告示は、平成18年において行われる技術検定から適用するものとし、平成17年において行われる技術検定については、なお従前の例による。

2　この告示の適用の際現に廃止前の建設業法施行令第27条の5第2項第1号及び第2号に掲げる者と同等以上の学歴、資格又は実務の経験を有する者を定める件（昭和35年建設省告示第2207号）第18号の規定に基づき建設機械施工に関しその他国土交通大臣が令第27条の5第2項第1号及び第2号に掲げる者と同等以上の学歴又は資格及び実務経験を有すると認めた者は、第12号に定める者とみなす。

○建設業法施行令第27条の5第2項第2号イ又はロに掲げる者と同等以上の知識及び経験を有する者を定める件

〔平成17年6月17日〕
〔国土交通省告示第609号〕

　建設業法施行令（昭和31年政令第273号。以下「令」という。）第27条の5第2項第2号ハの規定により、同号イ又はロに掲げる者と同等以上の知識及び経験を有する者は、次のとおりとする。

一　学校教育法（昭和22年法律第26号）による大学（短期大学を除き、旧大学令（大正7年勅令第388号）による大学を含む。以下同じ。）を卒業した後受検しようとする種別に関し1年以上の実務経験を有する者で在学中に施工技術検定規則（昭和35年建設省令第17号。以下「規則」という。）第2条に定める学科を修めたもの

二　学校教育法による大学を卒業した後受検しようとする種別に関し1年6月以上の実務経験を有する者で在学中に規則第2条に定める学科を修めなかったもの

三　学校教育法による短期大学又は高等専門学校（旧専門学校令（明治36年勅令第61号）による専門学校を含む。以下同じ。）を卒業した後受検しようとする種別に関し2年以上の実務経験を有する者で在学中に規則第2条に定める学科を修めたもの

四　学校教育法による短期大学又は高等専門学校を卒業した後受検しようとする種別に関し3年以上の実務経験を有する者で在学中に規則第2条に定める学科を修めなかったもの

五　旧専門学校卒業程度検定規程（昭和18年文部省令第46号）による検定で規則第2条に定める学科に関するものに合格した後受検しようとする種別に関し2年以上の実務経験を有する者

六　旧専門学校卒業程度検定規程による検定で規則第2条に定める学科以外の学科に関するものに合格した後受検しようとする種別に関し3年以上の実務経験を有する者

七　学校教育法による高等学校（旧中等学校令（昭和18年勅令第36号）による中等学校を含む。）又は中等教育学校を卒業した後受検しようとする種別に関し4年

6月以上の実務経験を有する者で在学中に規則第2条に定める学科を修めなかったもの

八　旧高等学校令（大正7年勅令第389号）による高等学校の尋常科、旧青年学校令（昭和14年勅令第254号）による青年学校本科、旧師範教育令（昭和18年勅令第109号）による附属中学校、師範学校予科若しくは青年師範学校予科を卒業し、又は修了した者で、受検しようとする種別に関し4年6月以上の実務経験を有するもの

九　旧実業学校卒業程度検定規程（大正14年文部省令第30号）による検定で規則第2条に定める学科に関するものに合格した後受検しようとする種別に関し3年以上の実務経験を有する者

十　旧実業学校卒業程度検定規程による検定で規則第2条に定める学科以外の学科に関するものに合格した後受検しようとする種別に関し4年6月以上の実務経験を有する者

十一　高等学校卒業程度認定試験規則（平成17年文部科学省令第1号）による試験、旧大学入学資格検定規程（昭和26年文部省令第13号）による検定、旧専門学校入学者検定規程（大正13年文部省令第22号）による検定又は旧高等学校高等科入学資格試験規程（大正8年文部省令第9号）による試験に合格した者で、受検しようとする種別に関し4年6月以上の実務経験を有するもの

十二　受検しようとする種目が建築施工管理であり、かつ、受検しようとする種別が躯体である場合においては、職業能力開発促進法（昭和44年法律第64号）による技能検定のうち検定職種を1級の鉄工（選択科目を「構造物鉄工作業」とするものに限る。以下同じ。）、とび、ブロック建築、型枠施工、鉄筋施工（選択科目を「鉄筋組立て作業」とするものに限る。以下同じ。）若しくはコンクリート圧送施工とするものに合格した者、検定職種を2級の鉄工、とび、ブロック建築、型枠施工、鉄筋施工若しくはコンクリート圧送施工とするものに合格した者であって、同種別に関し4年以上の実務経験を有するもの又は検定職種をエーエルシーパネル施工とするものに合格した者

十三　受検しようとする種目が建築施工管理であり、かつ、受検しようとする種別が仕上げである場合においては、職業能力開発促進法による技能検定のうち検定職種を1級の建築板金（選択科目を「内外装板金作業」とするものに限る。以下同じ。）、石材施工（選択科目を「石張り作業」とするものに限る。以下同

じ。)、建築大工、左官、タイル張り、畳製作、防水施工、内装仕上げ施工(選択科目を「プラスチック系床仕上げ工事作業」、「カーペット系床仕上げ工事作業」、「鋼製下地工事作業」又は「ボード仕上げ工事作業」とするものに限る。以下同じ。)、スレート施工、熱絶縁施工、カーテンウオール施工、サッシ施工、ガラス施工、表装(選択科目を「壁装作業」とするものに限る。以下同じ。)若しくは塗装(選択科目を「建築塗装作業」とするものに限る。以下同じ。)とするものに合格した者、検定職種を2級の建築板金、石材施工、建築大工、左官、タイル張り、畳製作、防水施工、内装仕上げ施工、スレート施工、熱絶縁施工、カーテンウオール施工、サッシ施工、ガラス施工、表装又は塗装とするものに合格した者であって、同種別に関し4年以上の実務経験を有するもの又は検定職種をれんが積みとするものに合格した者

十四　その他国土交通大臣が令第27条の5第2項第2号イ又はロに掲げる者と同等以上の知識及び経験を有すると認める者

　　　附　則

1　この告示は、平成18年において行われる技術検定から適用するものとし、平成17年において行われる技術検定については、なお従前の例による。

2　職業能力開発促進法施行規則の一部を改正する省令(平成15年厚生労働省令第180号。以下同じ。)の施行の際現に職業能力開発促進法による技能検定のうち検定職種を鉄工、とび、ブロック建築、エーエルシーパネル施工、型枠施工、鉄筋施工又はコンクリート圧送施工とするものに合格した者(同法による技能検定のうち検定職種を職業訓練法施行令の一部を改正する政令(昭和60年政令第248号)による改正前の職業訓練法施行令による鉄筋組立てとするものに合格した者を含む。)は、第12号に定める者とみなす。

3　職業能力開発促進法施行規則の一部を改正する省令の施行の際現に職業能力開発促進法による技能検定のうち検定職種を建築板金、石材施工、建築大工、左官、れんが積み、タイル張り、畳製作、防水施工、内装仕上げ施工、スレート施工、熱絶縁施工、カーテンウオール施工、サッシ施工、ガラス施工、表装又は塗装とするものに合格した者(同法による技能検定のうち検定職種を職業能力開発促進法施行令及び地方公共団体手数料令の一部を改正する政令(昭和61年政令第19号)による改正前の職業能力開発促進法施行令による石工(選択科目を「石張り作業」とするものに限る。)、床仕上げ施工又は天井仕上げ施工と

するものに合格した者を含む。）は、第13号に定める者とみなす。

4　建設業法施行令第27条の5第2項第1号イからニまでに掲げる者と同等以上の知識及び経験を有する者を定める件（平成17年国土交通省告示第607号）の適用の際現に廃止前の建設業法施行令第27条の5第2項第1号及び第2号に掲げる者と同等以上の学歴、資格又は実務の経験を有する者を定める件（昭和35年建設省告示第2207号）第18号の規定に基づき種別を鋼構造物塗装若しくは薬液注入とする土木施工管理又は種別を躯体若しくは仕上げとする建築施工管理に関しその他国土交通大臣が令第27条の5第2項第1号及び第2号に掲げる者と同等以上の学歴又は資格及び実務経験を有すると認めた者は、第14号に定める者とみなす。

○建設業法施行令第27条の5第2項第3号イ(1)又は(2)に掲げる者と同等以上の知識及び経験を有する者を定める件

〔平成17年6月17日〕
〔国土交通省告示第610号〕

建設業法施行令（昭和31年政令第273号。以下「令」という。）第27条の5第2項第3号イ(3)の規定により、同号イ(1)又は(2)に掲げる者と同等以上の知識及び経験を有する者は、次のとおりとする。

一　学校教育法（昭和22年法律第26号）による大学（短期大学を除き、旧大学令（大正7年勅令第388号）による大学を含む。以下同じ。）を卒業した者で在学中に施工技術検定規則（昭和35年建設省令第17号。以下「規則」という。）第2条に定める学科を修めたもの又は試験の日の属する年度の3月までに同条に定める学科を修めて卒業する見込みの者

二　学校教育法による大学を卒業した後受検しようとする種目（土木施工管理又は建築施工管理にあっては、種別。以下同じ。）に関し1年6月以上の実務経験を有する者で在学中に規則第2条に定める学科を修めなかったもの

三　学校教育法による短期大学又は高等専門学校（旧専門学校令（明治36年勅令第61号）による専門学校を含む。以下同じ。）を卒業した者で在学中に規則第2条に定める学科を修めたもの又は試験の日の属する年度の3月までに同条に定める学科を修めて卒業する見込みの者

四　学校教育法による短期大学又は高等専門学校を卒業した後受検しようとする種目に関し3年以上の実務経験を有する者で在学中に規則第2条に定める学科を修めなかったもの

五　試験の日の属する年度の3月までに学校教育法による高等学校（旧中等学校令（昭和18年勅令第36号）による実業学校を含む。以下同じ。）又は中等教育学校において規則第2条に定める学科を修めて卒業する見込みの者

六　旧専門学校卒業程度検定規程（昭和18年文部省令第46号）による検定で規則第2条に定める学科に関するものに合格した者

七　旧専門学校卒業程度検定規程による検定で規則第2条に定める学科以外の学科に関するものに合格した後受検しようとする種目に関し3年以上の実務経験を

有する者

八　学校教育法による高等学校又は中等教育学校を卒業した後受検しようとする種目に関し4年6月以上の実務経験を有する者で在学中に規則第2条に定める学科を修めなかったもの

九　旧高等学校令（大正7年勅令第389号）による高等学校の尋常科、旧青年学校令（昭和14年勅令第254号）による青年学校本科、旧師範教育令（昭和18年勅令第109号）による附属中学校、師範学校予科若しくは青年師範学校予科を卒業し、又は修了した者で、受検しようとする種目に関し4年6月以上の実務経験を有するもの

十　旧実業学校卒業程度検定規程（大正14年文部省令第30号）による検定で規則第2条に定める学科に関するものに合格した者

十一　旧実業学校卒業程度検定規程による検定で規則第2条に定める学科以外の学科に関するものに合格した後4年6月以上の実務経験を有する者

十二　高等学校卒業程度認定試験規則（平成17年文部科学省令第1号）による試験、旧大学入学資格検定規程（昭和26年文部省令第13号）による検定、旧専門学校入学者検定規程（大正13年文部省令第22号）による検定又は旧高等学校高等科入学資格試験規程（大正8年文部省令第9号）による試験に合格した者で、受検しようとする種目に関し4年6月以上の実務経験を有するもの

十三　受検しようとする種目が電気工事施工管理である場合においては、電気工事士法（昭和35年法律第139号）による第1種電気工事士免状の交付を受けた者又は第2種電気工事士免状の交付を受けた者で同種目に関し1年以上の実務経験を有するもの

十四　受検しようとする種目が電気工事施工管理である場合においては、電気事業法（昭和39年法律第170号）による第1種、第2種又は第3種電気主任技術者免状の交付を受けた者（同法附則第7項の規定により同法の第1種、第2種又は第3種電気主任技術者免状の交付を受けた者とみなされた者を含む。）であって、同種目に関し1年以上の実務経験を有するもの

十五　受検しようとする種目が管工事施工管理である場合においては、職業能力開発促進法（昭和44年法律第64号）による技能検定のうち検定職種を1級の配管とするもの（選択科目を「建築配管作業」とするものに限る。以下同じ。）に合格した者又は検定職種を2級の配管とするものに合格した者であって、同種目

に関し4年以上の実務経験を有するもの
十六　受検しようとする種目が造園施工管理である場合においては、職業能力開発促進法による技能検定のうち検定職種を1級の造園とするものに合格した者又は検定職種を2級の造園とするものに合格した者であって同種目に関し4年以上の実務経験を有するもの
十七　その他国土交通大臣が令第27条の5第2項第3号イ(1)又は(2)に掲げる者と同等以上の知識及び経験を有すると認める者

　　附　則
1　この告示は、平成18年において行われる技術検定から適用するものとし、平成17年において行われる技術検定については、なお従前の例による。
2　職業能力開発促進法施行規則の一部を改正する省令（平成15年厚生労働省令第180号。以下同じ。）の施行の際現に職業能力開発促進法による技能検定のうち検定職種を配管とするものに合格した者（同法による技能検定のうち検定職種を職業訓練法施行令の一部を改正する政令（昭和48年政令第98号）による改正前の職業訓練法施行令による空気調和設備配管若しくは給排水衛生設備配管とするものに合格した者、職業訓練法施行令の一部を改正する政令（昭和45年政令第265号）による改正前の職業訓練法施行令による配管とするものに合格した者又は同法附則第2条の規定による廃止前の職業訓練法（昭和33年法律第133号）による技能検定のうち検定職種を配管工とするものに合格した者を含む。）は、第15号に定める者とみなす。
3　職業能力開発促進法施行規則の一部を改正する省令の施行の際現に職業能力開発促進法による技能検定のうち検定職種を造園とするものに合格した者は、第16号に定める者とみなす。
4　建設業法施行令第27条の5第2項第1号イからニまでに掲げる者と同等以上の知識及び経験を有する者を定める件（平成17年国土交通省告示第607号）の適用の際現に廃止前の建設業法施行令第27条の5第2項第1号及び第2号に掲げる者と同等以上の学歴、資格又は実務の経験を有する者を定める件（昭和35年建設省告示第2207号）第18号の規定に基づき種別を土木とする土木施工管理若しくは種別を建築とする建築施工管理又は電気工事施工管理、管工事施工管理若しくは造園施工管理の学科試験に関しその他国土交通大臣が令第27条の5第2項第1号及び第2号に掲げる者と同等以上の学歴又は資格及び実務経験を有すると認めた者は、第17号に定める者とみなす。

○建設業法施行令第27条の5第2項第3号ロ(1)又は(2)に掲げる者と同等以上の知識及び経験を有する者を定める件

〔平成17年6月17日〕
〔国土交通省告示第611号〕

建設業法施行令（昭和31年政令第273号。以下「令」という。）第27条の5第2項第3号ロ(3)の規定により、同号ロ(1)又は(2)に掲げる者と同等以上の知識及び経験を有する者は、次のとおりとする。

一 学校教育法（昭和22年法律第26号）による大学（短期大学を除き、旧大学令（大正7年勅令第388号）による大学を含む。以下同じ。）を卒業した後受検しようとする種目に関し1年以上の実務経験を有する者で在学中に施工技術検定規則（昭和35年建設省令第17号。以下「規則」という。）第2条に定める学科を修めたもの

二 学校教育法による大学を卒業した後受検しようとする種目に関し1年6月以上の実務経験を有する者で在学中に規則第2条に定める学科を修めなかったもの

三 学校教育法による短期大学又は高等専門学校（旧専門学校令（明治36年勅令第61号）による専門学校を含む。以下同じ。）を卒業した後受検しようとする種目に関し2年以上の実務経験を有する者で在学中に規則第2条に定める学科を修めたもの

四 学校教育法による短期大学又は高等専門学校を卒業した後受検しようとする種目に関し3年以上の実務経験を有する者で在学中に規則第2条に定める学科を修めなかったもの

五 旧専門学校卒業程度検定規程（昭和18年文部省令第46号）による検定で規則第2条に定める学科に関するものに合格した後受検しようとする種目に関し2年以上の実務経験を有する者

六 旧専門学校卒業程度検定規程による検定で規則第2条に定める学科以外の学科に関するものに合格した後受検しようとする種目に関し3年以上の実務経験を有する者

七 学校教育法による高等学校（旧中等学校令（昭和18年勅令第36号）による中等学校を含む。）又は中等教育学校を卒業した後受検しようとする種目に関し4年

6月以上の実務経験を有する者で在学中に規則第2条に定める学科を修めなかったもの

八　旧高等学校令（大正7年勅令第389号）による高等学校の尋常科、旧青年学校令（昭和14年勅令第254号）による青年学校本科、旧師範教育令（昭和18年勅令第109号）による附属中学校、師範学校予科若しくは青年師範学校予科を卒業し、又は修了した者で、受検しようとする種目に関し4年6月以上の実務経験を有するもの

九　旧実業学校卒業程度検定規程（大正14年文部省令第30号）による検定で規則第2条に定める学科に関するものに合格した後受検しようとする種目に関し3年以上の実務経験を有する者

十　旧実業学校卒業程度検定規程による検定で規則第2条に定める学科以外の学科に関するものに合格した後受検しようとする種目に関し4年6月以上の実務経験を有する者

十一　高等学校卒業程度認定試験規則（平成17年文部科学省令第1号）による試験、旧大学入学資格検定規程（昭和26年文部省令第13号）による検定、旧専門学校入学者検定規程（大正13年文部省令第22号）による検定又は旧高等学校高等科入学資格試験規程（大正8年文部省令第9号）による試験に合格した者で、受検しようとする種目に関し4年6月以上の実務経験を有するもの

十二　受検しようとする種目が電気工事施工管理である場合においては、電気工事士法（昭和35年法律第139号）による第1種電気工事士免状の交付を受けた者又は第2種電気工事士免状の交付を受けた者で同種目に関し1年以上の実務経験を有するもの

十三　受検しようとする種目が電気工事施工管理である場合においては、電気事業法（昭和39年法律第170号）による第1種、第2種又は第3種電気主任技術者免状の交付を受けた者（同法附則第7項の規定により同法の第1種、第2種又は第3種電気主任技術者免状の交付を受けた者とみなされた者を含む。）であって、同種目に関し1年以上の実務経験を有するもの

十四　受検しようとする種目が管工事施工管理である場合においては、職業能力開発促進法（昭和44年法律第64号）による技能検定のうち検定職種を1級の配管とするもの（選択科目を「建築配管作業」とするものに限る。以下同じ。）に合格した者又は検定職種を2級の配管とするものに合格した者であって、同種目

に関し4年以上の実務経験を有するもの

十五　受検しようとする種目が造園施工管理である場合においては、職業能力開発促進法による技能検定のうち検定職種を1級の造園とするものに合格した者又は検定職種を2級の造園とするものに合格した者であって同種目に関し4年以上の実務経験を有するもの

十六　その他国土交通大臣が令第27条の5第2項第3号ロ(1)又は(2)に掲げる者と同等以上の知識及び経験を有すると認める者

　　附　則

1　この告示は、平成18年において行われる技術検定から適用するものとし、平成17年において行われる技術検定については、なお従前の例による。

2　職業能力開発促進法施行規則の一部を改正する省令（平成15年厚生労働省令第180号。以下同じ。）の施行の際現に職業能力開発促進法による技能検定のうち検定職種を配管とするものに合格した者（同法による技能検定のうち検定職種を職業訓練法施行令の一部を改正する政令（昭和48年政令第98号）による改正前の職業訓練法施行令による空気調和設備配管若しくは給排水衛生設備配管とするものに合格した者、職業訓練法施行令の一部を改正する政令（昭和45年政令第265号）による改正前の職業訓練法施行令による配管とするものに合格した者又は同法附則第2条の規定による廃止前の職業訓練法（昭和33年法律第133号）による技能検定のうち検定職種を配管工とするものに合格した者を含む。）は、第14号に定める者とみなす。

3　職業能力開発促進法施行規則の一部を改正する省令の施行の際現に職業能力開発促進法による技能検定のうち検定職種を造園とするものに合格した者は、第15号に定める者とみなす。

4　建設業法施行令第27条の5第2項第1号イからニまでに掲げる者と同等以上の知識及び経験を有する者を定める件（平成17年国土交通省告示第607号）の適用の際現に廃止前の建設業法施行令第27条の5第2項第1号及び第2号に掲げる者と同等以上の学歴、資格又は実務の経験を有する者を定める件（昭和35年建設省告示第2207号）第18号の規定に基づき種別を土木とする土木施工管理若しくは種別を建築とする建築施工管理又は電気工事施工管理、管工事施工管理若しくは造園施工管理の実地試験に関しその他国土交通大臣が令第27条の5第2項第1号及び第2号に掲げる者と同等以上の学歴又は資格及び実務経験を有すると認めた者は、第16号に定める者とみなす。

○建設業法施行令第27条の5第1項第4号及び第2項第3号の規定により技術検定の受検資格を有する者を指定する件

〔昭和46年3月5日　建設省告示第292号〕

最終改正　昭和63年6月6日建設省告示第1324号

　建設業法施行令（昭和31年政令第273号）第27条の5第1項第4号及び第2項第3号の規定により、昭和35年建設省告示第2207号及び昭和37年建設省告示第2755号に定める者のほか、技術検定の受検資格を有する者を次のとおり定める。

一　1級の技術検定にあつては、沖縄の学校教育に関する法令の規定による学校を卒業した者で建設業法施行令第27条の5第1項又は昭和37年建設省告示第2755号に定める学歴及び実務経験に相当する学歴及び実務経験を有するもの

二　2級の技術検定にあつては、沖縄の学校教育に関する法令の規定による学校を卒業した者で建設業法施行令第27条の5第2項又は昭和35年建設省告示第2207号に定める学歴及び実務経験に相当する学歴及び実務経験を有するもの

　　　附　則〔昭和63年6月6日建設省告示第1324号〕

　この告示は、昭和63年6月6日から施行する。

◯建設業法施行令第27条の7の規定に基づき、2級の技術検定の学科試験の免除を受けることができる者及び免除の範囲を定める件

〔平成17年6月17日　国土交通省告示第613号〕

建設業法施行令（昭和31年政令第273号）第27条の7の規定に基づき、学科試験の全部を免除する種目（一般土木建築施工管理にあっては、種目及び種別）を同じくする2級の技術検定は、次の表の上欄に掲げる者について、それぞれ下欄に掲げるものとする。

学校教育法（昭和22年法律第26号）による高等学校（旧中等学校令（昭和18年勅令第36号）による実業学校を含む。以下同じ。）又は中等教育学校を卒業した者で在学中に施工技術検定規則（昭和35年建設省令第17号。以下「規則」という。）第2条に定める学科を修め、卒業後3年以内に2級の技術検定の学科試験に合格したもの（在学中に合格したものも含む。以下同じ。）	高等学校又は中等教育学校を卒業した後6年以内に行われる連続する2回の技術検定
学校教育法による短期大学又は高等専門学校（旧専門学校令（明治36年勅令第61号）による専門学校を含む。以下同じ。）を卒業した者で在学中に規則第2条に定める学科を修め、かつ、卒業後2年以内に2級の技術検定の学科試験に合格したもの	短期大学又は高等専門学校を卒業した後5年以内に行われる連続する2回の技術検定
学校教育法による大学（短期大学を除き、旧大学令（大正7年勅令第388号）による大学を含む。以下同じ。）を卒業した者で在学中に規則第2条に定める学科を修め、かつ、卒業後1年以内に2級の技術検定の学科試験に合格したもの	大学を卒業した後4年以内に行われる連続する2回の技術検定
その他の者	次回の技術検定

附　則

この告示は、平成18年において行われる技術検定から適用するものとし、平成17年において行われる技術検定については、なお従前の例による。

○建設業法施行令第27条の7の規定に基づき、技術検定の学科試験又は実地試験の免除を受けることができる者及び免除の範囲を定める件

〔昭和45年5月7日 建設省告示第758号〕

最終改正　平成17年6月17日国土交通省告示第612号

　建設業法施行令（昭和31年政令第273号）第27条の7の規定に基づき、技術検定の学科試験又は実地試験の免除を受けることができる者及び免除の範囲を次のように定める。

　建設業法施行令第27条の7の表の上欄の他の法令の規定による免許で国土交通大臣の定めるものを受けた者又は国土交通大臣の定める検定若しくは試験に合格した者及び同表の下欄の国土交通大臣の定める学科試験又は実地試験の全部又は一部は、次の表の上欄及び下欄に定めるとおりとする。

免除を受けることができる者	免除の範囲
社団法人日本建設機械化協会の行う昭和63年度までの1級建設機械施工技術者試験に合格した者	1級の建設機械施工技術検定の学科試験及び実地試験の全部
社団法人日本建設機械化協会の行う昭和63年度までの2級建設機械施工技術者試験に合格した者	2級の建設機械施工技術検定の学科試験及び実地試験の全部
技術士法（昭和58年法律第25号）による第2次試験のうちで技術部門を建設部門、上下水道部門、農業部門（選択科目を「農業土木」とするものに限る。）、森林部門（選択科目を「森林土木」とするものに限る。）、水産部門（選択科目を「水産土木」とするものに限る。）又は総合技術監理部門（選択科目を建設部門若しくは上下水道部門に係るもの、「農業土木」、「森林土木」又は「水産土木」とするものに限る。）とするものに合格した者	土木施工管理技術検定の学科試験の全部
財団法人全国建設研修センターの行う昭和63年度までの1級土木工事技術者試験及び1級土木工事技術者試験第2部に合格した者	1級の土木施工管理技術検定の学科試験及び実地試験の全部

財団法人全国建設研修センターの行う平成14年度までの2級土木施工管理技術研修の修了試験又は昭和63年度までの2級土木工事技術者試験に合格した者	2級の土木施工管理技術検定の学科試験及び実地試験の全部
財団法人全国建設研修センターの行う平成17年度までの土木施工技術者試験に合格した者	平成23年度までの2級の土木施工管理技術検定の学科試験の全部
建築士法（昭和25年法律第202号）による1級建築士試験に合格した者	建築施工管理技術検定の学科試験の全部
財団法人建設業振興基金の行う昭和63年度までの1級建築工事技術者試験第1部及び第2部に合格した者	1級の建築施工管理技術検定の学科試験及び実地試験の全部
昭和63年度までの財団法人建設業振興基金の行う2級建築工事技術者試験に合格した者	2級の建築施工管理技術検定の学科試験及び実地試験の全部
財団法人全国建設研修センターの行う平成17年度までの管工事施工技術者試験に合格した者	平成23年度までの2級の管工事施工管理技術検定の学科試験の全部
技術士法による第2次試験のうちで技術部門を電気電子部門、建設部門又は総合技術監理部門（選択科目を電気電子部門又は建設部門に係るものとするものに限る。）とするものに合格した者	電気工事施工管理技術検定の学科試験の全部
財団法人建設業振興基金の行う昭和63年度の1級電気工事技術者試験第1部及び第2部に合格した者	1級の電気工事施工管理技術検定の学科試験及び実地試験の全部
財団法人建設業振興基金の行う昭和63年度の2級電気工事技術者試験に合格した者	2級の電気工事施工管理技術検定の学科試験及び実地試験の全部
財団法人建設業振興基金の行う平成17年度までの電気工事施工技術者試験に合格した者	平成23年度までの2級の電気工事施工管理技術検定の学科試験の全部
技術士法による第2次試験のうちで技術部門を機械部門（選択科目を「流体工学」又は「熱工学」とするものに限る。）、上下水道部門、衛生工学部門又は総合技術監理部門（選択科目を「流体工学」、「熱工学」又は上下水道部門若しくは衛生工学部門に係るものとするものに限る。）とするものに合格した者	管工事施工管理技術検定の学科試験の全部

財団法人全国建設研修センターの行う昭和63年度までの1級管工事技術者試験第1部及び第2部に合格した者	1級の管工事施工管理技術検定の学科試験及び実地試験の全部
財団法人全国建設研修センターの行う昭和63年度までの2級管工事技術者試験に合格した者	2級の管工事施工管理技術検定の学科試験及び実地試験の全部
財団法人建設業振興基金の行う平成17年度までの建築施工技術者試験に合格した者	平成23年度までの2級の建築施工管理技術検定の学科試験の全部
技術士法による第2次試験のうちで技術部門を建設部門、農業部門（選択科目を「農業土木」とするものに限る。）、森林部門（選択科目を「林業」又は「森林土木」とするものに限る。）又は総合技術監理部門（選択科目を建設部門に係るもの、「農業土木」、「林業」又は「森林土木」とするものに限る。）とするものに合格した者	造園施工管理技術検定の学科試験の全部
財団法人全国建設研修センターの行う昭和63年度までの1級造園工事技術者試験及び1級造園工事技術者試験第2部に合格した者	1級の造園施工管理技術検定の学科試験及び実地試験の全部
財団法人全国建設研修センターの行う昭和63年度までの2級造園工事技術者試験に合格した者	2級の造園施工管理技術検定の学科試験及び実地試験の全部
財団法人全国建設研修センターの行う平成17年度までの造園施工技術者試験に合格した者	平成23年度までの2級の造園施工管理技術検定の学科試験の全部

　　　附　則

1　この告示は、昭和45年5月7日から施行する。

　　　附　則〔平成17年2月23日国土交通省告示第203号〕

1　この告示は、公布の日から施行し、この告示による改正後の建設業法施行令第27条の7の規定に基づき、技術検定の学科試験又は実地試験の免除を受けることができる者及び免除の範囲を定める件の規定は、技術士法施行規則の一部を改正する省令（平成15年文部科学省令第36号）の施行の日から適用する。

2　この告示の適用の際現に技術士法による第2次試験のうちで技術部門を建設部門、水道部門、農業部門（選択科目を「農業土木」とするものに限る。）、林業部門（選択科目を「森林土木」とするものに限る。）、水産部門（選択科目を「水産土木」とするものに限る。）又は総合技術監理部門（選択科目を建設部門若しく

は水道部門に係るもの、「農業土木」、「森林土木」又は「水産土木」とするものに限る。）とするものに合格した者は、土木施工管理技術検定の学科試験の全部を免除する。

3 　この告示の適用の際現に技術士法による第2次試験のうちで技術部門を電気・電子部門、建設部門又は総合技術監理部門（選択科目を電気・電子部門又は建設部門に係るものとするものに限る。）とするものに合格した者は、電気工事施工管理技術検定の学科試験及び実地試験の全部を免除する。

4 　この告示の適用の際現に技術士法による第2次試験のうちで技術部門を機械部門（選択科目を「流体機械」又は「暖冷房及び冷凍機械」とするものに限る。）、水道部門、衛生工学部門又は総合技術監理部門（選択科目を「流体機械」、「暖冷房及び冷凍機械」又は水道部門若しくは衛生工学部門に係るものとするものに限る。）とするものに合格した者は、管工事施工管理技術検定の学科試験の全部を免除する。

5 　この告示の適用の際現に技術士法による第2次試験のうちで技術部門を建設部門、農業部門（選択科目を「農業土木」とするものに限る。）、林業部門（選択科目を「林業」又は「森林土木」とするものに限る。）又は総合技術監理部門（選択科目を建設部門に係るもの、「農業土木」、「林業」又は「森林土木」とするものに限る。）とするものに合格した者は、造園施行管理技術検定の学科試験の全部を免除する。

　　附　則〔平成17年6月17日国土交通省告示第612号〕

この告示による改正後の技術検定の学科試験又は実地試験の免除を受けることができる者及び免除の範囲を定める件は、平成18年において行われる技術検定から適用するものとし、平成17年において行われる技術検定については、なお従前の例による。

○建設業法施行令第27条の7の規定に基づき、技術検定の学科試験又は実地試験の免除を受けることができる者及び免除の範囲を定める件

〔昭和56年3月16日　建設省告示第506号〕

最終改正　昭和63年6月6日建設省告示第1326号

建設業法施行令（昭和31年政令第273号）第27条の7の規定により、昭和45年5月7日建設省告示第758号に定めるほか、技術検定の学科試験又は実地試験の免除を受けることができる者及び免除の範囲を次のとおり定める。

一　昭和55年度までの2級の土木施工管理技術検定の合格者で、財団法人全国建設研修センターの昭和56年度から昭和58年度までの1級土木工事技術者特別研修の修了試験に合格した者については、1級の土木施工管理技術検定の学科試験及び実地試験の全部を免除する。

二　昭和55年度までの2級の管工事施工管理技術検定の合格者で、財団法人全国建設研修センターの昭和56年度から昭和57年度までの1級管工事技術者特別研修の修了試験に合格した者については、1級の管工事施工管理技術検定の学科試験及び実地試験の全部を免除する。

　　　附　則

この告示は、公布の日から施行する。

　　　附　則〔昭和63年6月6日建設省告示第1326号〕

この告示は、昭和63年6月6日から施行する。

○建設業法施行令第27条の7の規定に基づき、技術検定の学科試験又は実地試験の免除を受けることができる者及び免除の範囲を定める件

〔昭和59年2月6日
建設省告示第118号〕

最終改正　平成13年3月27日国土交通省告示第324号

　建設業法施行令（昭和31年政令第273号）第27条の7の規定により、昭和45年5月7日建設省告示第758号及び昭和56年3月16日建設省告示第506号に定めるほか、技術検定の学科試験又は実地試験の免除を受けることができる者及び免除の範囲を次のとおり定める。

　財団法人全国建設研修センターの昭和59年度から昭和61年度までの2級管工事技術者特別研修及び平成11年度から平成14年度までの2級管工事施行管理技術研究の修了試験に合格した者については、2級の管工事施工管理技術検定の学科試験及び実地試験の全部を免除する。

　　附　則〔昭和63年6月6日建設省告示第1328号〕
　この告示は、昭和63年6月6日から施行する。

○建設業法施行令第27条の7の規定に基づき、技術検定の学科試験又は実地試験の免除を受けることができる者及び免除の範囲を定める件

〔昭和62年11月19日
建設省告示第1946号〕

最終改正　昭和63年6月6日建設省告示第1331号

　建設業法施行令（昭和31年政令第273号）第27条の7の規定により、昭和45年建設省告示第758号、昭和56年建設省告示第506号及び昭和59年建設省告示第118号に定めるほか、技術検定の学科試験又は実地試験の免除を受けることができる者及び免除の範囲を次のとおり定める。

　財団法人建設業振興基金の昭和63年度及び昭和64年度の1級建築工事技術者特別研修の修了試験に合格した者については、1級の建築施工管理技術検定の学科試験及び実地試験の全部を免除する。

　　附　則〔昭和63年6月6日建設省告示第1331号〕
　この告示は、昭和63年6月6日から施行する。

○建設業法施行令第27条の7の規定に基づき、技術検定の学科試験又は実地試験の免除を受けることができる者及び免除の範囲を定める件

〔昭和63年10月27日
建設省告示第2093号〕

　建設業法施行令（昭和31年政令第273号）第27条の7の規定により、昭和45年建設省告示第758号、昭和56年建設省告示第506号、昭和59年建設省告示第118号及び昭和62年建設省告示第1946号に定めるほか、技術検定の学科試験又は実地試験の免除を受けることができる者及び免除の範囲を次のとおり定める。

　財団法人建設業振興基金の行う昭和63年度から昭和66年度の2級電気工事技術者特別研修の修了試験に合格した者については、2級の電気工事施工管理技術検定の学科試験及び実地試験の全部を免除する。

○建設業法施行令第27条の7の規定に基づき、技術検定の学科試験又は実地試験の免除を受けることができる者及び免除の範囲を定める件

〔平成2年8月20日　建設省告示第1467号〕

　建設業法施行令（昭和31年政令第273号）第27条の7の規定により、昭和45年建設省告示第758号、昭和56年建設省告示第506号、昭和59年建設省告示第118号、昭和62年建設省告示第1946号及び昭和63年建設省告示第2093号に定めるほか、技術検定の学科試験又は実地試験の免除を受けることができる者及び免除の範囲を次のとおり定める。

　財団法人建設業振興基金の行う平成2年度から平成5年度の1級電気工事技術者特別研修の修了試験に合格した者については、1級の電気工事施工管理技術検定の学科試験及び実地試験の全部を免除する。

　　附　則

　この告示は、平成2年8月20日から施行する。

○建設業法施行令第27条の7の規定に基づき、技術検定の学科試験又は実地試験の免除を受けることができる者及び免除の範囲を定める件

〔平成 5 年 8 月 9 日　　　〕
　建設省告示第1661号

最終改正　平成13年 3 月27日国土交通省告示第324号

　建設業法施行令（昭和31年政令第273号）第27条の 7 の規定により、昭和45年建設省告示第758号、昭和56年建設省告示第506号、昭和59年建設省告示第118号、昭和62年建設省告示第1946号、昭和63年建設省告示第2093号及び平成 2 年建設省告示第1467号に定めるほか、技術検定の学科試験又は実地試験の免除を受けることができる者及び免除の範囲を次のとおり定める。

　財団法人建設業振興基金の行う平成 6 年度から平成14年度までの 2 級建築施工管理技術研修の修了試験に合格した者については、 2 級の建築施工管理技術検定の学科試験及び実地試験の全部を免除する。

　　　附　則
　この告示は、公布の日から施行する。

○建設業法施行令第27条の7の規定に基づき、技術検定の学科試験又は実地試験の免除を受けることができる者及び免除の範囲を定める件

〔平成 6 年 5 月30日　　　〕
　建設省告示第1437号

最終改正　平成13年 3 月27日国土交通省告示第324号

　建設業法施行令（昭和31年政令第273号）第27条の 7 の規定により、昭和45年建設省告示第758号、昭和56年建設省告示第506号、昭和59年建設省告示第118号、昭和62年建設省告示第1946号、昭和63年建設省告示第2093号、平成 2 年建設省告示第1467号及び平成 5 年建設省告示第1661号に定めるほか、技術検定の学科試験の免除を受けることができる者及び免除の範囲を次のとおり定める。

　社団法人日本建設機械化協会の行う平成 6 年度から平成14年度までの 2 級建設機械施工技術研修の修了試験に合格した者については、 2 級の建設機械施工技術検定の学科試験の全部を免除する。

　　　附　則
　この告示は、公布の日から施行する。

○建設業法第27条の23第3項の経営事項審査の項目及び基準を定める件

〔平成20年1月31日〕
〔国土交通省告示第85号〕

建設業法（昭和24年法律第100号）第27条の23第3項の規定により、経営事項審査の項目及び基準を次のとおり定め、平成20年4月1日から適用する。

なお、平成6年建設省告示第1461号は、平成20年3月31日限り廃止する。

第1 審査の項目は、次の各号に定めるものとする。

一 経営規模

1 建設業法第27条の23第1項の規定により経営事項審査の申請をする日の属する事業年度の開始の日（以下「当期事業年度開始日」という。）の直前2年又は直前3年の各事業年度における完成工事高について算定した許可を受けた建設業に係る建設工事（「土木一式工事」についてはその内訳として「プレストレストコンクリート工事」、「とび・土工・コンクリート工事」についてはその内訳として「法面処理工事」、「鋼構造物工事」についてはその内訳として「鋼橋上部工事」を含む。以下同じ。）の種類別年間平均完成工事高

2 審査基準日（経営事項審査の申請をする日の直前の事業年度の終了の日。以下同じ。）の決算（以下「基準決算」という。）における自己資本の額（貸借対照表における純資産合計の額をいう。以下同じ。）又は基準決算及び基準決算の前期決算における自己資本の額の平均の額（以下「平均自己資本額」という。）

3 当期事業年度開始日の直前1年（以下「審査対象年」という。）における利払前税引前償却前利益（審査対象年の各事業年度（以下「審査対象事業年度」という。）における営業利益の額に審査対象事業年度における減価償却実施額（審査対象事業年度における未成工事支出金に係る減価償却費、販売費及び一般管理費に係る減価償却費、完成工事原価に係る減価償却費、兼業事業売上原価に係る減価償却費その他減価償却費として費用を計上した額をいう。以下同じ。）を加えた額）及び審査対象年開始日の直前1年（以下「前審査対象年」という。）の利払前税引前償却前利益の平均の額（以下「平均利益額」という。）

二 経営状況

　1　審査対象年における純支払利息比率（審査対象事業年度における支払利息から受取利息配当金を控除した額を審査対象事業年度における売上高（完成工事高及び兼業事業売上高の合計の額をいう。以下同じ。）で除して得た数値を百分比で表したものをいう。）

　2　審査対象年における負債回転期間（基準決算における流動負債と固定負債の合計の額を審査対象事業年度における1月当たり売上高（売上高の額を12で除した額をいう。）で除して得た数値をいう。）

　3　審査対象年における総資本売上総利益率（審査対象事業年度における売上総利益の額を基準決算及び基準決算の前期決算における総資本の額（貸借対照表における負債純資産合計の額をいう。以下同じ。）の平均の額で除して得た数値を百分比で表したものをいう。）

　4　審査対象年における売上高経常利益率（審査対象事業年度における経常利益（個人である場合においては事業主利益の額とする。）の額を審査対象事業年度における売上高で除して得た数値を百分比で表したものをいう。）

　5　基準決算における自己資本対固定資産比率（基準決算における自己資本の額を固定資産の額で除して得た数値を百分比で表したものをいう。）

　6　基準決算における自己資本比率（基準決算における自己資本の額を総資本の額で除して得た数値を百分比で表したものをいう。）

　7　審査対象年における営業キャッシュ・フローの額（審査対象事業年度における経常利益の額に減価償却実施額を加え、法人税、住民税及び事業税を控除し、基準決算の前期決算から基準決算にかけての引当金増減額、売掛債権増減額、仕入債務増減額、棚卸資産増減額及び受入金増減額を加減したものを1億で除して得た数値をいう。）及び前審査対象年における営業キャッシュ・フローの額の平均の額

　8　基準決算における利益剰余金の額（基準決算における利益剰余金の額を1億で除して得た数値をいう。）

三 技術力

　1　審査基準日における許可を受けた建設業に従事する職員のうち建設業の種類別の次に掲げる者（以下「技術職員」という。）の数（ただし、1人の職員につき技術職員として申請できる建設業の種類の数は2までとする。）

㈠ 建設業法第15条第2号イに該当する者（同法第27条の18第1項の規定による監理技術者資格者証の交付を受けている者であって、同法第26条の4から第26条の6までの規定により国土交通大臣の登録を受けた講習を当期事業年度開始日の直前5年以内に受講したものに限る。）

㈡ 建設業法第15条第2号イに該当する者であって、㈠に掲げる者以外の者

㈢ 登録基幹技能者講習（建設業法施行規則（昭和24年建設省令第14号）第18条の3第2項第2号の登録を受けた講習をいう。）を修了した者であって㈠及び㈡に掲げる者以外の者

㈣ 建設業法第27条第1項の規定による技術検定その他の法令の規定による試験で、当該試験に合格することによって直ちに同法第7条第2号ハに該当することとなるものに合格した者又は他の法令の規定による免許若しくは免状の交付（以下「免許等」という。）で当該免許等を受けることによって直ちに同号ハに該当することとなるものを受けた者であって㈠、㈡及び㈢に掲げる者以外の者

㈤ 建設業法第7条第2号イ、ロ若しくはハ又は同法第15条第2号ハに該当する者で㈠、㈡、㈢及び㈣に掲げる者以外の者

2 当期事業年度開始日の直前2年又は直前3年の各事業年度における発注者から直接請け負った建設工事に係る完成工事高（以下「元請完成工事高」という。）について算定した許可を受けた建設業に係る建設工事の種類別年間平均元請完成工事高

四 その他の審査項目（社会性等）

1 次に掲げる労働福祉の状況

㈠ 審査基準日における雇用保険加入の有無（雇用保険法（昭和49年法律第116号）第7条の規定による届出を行っているか否かをいう。）

㈡ 審査基準日における健康保険及び厚生年金保険加入の有無（健康保険法施行規則（大正15年内務省令第36号）第10条ノ2の規定による届出及び厚生年金保険法（昭和29年法律第115号）第27条に規定する届出を行っているか否かをいう。）

㈢ 審査基準日における建設業退職金共済制度加入の有無（中小企業退職金共済法（昭和34年法律第160号）第6章の独立行政法人勤労者退職金共済機構との間で同法第2条第5項に規定する特定業種退職金共済機構との間

で同法第2条第5項に規定する特定業種退職金共済契約又はこれに準ずる契約の締結を行っているか否かをいう。）

㈣　審査基準日における退職一時金制度導入の有無（労働協約において退職手当に関する定めがあるか否か、労働基準法第89条第1項第3号の2の定めるところにより就業規則に退職手当の定めがあるか否か、同条第2項の退職手当に関する事項についての規則が定められているか否か、中小企業退職金共済法第2条第3項に規定する退職金共済契約を締結しているか否か、又は所得税法施行令（昭和40年政令第96号）第73条第1項に規定する特定退職金共済団体との間でその行う退職金共済に関する事業について共済契約を締結しているか否かをいう。）又は審査基準日における企業年金制度導入の有無（厚生年金保険法第9章第1節の規定に基づき厚生年金基金を設立しているか否か、法人税法（昭和40年法律第34号）附則第20条に規定する適格退職年金契約を締結しているか否か、確定給付企業年金法（平成13年法律第50号）第2条第1項に規定する確定給付企業年金の導入を行っているか否か、又は確定拠出年金法（平成13年法律第88号）第2条第2項に規定する企業型年金の導入を行っているか否かをいう。）

㈤　審査基準日における法定外労働災害補償制度加入の有無（財団法人建設業福祉共済団、社団法人全国建設業労災互助会又は保険事業を営む者との間で、労働者災害補償保険法（昭和22年法律第50号）第3章の規定に基づく保険給付の基因となった業務災害及び通勤災害（下請負人に係るものを含む。）に関する給付についての契約を締結しているか否かをいう。）

2　審査基準日までの建設業の営業年数（建設業の許可又は登録を受けて営業を行っていた年数をいう。）

3　審査基準日における防災協定締結の有無（国、特殊法人等（公共工事の入札及び契約の適正化の促進に関する法律（平成12年法律第127号）第2条第1項に規定する特殊法人等をいう。）又は地方公共団体との間における防災活動に関する協定を締結しているか否かをいう。）

4　審査対象年における法令遵守の状況（建設業法第28条の規定により指示をされ、又は営業の全部若しくは一部の停止を命ぜられたことがあるか否かをいう。）

5　次に掲げる審査基準日における建設業の経理に関する状況

㈠ 監査の受審状況（会計監査人若しくは会計参与の設置の有無又は建設業の経理実務の責任者のうち㈡のイに該当する者が経理処理の適正を確認した旨の書類に自らの署名を付したものの提出の有無をいう。）

㈡ 審査基準日における建設業に従事する職員のうち次に掲げるものの数
　イ　公認会計士、会計士補、税理士及びこれらとなる資格を有する者並びに建設業法施行規則第18条の3第3項第2号ロに規定する建設業の経理に必要な知識を確認するための試験であって国土交通大臣の登録を受けたもの（以下「登録経理試験」という。）の1級試験に合格した者
　ロ　登録経理試験の2級試験に合格した者であってイに掲げる者以外の者

6　審査対象年及び前審査対象年における研究開発費の額の平均の額（以下「平均研究開発費の額」という。ただし、会計監査人設置会社において、一般に公正妥当と認められる企業会計の基準に従って処理されたものに限る。）

第2　審査の基準は、次の各号に定めるとおりとする。
　一　経営規模に係る審査の基準
　　1　第1の一の1に掲げる当期事業年度開始日の直前2年又は直前3年の各事業年度における完成工事高について算定した許可を受けた建設業に係る建設工事の種類別年間平均完成工事高については、そのいずれかの額が、別表第1の区分の欄のいずれに該当するかを、許可を受けた建設業に係る建設工事の種類ごとに審査すること。
　　2　第1の一の2に掲げる基準決算における自己資本の額又は平均自己資本額については、そのいずれかの額が別表第2の区分の欄のいずれに該当するかを審査すること。
　　3　第1の一の3に掲げる平均利益額については、その額が別表第3の区分の欄のいずれに該当するかを審査すること。
　二　経営状況に係る審査の基準
　　第1の二に掲げる比率等については、付録第1に定める算式によって算出した点数を求めること。ただし、国土交通大臣が次に掲げる要件のいずれにも適合するものとして認定した企業集団に属する会社のうち子会社（財務諸表等の用語、様式及び作成方法に関する規則（昭和38年大蔵省令第59号。以下この号において「財務諸表等規則」という。）第8条第3項に規定する子会社をいう。以下この号において同じ。）については、親会社（財務諸表等規則第8条第3

項に規定する親会社をいう。以下この号において同じ。）の提出する連結財務諸表（一般に公正妥当と認められる企業会計の基準に準拠して作成された連結貸借対照表、連結損益計算書、連結株主資本等変動計算書及び連結キャッシュ・フロー計算書をいう。以下この号において同じ。）に基づき審査するものとする。

(一) 親会社が会計監査人設置会社であり、かつ、次に掲げる要件のいずれかに該当するものであること。

　　イ　有価証券報告書提出会社である場合においては、子会社との関係において、財務諸表等規則第8条第4項各号に掲げる要件のいずれかを満たすものであること。

　　ロ　有価証券報告書提出会社以外の場合においては、子会社の議決権の過半数を自己の計算において所有しているものであること。

(二) 子会社が次に掲げる要件のいずれにも該当する建設業者であること。

　　イ　売上高が企業集団の売上高の100分の5以上を占めているものであること。

　　ロ　単独で審査した場合の経営状況の評点が、親会社の提出する連結財務諸表を用いて審査した場合の経営状況の評点の3分の2以上であるものであること。

三　技術力に係る審査の基準

1　第1の三の1に掲げる審査基準日における技術職員の数については、審査基準日における許可を受けた建設業の種類別の同号の1の(一)から(五)に掲げる者の数に、同号の1の(一)に掲げる者の数にあっては6を、同号の1の(二)に掲げる者の数にあっては5を、同号の1の(三)に掲げる者の数にあっては3を、同号の1の(四)に掲げる者の数にあっては2を、同号の1の(五)に掲げる者の数にあっては1をそれぞれ乗じて得た数値の合計数値（別表第4において「技術職員数値」という。）を許可を受けた建設業の種類ごとにそれぞれ求め、これらが、別表第4の区分の欄のいずれに該当するかを審査すること。

2　第1の三の2に掲げる当期事業年度開始日の直前2年又は直前3年の各事業年度における元請完成工事高について算定した許可を受けた建設業に係る建設工事の種類別年間平均元請完成工事高については、そのいずれかの額が、別表第5の区分の欄のいずれに該当するかを、許可を受けた建設業に係る建

設工事の種類ごとに審査すること。ただし、第1の一の1において当期事業年度開始日の直前2年又は直前3年の各事業年度における完成工事高について選択した基準と同一の基準とすること。

四　その他の審査項目（社会性等）に係る審査の基準

1　第1の四の1に掲げる労働福祉の状況については、付録第2に定める算式によって算出した点数を求めること。

2　第1の四の2に掲げる営業年数については、当該年数が、別表第6の区分の欄のいずれに該当するかを審査すること。

3　第1の四の3に掲げる防災協定締結の有無については、防災協定締結の有無が、別表第7の区分の欄のいずれに該当するかを審査すること。

4　第1の四の4に掲げる法令遵守の状況については、建設業法第28条の規定により指示をされ、又は営業の全部若しくは一部の停止を命ぜられたことの有無が、別表第8の区分の欄のいずれに該当するかを審査すること。

5　次に掲げる建設業の経理に関する状況

(1)　第1の四の5の㈠に掲げる監査の受審状況については、会計監査人若しくは会計参与の設置の有無又は建設業の経理実務の責任者のうち第1の四の5の㈡のイに該当する者が経理処理の適正を確認した旨の書類に自らの署名を付したものの提出の有無が、別表第9の区分の欄のいずれに該当するかを審査すること。

(2)　第1の四の5の㈡に掲げる職員の数については、同号の5の㈡のイに掲げる者の数に、同号の5の㈡のロに掲げる者の数に10分の4を乗じて得た数を加えた合計数値（別表第10において「公認会計士等数値」という。）が、年間平均完成工事高に応じて、別表第10の区分の欄のいずれに該当するかを審査すること。

6　第1の四の6に掲げる平均研究開発費の額については、当該金額が、別表第11の区分のいずれに該当するかを審査すること。

附　則

一　建設業法第15条第2号イに該当する者のうち、当期事業年度開始日の直前5年以内であって平成16年2月29日以前に交付された資格者証を所持しているもの、及び当期事業年度開始日の直前5年以内かつ平成16年2月29日以前に指定講習（平成15年6月18日改正前の建設業法第27条の18第4項の規定により国土

交通大臣が指定する講習をいう。）を受講した者であって平成16年3月1日以降に交付された資格者証を所持しているものについては、第1の三の1の(一)に掲げる者に該当するものとみなす。
二 審査の対象とする建設業者が、効力を有する政府調達に関する協定を適用している国又は地域その他我が国に対して建設市場が開放的であると認められる国又は地域（以下「外国」という。）に主たる営業所を有する建設業者又は我が国に主たる営業所を有する建設業者のうち外国に主たる営業所を有する者が当該建設業者の資本金の額の2分の1以上を出資しているもの（以下「外国建設業者」という。）である場合における第2の三の1並びに第2の四の1、2、5及び6の規定の適用については、当分の間、当該各規定にかかわらず、それぞれ次に定めるところによる。

1 第2の三の1の規定の適用については、同号中「1の(一)に掲げる者の数」とあるのは「1の(一)に掲げる者の数及び当該者と同等以上の潜在的能力があると国土交通大臣が認定した者の数の合計数」と、「1の(二)に掲げる者の数」とあるのは「1の(二)に掲げる者の数及び当該者と同等以上の潜在的能力があると国土交通大臣が認定した者の数の合計数」と、「1の(三)に掲げる者の数」とあるのは「1の(三)に掲げる者の数及び当該者と同等以上の潜在的能力があると国土交通大臣が認定した者の数の合計数」と、「1の(四)に掲げる者の数」とあるのは「1の(四)に掲げる者の数及び当該者と同等以上の潜在的能力があると国土交通大臣が認定した者の数の合計数」と、「1の(五)に掲げる者の数」とあるのは「1の(五)に掲げる者の数及び当該者と同等以上の潜在的能力があると国土交通大臣が認定した者の数の合計数」とする。

2 第2の四の1の規定の適用については、付録第2中「しているとされたものの数」とあるのは「しているとされたもの（これらの各項目について加入又は導入をしている場合と同等の場合であると国土交通大臣が認定した場合における当該認定した項目を含む。）の数」とする。

3 第2の四の2の規定の適用については、同号の2中「当該年数」とあるのは「当該年数及び外国において建設業を営んでいた年数で国土交通大臣が認定したものの合計年数」とする。

4 第2の四の5の(1)の適用については、第2の四の5の(1)中「会計参与の設置の有無又は」とあるのは「会計参与の設置の有無若しくは」とし、「提出

の有無」とあるのは「提出の有無又はこれと同等以上の措置として国土交通大臣が認定した措置の有無」とする。

5 　第2の四の5の(2)の適用については、第2の四の5の(2)中「同号の5の㈠のイに掲げる者の数」とあるのは「同号の5の㈠のイに掲げる者の数及び当該者と同等以上の潜在的能力があると国土交通大臣が認定した者の数の合計数」と、「同号の5の㈠のロに掲げる者の数」とあるのは「、同号の5の㈠のロに掲げる者の数及び当該者と同等以上の潜在的能力があると国土交通大臣が認定した者の数の合計数」とする。

6 　第2の四の6の適用については、同号中「当該金額」とあるのは「当該金額及びこれと同等のものとして国土交通大臣が認定した額の合計額」とする。

三 　国土交通大臣が外国建設業者の属する企業集団について、次に掲げる要件に適合するものとして一体として建設業を営んでいると認定した場合においては、当分の間、第1に掲げる各項目（第1の四の1の㈠及び㈡、3並びに4に掲げる項目を除く。）については、国土交通大臣が当該企業集団について認定した数値をもって当該各項目の数値として審査するものとする。

　㈠ 　当該外国建設業者の属する企業集団が一体として建設業を営んでいることについて、当該企業集団の中心となる者であって外国に主たる営業所を有するものによる証明があること。

　㈡ 　当該外国建設業者の属する企業集団に財務諸表の連結その他の密接な関係があること。

四 　企業結合により経営基盤の強化を行おうとする建設業者であって、国土交通大臣が次に掲げる要件のいずれにも適合するものとして認定した企業集団に属するものについては、国土交通大臣が当該企業集団について認定した数値等をもって、第1に掲げる各項目の数値等として審査するものとする。

　㈠ 　財務諸表等の用語、様式及び作成方法に関する規則（昭和38年大蔵省令第59号）第8条第3項に規定する親会社（以下この号において単に「親会社」という。）とその子会社（同項に規定する子会社をいう。）からなる企業集団であること。

　㈡ 　親会社が金融商品取引法（昭和23年法律第25号）第24条第1項の規定により有価証券報告書を内閣総理大臣に提出しなければならない者であること。

　㈢ 　企業集団を構成する建設業者が主として営む建設業の種類がそれぞれ異な

る等相互の機能分化が相当程度なされていると認められること。

五　一の建設業者の経営事項審査において四の規定により認定した数値等をもって審査が行われた場合にあっては、当該建設業者の属する企業集団に属する他の建設業者は、当該数値等をもって経営事項審査の申請を行うことはできないものとする。

六　企業結合により経営基盤の強化を行おうとする建設業者であって、国土交通大臣が次に掲げる要件のいずれにも適合するものとして認定した企業集団に属するものについては、国土交通大臣が当該企業集団に属する建設業者について認定した数値をもって、第1の三の1に掲げる技術職員数及び第1の四の5の㈡に掲げる職員の数として審査するものとする。

　㈠　財務諸表等の用語、様式及び作成方法に関する規則（昭和38年大蔵省令第59号）第8条第3項に規定する親会社（以下この号において単に「親会社」という。）とその子会社（同項に規定する子会社をいう。以下この号において同じ。）からなる企業集団であること。

　㈡　親会社が次のいずれにも該当するものであること。

　　イ　親会社が子会社の発行済株式の総数を有する者であること。

　　ロ　金融商品取引法第24条の規定により有価証券報告書を内閣総理大臣に提出しなければならない者であること。

　　ハ　経営事項審査を受けていない者であること。

　　ニ　主として企業集団全体の経営管理を行うものであること。

　㈢　子会社が建設業者であること。

別表第1 (第2の一の1関係)

許可を受けた建設業に係る建設工事の種類別年間平均完成工事高	区分	許可を受けた建設業に係る建設工事の種類別年間平均完成工事高	区分
1,000億円以上	(1)	8億円以上 10億円未満	(22)
800億円以上 1,000億円未満	(2)	6億円以上 8億円未満	(23)
600億円以上 800億円未満	(3)	5億円以上 6億円未満	(24)
500億円以上 600億円未満	(4)	4億円以上 5億円未満	(25)
400億円以上 500億円未満	(5)	3億円以上 4億円未満	(26)
300億円以上 400億円未満	(6)	2億5,000万円以上 3億円未満	(27)
250億円以上 300億円未満	(7)	2億円以上 2億5,000万円未満	(28)
200億円以上 250億円未満	(8)	1億5,000万円以上 2億円未満	(29)
150億円以上 200億円未満	(9)	1億2,000万円以上 1億5,000万円未満	(30)
120億円以上 150億円未満	(10)	1億円以上 1億2,000万円未満	(31)
100億円以上 120億円未満	(11)	8,000万円以上 1億円未満	(32)
80億円以上 100億円未満	(12)	6,000万円以上 8,000万円未満	(33)
60億円以上 80億円未満	(13)	5,000万円以上 6,000万円未満	(34)
50億円以上 60億円未満	(14)	4,000万円以上 5,000万円未満	(35)
40億円以上 50億円未満	(15)	3,000万円以上 4,000万円未満	(36)
30億円以上 40億円未満	(16)	2,500万円以上 3,000万円未満	(37)
25億円以上 30億円未満	(17)	2,000万円以上 2,500万円未満	(38)
20億円以上 25億円未満	(18)	1,500万円以上 2,000万円未満	(39)
15億円以上 20億円未満	(19)	1,200万円以上 1,500万円未満	(40)
12億円以上 15億円未満	(20)	1,000万円以上 1,200万円未満	(41)
10億円以上 12億円未満	(21)	1,000万円未満	(42)

備考
　各区分の評点については、別途通知により定めるところによる。

別表第2 （第2の一の2関係）

自己資本の額又は平均自己資本額		区分	自己資本の額又は平均自己資本額		区分
3,000億円以上		(1)	12億円以上	15億円未満	(25)
2,500億円以上	3,000億円未満	(2)	10億円以上	12億円未満	(26)
2,000億円以上	2,500億円未満	(3)	8億円以上	10億円未満	(27)
1,500億円以上	2,000億円未満	(4)	6億円以上	8億円未満	(28)
1,200億円以上	1,500億円未満	(5)	5億円以上	6億円未満	(29)
1,000億円以上	1,200億円未満	(6)	4億円以上	5億円未満	(30)
800億円以上	1,000億円未満	(7)	3億円以上	4億円未満	(31)
600億円以上	800億円未満	(8)	2億5,000万円以上	3億円未満	(32)
500億円以上	600億円未満	(9)	2億円以上	2億5,000万円未満	(33)
400億円以上	500億円未満	(10)	1億5,000万円以上	2億円未満	(34)
300億円以上	400億円未満	(11)	1億2,000万円以上	1億5,000万円未満	(35)
250億円以上	300億円未満	(12)	1億円以上	1億2,000万円未満	(36)
200億円以上	250億円未満	(13)	8,000万円以上	1億円未満	(37)
150億円以上	200億円未満	(14)	6,000万円以上	8,000万円未満	(38)
120億円以上	150億円未満	(15)	5,000万円以上	6,000万円未満	(39)
100億円以上	120億円未満	(16)	4,000万円以上	5,000万円未満	(40)
80億円以上	100億円未満	(17)	3,000万円以上	4,000万円未満	(41)
60億円以上	80億円未満	(18)	2,500万円以上	3,000万円未満	(42)
50億円以上	60億円未満	(19)	2,000万円以上	2,500万円未満	(43)
40億円以上	50億円未満	(20)	1,500万円以上	2,000万円未満	(44)
30億円以上	40億円未満	(21)	1,200万円以上	1,500万円未満	(45)
25億円以上	30億円未満	(22)	1,000万円以上	1,200万円未満	(46)
20億円以上	25億円未満	(23)		1,000万円未満	(47)
15億円以上	20億円未満	(24)			

備考
　各区分の評点については、別途通知により定めるところによる。

別表第3 （第2の一の3関係）

平均利益額		区分	平均利益額		区分
300億円以上		(1)	4億円以上	5億円未満	(20)
250億円以上	300億円未満	(2)	3億円以上	4億円未満	(21)
200億円以上	250億円未満	(3)	2億5,000万円以上	3億円未満	(22)
150億円以上	200億円未満	(4)	2億円以上	2億5,000万円未満	(23)
120億円以上	150億円未満	(5)	1億5,000万円以上	2億円未満	(24)
100億円以上	120億円未満	(6)	1億2,000万円以上	1億5,000万円未満	(25)
80億円以上	100億円未満	(7)	1億円以上	1億2,000万円未満	(26)
60億円以上	80億円未満	(8)	8,000万円以上	1億円未満	(27)
50億円以上	60億円未満	(9)	6,000万円以上	8,000万円未満	(28)
40億円以上	50億円未満	(10)	5,000万円以上	6,000万円未満	(29)
30億円以上	40億円未満	(11)	4,000万円以上	5,000万円未満	(30)
25億円以上	30億円未満	(12)	3,000万円以上	4,000万円未満	(31)
20億円以上	25億円未満	(13)	2,500万円以上	3,000万円未満	(32)
15億円以上	20億円未満	(14)	2,000万円以上	2,500万円未満	(33)
12億円以上	15億円未満	(15)	1,500万円以上	2,000万円未満	(34)
10億円以上	12億円未満	(16)	1,200万円以上	1,500万円未満	(35)
8億円以上	10億円未満	(17)	1,000万円以上	1,200万円未満	(36)
6億円以上	8億円未満	(18)		1,000万円未満	(37)
5億円以上	6億円未満	(19)			

備考
　各区分の評点については、別途通知により定めるところによる。

別表第 4 (第 2 の三の 1 関係)

技術職員数値		区分	技術職員数値		区分
15,500以上		(1)	300以上	390未満	(16)
11,930以上	15,500未満	(2)	230以上	300未満	(17)
9,180以上	11,930未満	(3)	180以上	230未満	(18)
7,060以上	9,180未満	(4)	140以上	180未満	(19)
5,430以上	7,060未満	(5)	110以上	140未満	(20)
4,180以上	5,430未満	(6)	85以上	110未満	(21)
3,210以上	4,180未満	(7)	65以上	85未満	(22)
2,470以上	3,210未満	(8)	50以上	65未満	(23)
1,900以上	2,470未満	(9)	40以上	50未満	(24)
1,460以上	1,900未満	(10)	30以上	40未満	(25)
1,130以上	1,460未満	(11)	20以上	30未満	(26)
870以上	1,130未満	(12)	15以上	20未満	(27)
670以上	870未満	(13)	10以上	15未満	(28)
510以上	670未満	(14)	5以上	10未満	(29)
390以上	510未満	(15)		5未満	(30)

備考
　各区分の評点については、別途通知により定めるところによる。

別表第5　(第2の三の2関係)

許可を受けた建設業に係る建設工事の種類別年間平均元請完成工事高		区分	許可を受けた建設業に係る建設工事の種類別年間平均元請完成工事高		区分
1,000億円以上		(1)	8億円以上	10億円未満	(22)
800億円以上	1,000億円未満	(2)	6億円以上	8億円未満	(23)
600億円以上	800億円未満	(3)	5億円以上	6億円未満	(24)
500億円以上	600億円未満	(4)	4億円以上	5億円未満	(25)
400億円以上	500億円未満	(5)	3億円以上	4億円未満	(26)
300億円以上	400億円未満	(6)	2億5,000万円以上	3億円未満	(27)
250億円以上	300億円未満	(7)	2億円以上	2億5,000万円未満	(28)
200億円以上	250億円未満	(8)	1億5,000万円以上	2億円未満	(29)
150億円以上	200億円未満	(9)	1億2,000万円以上	1億5,000万円未満	(30)
120億円以上	150億円未満	(10)	1億円以上	1億2,000万円未満	(31)
100億円以上	120億円未満	(11)	8,000万円以上	1億円未満	(32)
80億円以上	100億円未満	(12)	6,000万円以上	8,000万円未満	(33)
60億円以上	80億円未満	(13)	5,000万円以上	6,000万円未満	(34)
50億円以上	60億円未満	(14)	4,000万円以上	5,000万円未満	(35)
40億円以上	50億円未満	(15)	3,000万円以上	4,000万円未満	(36)
30億円以上	40億円未満	(16)	2,500万円以上	3,000万円未満	(37)
25億円以上	30億円未満	(17)	2,000万円以上	2,500万円未満	(38)
20億円以上	25億円未満	(18)	1,500万円以上	2,000万円未満	(39)
15億円以上	20億円未満	(19)	1,200万円以上	1,500万円未満	(40)
12億円以上	15億円未満	(20)	1,000万円以上	1,200万円未満	(41)
10億円以上	12億円未満	(21)		1,000万円未満	(42)

備考
　各区分の評点については、別途通知により定めるところによる。

別表第6　(第2の四の2関係)

営　業　年　数	区分	営　業　年　数	区分
35年以上	(1)	19年	(17)
34年	(2)	18年	(18)
33年	(3)	17年	(19)
32年	(4)	16年	(20)
31年	(5)	15年	(21)
30年	(6)	14年	(22)
29年	(7)	13年	(23)
28年	(8)	12年	(24)
27年	(9)	11年	(25)
26年	(10)	10年	(26)
25年	(11)	9年	(27)
24年	(12)	8年	(28)
23年	(13)	7年	(29)
22年	(14)	6年	(30)
21年	(15)	5年以下	(31)
20年	(16)		

備考
　各区分の評点については、別途通知により定めるところによる。

別表第 7（第 2 の四の 3 関係）

防 災 協 定 締 結 の 有 無	区分
有	(1)
無	(2)

備考
　各区分の評点については、別途通知により定めるところによる。

別表第 8（第 2 の四の 4 関係）

法 令 遵 守 の 状 況	区分
無	(1)
指示をされた場合	(2)
営業の全部若しくは一部の停止を命ぜられた場合	(3)

備考
　各区分の評点については、別途通知により定めるところによる。

別表第 9（第 2 の四の 5 の(1)関係）

監 査 の 受 審 状 況	区分
会計監査人の設置	(1)
会計参与の設置	(2)
経理処理の適正を確認した旨の書類の提出	(3)
無	(4)

備考
　各区分の評点については、別途通知により定めるところによる。

別表第10（第2の四の5の(2)関係）

項目 区分	公認会計士等数値					
年間平均 完成工事高	(1)	(2)	(3)	(4)	(5)	(6)
600億円以上	13.6以上	10.8以上 13.6未満	7.2以上 10.8未満	5.2以上 7.2未満	2.8以上 5.2未満	2.8未満
150億円以上 600億円未満	8.8以上	6.8以上 8.8未満	4.8以上 6.8未満	2.8以上 4.8未満	1.6以上 2.8未満	1.6未満
40億円以上 150億円未満	4.4以上	3.2以上 4.4未満	2.4以上 3.2未満	1.2以上 2.4未満	0.8以上 1.2未満	0.8未満
10億円以上 40億円未満	2.4以上	1.6以上 2.4未満	1.2以上 1.6未満	0.8以上 1.2未満	0.4以上 0.8未満	0.4未満
1億円以上 10億円未満	1.2以上	0.8以上 1.2未満	0.4以上 0.8未満	—	—	0
1億円未満	0.4以上	—	—	—	—	0

別表第11（第2の四の6関係）

平均研究開発費の額		区分	平均研究開発費の額		区分
100億円以上		(1)	11億円以上	12億円未満	(14)
75億円以上	100億円未満	(2)	10億円以上	11億円未満	(15)
50億円以上	75億円未満	(3)	9億円以上	10億円未満	(16)
30億円以上	50億円未満	(4)	8億円以上	9億円未満	(17)
20億円以上	30億円未満	(5)	7億円以上	8億円未満	(18)
19億円以上	20億円未満	(6)	6億円以上	7億円未満	(19)
18億円以上	19億円未満	(7)	5億円以上	6億円未満	(20)
17億円以上	18億円未満	(8)	4億円以上	5億円未満	(21)
16億円以上	17億円未満	(9)	3億円以上	4億円未満	(22)
15億円以上	16億円未満	(10)	2億円以上	3億円未満	(23)
14億円以上	15億円未満	(11)	1億円以上	2億円未満	(24)
13億円以上	14億円未満	(12)	5,000万円以上	1億円未満	(25)
12億円以上	13億円未満	(13)		5,000万円未満	(26)

備考
　各区分の評点については、別途通知により定めるところによる。

付録第1

算式

経営状況点数（A）＝
$-0.4650 \times X_1 - 0.0508 \times X_2 + 0.0264 \times X_3 + 0.0277 \times X_4$
$+ 0.0011 \times X_5 + 0.0089 \times X_6 + 0.0818 \times X_7$
$+ 0.0172 \times X_8 + 0.1906$

X_1は、純支払利息比率　　　　　X_5は、自己資本対固定資産比率

X_2は、負債回転期間　　　　　　X_6は、自己資本比率

X_3は、総資本売上総利益率　　　X_7は、営業キャッシュ・フロー

X_4は、売上高経常利益率　　　　X_8は、利益剰余金

備考

経営状況の評点の算出については、別途通知により定めるところによる。

付録第2

算式

$Y_1 \times 15 - Y_2 \times 30$

Y_1は、第1の四の1の㈢から㈤までの各項目のうち加入又は導入をしているとされたものの数

Y_2は、第1の四の1の㈠及び㈡の各項目のうち加入をしていないとされたものの数

○建設業法第26条の6第1項第2号イ又はロに掲げる者と同等以上の能力を有する者を定める件

〔平成16年1月30日〕
〔国土交通省告示第64号〕

建設業法（以下「法」という。）第26条の6第1項第2号イ又はロに掲げる者と同等以上の能力を有する者を次のとおり定める。

法第26条の6第1項第2号イ又はロに掲げる者と同等以上の能力を有する者は、法第15条第2号イの規定による試験に合格した者又は免許を受けた者であって、次に掲げるいずれかに該当する者とする。

一 法第26条第4項に規定する建設工事（他の者から請け負ったものを除く。）の発注者の行う監督の業務に関し、2年以上指導監督した経験を有する者
二 日本国外において監理技術者の職務に相当する職務に従事した経験を有する者

　　附　則

この告示は、平成16年3月1日から施行する。

◯一括下請負の禁止について

〔平成 4 年12月17日〕
〔建設省経建発第379号〕

建設省建設経済局長から　建設業者団体の長あて

最終改正　平成13年 3 月30日国総建第82号

　一括下請負は、発注者が建設工事の請負契約を締結するに際して建設業者に寄せた信頼を裏切ることとなること等から、建設業法第22条において禁止されており、「第二次構造改善推進プログラム」（平成 4 年 3 月30日付け建設省経構発第 8 号別添）においてもその徹底を図ることとされたところである。このため、別添のとおり「一括下請負の禁止について」を定めたので送付する。

　貴会におかれては、その趣旨及び内容を了知の上、傘下の建設業者に対しこの旨の周知徹底が図られるよう指導方お願いする。

〔別　添〕

　　　一括下請負の禁止について

　一括下請負は、発注者が建設工事の請負契約を締結するに際して建設業者に寄せた信頼を裏切ることとなること等から、禁止されています。

　（参考）　建設業法

　第22条　建設業者は、その請け負つた建設工事を、如何なる方法をもつてするを問わず、一括して他人に請け負わせてはならない。

　2　建設業を営む者は、建設業者から当該建設業者の請け負つた建設工事を一括して請け負つてはならない。

　3　前 2 項の規定は、元請負人があらかじめ発注者の書面による承諾を得た場合には、適用しない。

　4　（略）

一　一括下請負の禁止

(1)　建設工事の発注者が受注者となる建設業者を選定するに当たっては、過去の施工実績、施工能力、経営管理能力、資力、社会的信用等様々な角度から当該

建設業者の評価をするものであり、受注した建設工事を一括して他人に請け負わせることは、発注者が建設工事の請負契約を締結するに際して当該建設業者に寄せた信頼を裏切ることになります。

(2) また、一括下請負を容認すると、中間搾取、工事の質の低下、労働条件の悪化、実際の工事施工の責任の不明確化等が発生するとともに、施工能力のない商業ブローカー的不良建設業者の輩出を招くことにもなりかねず、建設業の健全な発達を阻害するおそれがあります。

(3) このため、建設業法第22条は、如何なる方法をもってするを問わず、建設業者が受注した建設工事を一括して他人に請け負わせること（同条第1項）、及び建設業を営む者が他の建設業者が請け負った建設工事を一括して請け負うこと（同条第2項）を禁止しています。

また、民間工事については、事前に発注者の書面による承諾を得た場合は適用除外となりますが（同条第3項）、公共事業の入札及び契約の適正化の促進に関する法律（平成12年法律第127号）の適用対象となる公共工事（以下単に「公共工事」という。）については建設業法第22条第3項は適用されず、全面的に禁止されています。

同条第1項の「如何なる方法をもつてするを問わず」とは、契約を分割したり、あるいは他人の名義を用いるなどのことが行われていても、その実態が一括下請負に該当するものは一切禁止するということです。

また、一括下請負により仮に発注者が期待したものと同程度又はそれ以上の良質な建設生産物ができたとしても、発注者の信頼を裏切ることに変わりはないため、建設業法第22条違反となります。なお、同条第2項の禁止の対象となるのは、「建設業を営む者」であり、建設業の許可を受けていない者も対象となります。

(注) この指針において、「発注者」とは建設工事の最初の注文者をいい、「元請負人」とは下請契約における注文者で建設業者であるものをいい、「下請負人」とは下請契約における請負人をいいます。

二　一括下請負とは

(1) 建設業者は、その請け負った建設工事の完成について誠実に履行することが必要です。したがって、次のような場合は、元請負人がその下請工事の施工に実質的に関与していると認められるときを除き、一括下請負に該当します。

① 請け負った建設工事の全部又はその主たる部分を一括して他の業者に請け負わせる場合

　　　② 請け負った建設工事の一部分であって、他の部分から独立してその機能を発揮する工作物の工事を一括して他の業者に請け負わせる場合

(2)　「実質的に関与」とは、元請負人が自ら総合的に企画、調整及び指導（施工計画の総合的な企画、工事全体の的確な施工を確保するための工程管理及び安全管理、工事目的物、工事仮設物、工事用資材等の品質管理、下請負人間の施工の調整、下請負人に対する技術指導、監督等）を行うことをいいます。単に現場に技術者を置いているだけではこれに該当せず、また、現場に元請負人との間に直接的かつ恒常的な雇用関係を有する適格な技術者が置かれない場合には、「実質的に関与」しているとはいえないことになりますので注意してください。

　なお、公共工事の発注者においては、施工能力を有する建設業者を選択し、その適正な施工を確保すべき責務に照らし、一括下請負が行われないよう的確に対応することが求められることから、建設業法担当部局においても公共工事の発注者と連携して厳正に対応することとしています。

(3)　一括下請負に該当するか否かの判断は、元請負人が請け負った建設工事一件ごとに行い、建設工事１件の範囲は、原則として請負契約単位で判断されます。

　（注１）　「その主たる部分を一括して他の業者に請け負わせる場合」とは、下請負に付された工事の質及び量を勘案して個別の工事ごとに判断しなければなりませんが、例えば、本体工事のすべてを一業者に下請負させ、附帯工事のみを自ら又は他の下請負人が施工する場合や、本体工事の大部分を一業者に下請負させ、本体工事のうち主要でない一部分を自ら又は他の下請負人が施工する場合などが典型的なものです。

　　　　（具体的事例）

　　　　　① 建築物の電気配線の改修工事において、電気工事のすべてを１社に下請負させ、電気配線の改修工事に伴って生じた内装仕上工事のみを元請負人が自ら施工し、又は他の業者に下請負させる場合

　　　　　② 住宅の新築工事において、建具工事以外のすべての工事を１社に下請負させ、建具工事のみを元請負人が自ら施工し、又は他の業者に下請負させる場合

（注2）　「請け負った建設工事の一部分であって、他の部分から独立してその機能を発揮する工作物の工事を一括して他の業者に請け負わせる場合」とは、次の（具体的事例）の①及び②のような場合をいいます。

（具体的事例）

① 戸建住宅10戸の新築工事を請け負い、そのうちの1戸の工事を一社に下請負させる場合

② 道路改修工事2キロメートルを請け負い、そのうちの500メートル分について施工技術上分割しなければならない特段の理由がないにもかかわらず、その工事を1社に下請負させる場合

三　一括下請負に対する発注者の承諾

民間の場合、元請負人があらかじめ発注者から一括下請負に付することについて書面による承諾を得ている場合は、一括下請負の禁止の例外とされていますが、次のことに注意してください。

① 建設工事の最初の注文者である発注者の承諾が必要です。発注者の承諾は、一括下請負に付する以前に書面により受けなければなりません。

② 発注者の承諾を受けなければならない者は、請け負った建設工事を一括して他人に請け負わせようとする元請負人です。

したがって、下請負人が請け負った工事を一括して再下請負に付そうとする場合にも、発注者の書面による承諾を受けなければなりません。当該下請負人に工事を注文した元請負人の承諾ではないことに注意してください。

四　一括下請負禁止違反の建設業者に対する監督処分

受注した建設工事を一括して他人に請け負わせることは、発注者が建設業者に寄せた信頼を裏切る行為であることから、一括下請負の禁止に違反した建設業者に対しては建設業法に基づく監督処分等により、厳正に対処することとしています。

また、公共工事については、一括下請負と疑うに足りる事実があった場合、発注者は、当該工事の受注者である建設業者が建設業許可を受けた国土交通大臣又は都道府県知事及び当該事実に係る営業が行われる区域を管轄する都道府県知事に対し、その事実を通知することとされ、建設業法担当部局と発注者とが連携して厳正に対処することとしています。

監督処分については、行為の態様、情状等を勘案し、再発防止を図る観点から

原則として営業停止の処分が行われることになります。

　なお、一括下請負を行った建設業者は、当該工事を実質的に行っていると認められないため、経営事項審査における完成工事高に当該工事に係る金額を含むことは認められません。

○施工体制台帳の作成等について

〔平成 7 年 6 月 20 日〕
〔建設省経建発第147号〕

建設省建設経済局建設業課長から　都道府県主管部局の長あて

最終改正　平成13年 3 月30日国総建第84号

　建設業法の一部を改正する法律（平成 6 年法律第63号）により、平成 7 年 6 月29日から特定建設業者に施工体制台帳の作成等が義務付けられ、また、公共工事の入札及び契約の適正化の促進に関する法律（平成12年法律第127号。以下「入札契約適正化法」という。）の適用対象となる公共工事（以下単に「公共工事」という。）は、発注者へその写しの提出等が義務付けられることとなったが、その的確な運用に資するため、施工体制台帳の作成等を行う際の指針を下記のとおり定めたので、貴職におかれては、十分留意の上、事務処理に当たって遺漏のないよう措置されたい。

　なお、貴管内の公共工事の発注機関等の関係行政機関及び建設業者団体にも速やかに関係事項の徹底方を取り計らわれたい。

記

一　作成特定建設業者の義務

　建設業法（昭和24年法律第100号。以下「法」という。）第24条の 7 第 1 項の規定により施工体制台帳を作成しなければならない場合における当該特定建設業者（以下「作成特定建設業者」という。）の留意事項は次のとおりである。

(1)　施工計画の立案

　　施工体制台帳の作成等に関する義務は、発注者から直接請け負った建設工事を施工するために締結した下請契約の総額が3,000万円（建築一式工事にあっては、4,500万円）以上となったときに生じるものであるが、監理技術者の設置や施工体制台帳の作成等の要否の判断を的確に行うことができるよう、発注者から直接建設工事を請け負おうとする特定建設業者は、建設工事を請け負う前に下請負人に施工させる範囲と下請代金の額に関するおおむねの計画を立案しておくことが望ましい。

(2)　下請負人に対する通知

発注者から請け負った建設工事を施工するために締結した下請契約の額の総額が3,000万円（建築一式工事にあっては、4,500万円）に達するときは、
① 作成特定建設業者が下請契約を締結した下請負人に対し、
　a　作成特定建設業者の商号又は名称
　b　当該下請負人の請け負った建設工事を他の建設業を営む者に請け負わせたときは法第24条の7第2項の規定による通知（以下「再下請負通知」という。）を行わなければならない旨
　c　再下請負通知に係る書類（以下「再下請負通知書」という。）を提出すべき場所
の三点を記載した書面を交付しなければならない。
② ①のａ、ｂ及びｃに掲げる事項が記載された書面を、工事現場の見やすい場所に掲げなければならない。
上記①の書面の記載例としては、次のようなものが考えられる。
〔①の書面の文例〕

　　　　　　下請負人となった皆様へ

　今回、下請負人として貴社に施工を分担していただく建設工事については、建設業法（昭和24年法律第100号）第24条の7第1項の規定により、施工体制台帳を作成しなければならないこととなっています。
　この建設工事の下請負人（貴社）は、その請け負ったこの建設工事を他の建設業を営む者（建設業の許可を受けていない者を含みます。）に請け負わせたときは、
① 建設業法第24条の7第2項の規定により、遅滞なく、建設業法施行規則（昭和24年建設省令第14号）第14条の4に規定する再下請負通知書を当社あてに次の場所まで提出しなければなりません。また、一度通知いただいた事項や書類に変更が生じたときも、遅滞なく、変更の年月日を付記して同様の通知書を提出しなければなりません。
② 貴社が工事を請け負わせた建設業を営む者に対しても、この書面を複写し交付して、「もしさらに他の者に工事を請け負わせたときは、作成特定建設業者に対する①の通知書の提出と、その者に対するこの書面の写しの交付が必要である」旨を伝えなければなりません。

　　　作成特定建設業者の商号　　　○○建設㈱

再下請負通知書の提出場所　工事現場内建設ステーション／△△営業所

〔②の書面の文例〕

　　この建設工事の下請負人となり、その請け負った建設工事を他の建設業を営む者に請け負わせた方は、遅滞なく、工事現場内建設ステーション／△△営業所まで、建設業法施行規則（昭和24年建設省令第14号）第14条の四に規定する再下請負通知書を提出してください。一度通知した事項や書類に変更が生じたときも変更の年月日を付記して同様の書類の提出をしてください。

○○建設㈱

(3)　下請負人に対する指導等

　施工体制台帳を的確かつ速やかに作成するため、施工に携わる下請負人の把握に努め、これらの下請負人に対し速やかに再下請負通知書を提出するよう指導するとともに、作成特定建設業者としても自ら施工体制台帳の作成に必要な情報の把握に努めなければならない。

(4)　施工体制台帳の作成方法

　施工体制台帳は、所定の記載事項と添付書類から成り立っている。その作成は、発注者から請け負った建設工事に関する事実と、施工に携わるそれぞれの下請負人から直接に、若しくは各下請負人の注文者を経由して提出される再下請負通知書により、又は自ら把握した施工に携わる下請負人に関する情報に基づいて行うこととなるが、作成特定建設業者が自ら記載をしてもよいし、所定の記載事項が記載された書面や各下請負人から提出された再下請負通知書を束ねるようにしてもよい。ただし、いずれの場合も下請負人ごとに、かつ、施工の分担関係が明らかとなるようにしなければならない。

〔例〕発注者から直接建設工事を請け負った特定建設業者をA社とし、A社が下請契約を締結した建設業を営む者をB社及びC社とし、B社が下請契約を締結した建設業を営む者をＢａ社及びＢｂ社とし、Ｂｂ社が下請契約を締結した建設業を営む者をＢｂａ社及びＢｂｂ社とし、C社が下請契約を締結した建設業を営む者をＣａ社、Ｃｂ社、Ｃｃ社とする場合における施工体制台帳の作成は、次の1）から10）の順序で記載又は再下請負通知書の整理を行う。

1）　A社自身に関する事項（規則第14条の2第1項第1号）及びA社が請け負った建設工事に関する事項（規則第14条の2第1項第2号）

2）　B社に関する事項（規則第14条の2第1項第3号）及び請け負った建設工事に関する事項（規則第14条の2第1項第4号）

3）　Ｂａ社に関する…〔B社が提出する再下請負通知書等に基づき記載又は添付〕

4）　Ｂｂ社に関する…〔B社が提出する　　〃　　　　　〕

5）　Ｂｂａ社に関する…〔Ｂｂ社が提出する　〃　　　　　〕

6）　Ｂｂｂ社に関する…〔Ｂｂ社が提出する　〃　　　　　〕

7）　C社に関する…

8）　Ｃａ社に関する…〔C社が提出する　　〃　　　　　〕

9）　Ｃｂ社に関する…〔C社が提出する　　〃　　　　　〕

10）　Ｃｃ社に関する…〔C社が提出する　　〃　　　　　〕

また、添付書類についても同様に整理して添付しなければならない。

施工体制台帳は、一冊に整理されていることが望ましいが、それぞれの関係を明らかにして、分冊により作成しても差し支えない。

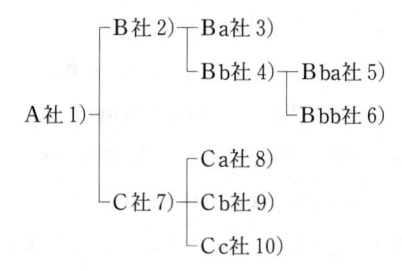

```
                  ┌─ B社2) ─┬─ Ba社3)
                  │        └─ Bb社4) ─┬─ Bba社5)
    A社1) ─┤                         └─ Bbb社6)
                  │        ┌─ Ca社8)
                  └─ C社7) ─┼─ Cb社9)
                           └─ Cc社10)
```

(5)　施工体制台帳を作成すべき時期

　施工体制台帳の作成は、記載すべき事項又は添付すべき書類に係る事実が生じ、又は明らかとなった時（規則第14条の2第1項第1号に掲げる事項にあっては、作成特定建設業者に該当することとなった時）に遅滞なく行わなければならないが（規則第14条の5第3項）、新たに下請契約を締結し下請契約の総額が(1)の金額に達したこと等により、この時よりも後に作成特定建設業者に該当することとなった場合は、作成特定建設業者に該当することとなった時に上記の記載又は添付をすれば足りる。

　また、作成特定建設業者に該当することとなる前に記載すべき事項又は添付すべき書類に係る事実に変更があった場合も、作成特定建設業者に該当することとなった時以降の事実に基づいて施工体制台帳を作成すれば足りる。

(6) 各記載事項及び添付書類の意義

施工体制台帳の記載に当たっては、次に定めるところによる。

① 記載事項（規則第14条の2第1項）関係

イ 第1号の「建設業の種類」は、請け負った建設工事に係る建設業の種類に関わることなく、特定建設業の許可か一般建設業の許可かの別を明示して、記載すること。この際、規則別記様式第一号記載要領五の表の( )内に示された略号を用いて記載して差し支えない。

ロ 第2号イ及びヘの建設工事の内容は、その記載から建設工事の具体的な内容が理解されるような工種の名称等を記載すること。

ハ 第2号ロの「営業所」は、作成特定建設業者の営業所を記載すること。

ニ 第2号ホの「監理技術者資格」は、監理技術者が法第15条第2号イに該当する者であるときはその有する規則別表㈡に掲げられた資格の名称を、同号ロに該当する者であるときは「指導監督的実務経験（土木）」のように、同号ハに該当する者であるときは「建設大臣認定者（土木）」のように記載する。

ホ 第2号ホの「専任の監理技術者であるか否かの別」は、実際に置かれている技術者が専任の者であるか専任の者でないかを記載すること。

ヘ 第2号ヘの「主任技術者資格」は、その者が法第7条第2号イに該当する者であるときは「実務経験（指定学科・土木）」のように、同号ロに該当する者であるときはその有する規則別表㈡に掲げられた資格の名称を記載する。

ト 第3号ロの「建設業の種類」は、例えば大工工事業の許可を受けている者が大工工事を請け負ったときは「大工工事業」と記載する。この際、規則別記様式第一号記載要領五の表の( )内に示された略号を用いて記載して差し支えない。

② 添付書類（規則第14条の2第2項）関係

イ 第1号の書類は、作成特定建設業者が当事者となった下請契約以外の下請契約にあっては、請負代金の額について記載された部分が抹消されているもので差し支えない。

ただし、平成13年10月1日以降の契約に係る公共工事については、全ての下請契約について請負代金の額は明記されていなければならない。

なお、同号の書類には、法第19条各号に掲げる事項が網羅されていなければならないので、これらを網羅していない注文伝票等は、ここでいう書類に該当しない。

ロ 第2号の「監理技術者資格を有することを証する書面」は、作成特定建設業者が置いた監理技術者についてのみ添付すればよく、具体的には、規則第13条第2項に規定する書面を添付すること。

ハ 第3号の「主任技術者資格を有することを証する書面」は、作成特定建設業者が置いた規則第14条の2第1項第2号へに規定する者についてのみ添付すればよく、具体的には、規則第3条第2項に規定する書面を添付すること。

(7) 記載事項及び添付書類の変更

一度作成した施工体制台帳の記載事項または添付書類（法第19条第1項の規定による書面を含む。）について変更があったときは、遅滞なく、当該変更があった年月日を付記して、既に記載されている事項に加えて変更後の事項を記載し、又は既に添付されている書類に加えて変更後の書類を添付しなければならない。

変更後の事項記載についても、(4)に掲げたところと同様に、作成特定建設業者が自ら行ってもよいし、変更後の所定の記載事項が記載された書面や各下請負人から提出された変更に係る再下請負通知書を束ねるようにしてもよい。

(8) 施工体系図

施工体系図は、作成された施工体制台帳をもとに、施工体制台帳のいわば要約版として樹状図等により作成の上、工事現場の見やすいところに掲示しなければならないものである。

ただし、公共工事については、工事関係者が見やすい場所及び公衆が見やすい場所に掲示しなければならない。

その作成に当たっては、次の点に留意して行う必要がある。

① 施工体系図には、現にその請け負った建設工事を施工している下請負人に限り表示すれば足りる（規則第14条の6第2号）。なお、「現にその請け負った建設工事を施工している」か否かは、請負契約で定められた工期を基準として判断する。

② 施工体系図の掲示は、遅くとも上記①により下請負人を表示しなければな

らなくなったときまでには行う必要がある。また、工期の進行により表示すべき下請負人に変更があったときには、速やかに施工体系図を変更して表示しておかなければならない。

③　施工体系図に表示すべき「建設工事の内容」(規則第14条の6第1号及び第2号)は、その記載から建設工事の具体的な内容が理解されるような工種の名称等を記載すること。

④　施工体系図は、その表示が複雑になり見にくくならない限り、労働安全等他の目的で作成される図面を兼ねるものとして作成しても差し支えない。

(9)　施工体制台帳の発注者への提出等

作成特定建設業者は、発注者からの請求があったときは、備え置かれた施工体制台帳をその発注者の閲覧に供しなければならない。

ただし、公共工事については、作成した施工体制台帳の写しを提出しなければならない。

(10)　施工体制台帳の備置き等

施工体制台帳の備置き及び施工体系図の掲示は、発注者から請け負った建設工事目的物を発注者に引き渡すまで行わなければならない。ただし、請負契約に基づく債権債務が消滅した場合(規則第14条の7。請負契約の目的物の引渡しをする前に契約が解除されたこと等に伴い、請負契約の目的物を完成させる債務とそれに対する報酬を受けとる債権とが消滅した場合を指す。)には、当該債権債務の消滅するまで行えば足りる。

(11)　法第40条の3の帳簿への添付

施工体制台帳の一部は、上記(9)の時期を経過した後は、法第40条の3の帳簿の添付資料として添付しなければならない。すなわち、上記(9)の時期を経過した後に、施工体制台帳から帳簿に添付しなければならない部分だけを抜粋することとなる。このため、施工体制台帳を作成するときには、あらかじめ、帳簿に添付しなければならない事項を記載した部分と他の事項が記載された部分とを別紙に区分して作成しておけば、施工体制台帳の一部の帳簿への添付を円滑に行うことができると考えられる。

二　下請負人の義務

施工体制台帳の作成等の義務は、作成特定建設業者に係る義務であるが、施工体制台帳が作成される建設工事の下請負人にも次のような義務がある。

(1) 施工体制台帳が作成される建設工事である旨の通知

その請け負った建設工事の注文者から一(1)①の書面の交付を受けた場合や、工事現場に一(1)②の書面が掲示されている場合は、その請け負った建設工事を他の建設業を営む者に請け負わせたときに以下に述べるところにより書類の作成、通知等を行わなければならない。

(2) 建設工事を請け負わせた者及び作成特定建設業者に対する通知

(1)に述べた場合など施工体制台帳が作成される建設工事の下請負人となった場合において、その請け負った建設工事を他の建設業を営む者に請け負わせたときは、遅滞なく、

① 当該地の建設業を営む者に対し、一(1)①の書面を交付しなければならない。

② 作成特定建設業者に対し、(3)に掲げるところにより再下請負通知を行わなければならない。

(3) 再下請負通知

① 再下請負通知は、規則第14条の4に規定するところにより作成した書面(以下「再下請負通知書」という。)をもって行わなければならない。再下請負通知書の作成は、再下請負通知人がその請け負った建設工事を請け負わせた建設業を営む者から必要事項を聴取すること等により作成する必要があり、自ら記載をして作成してもよいし、所定の記載事項が記載された書面を束ねるようにしてもよい。ただし、いずれの場合も下請負人ごとに行わなければならない。

② 再下請負通知書の作成及び作成特定建設業者への通知は、施工体制台帳が作成される建設工事の下請負人となり、その請け負った建設工事を他の建設業を営む者に請け負わせた後、遅滞なく行わなければならない(規則第14条の4第2項)。

また、発注者から直接建設工事を請け負った特定建設業者が新たに下請契約を締結し下請契約の総額が一(1)の金額に達したこと等により、施工途中で再下請負通知人に該当することとなった場合において、当該該当することとなった時よりも前に記載事項又は添付書類に係る事実に変更があった時も、再下請負通知人に該当することとなった時以降の事実に基づいて再下請負通知書を作成すれば足りる。

③ 再下請通知書に添付される書類は、請負代金の額について記載された部分

が抹消されているもので差し支えない。ただし、平成13年10月1日以降の契約に係る公共工事については、当該部分は記載されていなければならない。

④　一度再下請負通知を行った後、再下請負通知書に記載した事項又は添付した書類（法第19条第1項の規定による書面）について変更があったときは、遅滞なく、当該変更があった年月日を付記して、既に記載されている事項に加えて変更後の事項を記載し、又は既に添付されている書類に加えて変更後の書類を添付しなければならない。

⑤　作成特定建設業者に対する再下請負通知書の提出は、注文者から交付される一(1)①の書面や工事現場の掲示にしたがって、直接に作成特定建設業者に提出することを原則とするが、やむを得ない場合には、直接に下請契約を締結した注文者に経由を依頼して作成特定建設業者あてに提出することとしても差し支えない。

三　施工体制台帳の作成等の勧奨について

　　下請契約の総額が一(1)の金額を下回る場合など法第24条の7第1項の規定により施工体制台帳の作成等を行わなければならない場合以外の場合であっても、建設工事の適正な施工を確保する観点から、規則第14条の2から第14条の7までの規定に準拠して施工体制台帳の作成等を行うことが望ましい。

　　また、より的確な建設工事の施工及び請負契約の履行を確保する観点から、規則第14条の2等においては記載することとされていない安全衛生責任者名、雇用管理責任者名、就労予定労働者数、工事代金支払方法、受注者選定理由等の事項についても、できる限り記載することが望ましい。

　　なお、「施工体制台帳の整備について」（平成3年2月5日付け建設省経構発第3号）は、廃止する。

(別紙)

施工体系図のイメージ

工事の名称、工期、発注者の名称

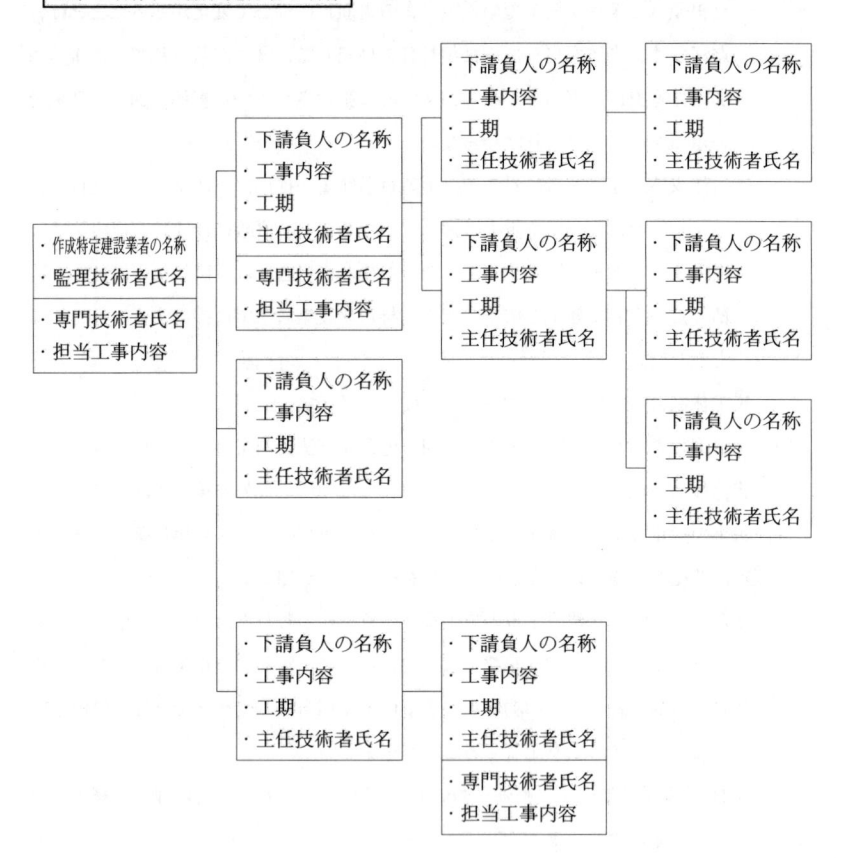

- ・作成特定建設業者の名称
- ・監理技術者氏名
- ・専門技術者氏名
- ・担当工事内容

├─ ・下請負人の名称
│ ・工事内容
│ ・工期
│ ・主任技術者氏名
│ ・専門技術者氏名
│ ・担当工事内容
│ ├─ ・下請負人の名称
│ │ ・工事内容
│ │ ・工期
│ │ ・主任技術者氏名
│ │ └─ ・下請負人の名称
│ │   ・工事内容
│ │   ・工期
│ │   ・主任技術者氏名
│ └─ ・下請負人の名称
│   ・工事内容
│   ・工期
│   ・主任技術者氏名
│   ├─ ・下請負人の名称
│   │ ・工事内容
│   │ ・工期
│   │ ・主任技術者氏名
│   └─ ・下請負人の名称
│   ・工事内容
│   ・工期
│   ・主任技術者氏名

├─ ・下請負人の名称
│ ・工事内容
│ ・工期
│ ・主任技術者氏名

└─ ・下請負人の名称
   ・工事内容
   ・工期
   ・主任技術者氏名
   ├─ ・下請負人の名称
   │ ・工事内容
   │ ・工期
   │ ・主任技術者氏名
   │ ・専門技術者氏名
   │ ・担当工事内容

注1) 下請負人に関する表示は、現に施工中(契約書上の工期中)の者に限り行えば足りる。

注2) 主任技術者の氏名は、当該下請負人が建設業者であるときに限り行う。

注3) 「専門技術者」とは、監理技術者又は主任技術者に加えて置く法第26条の2の規定による技術者をいう。

○建設業者の営業譲渡又は会社分割に係る主任技術者又は監理技術者の直接的かつ恒常的な雇用関係の確認の事務取扱いについて

〔平成13年5月30日〕
〔国総建第155号〕

国土交通省総合政策局建設業課長から　地方整備局建設業担当部長
都道府県主管部局長あて

　建設工事の適正な施工の確保のため、主任技術者及び監理技術者については、それぞれが属する建設業者と直接的かつ恒常的な雇用関係を有することが必要とされているところであり、このうち監理技術者については、監理技術者資格者証によって雇用関係の確認を行い、これに疑義がある場合には、健康保険被保険者証等により確認を行ってきたところである（「監理技術者資格者証運用マニュアルについて」平成6年12月28日建設省経建発第395号、最終改正平成12年3月22日）。

　一方、建設業の許可を受けた企業が営業譲渡により他の企業に当該建設業を譲渡し、又は会社分割により他の企業が当該建設業を承継する際に、当該建設業を譲受け又は承継する企業（出向先企業）へ転籍すべき社員が暫定的に当該建設業を譲渡し又は当該会社分割を行った企業（出向元企業）からの出向社員となる場合がある。

　このうち、出向先企業が出向元企業からの出向社員を工事現場に主任技術者又は監理技術者として置こうとする場合であって、当該出向元企業が当該建設工事の種類に係る建設業の許可を廃止したときは、営業譲渡の契約上定められている譲渡の日又は出向先企業が会社分割の登記をした日から3年以内の間に限り、当該出向社員と出向先企業との間に直接的かつ恒常的な雇用関係があるものとして取り扱うこととする。

　また、工事現場において、監理技術者資格者証の交付を受けている監理技術者と所属建設業者との間の雇用関係を確認する場合に、建設工事を請け負った建設業者と当該工事現場に配置された監理技術者が交付を受けている監理技術者資格者証に記載された所属建設業者が異なるときには、健康保険被保険者証等による出向元企業との雇用関係の確認に加え、出向元企業の建設業の廃業届書、当該建設業の許可の取消通知書又は当該許可の取消しを行った旨の掲載された官報若しくは公報及び営業譲渡契約書等の出向元企業と出向先企業の営業譲渡又は会社分割についての関係を示す書類により、当該監理技術者と出向先企業との雇用関係を確認されたい。

(参考)

Q1 出向元企業が許可を受けた建設業を廃止して、廃止された建設業を出向先企業が行うこととなるが、出向元企業が廃止した建設業以外の建設業の許可を受けている場合、出向先企業は、出向元企業からの出向社員を主任技術者又は監理技術者として工事現場に置くことができますか。

A1 出向先企業は、出向元企業が廃止した建設業に係る建設工事を請け負う場合、工事現場に主任技術者又は監理技術者として出向元企業からの出向社員を置くことができますが、廃止していない建設業に係る建設工事を請け負う場合は、出向先企業は、当該企業と直接的かつ恒常的な雇用関係にある社員を主任技術者又は監理技術者として置く必要があります。

Q2 出向元企業からの出向社員を出向先企業で監理技術者として置くことが可能である場合について、監理技術者資格者証の記載内容の変更は必要ですか。

A2 営業譲渡又は会社分割による出向元企業からの出向社員については、当該社員が交付を受けている監理技術者資格者証の所属建設業者の変更は行いません。

　なお、この場合には発注者支援のためのデータベース・システムによって当該社員の雇用関係を確認すると、当該社員は所属建設業において疑義のある者として取り扱われることとなります。そこで、このような監理技術者について、出向元企業の建設業の廃業届書、当該建設業の許可の取消通知書又は当該許可の取消しを行った旨の掲載された官報若しくは公報及営業譲渡契約書等の出向元企業と出向先企業の営業譲渡又は会社分割についての関係を示す書類により、出向先企業が工事現場に置く社員であるか否か確認することとなります。

Q3 出向元企業、出向先企業における建設業許可業種と、出向技術者の行える業務の関係がわかりにくいのですが。

A3 下図に、分社化（営業譲渡又は会社分割）に関する対応例を示しますので、参考にして下さい。

第7章 資 料

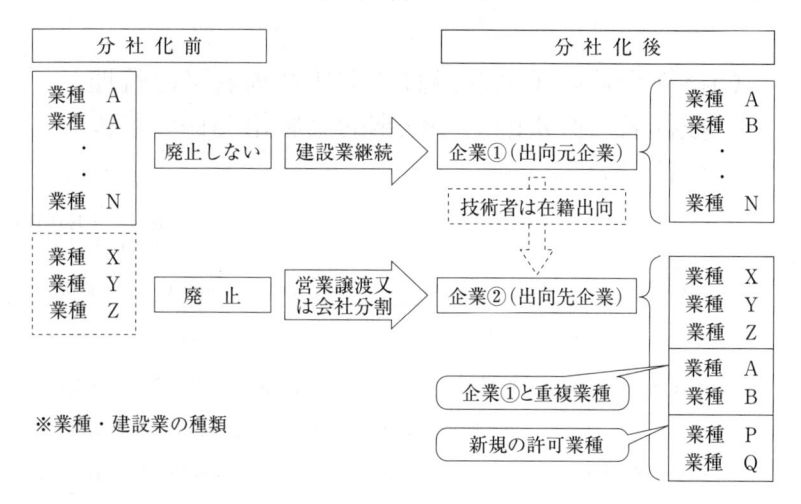

```
┌─────────┐                    ┌─────────┐
│ 分社化前 │                    │ 分社化後 │
└─────────┘                    └─────────┘

┌─────────┐                              ┌─────────┐
│ 業種 A  │                              │ 業種 A  │
│ 業種 A  │ 廃止しない   建設業継続      │ 業種 B  │
│   ・    │ ───────→    ═══════════⇒ 企業①（出向元企業）  │   ・    │
│   ・    │                              │   ・    │
│ 業種 N  │                              │ 業種 N  │
└─────────┘                              └─────────┘
                                    │ 技術者は在籍出向
                                    ↓
┌─────────┐                              ┌─────────┐
│ 業種 X  │                              │ 業種 X  │
│ 業種 Y  │   廃止    営業譲渡又        │ 業種 Y  │
│ 業種 Z  │ ───────→  は会社分割 ⇒ 企業②（出向先企業） │ 業種 Z  │
└─────────┘                              ├─────────┤
                                         │ 業種 A  │
                            企業①と重複業種 │ 業種 B  │
                                         ├─────────┤
                            新規の許可業種 │ 業種 P  │
                                         │ 業種 Q  │
                                         └─────────┘
```

※業種・建設業の種類

●技術者の業務可能範囲について

・企業①に在籍のまま企業②に出向した監理技術者は、企業②において、業種X〜Z（企業①が廃止した業種）の業務が、分社化後3年間に限り可能（但し、分社化後3年経過後は、企業②に転籍した上で業務を行うことが必要）。

・上記技術者は、企業②において、業種A〜B（企業①で廃止していない業種）及びP〜Q（企業①が許可を有しない業種）の業務は不可。

○持株会社の子会社が置く主任技術者又は監理技術者の直接的かつ恒常的な雇用関係の取扱いについて

〔平成14年4月16日〕
〔国総建第97号〕

国土交通省総合政策局建設業課長から　地方整備局等建設業担当部長
　　　　　　　　　　　　　　　　　　都道府県主管部局長あて

　建設工事の適正な施工の確保のため、主任技術者及び監理技術者については、それぞれが属する建設業者と直接的かつ恒常的な雇用関係を有することが必要とされているところであり、このうち監理技術者については、監理技術者資格者証によって雇用関係の確認を行い、これに疑義がある場合には、健康保険被保険者証等により確認を行ってきたところである。

　一方、昨今の建設投資の低迷による経営環境の悪化等に対応するため、建設業者が持株会社化により企業集団を形成し、これと一体となって経営を行うことによって、経営基盤の強化や経営の合理化を図っている例がある。

　今般、このような企業集団に属する建設業者に係る主任技術者又は監理技術者の直接的かつ恒常的な雇用関係の取扱い及びその確認方法について下記のとおり定めたので、通知する。

記

　平成6年建設省告示第1461号（以下単に「告示」という。）附則六の規定により国土交通大臣の認定を受けた企業集団に属する親会社からその子会社（当該企業集団に属するものに限る。）である建設業者への出向社員を当該建設業者が工事現場に主任技術者又は監理技術者として置く場合は、当該出向社員と当該建設業者の間に直接的かつ恒常的な雇用関係があるものとして取り扱うこととする。ただし、当該建設業者が当該出向社員を主任技術者又は監理技術者として置く建設工事について、当該企業集団に属する親会社又はその子会社（当該建設業者を除く。）がその下請負人（当該建設工事の全部又は一部について下請契約が締結されている場合の各下請負人をいう。以下同じ。）となる場合は、この限りでない。

　この取扱いに当たっては、当該出向社員の雇用関係を健康保険被保険者証等により確認するほか、当該出向社員の出向元である親会社と出向先であるその子会社との関係を告示附則六の規定による認定を受けたことを証する書面により確認すると

ともに、当該出向社員を主任技術者又は監理技術者として置く建設工事の下請負人を施工体制台帳等により確認することとする。

(参考)
○持株会社の子会社が置く主任技術者又は監理技術者の雇用関係の取扱いに関する (Q&A)

Q1 持株会社の子会社が置く主任技術者又は監理技術者の雇用関係の取扱いのポイントについて教えてください。

A1 国土交通大臣の認定を受けた企業集団において、親会社（純粋持株会社）からその子会社（100％子会社である建設業者）への出向社員が当該子会社の請け負った建設工事の主任技術者又は監理技術者となることを認めるものです。

なお、国土交通大臣の認定を受けた企業集団とは、「建設業法第27条の23第3項の経営事項審査の項目及び基準を定める件（平成6年6月8日建設省告示第1461号。最終改正平成14年3月29日国土交通省告示第262号）」附則6の規定により認定を受けた企業集団です。

この企業集団は、おおむね次のようになります。

【企業集団】
(1) (イ)のいずれにも該当する親会社及び（ロ）のいずれにも該当する子会社から構成されること
(2) 建設業者である子会社が全て含まれること
(3) 親会社、子会社が他の企業集団に属していないこと
(4) 企業結合により経営基盤の強化を行おうとする建設業者がある場合であること

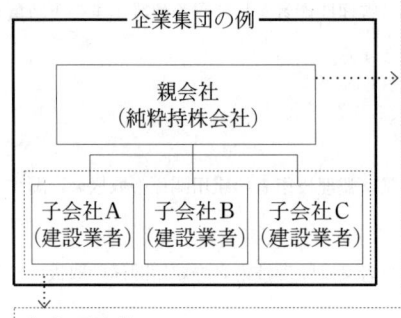

```
┌─────── 企業集団の例 ───────┐
│         親会社              │
│     (純粋持株会社)          │
│   ┌─────┬─────┬─────┐      │
│   │子会社A│子会社B│子会社C│  │
│   │(建設 │(建設 │(建設 │   │
│   │業者) │業者) │業者) │   │
└───┴─────┴─────┴─────┴──────┘
```

(イ) 親会社
① 私的独占の禁止及び公正取引の確保に関する法律第9条第5項の持株会社であること
② 証券取引法第24条の規定に基づき有価証券報告書を内閣総理大臣に提出しなければならない者であること
③ 経営事項審査を受けていない者であること
④ 主として企業集団全体の基本的な経営管理等のみを行うものであること

(ロ) 子会社
① 建設業者であること
② 発行済株式のすべてが親会社により保有されていること

Q 2 子会社は同じ企業集団に属する他の子会社からの出向社員を主任技術者又は監理技術者として工事現場に置くことはできないのですか。

A 2 子会社が主任技術者又は監理技術者として工事現場に置くことができるのは親会社からの出向社員であり、他の子会社からの出向社員を主任技術者又は監理技術者として置くことはできません。

Q 3 出向社員を主任技術者又は監理技術者として置く建設工事の下請負人に係る条件について教えてください。

A 3 子会社がその請け負った建設工事において親会社からの出向社員を主任技術者又は監理技術者として置く場合には、当該建設工事の各下請負人に当該子会社の親会社又は当該子会社と同じ企業集団（国土交通大臣の認定を受けた企業集団）に属する他の子会社が含まれることは認められません。

　なお、下請負人がこの条件を満たしているか否かについては、当該建設工事に係る施工体制台帳等により確認することとなります。

Q 4 親会社からの出向社員を子会社が監理技術者として置く場合に、監理技術者資格者証の記載内容の変更は必要ですか。

A 4 親会社から子会社への出向社員については、当該出向社員が交付を受けている監理技術者資格者証に記載されている所属建設業者の変更を行う必要はありません。

　なお、この場合に発注者支援のためのデータベース等によって当該技術者の雇用関係を確認すると、当該技術者は所属建設業者に関し疑義のある者として取り

扱われることとなります。そこで、このような監理技術者については、親会社（出向元の会社）又は子会社（出向先の会社）が有する国土交通大臣の認定を受けた企業集団であることを証する書面及び健康保険被保険者証等により、子会社が監理技術者として工事現場に置くことができる社員であるか否かを確認することとなります。

○親会社及びその連結子会社の間の出向社員に係る主任技術者又は監理技術者の直接的かつ恒常的な雇用関係の取扱い等について

〔平成15年1月22日〕
〔国総建第335号〕

国土交通省総合政策局建設業課長から　地方整備局等建設業担当部長
　　　　　　　　　　　　　　　　　都道府県主管部局長　あて

　建設工事の適正な施工の確保のため、主任技術者及び監理技術者については、それぞれが属する建設業者と直接的かつ恒常的な雇用関係を有することが必要とされているところであり、このうち監理技術者については、監理技術者資格者証によって雇用関係の確認を行い、これに疑義がある場合には、健康保険被保険者証等により確認を行ってきたところである。

　一方、昨今の建設投資の低迷による経営環境の悪化等に対応するため、建設業者が会社分割、共同子会社化等により企業集団を形成し一体となって経営を行うことによって、経営基盤の強化や経営の合理化を図っている例がある。

　今般、このような親会社及びその連結子会社の間の出向社員に係る主任技術者又は監理技術者の直接的かつ恒常的な雇用関係の取扱い及びその確認方法等について下記のとおり定めたので、通知する。

記

1．直接的かつ恒常的な雇用関係があるものとして取り扱う場合

　次に掲げる要件のいずれにも適合する連結財務諸表の用語、様式及び作成方法に関する規則（昭和51年大蔵省令第28号。以下「連結財務諸表規則」という。）第2条第1号に規定する連結財務諸表提出会社（以下「親会社」という。）と同条第3号に規定する連結子会社（以下単に「連結子会社」という。）からなる企業集団に属する建設業者の間（親会社とその連結子会社の間に限る。）の出向社員を出向先の会社が工事現場に主任技術者又は監理技術者として置く場合は、当該出向社員と当該出向先の会社との間に直接的かつ恒常的な雇用関係があるものとして取り扱うこととする。ただし、当該出向先の会社が当該出向社員を主任技術者又は監理技術者として置く建設工事について、当該企業集団を構成する親会社若しくはその連結子会社又は当該親会社の非連結子会社（連結財務諸表規則第2条第5号に規定する非連結子会社をいう。以下同じ。）がその下請負人（当該建設工事の全部又は一部

について下請契約が締結されている場合の各下請負人をいう。以下同じ。）となる場合は、この限りでない。
　(1)　一の親会社とその連結子会社からなる企業集団であること。
　(2)　親会社が次のいずれにも該当するものであること。
　　①　建設業者であること。
　　②　証券取引法（昭和23年法律第25号）第24条の規定により有価証券報告書を内閣総理大臣に提出しなければならない者であること。
　(3)　連結子会社が建設業者であること。
　(4)　(3)の連結子会社がすべて(1)の企業集団に含まれる者であること。
　(5)　親会社又はその連結子会社（その連結子会社が2以上ある場合には、それらのすべて）のいずれか一方が経営事項審査を受けていない者であること。
　　　なお、当該取扱いに係る直接的かつ恒常的な雇用関係の確認のため、工事現場等において事務量の増大が懸念されることから、その円滑な運用を図るために、当該取扱いを受けようとする者は、当分の間、(1)から(5)までの要件のいずれにも適合することについて国土交通省総合政策局建設業課長による確認（以下「企業集団確認」という。）を受けなければならないものとする。
2．直接的かつ恒常的な雇用関係の確認の方法
　1．の取扱いに当たり、工事現場等においては、次に掲げる書面等により、それぞれ次に掲げる事項について確認するものとする。
　(1)　健康保険被保険者証等により、出向社員の出向元の会社との間の雇用関係
　(2)　出向であることを証する書面により、出向社員の出向先の会社との間の雇用関係
　(3)　3．(5)の企業集団確認書により、出向先の会社と出向元の会社との関係が企業集団を構成する親会社及びその連結子会社の関係にあること
　(4)　施工体制台帳等により、出向社員を主任技術者又は監理技術者として置く建設工事の下請負人に当該企業集団を構成する親会社若しくはその連結子会社又は当該親会社の非連結子会社が含まれていないこと
3．企業集団確認の申請手続き
　企業集団確認を受ける者は、次に掲げる方法により申請するものとする。
　(1)　企業集団確認の申請は、別紙1の例による「企業集団確認申請書（以下「申請書」という。）」に親会社の有価証券報告書並びに親会社及びその子会社

（連結財務諸表規則第2条第2号に規定する子会社をいう。）の建設業の許可の通知書の写しを添付して、国土交通省総合政策局建設業課に提出してしなければならない。

(2) (1)の申請は、当該企業集団の親会社が行うものとする。

(3) (1)の申請書の記載内容は、申請者以外の当該企業集団に属するすべての会社が承認したものでなければならない。

(4) 企業集団確認の手続きは、国土交通省総合政策局建設業課において行う。

(5) 国土交通省総合政策局建設業課長は、当該申請者に対して、別紙2の例による企業集団確認書を交付する。なお、当該企業集団確認書の有効期間は交付の日から1年とする。

(別紙 1)

平成○○年○○月○○日

企業集団確認申請書

国土交通省総合政策局
建設業課長　　　　　殿

所　在

商　号

代表者　　　　　　　　　　印

　下記の企業集団について、平成15年1月22日付け国総建第335号1．の要件に適合していることについての確認を申請します。

記

（1）企業集団を構成する会社

①親会社

商　号	所　在	許可番号	経営事項審査
A 社		00-00000	受

②連結子会社

商　号	所　在	許可番号	経営事項審査
B 社		00-00000	未受
C 社		00-00000	未受

（2）非連結子会社

商　号	所　在	許可番号	経営事項審査
D 社		00-00000	受
E 社		00-00000	未受

以上の申請内容を承認します。

　平成○○年○○月○○日

所　在
　　　商　号
代表者　　　　　　　　　　印
所　在
　　　商　号
代表者　　　　　　　　　　印

（別紙 2）

平成〇〇年〇〇月〇〇日

企業集団確認書

商　号
代表者

　　　　　　　　　　　　　　　　国土交通省総合政策局
　　　　　　　　　　　　　　　　建設業課長

　下記の企業集団について、平成15年1月22日付け国総建第335号1．の要件に適合することについて確認を受けたことを証明する。この確認書は、平成〇〇年〇〇月〇〇日まで有効とする。

記

（1）企業集団を構成する会社

①親会社

商　号	所　在	許可番号	経営事項審査
A　社		00-00000	受

②連結子会社

商　号	所　在	許可番号	経営事項審査
B　社		00-00000	未受
C　社		00-00000	未受

（2）非連結子会社

商　号	所　在	許可番号	経営事項審査
D　社		00-00000	受
E　社		00-00000	未受

以　上

（参考）
〇親会社及びその連結子会社の間の出向社員に係る主任技術者又は監理技術者の直接的かつ恒常的な雇用関係の取扱い等について（Q＆A）

Q1 親会社及びその連結子会社の間の出向社員に係る主任技術者又は監理技術者の雇用関係の取扱いのポイントについて教えてください。

A1 下記の要件に適合する企業集団において、親会社からその連結子会社への出向社員又は連結子会社からその親会社への出向社員が、当該出向先の会社の請け負った建設工事の主任技術者又は監理技術者となることを認めるものです。

なお、この取扱いを受けようとする企業集団は、当分の間、下記要件に適合することについて国土交通省総合政策局建設業課長による確認を受けなければなりません。

企業集団の要件は、次のとおりです。

【企業集団の要件】
(1) 一の親会社とその連結子会社からなる企業集団であること
(2) 親会社が(イ)のいずれにも該当すること
(3) 連結子会社が(ロ)のいずれにも該当すること
(4) (ロ)の要件を満たす連結子会社が全て企業集団に含まれること
(5) 親会社又はその連結子会社（その連結子会社が2以上ある場合には、そのすべて）のいずれか一方が経営事項審査を受けていないこと

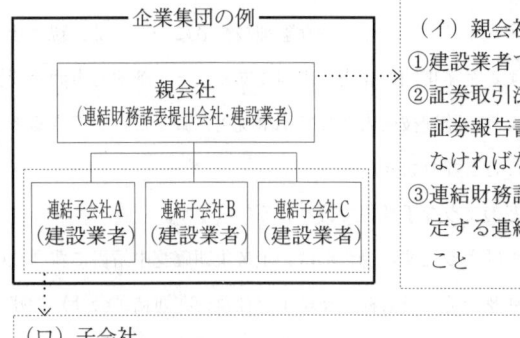

―――企業集団の例―――
親会社
（連結財務諸表提出会社・建設業者）

連結子会社A（建設業者）　連結子会社B（建設業者）　連結子会社C（建設業者）

（イ）親会社
①建設業者であること
②証券取引法第24条の規定により有価証券報告書を内閣総理大臣に提出しなければならない者であること
③連結財務諸表規則第2条第1号に規定する連結財務諸表提出会社であること

（ロ）子会社
①建設業者であること
②連結財務諸表規則第2条第3号に規定する連結子会社であること

Q 2 連結子会社は同じ企業集団に属する他の連結子会社からの出向社員を主任技術者又は監理技術者として工事現場に置くことはできないのですか。

A 2 連結子会社が主任技術者又は監理技術者として工事現場に置くことができるのは親会社からの出向社員であり、同じ企業集団に属する他の連結子会社からの出向社員を主任技術者又は監理技術者として置くことはできません。

Q 3 出向社員を主任技術者又は監理技術者として置く建設工事の下請負人に係る条件について教えてください。

A 3 親会社又はその連結子会社が、その請け負った建設工事において出向社員を主任技術者又は監理技術者として置く場合には、当該建設工事の各下請負人に同じ企業集団に属する他の会社又は親会社の非連結子会社が含まれることは認められません。

　なお、下請負人がこの条件を満たしているか否かについては、当該建設工事に係る施工体制台帳等により確認することとなります。

Q 4 出向社員を監理技術者として置く場合に、監理技術者資格者証の記載内容の変更は必要ですか。

A 4 親会社とその連結子会社の間の出向社員については、当該出向社員が交付を受けている監理技術者資格者証に記載されている所属建設業者の変更を行う必要はありません。

　なお、この場合に発注者支援のためのデータベース等によって当該技術者の雇用関係を確認すると、当該技術者は所属建設業者に関し疑義のある者として取り扱われることとなります。そこで、このような監理技術者については、親会社又はその連結子会社が有する企業集団確認書、出向であることを証する書面及び健康保険被保険者証等により、監理技術者として工事現場に置くことができる者であるか否かを確認することとなります。

Q 5 企業集団の確認はどのような手続きで行われるのですか。

A 5 企業集団の確認を受けようとする場合には、企業集団確認申請書に親会社の有価証券報告書、親会社及びその子会社（連結子会社及び非連結子会社）の建設業の許可の通知書の写しを添付して、国土交通省総合政策局建設業課に提出しなければなりません。なお、当該申請書の記載内容は、企業集団を構成する全ての会社が承認したものでなければなりません。

要件に適合していることが確認された場合には、企業集団確認書が交付されます。企業集団確認書の有効期間は1年間です。

○監理技術者制度運用マニュアルについて

〔平成16年3月1日〕
〔国総建第315号〕

国土交通省総合政策局建設業課長から　各都道府県主管部局長あて

　建設業法第26条に定める工事現場に置く技術者については、「監理技術者資格者証運用マニュアルについて」（平成6年12月28日付け建設省経建発第395号）において、かねてよりその適正な設置の徹底をお願いするとともに、これに違反した場合、建設業者に対しては監督処分を行いうるものとしているところである。

　今般、「公益法人に係る改革を推進するための国土交通省関係法律の整備に関する法律（平成15年法律第96号）」等が施行されたことに加え、技術者が適正に設置されていないこと等による不良施工や一括下請負などの不正行為を排除するとともに、建設業の生産性の向上を図り建設工事の適正な施工を確保するため、従来の「資格者証（監理技術者資格者証）運用マニュアル」を見直し、技術者の適正な設置に係る運用を定めた標記マニュアルを、別添のとおり定めたところである。

　貴職におかれては、これを踏まえ、主任技術者及び監理技術者の適正な設置が徹底されるよう、建設業者に対し適切な指導を行うとともに、貴管内の公共工事発注機関等の関係行政機関及び建設業者団体に対しても速やかに関係事項の周知及び徹底方取り計らわれたい。

　なお、「公共工事の入札及び契約の適正化の促進に関する法律（平成12年法律第127号）」及び「公共工事の入札及び契約の適正化を図るための措置に関する指針（平成13年3月9日閣議決定）」に係る対応については、従来よりあらゆる機会を通じてその趣旨の徹底を図ってきたところであるが、あらためてより一層の取組みの強化をお願いしたい。

　また、平成6年の「監理技術者資格者証運用マニュアルについて」は、廃止する。

〔別　添〕

監理技術者制度運用マニュアル

第7章 資　料

目　次

1　趣　旨
2　監理技術者等の設置
　2－1　工事外注計画の立案
　2－2　監理技術者等の設置
　2－3　監理技術者等の職務
　2－4　監理技術者等の雇用関係
3　監理技術者等の工事現場における専任
4　監理技術者資格者証と監理技術者講習修了証の携帯
5　施工体制台帳の整備と施工体系図の作成
6　工事現場への標識の掲示
7　建設業法の遵守

1．趣　旨

> 建設業法では、建設工事の適正な施工を確保するため、工事現場における建設工事の施工の技術上の管理をつかさどる者として主任技術者又は監理技術者（以下、「監理技術者等」という。）の設置を求めている。
>
> 監理技術者等に関する制度（以下、「監理技術者制度」という。）は、高度な技術力を有する技術者が施工現場においてその技術力を十分に発揮することにより、建設市場から技術者が適正に設置されていないこと等による不良施工や一括下請負などの不正行為を排除し、技術と経営に優れ発注者から信頼される企業が成長できるような条件整備を行うことを目的としており、建設工事の適正な施工の確保及び建設産業の健全な発展のため、適切に運用される必要がある。
>
> 本マニュアルは、建設業法上重要な柱の一つである監理技術者制度を的確に運用するため、行政担当部局が指導を行う際の指針となるとともに建設業者が業務を遂行する際の参考となるものである。

(1) 建設業における技術者の意義

・　建設業については、一品受注生産であるためあらかじめ品質を確認できないこと、不適正な施工があったとしても完全に修復するのが困難であること、完成後

には瑕疵の有無を確認することが困難であること、長期間、不特定多数に使用されること等の建設生産物の特性に加え、その施工については、総合組立生産であるため下請業者を含めた多数の者による様々な工程を総合的にマネージメントする必要があること、現地屋外生産であることから工程が天候に左右されやすいこと等の特性があることから、建設業者の施工能力が特に重要となる。一方、建設業者は、良質な社会資本を整備するという社会的使命を担っているとともに、発注者は、建設業者の施工能力等を拠り所に信頼できる建設業者を選定して建設工事の施工を託している。そのため、建設業者がその技術力を発揮して、建設工事の適正かつ生産性の高い施工が確保されることが極めて重要である。特に現場においては、建設業者が組織として有する技術力と技術者が個人として有する技術力が相俟って発揮されることによりはじめてこうした責任を果たすことができ、この点で技術者の果たすべき役割は大きく、建設業者は、適切な資格、経験等を有する技術者を工事現場に設置することにより、その技術力を十分に発揮し、施工の技術上の管理を適正に行わなければならない。

(2) **建設業法における監理技術者等**

・ 建設業法においては、建設工事を施工する場合には、工事現場における工事の施工の技術上の管理をつかさどる者として、主任技術者を置かなければならないこととされている。また、発注者から直接請け負った建設工事を施工するために締結した下請契約の請負代金の額の合計が3,000万円（建築一式工事の場合は4,500万円）以上となる場合には、特定建設業の許可が必要になるとともに、主任技術者に代えて監理技術者を置かなければならない（法第26条第1項及び第2項、令第2条）。

・ 監理技術者等となるためには、一定の国家資格や実務経験を有していることが必要であり、特に指定建設業（土木工事業、建築工事業、電気工事業、管工事業、鋼構造物工事業、舗装工事業及び造園工事業）に係る建設工事の監理技術者は、一級施工管理技士等の国家資格者又は建設業法第15条第2号ハの規定に基づき国土交通大臣が認定した者（以下、「国土交通大臣認定者」という。）に限られる（法第26条第2項）。

(3) **本マニュアルの位置付け**

・ 監理技術者制度が円滑かつ的確に運用されるためには、行政担当部局は建設業者を適切に指導する必要がある。本マニュアルは、監理技術者等の設置に関する

事項、監理技術者等の専任に関する事項、監理技術者資格者証(以下、「資格者証」という。)に関する事項、監理技術者講習に関する事項等、監理技術者制度を運用する上で必要な事項について整理し、運用に当たっての基本的な考え方を示したものである。

建設業者にあっては、本マニュアルを参考に、監理技術者制度についての基本的考え方、運用等について熟知し、建設業法に基づき適正に業務を行う必要がある。

2．監理技術者等の設置

2－1 工事外注計画の立案

> 発注者から直接建設工事を請け負った建設業者は、施工体制の整備及び監理技術者等の設置の要否の判断等を行うため、専門工事業者等への工事外注の計画(工事外注計画)を立案し、下請契約の請負代金の予定額を的確に把握しておく必要がある。

(1) **工事外注計画と下請契約の予定額**

・ 一般的に、工事現場においては、総合的な企画、指導の職務を遂行する監理技術者等を中心とし、専門工事業者等とにより施工体制が構成される。その際、建設工事を適正に施工するためには、工事のどの部分を専門工事業者等の施工として分担させるのか、また、その請負代金の額がどの程度となるかなどについて、工事外注計画を立案しておく必要がある。工事外注計画としては、受注前に立案される概略のものから工事施工段階における詳細なものまで考えられる。発注者から直接建設工事を請け負った建設業者は、監理技術者等の設置の要否を判断するため、工事受注前にはおおむねの計画を立て、工事受注後速やかに、工事外注の範囲とその請負代金の額に関する工事外注計画を立案し、下請契約の予定額が3,000万円(建築一式工事の場合は4,500万円)以上となるか否か的確に把握しておく必要がある。なお、当該建設業者は、工事外注計画について、工事の進捗段階に応じて必要な見直しを行う必要がある。

(2) **下請契約について**

・ 「下請契約」とは、建設業法において次のように定められている(法第2条第

4項)。

「建設工事を他の者から請け負った建設業を営む者と他の建設業を営む者との間で当該建設工事の全部又は一部について締結される請負契約」

「請負契約」とは、「当事者の一方がある仕事を完成することを約し、相手方がその仕事の結果に対して報酬を与えることを約する契約」であり、単に使用者の指揮命令に従い労務に服することを目的とし、仕事の完成に伴うリスクは負担しない「雇用」とは区別される。発注者から直接建設工事を請け負った建設業者は、このような点を踏まえ、工事外注の範囲を明らかにしておく必要がある。

・ なお、公共工事については全面的に一括下請負が禁止されており(公共工事の入札及び契約の適正化の促進に関する法律(平成12年法律第127号。以下、「入札契約適正化法」という。)第12条)、民間工事においても発注者の書面による承諾を得た場合を除き禁止されている(法第22条)。

2―2 監理技術者等の設置

> 発注者から直接建設工事を請け負った特定建設業者は、下請契約の予定額を的確に把握して監理技術者を置くべきか否かの判断を行うとともに、工事内容、工事規模及び施工体制等を考慮し、適正に技術者を設置する必要がある。

(1) 監理技術者等の設置における考え方
・ 建設工事の適正な施工を確保するためには、請け負った建設工事の内容を勘案し適切な技術者を適正に設置する必要がある。このため、発注者から直接建設工事を請け負った特定建設業者は、事前に監理技術者を設置する工事に該当すると判断される場合には、当初から監理技術者を設置しなければならず、監理技術者を設置する工事に該当するかどうか流動的であるものについても、工事途中の技術者の変更が生じないよう、監理技術者になり得る資格を有する技術者を設置しておくべきである。

また、主任技術者、監理技術者の区分にかかわらず、下請契約の請負代金の額が小さくとも工事の規模、難易度等によっては、高度な技術力を持つ技術者が必要となり、国家資格者等の活用を図ることが適切な場合がある。発注者から直接建設工事を請け負った建設業者は、これらの点も勘案しつつ、適切に技術者を設

置する必要がある。

(2) 共同企業体における監理技術者等の設置
- 建設業法においては、建設業者はその請け負った建設工事を施工するときは、当該建設工事に関し、当該工事現場における建設工事の施工の技術上の管理をつかさどる監理技術者等を置かなければならないこととされており、この規定は共同企業体の各構成員にも適用され、下請契約の額が3,000万円（建築一式工事の場合は4,500万円）以上となる場合には、特定建設業者たる構成員一社以上が監理技術者を設置しなければならない。また、その請負金額が2,500万円（建築一式工事の場合は5,000万円）以上となる場合は設置された監理技術者等は専任でなければならない。

  なお、共同企業体が公共工事を施工する場合には、原則として特定建設業者たる代表者が、請負金額にかかわらず監理技術者を専任で設置すべきである。
- 一つの工事を複数の工区に分割し、各構成員がそれぞれ分担する工区で責任を持って施工する分担施工方式にあっては、分担工事に係る下請契約の額が3,000万円（建築一式工事の場合は4,500万円）以上となる場合には、当該分担工事を施工する特定建設業者は、監理技術者を設置しなければならない。また、分担工事に係る請負金額が2,500万円（建築一式工事の場合は5,000万円）以上となる場合は設置された監理技術者等は専任でなければならない。

  なお、共同企業体が公共工事を分担施工方式で施工する場合には、分担工事に係る下請契約の額が3,000万円（建築一式工事の場合は4,500万円）以上となる場合は、当該分担工事を施工する特定建設業者は、請負金額にかかわらず監理技術者を専任で設置すべきである。
- いずれの場合も、その他の構成員は、主任技術者を当該工事現場に設置しなければならないが、公共工事を施工する特定建設共同企業体にあっては国家資格を有する者を、また、公共工事を施工する経常建設共同企業体にあっては原則として国家資格を有する者を、それぞれ請負金額にかかわらず専任で設置すべきである。
- 共同企業体による建設工事の施工が円滑かつ効率的に実施されるためには、すべての構成員が、施工しようとする工事にふさわしい技術者を適正に設置し、共同施工の体制を確保しなければならない。したがって、各構成員から派遣される技術者等の数、資格、配置等は、信頼と協調に基づく共同施工を確保する観点か

ら、工事の規模・内容等に応じ適正に決定される必要がある。このため、編成表の作成等現場職員の配置の決定に当たっては、次の事項に配慮するものとする。

① 工事の規模、内容、出資比率等を勘案し、各構成員の適正な配置人数を確保すること。
② 構成員間における対等の立場での協議を確保するため、配置される職員は、ポストに応じ経験、年齢、資格等を勘案して決定すること。
③ 特定の構成員に権限が集中することのないように配慮すること。
④ 各構成員の有する技術力が最大限に発揮されるよう配慮すること。

(3) 主任技術者から監理技術者への変更

・ 当初は主任技術者を設置した工事で、大幅な工事内容の変更等により、工事途中で下請契約の請負代金の額が3,000万円（建築一式工事の場合は4,500万円）以上となったような場合には、発注者から直接建設工事を請け負った特定建設業者は、主任技術者に代えて、所定の資格を有する監理技術者を設置しなければならない。ただし、工事施工当初においてこのような変更があらかじめ予想される場合には、当初から監理技術者になり得る資格を持つ技術者を置かなければならない。

(4) 監理技術者等の途中交代

・ 建設工事の適正な施工の確保を阻害する恐れがあることから、施工管理をつかさどっている監理技術者等の工期途中での交代は、当該工事における入札・契約手続きの公平性の確保を踏まえた上で、慎重かつ必要最小限とする必要があり、これが認められる場合としては、監理技術者等の死亡、傷病または退職等、真にやむを得ない場合のほか、次に掲げる場合等が考えられる。

① 受注者の責によらない理由により工事中止または工事内容の大幅な変更が発生し、工期が延長された場合
② 橋梁、ポンプ、ゲート等の工場製作を含む工事であって、工場から現地へ工事の現場が移行する時点
③ ダム、トンネル等の大規模な工事で、一つの契約工期が多年に及ぶ場合

・ なお、いずれの場合であっても、発注者と発注者から直接建設工事を請け負った建設業者との協議により、交代の時期は工程上一定の区切りと認められる時点とするほか、交代前後における監理技術者等の技術力が同等以上に確保されるとともに、工事の規模、難易度等に応じ一定期間重複して工事現場に設置するなど

の措置をとることにより、工事の継続性、品質確保等に支障がないと認められることが必要である。
・ また、協議においては、発注者からの求めに応じて、直接建設工事を請け負った建設業者が工事現場に設置する監理技術者等及びその他の技術者の職務分担、本支店等の支援体制等に関する情報を発注者に説明することが重要である。

(5) 営業所における専任の技術者と監理技術者等との関係
・ 営業所における専任の技術者は、営業所に常勤して専らその職務に従事することが求められている。
・ ただし、特例として、当該営業所において請負契約が締結された建設工事であって、工事現場の職務に従事しながら実質的に営業所の職務にも従事しうる程度に工事現場と営業所が近接し、当該営業所との間で常時連絡をとりうる体制にあるものについては、所属建設業者と直接的かつ恒常的な雇用関係にある場合に限り、当該工事の専任を要しない監理技術者等となることができる（平成15年4月21日付、国総建第18号）。

2－3　監理技術者等の職務

> 監理技術者等は、建設工事を適正に実施するため、施工計画の作成、工程管理、品質管理その他の技術上の管理及び施工に従事する者の技術上の指導監督の職務を誠実に行わなければならない。

・ 監理技術者等の職務は、建設工事の適正な施工を確保する観点から、当該工事現場における建設工事の施工の技術上の管理をつかさどることである。すなわち、建設工事の施工に当たり、施工内容、工程、技術的事項、契約書及び設計図書の内容を把握したうえで、その施工計画を作成し、工事全体の工程の把握、工程変更への適切な対応等具体的な工事の工程管理、品質確保の体制整備、検査及び試験の実施等及び工事目的物、工事仮設物、工事用資材等の品質管理を行うとともに、当該建設工事の施工に従事する者の技術上の指導監督を行うことである（法第26条の3第1項）。

特に、監理技術者は、建設工事の施工に当たり外注する工事が多い場合に、当該建設工事の施工を担当するすべての専門工事業者等を適切に指導監督するとい

う総合的な役割を果たすものであり、工事の施工に関する総合的な企画、指導等の職務がとりわけ重視されるため、より高度な技術力が必要である。

また、工事現場における建設工事の施工に従事する者は、監理技術者等がその職務として行う指導に従わなければならない（法第26条の3第2項）。

・ なお、監理技術者等が、同じ建設業者に所属する他の技術者を活用しながら監理技術者等としての職務を遂行する場合には、監理技術者等を補佐するこれらの他の技術者の職務を総合的に掌握するとともに指導監督する必要がある。この場合において、適正な施工を確保する観点から、個々の技術者の職務分担を明確にしておく必要があり、発注者から請求があった場合は、その職務分担等について、発注者に説明することが重要である。

・ 現場代理人は、請負契約の的確な履行を確保するため、工事現場の取締りのほか、工事の施工及び契約関係事務に関する一切の事項を処理するものとして工事現場に置かれる請負者の代理人であり、監理技術者等との密接な連携が適正な施工を確保する上で必要不可欠である。なお、監理技術者と現場代理人はこれを兼ねることができる（公共工事標準請負契約約款第10条）。

2—4　監理技術者等の雇用関係

> 建設工事の適正な施工を確保するため、監理技術者等については、当該建設業者と直接的かつ恒常的な雇用関係にある者であることが必要であり、このような雇用関係は、資格者証または健康保険被保険者証等に記載された所属建設業者名及び交付日により確認できることが必要である。

(1) **監理技術者等に求められる雇用関係**

・ 建設工事の適正な施工を確保するため、監理技術者等は所属建設業者と直接的かつ恒常的な雇用関係にあることが必要である。また、建設業者としてもこのような監理技術者等を設置して適正な施工を確保することが、当該建設業者が技術と経営に優れた企業として評価されることにつながる。

・ 発注者は設計図書の中で雇用関係に関する条件や雇用関係を示す書面の提出義務を明示するなど、あらかじめ雇用関係の確認に関する措置を定め、適切に対処することが必要である。

(2) **直接的な雇用関係の考え方**

・ 直接的な雇用関係とは、監理技術者等とその所属建設業者との間に第三者の介入する余地のない雇用に関する一定の権利義務関係（賃金、労働時間、雇用、権利構成）が存在することをいい、資格者証、健康保険被保険者証または市区町村が作成する住民税特別徴収税額通知書等によって建設業者との雇用関係が確認できることが必要である。したがって、在籍出向者、派遣社員については直接的な雇用関係にあるとはいえない。

・ 直接的な雇用関係であることを明らかにするため、資格者証には所属建設業者名が記載されており、所属建設業者名の変更があった場合には、30日以内に指定資格者証交付機関に対して記載事項の変更を届け出なければならない（建設業法施行規則（昭和24年建設省令第14号、以下、「規則」という。）第17条の30第1項、第17条の31第1項）。

・ 指定資格者証交付機関は、資格者証への記載に当たって、所属建設業者との直接的かつ恒常的な雇用関係を、健康保険被保険者証、市区町村が作成する住民税特別徴収税額通知書により確認しているが、資格者証中の所属建設業者の記載や主任技術者の雇用関係に疑義がある場合は、同様の方法等により行う必要がある。具体的には、

① 本人に対しては健康保険被保険者証

② 建設業者に対しては健康保険被保険者標準報酬決定通知書、市区町村が作成する住民税特別徴収税額通知書、当該技術者の工事経歴書

の提出を求め確認するものとする。

(3) **恒常的な雇用関係の考え方**

・ 恒常的な雇用関係とは、一定の期間にわたり当該建設業者に勤務し、日々一定時間以上職務に従事することが担保されていることに加え、監理技術者等と所属建設業者が双方の持つ技術力を熟知し、建設業者が責任を持って技術者を工事現場に設置できるとともに、建設業者が組織として有する技術力を、技術者が十分かつ円滑に活用して工事の管理等の業務を行うことができることが必要であり、特に国、地方公共団体等（法第26条第4項に規定する国、地方公共団体その他政令で定める法人）が発注する建設工事（以下、「公共工事」という。）において、発注者から直接請け負う建設業者の専任の監理技術者等については、所属建設業者から入札の申込のあった日（指名競争に付す場合であって入札の申込を伴わな

いものにあっては入札の執行日、随意契約による場合にあっては見積書の提出のあった日）以前に3ヶ月以上の雇用関係にあることが必要である。
- 恒常的な雇用関係ついては、資格者証の交付年月日若しくは変更履歴又は健康保険被保険者証の交付年月日等により確認できることが必要である。
- 但し、合併、営業譲渡又は会社分割等の組織変更に伴う所属建設業者の変更（契約書又は登記簿の謄本等により確認）があった場合には、変更前の建設業者と3ヶ月以上の雇用関係にある者については、変更後に所属する建設業者との間にも恒常的な雇用関係にあるものとみなす。また、震災等の自然災害の発生またはその恐れにより、最寄りの建設業者により即時に対応することが、その後の被害の発生または拡大を防止する観点から最も合理的であって、当該建設業者に要件を満たす技術者がいない場合など、緊急の必要その他やむを得ない事情がある場合については、この限りではない。

(4) 持株会社化等による直接的かつ恒常的な雇用関係の取扱い
- 建設業を取り巻く経営環境の変化等に対応するため、建設業者が営業譲渡や会社分割をした場合や持株会社化等により企業集団を形成している場合における建設業者と監理技術者等との間の直接的かつ恒常的な雇用関係の取扱いの特例について、次の通り定めている。
    ① 建設業者の営業譲渡又は会社分割に係る主任技術者又は監理技術者の直接的かつ恒常的な雇用関係の確認の事務取扱いについて（平成13年5月30日付、国総建第155号）
    ② 持株会社の子会社が置く主任技術者又は監理技術者の直接的かつ恒常的な雇用関係の確認の取扱いについて（平成14年4月16日付、国総建第97号）
    ③ 親会社及びその連結子会社の間の出向社員に係る主任技術者又は監理技術者の直接的かつ恒常的な雇用関係の取扱い等について（平成15年1月22日付、国総建第335号）

3．監理技術者等の工事現場における専任

　監理技術者等は、公共性のある工作物に関する重要な工事に設置される場合には、工事現場ごとに専任の者でなければならない。
　専任とは、他の工事現場に係る職務を兼務せず、常時継続的に当該工事現場

に係る職務にのみ従事していることをいう。

　発注者から直接建設工事を請け負った建設業者については、施工における品質確保、安全確保等を図る観点から、監理技術者等を専任で設置すべき期間が、発注者と建設業者の間で設計図書もしくは打合せ記録等の書面により明確となっていることが必要である。

(1) **工事現場における監理技術者等の専任の基本的な考え方**
・　監理技術者等は、公共性のある工作物に関する重要な工事については、より適正な施工の確保が求められるため、工事現場ごとに専任の者でなければならない（法第26条第3項）。
・　「公共性のある工作物に関する重要な工事」とは、次の各号に該当する建設工事で工事一件の請負代金の額が2,500万円（建築一式工事の場合は5,000万円）以上のものをいう（建設業法施行令（昭和31年政令第273号。以下、「令」という。）第27条）。

　① 国又は地方公共団体が注文者である工作物に関する工事
　② 鉄道、軌道、索道、道路、橋、護岸、堤防、ダム、河川に関する工作物、砂防用工作物、飛行場、港湾施設、漁港施設、運河、上水道又は下水道に関する工事
　③ 電気事業用施設（電気事業の用に供する発電、送電、配電又は変電その他の電気施設をいう。）又はガス事業用施設（ガス事業の用に供するガスの製造又は供給のための施設をいう。）に関する工事
　④ 学校、児童福祉法第7条に規定する児童福祉施設、集会場、図書館、美術館、博物館、陳列館、教会、寺院、神社、工場、ドック、倉庫、病院、市場、百貨店、事務所、興行場、ダンスホール、旅館業法第2条に規定するホテル、旅館若しくは下宿、共同住宅、寄宿舎、公衆浴場、鉄塔、火葬場、と畜場、ごみ若しくは汚物の処理場、熱供給事業法第2条第4項に規定する熱供給施設、石油パイプライン事業法第5条第2項第2号に規定する事業用施設又は電気通信事業法第12条第1項に規定する第一種電気通信事業者がその事業の用に供する施設に関する工事

(2) **監理技術者等の専任期間**
・　発注者から直接建設工事を請け負った建設業者が、監理技術者等を工事現場に

専任で設置すべき期間は契約工期が基本となるが、たとえ契約工期中であっても次に掲げる期間については工事現場への専任は要しない。ただし、いずれの場合も、発注者と建設業者の間で次に掲げる期間が設計図書もしくは打合せ記録等の書面により明確となっていることが必要である。

①　請負契約の締結後、現場施工に着手するまでの期間（現場事務所の設置、資機材の搬入または仮設工事等が開始されるまでの間。）

②　工事用地等の確保が未了、自然災害の発生又は埋蔵文化財調査等により、工事を全面的に一時中止している期間

③　橋梁、ポンプ、ゲート、エレベーター等の工場製作を含む工事であって、工場製作のみが行われている期間

④　工事完成後、検査が終了し（発注者の都合により検査が遅延した場合を除く。）、事務手続、後片付け等のみが残っている期間

なお、工場製作の過程を含む工事の工場製作過程においても、建設工事を適正に施工するため、監理技術者等がこれを管理する必要があるが、当該工場製作過程において、同一工場内で他の同種工事に係る製作と一元的な管理体制のもとで製作を行うことが可能である場合は、同一の監理技術者等がこれらの製作を一括して管理することができる。

・下請工事においては、施工が断続的に行われることが多いことを考慮し、専任の必要な期間は、下請工事が実際に施工されている期間とする。

・また、例えば下水道工事と区間の重なる道路工事を同一あるいは別々の主体が発注する場合など、密接な関連のある二以上の工事を同一の建設業者が同一の場所又は近接した場所において施工する場合は、同一の専任の主任技術者がこれらの工事を管理することができる（令第27条第2項）。ただし、この規定は、専任の監理技術者については適用されない。

・このほか、同一あるいは別々の発注者が、同一の建設業者と締結する契約工期の重複する複数の請負契約に係る工事であって、かつ、それぞれの工事の対象となる工作物等に一体性が認められるもの（当初の請負契約以外の請負契約が随意契約により締結される場合に限る。）については、全体の工事を当該建設業者が設置する同一の監理技術者等が掌握し、技術上の管理を行うことが合理的であると考えられることから、これら複数の工事を一の工事とみなして、同一の監理技術者等が当該複数工事全体を管理することができる。この場合、これら複数工事

に係る下請金額の合計を3,000万円（建築一式工事の場合は4,500万円）以上とするときは特定建設業の許可が必要であり、工事現場には監理技術者を設置しなければならない。また、これら複数工事に係る請負代金の額の合計が2,500万円（建築一式工事の場合は5,000万円）以上となる場合、監理技術者等はこれらの工事現場に専任の者でなければならない。

・ なお、フレックス工期（建設業者が一定の期間内で工事開始日を選択することができ、これが書面により手続上明確になっている契約方式に係る工期をいう。）を採用する場合には、工事開始日をもって契約工期の開始日とみなし、契約締結日から工事開始日までの期間は、監理技術者等を設置することを要しない。

4．監理技術者資格者証及び監理技術者講習修了証の携帯

公共工事における専任の監理技術者は、資格者証の交付を受けている者であって、監理技術者講習を過去5年以内に受講したもののうちから、これを選任しなければならない。また、当該監理技術者は、発注者等から請求があったときは資格者証を提示しなければならず、当該建設工事に係る職務に従事しているときは、常時これらを携帯している必要がある。また、監理技術者講習修了証（以下、「修了証」という。）についても、発注者等から提示を求められることがあるため、資格者証と同様に携帯しておくことが望ましい。

(1) **資格者証制度及び監理技術者講習制度の適用範囲**
・ 公共工事については、専任の監理技術者は、資格者証の交付を受けている者であって、監理技術者講習を受講したもののうちから選任しなければならない（法第26条第4項）。
・ 建設業法上、資格者証及び監理技術者講習に関する規定が適用される発注者は、国、地方公共団体、法人税法別表第1に掲げる公共法人、東京湾横断道路株式会社、帝都高速度交通営団及び関西国際空港株式会社である（法第26条第4項、令第27条の2、規則第17条の2）。

(2) **資格者証に関する規定**
・ 資格者証は、公共性のある工作物に関する重要な建設工事の中でも、より適正な施工の確保が求められる公共工事について、当該建設工事の監理技術者が所定

の資格を有しているかどうか、監理技術者としてあらかじめ定められた本人が専任で職務に従事しているかどうか、工事を施工する建設業者と直接的かつ恒常的な雇用関係にある者であるかどうか等を確認するために活用されている。建設業者に選任された監理技術者は、発注者等から請求があった場合は、資格者証を提示しなければならない（法第26条第5項）。

・ 監理技術者になり得る者は、指定資格者証交付機関に申請することにより資格者証の交付を受けることができる。監理技術者になり得る者は、指定建設業7業種については、一定の国家資格者又は国土交通大臣認定者に限られるが、指定建設業以外の21業種については、一定の国家資格者、国土交通大臣認定者のほか、一定の指導監督的な実務経験を有する者も監理技術者になり得る。

・ 資格者証の交付及びその更新に関する事務を行う指定資格者証交付機関として財団法人建設業技術者センターが指定されている。

・ 資格者証には、本人の顔写真の他に次の事項が記載され（法第27条の18第2項、規則第17条の30）、様式は図-1に示すものとなっている。

　① 交付を受ける者の氏名、生年月日、本籍及び住所
　② 最初に資格者証の交付を受けた年月日
　③ 現に所有する資格者証の交付を受けた年月日
　④ 交付を受ける者が有する監理技術者資格
　⑤ 建設業の種類
　⑥ 資格者証交付番号
　⑦ 資格者証の有効期間の満了する日
　⑧ 所属建設業者名

(3) **監理技術者講習に関する規定**

・ 監理技術者は常に最新の法律制度や技術動向を把握しておくことが必要であることから、公共工事の専任の監理技術者として選任されている期間中のいずれの日においても、講習を修了した日から5年を経過することのないように監理技術者講習を受講していなければならない（規則第17条の14）。

・ 監理技術者講習は、所定の要件を満たすことにより国土交通大臣の登録を受けた者（以下、「登録講習機関」という。）が実施し、監理技術者として従事するために必要な事項として

　① 建設工事に関する法律制度

② 建設工事の施工計画の作成、工程管理、品質管理その他の技術上の管理
③ 建設工事に関する最新の材料、資機材及び施工方法

に関し最新の事例を用いて、講義と試験によって行われるものである。受講希望者はいずれかの登録講習機関に受講の申請を行うことにより講習を受講することができる。

・　各登録講習機関から講習の修了者に対し交付される修了証の様式は図－2に示すものとなっており（規則第17条の6）、講習の修了を証明するものとして発注者等から提示を求められることがあるため、資格者証と同様に携帯しておくことが望ましい。

・　なお、平成16年2月29日以前に交付された資格者証を所持している者については、これを提示することにより公共工事の専任の監理技術者としての要件となる監理技術者講習を受講していることが証明される。また、平成16年2月29日以前に指定講習を受講し、平成16年3月1日以降に交付された資格者証を所持している者については、資格者証に加えて指定講習に係る修了証を提示することにより公共工事の専任の監理技術者としての要件となる監理技術者講習を受講していることが証明される。

5．施工体制台帳の整備と施工体系図の作成

> 　発注者から直接建設工事を請け負った特定建設業者は、その工事を施工するために締結した下請金額の総額が3,000万円（建築一式工事の場合は4,500万円）以上となる場合には、工事現場ごとに監理技術者を設置するとともに、建設工事を適正に施工するため、建設業法により義務付けられている施工体制台帳の整備及び施工体系図の作成を行うこと等により、建設工事の施工体制を的確に把握する必要がある。

(1) 施工体制台帳の整備

・　発注者から直接建設工事を請け負った特定建設業者は、その下請負人が建設業法等の関係法令に違反しないよう指導に努めなければならない（法第24条の6）。このような下請負人に対する指導監督を行うためには、まず、特定建設業者とりわけその監理技術者が建設工事の施工体制を的確に把握しておく必要がある。

・　そこで、発注者から直接建設工事を請け負った特定建設業者で当該建設工事を施工するために総額3,000万円（建築一式工事の場合は4,500万円）以上の下請契約を締結したものは、下請負人に対し、再下請負を行う場合は再下請負通知を行わなければならない旨を通知するとともに掲示しなければならない。（規則第14条の3）また、下請負人から提出された再下請負通知書等に基づき施工体制台帳を作成し、工事現場ごとに備え付けなければならない（法第24条の7第1項）。

　施工体制台帳を作成した特定建設業者は、発注者から請求があったときは、施工体制台帳をその発注者の閲覧に供しなければならない（法第24条の7第3項）。公共工事の受注者は、これに代えて、作成した施工体制台帳の写しを発注者に提出しなければならない（入札契約適正化法第13条第1項）。さらに、公共工事の受注者は、発注者から施工体制が施工体制台帳の記載と合致しているかどうかの点検を求められたときはこれを受けることを拒んではならない（入札契約適正化法第13条第2項）。

(2)　施工体系図の作成

・　下請業者も含めた全ての工事関係者が建設工事の施工体制を把握する必要があること、建設工事の施工に対する責任と工事現場における役割分担を明確にすること、技術者の適正な設置を徹底すること等を目的として、施工体制台帳を作成する特定建設業者は、当該建設工事に係るすべての建設業者名、技術者名等を記載し工事現場における施工の分担関係を明示した施工体系図を作成し、これを当該工事現場の見やすい場所に、公共工事においては工事関係者の見やすい場所及び公衆の見やすい場所に掲げなければならないことが定められている（法第24条の7第4項、入札契約適正化法第13条第3項）。

6．工事現場への標識の掲示

> 　建設工事の責任の所在を明確にすること等のため、建設業者は、建設工事の現場ごとに、建設業許可に関する事項のほか、監理技術者等の氏名、専任の有無、資格名、資格者証交付番号等を記載した標識を、公衆の見やすい場所に掲げなければならない。

・　建設業法による許可を受けた適正な業者によって建設工事の施工がなされていることを対外的に明らかにすること、多数の建設業者が同時に施工に携わるため、

安全施工、災害防止等の責任が曖昧になりがちであるという建設工事の実態に鑑み対外的に建設工事の責任主体を明確にすること等を目的として、建設工事を請け負った全ての建設業者は、建設工事の現場ごとに、公衆の見やすい場所に標識を掲げなければならない（法第40条）。

・ 現場に掲げる標識には、建設業許可に関する事項のほか、監理技術者等の氏名、専任の有無、資格名、資格者証交付番号等を記載することとされており、図－3の様式となる（規則第25条第1項、第2項）。建設業者は、この様式の標識を掲示することにより、監理技術者等の資格を明確にするとともに、資格者証の交付を受けている者が設置されていること等を明らかにする必要がある。

7．建設業法の遵守

> 建設業法は、建設業を営む者の資質の向上、建設工事の請負契約の適正化等を図ることによって、建設工事の適正な施工を確保し、発注者を保護するとともに、建設業の健全な発展を促進し、もって公共の福祉の増進に寄与することを目的に定められたものである。したがって、建設業者は、この法律を遵守すべきことは言うまでもないが、行政担当部局は、建設業法の遵守について、適切に指導を行う必要がある。

・ 法第1条においては、建設業法の目的として

「この法律は、建設業を営む者の資質の向上、建設工事の請負契約の適正化等を図ることによって、建設工事の適正な施工を確保し、発注者を保護するとともに、建設業の健全な発展を促進し、もって公共の福祉の増進に寄与することを目的とする。」

と規定しており、建設業者は、この法律を遵守する必要がある。また、行政担当部局は、建設業法の遵守について、建設業者等に対して適切に指導を行う必要がある。

・ 特に、法第41条においては、建設工事の適正な施工を確保するため、国土交通大臣又は都道府県知事が建設業者に対して必要な指導、助言等を行うことができることを規定している。また、法第28条第1項及び第4項では、建設業者が建設業法や他の法令の規定に違反した場合等において、当該建設業者に対して、監督

処分として必要な指示を行うことができ、同条第3項及び第5項では、この指示に違反した場合等において、営業の全部又は一部の停止を命ずることができる。さらに、この営業の停止の処分に違反した場合等において、建設業の許可を取り消すこととしている。

第7章 資　　料　　　　　　　　　　301

図—1　資格者証の様式

（表面）

```
┌─────────────────────────────────────┐
│ 氏名              │         年 月 日生│本籍│
│ 住所                                  │
│      ┌──┬初回交付  年 月 日 交付  年 月 日│
│      │  │交付番号 第              号    │
│      │写│   監理技術者資格者証          │
│      │真│    年　月　日  まで有効       │
│      │  │ 国土交通大臣          ┌──┐│
│      └──┤ 指定資格者証交付機関代表者│印││
│ 所属建設業者│         │許可番号│  └──┘│
│ 有する                                │
│ 資　格                                │
│ 建設業の種類│土建大左と石屋電管タ鋼筋舗しゅ板ガ塗防内機絶通園井具水消清│
│ 有・無                                │
└─────────────────────────────────────┘
```

53.92ミリメートル以上
54.03ミリメートル以下

85.47ミリメートル以上
85.72ミリメートル以下

（裏面）

```
┌─────────────────────────────────────┐
│                                       │
│ ████████████████████████████████████  │
│                                       │
│ ┌──┐                                 │
│ │備考│                                │
│ └──┘                                 │
│ ......................................│
│ ......................................│
│ ......................................│
│ ......................................│
└─────────────────────────────────────┘
```

（注）裏面上部に磁気ストライプをはり付ける。

図—2　修了証の様式

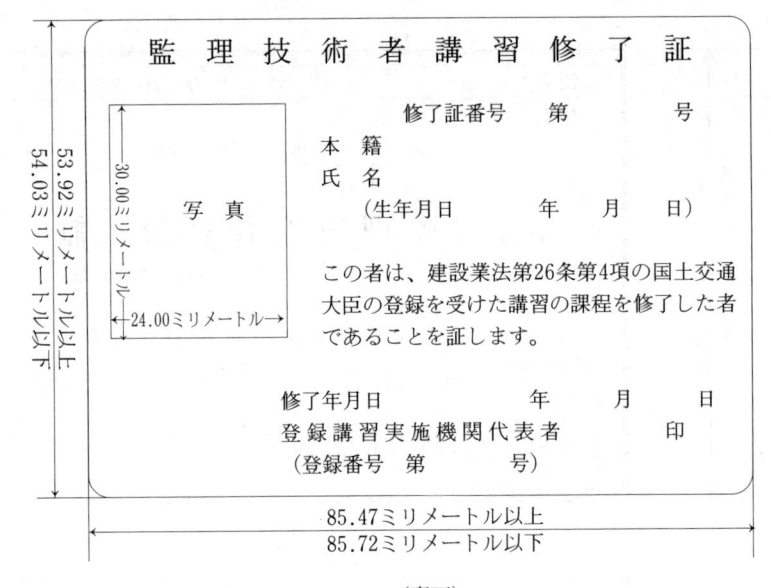

（表面）

```
┌─────────────────────────────────────────┐
│         監 理 技 術 者 講 習 修 了 証      │
│                                          │
│   ┌──────────┐   修了証番号　第　　　号   │
│   │          │   本　籍                  │
│   │   写 真  │   氏　名                  │
│   │          │   （生年月日　　年　月　日）│
│   │          │                           │
│   └──────────┘   この者は，建設業法第26条第4項の国土交通
│                   大臣の登録を受けた講習の課程を修了した者
│                   であることを証します。
│
│                   修了年月日　　　　　年　月　日
│                   登録講習実施機関代表者　　　印
│                   （登録番号　第　　　号）
└─────────────────────────────────────────┘
```

縦：53.92ミリメートル以上　54.03ミリメートル以下
写真：30.00ミリメートル×24.00ミリメートル
横：85.47ミリメートル以上　85.72ミリメートル以下

（裏面）

注意事項
1　建設業法第26条第4項の規定により選任されている監理技術者は，当該選任の期間中のいずれの日においてもその日の前5年以内に行われた講習を受講していなければならない。
2　建設業法第26条第4項に規定する発注者から本証の提示を求められることがある。
3　本証は，他人に貸与し，又は譲渡してはならない。

備考
1　材質は，プラスチック又はこれと同程度以上の耐久性を有するものとすること。
2　「本籍」の欄は，本籍地の所在する都道府県名（日本の国籍を有しない者にあつては，その者が有する国籍）を記載すること。

図—3　工事現場に掲げる標識の様式

建　設　業　の　許　可　票	
商　号　又　は　名　称	
代　表　者　の　氏　名	
主任技術者の氏名　専任の有無	
資格名　資格者証交付番号	
一般建設業又は特定建設業の別	
許　可　を　受　け　た　建　設　業	
許　可　番　号	国土交通大臣 知事　許可（　）第　　号
許　可　年　月　日	

（40cm以上×40cm以上）

記載要領

1　「主任技術者の氏名」の欄は、法第26条第2項の規定に該当する場合には、「主任技術者の氏名」を「監理技術者の氏名」とし、その監理技術者の氏名を記載すること。

2　「専任の有無」の欄は、法第26条第3項の規定に該当する場合に、「専任」と記載すること。

3　「資格名」の欄は、当該主任技術者又は監理技術者が法第7条第2項ハ又は法第15条第2項イに該当する者である場合に、その者が有する資格等を記載すること。

4　「資格者証交付番号」の欄は、法第26条第4項に該当する場合に、当該監理技術者が有する資格者証の交付番号を記載すること。

5　「許可を受けた建設業」の欄には、当該建設工事の現場で行っている建設工事に係る許可を受けた建設業を記載すること。

6　「国土交通大臣　知事」については、不要のものを消すこと。

○建築士法等の一部を改正する法律等の施行について

〔平成20年10月8日〕
〔国総建第177号〕

国土交通省総合政策局建設業課長から　各地方整備局建政部長等あて
（都道府県知事主管部局長あて　参考送付）

　平成18年12月20日付けで公布された建築士法等の一部を改正する法律（平成18年法律第114号）により建設業法（昭和24年法律第100号）の改正が行われ、建設工事紛争審査会におけるあっせん・調停手続に係る時効中断手続等に係る部分については平成19年4月1日から施行されたところであり、その他の部分については本年11月28日より施行される。

　あわせて、本年5月23日付けで公布された建築士法施行令及び建設業法施行令の一部を改正する政令（平成20年政令第186号）により建設業法施行令（昭和31年政令第273号）の改正が行われるとともに、本年10月8日付けで公布された建設業法施行規則の一部を改正する省令（平成20年国土交通省令第84号）により建設業法施行規則（昭和24年建設省令第14号）についても改正が行われた。施行令及び施行規則については、本年11月28日より施行される（改正施行規則のうち、別記様式の改正に係る部分については平成21年4月1日より施行）。

　ついては、本法及び上記の関係法令の施行に当たっては、下記の点について遺漏のないよう取り計られたい。

記

1．一括下請負の全面禁止の対象工事について
　建設業法第22条第3項の改正により、建設業者は、平成20年11月28日以降に請け負った共同住宅を新築する建設工事について、元請人があらかじめ発注者の書面による承諾を得た場合であっても、一括して他人に請け負わせてはならないこととされた。
　なお、長屋は、共同住宅には含まれず、一括下請負の禁止の対象とはならないので留意されたい。長屋であるか、共同住宅であるかは、建築基準法第6条の規定に基づき申請し、交付される建築物の確認済証（建築確認申請書及び添付図書を含む。）により判別することが可能である。

2．技術者の専任の必要な工事について
 (1) 公共性のある施設又は多数の者が利用する施設若しくは工作物に関する重要な建設工事として建設業法施行令第27条第1項に規定する工事については、従前より工事現場ごとに専任の主任技術者又は監理技術者を置くことを求めてきたところである。今般、建設業法第26条第4項の改正により、監理技術者の専任を要する民間工事についても、公共工事の場合と同様に、当該監理技術者は、監理技術者資格者証の交付を受けている者であって、国土交通大臣の登録を受けた講習を受講した者から選任しなければならないこととされた。

　　なお、1．で述べたとおり、長屋は、共同住宅とは明確に区分されており、専任の技術者の配置が必要な工事とはならないことに留意されたい。
 (2) 建設業法施行令第27条第1項第3号に規定する事務所・病院等の施設又は工作物と戸建て住宅を兼ねたもの（以下「併用住宅」という。）について、併用住宅の請負代金の総額が5,000万円以上（建築一式工事の場合）である場合であっても、以下の2つの条件を共に満たす場合には、戸建て住宅と同様であるとみなして、主任技術者又は監理技術者の専任配置を求めない（併用住宅全体の工事請負金額が5,000万円未満（建築一式工事の場合）である場合には、主任技術者又は監理技術者の専任配置は必要ない。）。
　① 事務所・病院等の非居住部分（併用部分）の床面積が延べ面積の1／2以下であること。
　② 請負代金の総額を居住部分と併用部分の面積比に応じて按分して求めた併用部分に相当する請負金額が、専任要件の金額基準である5,000万円未満（建築一式工事の場合）であること。

　　なお、併用住宅であるか否かは、建築基準法第6条の規定に基づき交付される建築確認済証により判別する。また、居住部分と併用部分の面積比は、建築確認済証と当該確認済証に添付される設計図書により求め、これと請負契約書の写しに記載される請負代金の額を基に、請負総額を居住部分と併用部分の面積比に応じて按分する方法により、併用部分の請負金額を求めることとする。
3．営業に関する図書について
　建設工事は工事目的物の引渡し後に瑕疵をめぐる紛争が生じることが多く、その解決の円滑化を図るためには、これまで保存が義務付けられてきた帳簿及びそ

の添付資料だけではなく、施工に関する事実関係の証拠となる書類を適切に保存することが必要である。このため、建設業法第40条の3の改正により、新たに営業に関する図書を保存しなければならないこととされた。

具体的には、建設業法施行規則第14条の2第1項に規定する作成特定建設業者は、次の(1)〜(3)に掲げる図書を、その他の元請業者は、(1)及び(2)に掲げる図書を、目的物の引渡しをした時から10年間保存することが必要である。

(1)〜(3)の図書は、必要に応じ当該営業所において電子計算機その他の機器を用いて明確に紙面に表示されることを条件として、電子計算機に備えられたファイル又は磁気ディスク等による記録をもって代えることができる。

(1) 完成図

建設工事の種類や規模、請負契約の内容によっては、完成図を作成する場合もあれば、しない場合もあるものと考えられるが、作成した場合にあっては、建設工事の目的物の完成時の状況を表した完成図を保存しなければならない。

完成図としては、例えば、土木工事であれば平面図・縦断面図・横断面図・構造図等、建築工事であれば平面図・配置図・立面図・断面図等が該当する。

なお、完成図が作成される場合としては、①請負契約において建設業者が作成することが求められている場合、②請負契約に定めはないが建設業者が建設工事の施工上の必要に応じて作成した場合、③発注者から提供された場合等が考えられる。

(2) 発注者との打合せ記録

建設工事を進めていくに当たっては、工事内容の確認・変更、発注者からの工事方法に関する具体的な指示、建設業者からの工事方法の提案等の様々な目的で当事者間で打合せが行われるものと想定される。こうした打合せの記録を作成している場合にあっては、建設工事の施工の過程を明らかにするため、その保存を義務付ける。

工事目的物の瑕疵をめぐる紛争の解決の円滑化に資する資料を保存するという観点から、保存が必要な打合せ記録の範囲は、打合せ方法（対面、電話等）の別による限定はしないが、当該打合せが工事内容に関するものであり、かつ、当該記録を当事者間で相互に交付した場合に限ることとする。

なお、いわゆる「指示書」「報告書」等についても、その名称の如何を問わず、当該記録が工事内容に関するものであって、かつ、当事者間で相互に交付

された場合には、保存義務の対象となることに留意されたい。

(3) 施工体系図

　作成特定建設業者にあっては、建設業法第24条の7第4項の規定に基づき作成される建設工事における各下請人の施工の分担関係を表示した施工体系図の保存を義務付ける。施工体系図は工期の進行により変更が加えられる場合が考えられるが、保存された施工体系図により、重層化した下請け構造の全体像が明らかとなるようにしなければならない。

（以　上）

○今後の建設産業政策の在り方について（第一次答申）

〔昭和62年1月13日〕
〔中央建設業審議会〕

一　基本的考え方

　我が国の建設業は、530万人の就業者を有するとともに、建設投資額は国民総生産の2割近くに相当するなど、基幹産業として国民経済上重要な地位を占めている。

　しかしながら、近年の建設業を取り巻く環境は、建設需要が低迷している中で競争が激化し、この結果、経営環境の悪化、労働条件の低下、倒産の多発など、極めて厳しい状況となつている。

　したがつて、今後建設の健全な発達を図つていくためには、公正な競争を通じて、合理的な分業関係が形成される中で、企業規模の大小にかかわりなく「技術と経営に優れた企業」が成長していくことを基本として、業界の自助努力を補完する観点から、行政側としても条件整備のための新たな産業政策を強力に展開する必要がある。

　この場合、施工能力や資力信用に欠ける者、不誠実な者が建設市場に不当に参入している実態にかんがみ、これらの不良・不適格業者を排除する施策を強力に推進するとともに、業界の自助努力を積極的に支援する誘導施策を適切に講じていく必要がある。

二　建設業の許可要件等の在り方

　建設業の許可業者に対する国民の信頼にこたえるためには、許可制度の厳正な運用を図るとともに、現行の許可制度において根幹的な役割を果たしている許可基準については、社会経済情勢の変化に対応して適宜必要な見直しを行つていく必要がある。

　特に、施工技術が日々進展する中で、建設業を近代化し、良質な建設生産物を創造していくためには、建設業界全体の技術水準を向上させることが重要であり、そのためには、建設業の特性に応じた技術者像を明確にして技術者の資格要件を改善するとともに、技術力の継続的な向上を図るなど企業努力を行う建設業者が適正に評価されるような施策を講ずる必要がある。

また、複数の下請業者を使うことの多い特定建設業者が、技術力の向上と経営基盤の強化を図ることにより、社会的責任を十分に果たせる企業として市場活動を行つていくよう適切な施策を講ずる必要がある。

(1) 許可制度の厳正な運用

許可審査事務の厳正化に関しては、昭和62年4月からオフィス・オートメーションシステムの導入等による事務処理体制の合理化に伴い、経営業務の管理責任者及び技術者の名義の貸し借りが判明した場合には、建設業法に照らして厳格に対処するものとし、経営基盤や施工能力に欠ける不良・不適格業者の参入の防止と排除が徹底的に図られるべきである。

また、許可基準のうち、経営実務経験者及び技術者の資格要件については、一定期間以上の実務経験を有することとされている経験年数の証明が申請者の自己証明のみに頼らざるを得ない場合が多いなど厳格性に欠けるところがあるので、今後、中長期的な展望を踏まえたうえで、建設業者に過重な負担を課すことのない真の実効性のある確認手段について引き続き検討を行つていく必要がある。

(2) 技術者の資格要件の改善

建設業法では、建設業を一般建設業と特定建設業に区分したうえで、それぞれについて、土木工事業及び建築工事業の2つの一式工事のほか、大工工事業、左官工事業等26の専門工事の合計28の業種に分けている。このように、建設業は、必要とされる施工技術の内容が総合的、技術的なものから経験的、技能的なものまで業種によつて差があり、また、一般建設業か特定建設業かの立場の違いによつて責任の程度及び範囲も異なつている。

しかしながら、現行の許可基準のうち、技術者の要件についてみると、営業所ごとに専任で置くことが必要な技術者は、業種等の違いにかかわらず、一定期間以上の実務経験を有する技術者かまたは施工管理技士等の国家資格を有する技術者かいずれかがいることで足ることとされている。

したがつて、技術者の資格要件は、現行のように業種にかかわらず一律ということでなく、それぞれの業種の施工技術の内容に応じて定めることが適当である。この場合、技術検定制度の普及にかんがみ、その一層の充実を図り、その合格者の積極的な活用を図るとともに、国家資格を有する技術者の実態にも考慮して検討する必要がある。

以上のような観点から、技術者の資格要件については、客観性を高めるととも

に、適正な施工の確保を図るため、段階的に次のような施策を講ずるべきである。

① 中長期的な施策としては、施工技術が総合的、技術的な業種である土木工事業、建築工事業、とび・土工工事業、電気工事業、管工事業、鋼構造物工事業、ほ装工事業、しゆんせつ工事業、機械器具設置工事業、電気通信工事業、造園工事業、水道施設工事業、消防施設工事業、清掃施設工事業の14業種については、特定建設業、一般建設業とも国家資格に限定する方向が適当である。

② 当面構ずべき施策としては、施工技術が総合的、技術的な前記14業種の中でも、施工の実態等を勘案した場合、一式工事である土木工事業及び建築工事業、ほ装工事業、管工事業、鋼構造物工事業の特定建設業については、その社会的責任の大きさにかんがみ、それにふさわしい国家資格に限定する必要がある。

なお、一般建設業についても、国家資格者の充足度に見合つて、漸次、国家資格に限定していくことに努めるべきであるが、その見直しに当たつては、既に許可を得て建設工事を適正に施工し誠実に営業している建設業者については、その実績に配慮した適切な経過措置を講ずるべきである。

また、木造建築士については、大工工事業の一般建設業の技術者の資格要件として認定するとともに、技能士のうちで資格要件としてまだ認められていない技能検定職種について、該当業種にふさわしいものについては技術者の資格要件として認定することが適当である。

③ 当面講ずべき誘導施策としては、中長期的な展望を踏まえて、技術者がより的確な施工管理能力を習得できるよう技術検定制度の一層の充実を図り、試験によるほか、特別の研修の効率的な実施により、施工管理技士の資格取得の促進を図る必要がある。現在、国家資格としては、施工管理技士、技術士、建築士、技能士、電気工事士、電気主任技術者、消防設備士が認められており、今後ともこの国家資格体系を維持することになるが、適正な施工を確保するうえで、技術者の施工管理能力が重要であるため、一部の国家資格者については、より的確な施工管理能力を習得することが望ましいと考えられる。その場合に、施工管理技士の資格取得に当たつての優遇措置を講ずることが適当である。

なお、技術検定に関する特別の研修による資格取得は、実務経験の豊かな

高齢者のように必ずしも試験になじまない技術者に資格取得の機会を設ける特別な措置であるので、特別の研修によつて安易に資格を取得するような傾向は厳に慎むべきであると考えられる。このため、特別の研修については、受講資格、研修内容及び修了試験を一層厳格にし、真に実力のある施工管理技士が誕生するよう実施方法を改善する必要がある。

(3) 公共性のある工事の技術者の専任制について

建設工事の適正な施工を確保するためには、建設業者が、その請け負つた建設工事を施工する工事現場に、一定の施工実務の経験を有する者等を置いて工事の施工の技術上の管理を行わせることが必要である。このため、現在、建設工事の現場には、工事の施工の技術上の管理をつかさどる主任技術者又は監理技術者を置かなければならないと定め、さらに、公共性のある工作物に関する重要な工事で工事一件の請負代金額が900万円（電気工事、管工事、電気通信工事、さく井工事は300万円）以上のものについては、主任技術者又は監理技術者は工事現場ごとに専任の者でなければならないとされている。

この専任制の範囲については、真に専任を必要とする工事に限定し、建設業者に過重な負担とならないよう、工事一件の請負代金額に関する上記の基準金額を引き上げる必要がある。また、現行法では、元請のみならず下請の主任技術者も専任でなければならないとされているが、下請の専門工事業の場合は、その作業工程が連続的でない場合もあるので、下請に過重な負担とならないよう元請と下請との作業実態に即した専任の取り扱いとする必要がある。

また、2,000万円以上の下請契約を締結して施工する場合に設置しなければならない監理技術者は、元請という最高責任者の立場で総合的な管理のもとに下請を指導監督し、安定かつ適正に施工することを求められている。特に、公共性のある工作物に関する重要な工事に係る監理技術者は、常に技術力及び下請管理能力の向上に努めるとともに、常時継続的に一工事現場に配置されていることが必要である。

このため、監理技術者に有効期間を設けた登録証を発行し、更新を行う登録制度などを創設するとともに、公共工事に設置する監理技術者については、特に登録証を交付された技術者でなければならないこととすることによつて、総合的な施工管理能力を有する監理技術者による適正な施工及び専任制の確保を図ることが適当である。

その場合、次の点に留意して、具体的な施策を検討する必要がある。
① 登録証の発行及び更新は、技術者の本人確認を行うほか講習を実施するなど、厳正な審査のもとに行うこと。
② 講習は、技術力及び下請管理能力の維持向上を図る観点から、新技術、新工法、施工管理、下請指導、原価管理、法規等を内容とし、総合的なプロジェクトマネジメントの能力の向上を図れるようにすること。
③ 登録機関、講習機関としては民間の活用を含めて検討すること。
④ 登録証交付技術者については、経営事項審査制度において適正に評価するなど、技術力向上のためのインセンティブを与えること。

(4) 技術検定の指定試験機関制度の導入

現在の建設業法では、建設大臣は建設工事に携わる者の施工技術の向上を図るため、技術検定を行うことができることとされているが、建設大臣が自ら実施する一部の試験を除いて、技術検定に係る試験及び特別の研修は、建設大臣告示に基づいて特定の民間機関が実施している。

しかしながら、事務運営の公正さの確保等について監督行政庁の指導監督体制をより一層充実し、かつ、試験等を実施する民間機関の位置付けを明確にするため、指定試験機関制度を技術検定に導入することが適当である。

(5) 技術者の技術力の向上

建設工事の適正な施工を確保するうえで、技術者の役割は重要である。このため、技術者が定期的に講習を受講して、日々進展する施工技術の進歩に的確に対応して技術力の維持向上を図るとともに、総合的な生産工程における各分野の技術力の向上を図れるよう、建設業法に基づく建設業者団体等が自主的に行う技術者の資格制度、講習等のうち適切なものについては、行政として積極的に指導していくことが重要である。

(6) 特定建設業の財産的基礎の見直しについて

特定建設業の許可要件における財産的基礎の金額については、特定建設業者でなければ締結することができない下請契約に係る下請代金額との関連の下に定められているが、一方、特定建設業者が倒産した場合の影響の重大さ等を勘案した場合、その財産的基礎については、その金額の引き上げ等の見直しを行うことが適当である。

なお、一般建設業の財産的基礎については、従前どおり、建設工事費の増嵩等

社会経済情勢の変化に伴い、適宜、見直しを行つていくこととする。
(7) 許可関係書類の閲覧の有料化

　許可関係書類の閲覧については、事務量の増大、サービスの高度化等に対応するため、閲覧の有料化を今後の検討課題とする必要がある。

三　経営事項審査制度の在り方
(1) 経営事項審査制度の現状と課題

　建設市場において、「技術と経営に優れた企業」に関する情報を提供する企業評価システムの役割は、発注者にとつてのみならず、建設業者にとつても大きい。すなわち、建設市場における生産物の供給は、通常、契約時には建設生産物が存在せず、請負契約により将来時点における完成品の供給という形態をとるため、契約時において当該生産物の品質に関する有効な情報が直ちには得られないという特性を有している。したがつて、建設市場においては企業の信頼性に関する情報が発注者にとつて重要であると同時に、多様な発注形態に応じて的確に建設業者が選択されることは、建設業の健全な発展を図る上でも重要な意義を有している。このため、我が国においては、公共性のある建設工事について、事前の企業力の審査等により施工能力が劣る企業や不誠実な企業の受注を排除すること等を制度的に担保する観点から、昭和25年以来、建設業者の信用、技術、施工能力等を総合的に評価する経営事項審査制度が採用され、定着している。しかしながら、本制度については、次のような問題点があり、必ずしもその機能を十分に果たしているとはいえない状況にある。

　第一に、現在の運用実態をみると、審査結果の発表時期が遅かつたり、発注者が必要とする工事種別ごとに完成工事高が区分されていないなど利用上の問題があり、発注者が実際の資格審査に経営事項の審査結果を活用しようとしてもしにくい面が見受けられる。また、制度上も、経営事項審査制度は、発注者にとつての単なる便宜参考評価資料としての位置付けとなつている。

　第二に、許可行政庁においては、毎年17万にものぼる建設業者の経営事項審査を処理しており、大多数の許可行政庁において必要最小限の審査にとどまることを余儀なくされている。この結果、虚偽申請や紛飾等について十分なチエツクを行えず、このため、優良な建設業者を的確に選択するという目的が十分には達成できていないおそれがある。

　第三に、評価項目のうち、完成工事高のウエイトが必要以上に高く、企業の技

術力や経営の健全性等が十分に反映されていない。

したがつて、この経営事項審査制度をより合理的かつ有効なシステムに拡充することが、最重要課題の一つである。

(2) 新しい経営事項審査制度の在り方

① 経営事項審査制度の利用促進

経営事項審査制度の利用の促進を図るためには、審査結果の発表時期を発注者の資格審査に間に合わせるとともに、経営事項審査の工事種別と資格審査の工事種別を調整することなど、利用促進のための条件整備を図るべきである。また、その制度上の位置付けについては、条件整備と合わせて早急に見直すことにより、発注者、公共工事市場に参入しようとする建設業者双方に対する経営事項審査の利用の徹底を図るべきである。

② 審査の充実

審査の充実を図る観点から、必要に応じ、許可行政庁による実地調査、公認会計士等による外部監査を実施するとともに、許可行政庁の審査能力を補完する公正中立な第三者機関を設置し、有料で一元的に業務を行わせる方向で検討を進めるべきである。すなわち、公共工事の適正な施工を確保するとともに、「技術と経営に優れた企業」が成長できる条件整備を図るためには、客観的事項と主観的事項の区分の在り方を含め企業力を的確に評価するための審査項目の改善を図る必要があり、また、これと合わせて、行政を補完する体制として、建設業の企業力評価に精通した民間部門の専門知識の活用、さらには、審査能力を備えた第三者機関の設置など外部の専門能力を導入して、審査体制を充実することが必要である。また、このような形でサービスの向上を図るために、財源措置として必要経費については申請者の負担を求める有料化を図るべきである。

なお、第三者機関の活用に当たつては、現行法上、各許可行政庁が審査を行うこととされている点を踏まえたうえで、第三者機関を十分に指導監督していく体制の確立を図るとともに、発注者の種々のニーズに応えるためのデータの一元的処理等に十分配慮すべきである。

③ 経営事項審査制度の民間工事への活用

民間工事市場においても、優良な建設業者を選定するに当たつて企業情報の必要性は高いが、どのような情報提供システムが最も適当であるかについ

ては、経営事項審査制度の活用のみならず、業界団体あるいは中立機関による企業評価制度の検討など、今後、幅広い調査または研究を踏まえたうえで、中長期的に検討を進めていく必要がある。

○今後の建設産業政策の在り方について（第二次答申）

―共同企業体の在り方―

〔昭和62年8月17日〕
〔中央建設業審議会〕

最終改正　平成10年2月4日

第一　総括的考え方

一　経緯と現状

建設工事における共同企業体は、昭和26年に我が国に制度として導入されて以来、数次にわたる通達等により、大規模工事等の安定的施工や中小建設業者の経営力、施工力の向上等の目的でその活用が図られてきたところであるが、近年ではほとんどの公共発注機関において採用され、公共工事発注総額の約3割が共同企業体により受注されるに至つている。

一方、各発注機関における共同企業体活用の目的、方法は多様になつており、一部には行き過ぎと見られる活用も行われ、また、共同企業体の円滑な運営に支障が生じている等次のような種々の弊害が指摘されているところである。

- ・小規模工事等単独業者が施工する方が効率的な工事まで共同企業体が受注する。
- ・施工能力のない業者が受注する。
- ・構成員数が多過ぎ、あるいは構成員間の技術力、施工能力等の格差が大き過ぎる等により共同施工が著しく非効率となる。
- ・実際に共同施工を確保することが困難である。
- ・運営上トラブルを生じる場合も少なくない。
- ・安全管理体制、瑕疵が生じた場合の責任体制等に問題を生じやすい。

このため、共同企業体活用に伴う弊害を防止し、建設業の健全な発展を図るため、共同企業体活用の在り方を適正化する必要がある。

二　基本的視点

共同企業体の在り方の適正化に当たつては、不良・不適格業者参入の防止、共同施工の確保、共同企業体運営の円滑化等により共同企業体活用に伴う弊害を防

止するとともに、昭和62年1月13日中央建設業審議会答申「今後の建設産業政策の在り方について（第一次答申）」に示されている建設産業政策の基本的考え方を踏まえることが必要である。

三　活用の基本方針

共同企業体の活用に当たつては、次の方針を基本とするものとする。

① 建設業の健全な発展と建設工事の効率的施工を図るため、公共工事の発注は単体発注を基本的前提とするとともに、共同企業体の活用は、技術力の結集等により効果的施工が確保できると認められる適正な範囲にとどめるものとする。

② 昭和25年9月13日中央建設業審議会決定「建設工事の入札制度の合理化対策について」は、公共工事入札に当たつての公正自由な競争秩序の在り方を示したものである。すなわち、建設業者の信用、技術、施工能力等公共工事の適正な施工を行い得る能力を重視するとともに、企業規模の大小にも留意した適正な入札方法として、いわゆる「等級別発注制度」を定めたものであり、公共工事の発注においては、共同企業体を活用する場合であつても、同制度の合理的運用を確保することが必要である。

③ 不良・不適格業者の参入を防止し、円滑な共同施工を確保するため、発注機関においては、共同企業体の対象工事、構成員等について適正な基準を明確に定め、それに基づき共同企業体の運用を行うものとする。

④ 共同企業体の対象工事については、共同施工の体制を経済的に維持し得る工事規模を確保するとともに、受注者においては適正に技術者を配置し、合理的な規準の下で運営することにより工事の適正かつ円滑な施工を行うものとする。

四　共同企業体の方式

共同企業体を活用する場合には、次の方式によるものとし、発注機関において、それぞれの方式を活用する必要性を勘案の上、各々の判断により活用するものとする。

① 特定建設工事共同企業体

大規模かつ技術的難度の高い工事の施工に際して、技術力等を結集することにより工事の安定的施工を確保する場合等工事の規模、性格等に照らし、共同企業体による施工が必要と認められる場合に工事毎に結成する共同企業

体

② 経常建設共同企業体

中小建設業者が、継続的な協業関係を確保することによりその経営力・施工力を強化する目的で結成する共同企業体

五 共同企業体運用準則

共同企業体を活用する場合にあつては、「第二　共同企業体運用準則」に従い、各発注機関において共同企業体運用に当たつての基準（共同企業体運用基準）を定めるものとする。

六 運用上の留意点

共同企業体は、安易な運用が行われた場合には、施工の非効率化、不良・不適格業者の参入等の事態も生じかねないのみならず、建設業者間の適正な競争を阻害し、建設業の健全な発展の支障となるおそれがあることに留意する必要がある。

したがつて、共同企業体の活用に当たつては、等級別発注制度の運用との斉合を図り、公正自由な競争の機会が確保されるよう配慮することが必要である。

このため、必要な場合には発注標準を見直すこと等により、等級別発注制度及び共同企業体の合理的運用を確保することが必要である。

七 施策の実効性の確保

① 共同企業体運営上の混乱は、共同企業体の円滑な運営のための規準が十分に確立されていないことにも起因する。このため、共同企業体が構成員の信頼と協調の下に円滑に運営されるよう共同企業体の施工体制、管理体制、責任体制その他基本的な運営方法に係る指針（共同企業体運営指針）を建設省において作成し、その普及を図るものとする。

② 共同企業体の運営を改善し、円滑な共同施工を確保するため、共同企業体に係る助言・指導体制を整備するものとする。

これにより、運営実態の調査、共同企業体運営指針の普及、共同企業体運営の改善のための助言・指導等を行い、共同施工の円滑化と工事の的確な施工の確保に資するものとする。

③ 発注機関は、共同企業体の工事実績を評価して各構成員単体の実績に適正に反映させ、共同企業体による効果的な施工を促進するものとする。また、必要な場合には、運営適正化のための措置を含め的確な指導を行うものとする。

④　本答申が発注機関、業界において周知徹底されるよう、建設省その他の関係各庁において必要な助言・指導等を行うものとする。

第二　共同企業体運用準則

一　準則設定の趣旨

　本準則は、発注機関が共同企業体運用基準を定めるに当たって準拠すべき基準を示すものである。

二　一般準則

(1)　共同企業体活用の目的に応じ、対象とすべき工事について、特定建設工事共同企業体にあってはその基準を明確に定めるものとし、経常建設共同企業体にあっては技術者を適正に配置し得る規模を確保するものとする。

(2)　共同企業体は、活用の目的、対象工事に応じた適格業者のみにより結成するものとし、その構成員数、組合せ、資格、結成方法等を明示するものとする。

(3)　共同施工を確保し、共同企業体の効果的活用を図るため、対象工事を適切に選定するとともに構成員は少数とし、格差の小さい組合せとする。また、出資比率の最小限度基準を設けるものとする。

三　個別準則

(1)　特定建設工事共同企業体

　①　性格

　　建設工事の特性に着目して工事毎に結成される共同企業体とする。

　②　対象工事の種類・規模

　　特定建設工事共同企業体の対象工事の種類・規模は、大規模工事であって技術的難度の高い特定建設工事（高速道路、橋梁、トンネル、ダム、堰、空港、港湾、下水道等の土木構造物であって大規模なもの、大規模建築、大規模設備等の建設工事。以下「典型工事」という。）その他工事の規模、性格等に照らし共同企業体による施工が必要と認められる一定規模以上の工事とする（注―1）。

　　ただし、工事の規模、性格等に照らし共同企業体による施工が必要と認められる工事においても単体で施工できる業者がいると認められるときには、単体企業と特定建設工事共同企業体との混合による入札とすることができるものとする。

　③　構成員

(イ) 数

　　2ないし3社とする。

(ロ) 組合せ

　　最上位等級（注―2）のみ、あるいは最上位等級及び第二位等級に属する者の組合せとする（注―3）。

(ハ) 資格

　　構成員は少なくとも次の三要件を満たす者とする（注―4）。

　　a) 当該工事に対応する許可業種につき、営業年数が少なくとも数年あること（注―5）。

　　b) 当該工事を構成する一部の工種を含む工事について元請として一定の実績があり、当該工事と同種の工事を施工した経験があること。

　　c) 全ての構成員が、当該工事に対応する許可業種に係る監理技術者又は国家資格を有する主任技術者を工事現場に専任で配置し得ること。

(ニ) 結成方法

　　自主結成とする。

④ 出資比率

　出資比率の最小限度基準は、技術者を適正に配置して共同施工を確保し得るよう、構成員数を勘案して発注機関において定めるものとする（注―6）。

⑤ 代表者の選定方法とその出資比率

　代表者は、円滑な共同施工を確保するため中心的役割を担う必要があるとの観点から、施工能力の大きい者とする（注―7）。

　また、代表者の出資比率は構成員中最大とする。

(2) 経常建設共同企業体

① 性格

　優良な中小・中堅建設業者が、継続的な協業関係を確保することによりその経常力・施工力を強化するため共同企業体を結成することを認め、もって優良な中小・中堅建設業者の振興を図るものとする（注―8）。

② 対象工事の種類・規模

　単体企業の場合に準じて取り扱うものとするが、技術者を適正に配置し得る規模を確保するものとする（注―9）。

③ 構成員

(イ) 数

　　2ないし3社程度とする。

(ロ) 組合せ

　　同一等級又は直近等級に属する者の組合せとする（注—10）。

(ハ) 資格

　　構成員は少なくとも次の三要件を満たす者とする（注—11）。

　　a) 登録部門に対応する許可業種につき、営業年数が少なくとも数年あること（注—5）。

　　b) 当該登録部門について元請として一定の実績を有することを原則とする。

　　c) 全ての構成員に、当該許可業種に係る監理技術者となることができる者又は当該許可業種に係る主任技術者となることができる者で国家資格を有する者が存し、工事の施工に当たっては、これらの技術者を工事現場毎に専任で配置し得ることを原則とする。

(ニ) 結成方法

　　自主結成とする。

④ 登録

　　一の企業が各登録機関に結成・登録することができる共同企業体の数は、原則として一とし、継続的な協業関係を確保するものとする。

　　登録時期等は単体企業の場合に準ずる。

⑤ 出資比率

　　出資比率の最小限度基準は、技術者を適正に配置して共同施工を確保し得るよう、構成員数を勘案して発注機関において定めるものとする（注—6）。

⑥ 代表者の選定方法とその出資比率

　　代表者は、構成員において決定された者とし、その出資比率は、構成員において自主的に定めるものとする。

第三　共同企業体運用準則注解

（注—1）

　　技術力の結集を必要とする研究開発型工事、実験型工事を除き、対象工事の規模は典型工事に準ずる大規模なものとすることが望ましい。

　　この場合において、対象工事の規模は、土木、建築工事にあっては少なくとも

5億円程度を下回らず、かつ、発注標準の最上位等級に属する工事のうち相当規模以上のものとすることを原則とする。

他の工種についても、これに準じて定めるものとする。

（注―2）

発注標準が極めて高く設定され、最上位等級に属さない企業が注―1にいう工事規模（土木、建築工事にあっては5億円程度）以上の規模の工事を単体企業で施工するものとして発注標準上位置付けられている場合にあっては、発注機関の判断により、一定の基準を定め、当該企業を本項にいう最上位等級に準ずるものとして取り扱うことも差し支えないものとする。

（注―3）

発注標準が相対的に低く設定されている場合にあっては、最上位等級に属する者のみによる組合せとすることが望ましく、また、施工技術上の特段の必要性がある場合には、第三位等級に属する者を構成員とすることも差し支えない。

（注―4）

別途他の資格要件、指名基準が適用されるのは当然である。

また、各発注機関において選定する共同企業体の対象工事の特性等を勘案し、必要に応じ資格要件を追加するものとする。

（注―5）

国内建設業者にあっては、当該許可業種に係る許可の更新の有無が営業年数の判断の目安として想定される。また、海外建設業者にあっては海外における当該業種の営業年数を確認するものとする。

（注―6）

出資比率の最小限度基準については、下記に基づき定めるものとする。

  2社の場合　　30パーセント以上

  3社の場合　　20パーセント以上

（注―7）

等級の異なる者による組合せにあっては、代表者は上位等級の者とする。

（注―8）

現在、規模の大きな企業を構成員として認めて運用している発注機関にあっては、当該運用を特定建設工事共同企業体の運用によって代替すること等により、経常建設共同企業体の目的に沿った運用に段階的に移行するものとする。

（注―9）

　等級の異なる者の組合せによる経常建設共同企業体にあっては、上位等級構成員の等級の発注工事価額以上とするよう配置するものとする。

（注―10）

　個別審査において下位等級企業に十分な施工能力があると判断される場合には、直近二等級までの組合せを認めることも差し支えない。

（注―11）

　別途他の資格要件、指名基準が適用されるのは当然である。

　また、各発注機関において、必要に応じ資格要件を追加するものとする。

第四　共同企業体運用基準の適用

　共同企業体を活用する場合にあつては、各発注機関において本準則に従い速やかに共同企業体運用基準を定め、遅くとも昭和64年度より適用するよう措置するものとする。

○今後の建設産業政策の在り方について（第三次答申）

——建設業の構造改善について——

〔昭和63年5月27日〕
〔中央建設業審議会〕

一　建設業を取り巻く環境

　我が国の建設業は、国民生活や産業活動の基礎となる建設生産物の供給を通じて、広く社会経済文化の発展に寄与するとともに、国民総生産の2割近くに相当する建設投資を担い、500万人を超える就業者を擁する基幹産業として、国民経済の発展に重要な役割を果たしている。

　また、今後、我が国経済社会は、21世紀に向け、国民生活の質のより一層の向上をもたらし、国際社会の一員として必要な役割を果たすために、内需主導型経済構造への転換を進めることが必要とされており、建設業としても、内需拡大の柱である住宅・社会資本等の整備の担い手として、ますます重要な役割を期待されている。

　加えて、我が国経済社会の国際化、高齢化、情報化等の社会潮流の変化に伴い、建設生産物に対するニーズは多様化、高度化するとともに、建設業とエンジニアリング業、製造業等との業界分野における競合は拡大しており、今後、建設業は、活動領域を拡げつつ、これら高度化、多様化する建設需要に的確に応えていくことが必要となつてくる。

　また、我が国が国際的地位を向上させている中で、内外の建設市場における国際化が進展しており、今後、建設業は、国際経済社会の発展にも積極的に貢献していくことが求められている。

二　建設業の現状と課題

　近年は、内需拡大という追風に乗り、高い伸びを示す建設需要も、昭和50年代後半は、低迷を続け、こうした需要動向の中、依然として需給のアンバランスを底流としつつ、建設生産システムにおいては、下請依存度の上昇、下請の重層化、特定一社への専属度の低下、一部総合工事業者の下請化、受・発注形態の多様化等の現象が進行したことが特徴としてあげられる。この結果、多様な分業関係から形成される建設業の生産組織は、一層複雑なものとなり、建設需要の多様化、ソフト化、

建設技術の高度化、専門化の流れとも相まつて、建設生産における各機能の在り方、特に、元請・下請間の機能分担の在り方に変化を生じさせている。

　また、経営基盤の脆弱な中小零細企業が圧倒的多数を占め、厳しい受注競争の中、経営状況の改善、労働条件の向上等が立ち遅れている、元請・下請関係に不合理な面が残存している等の産業構造や企業体質の面で、従来より指摘されている様々な問題についても、かなり改善されてきているが、今後、解決に向けて、より一層の努力を必要としている。

　こうした状況の中で、建設業が将来にわたり、国民のニーズに的確に応え、より良質な建設生産物を提供し、活力と魅力あふれる産業として、社会的評価を獲得するとともに、建設業に従事している者、しようとしている者に対して魅力ある基幹産業になるためには、これら建設業が内包する諸問題を解決し、産業構造の改善、高度化を図つていくことが、喫緊の課題となつている。

三　建設業構造改善の基本的方向

(1)　建設生産システム

　建設業の対象は、国土の基盤を成す大規模なものから、国民の生活に深く関連する日常的なものまで幅広く、また、その生産様式における特性（総合組立生産、単品受注生産、現地屋外生産、労働集約的生産）から建設生産システムは、一般的に様々な規模、業種の複数の建設業者とともに、設計者、資材メーカー等多様な産業の分業関係により、形成されている。

　このうち、建設業がその根幹をなす施工体制に着目すると、発注者、設計者の意図を受け、企画力、技術力等総合力を発揮して業種間の管理監督を行う総合的管理監督機能と技能労働力を活用して工事施工を担当する直接施工機能の組合せによつて行われており、それを総合工事業―専門工事業、あるいは元請―下請としてとらえることができる。

　企画、調査、設計、保守等エンジニアリング部門の拡大や、個別企業の受注、施工形態の変化は予想されるものの、このような施工体制は、今後とも建設業の基本構造として、存続するものと考えられる。

(2)　構造改善の基本的視点

　建設業が、多様化し、高齢化する社会のニーズに対応し、国土空間を築いていく基幹産業として課せられた期待に応え得るためには、建設生産システムの中から、不良・不適格者を排除するとともに、発注者、設計者、元請、下請の各々全

てが、自らの役割と責任を果たしつつ、意思の疎通を十分密にすることにより、良質な建設生産物を適正価格で提供し得る効率的生産システムを形成する必要がある。

　このうち、建設市場からの不良・不適格業者の排除については、「技術と経営に優れた企業」が成長する条件整備として、業界の自助努力を補完する観点から、62年1月の「今後の建設産業政策の在り方（第一次答申）」を踏まえた建設業法の改正、建設業許可のＯＡ化等を始めとする諸方策、及び62年8月の同第二次答申に基づいた共同企業体の活用の適正化についての諸方策等が講じられているところである。

　一方、現在の建設生産システムにおいては、企業基盤が脆弱な中小零細企業が多く、施工能力の向上や技術開発の推進に立ち遅れが見られ、企業間における契約、価格等のルールの面でも不合理な面が見られるとともに、必要以上に複雑化した施工形態が発生している。さらに、市場条件についても、品質と価格による競争の推進に対応できるよう整備する必要がある。

　建設業は、その特性により、元請と下請という各々の機能分担の組合せにより、生産活動が行われているが、一面で、下請の重層化の増加等が、生産システムの効率を低下させている面があるのみならず、下請選定が経済性のみに片寄る等適正を欠いた業者選定が行われる傾向があることにより、「技術と経営に優れた企業」を目指す意欲のある企業の成長が妨げられる面がある。また、元請との強い従属関係を有する下請や経済的優位性から片務的関係が一部で残存している等のため、責任分担が不明確で契約の合理化、価格の適正化、さらには、市場条件整備を行う上で、支障となるなど、個々の企業の自助努力だけでは、解決し得ない問題が現在の元請・下請構造の中に存在している。

　これらを踏まえ、効率的生産システムを形成する上で、もっとも効果的な方策の在り方を考えると、当面講ずべき構造改善方策としては、元請・下請構造を切り口として、建設生産システムの検討を行い、これを軸として、発注者、設計者を含めた建設生産システム全体の適正化に向け、諸方策を講ずるべきである。

　なお、建設業の構造改善は、広範にわたる課題であり、今後、必要に応じ、さらに、検討を深め、具体的方策を講ずるべきである。

(3) 構造改善の基本的方向

　近年の建設業を取り巻く状況、多様化・高度化する社会のニーズを背景として、

元請・下請構造は、多次元化・複合化するとともに、元請・下請間の機能分担の在り方が変化し、その明確化が求められている。

このような状況の下、規模に拘わず「技術と経営に優れた企業」を目指す意欲のあふれる企業が機能分担の在り方の変化に対応するとともに、合理的な分業関係が形成されるよう元請・下請構造の構造改善を行つていく必要があり、このため、元請・下請各々の企業基盤の強化を行うとともに、不必要な下請の重層化を防止し、適正な契約関係を築くことにより、責任分担範囲を明確化し、国民のニーズに応えて、より高品質、高性能な建設生産物を生産し、安定した産業基盤の確立に業界が積極的に努めるよう条件整備を行うべきである。

なお、元請・下請構造は、それぞれの業種、規模及び地域によつて、異なつた状況にあり、この違いを踏まえた構造改善方策が検討されるべきである。

四 元請・下請構造の在り方

建設需要のソフト化、多様化や建設技術の高度化、専門化は、建設業の分業関係の在り方、特に、元請・下請間の機能分担の在り方に変化を促すとともに、これら在り方の変化に的確に対応することにより、合理的な分業関係を形成するとことを強く要請している。しかも、これら在り方の変化の方向、速度等は、企業規模、業種により異なつており、建設生産に携わる個々の企業は、これら在り方の変化に対して、自らの業種特性、企業規模、さらには発注形態に応じて的確に対応することが必要である。

このため、個々の企業及び業界団体は、以下のことを基本的方向として、分業関係の在り方の変化に的確に対応し、合理的な分業関係を形成するよう自ら積極的に努力するとともに、行政としても、これらの取組みを支援するため、従来の施策に加え、新たな構造改善方策を講ずる必要がある。

(1) 責任施工体制の確立

建設工事の適正かつ効率的な施工を確保するためには、建設生産を分担する個々の企業が、分担する工事分野において、課せられた役割と責任を的確に果たすこと（＝責任施工）が極めて重要である。しかも、現在生じている分業関係の在り方の変化、特に、元請・下請間の機能分担の在り方の変化に対する的確な対応が求められていることに鑑み、よりレベルアップした責任施工体制を確立することが必要となつている。

すなわち、下請は、各々の能力に応じて、部分一式等多様な業種・工程を担う

ことができるよう努める一方、分担する工事分野において、直接施工のみならず施工管理をも自らが行い得る体制（＝自主的施工管理体制）を確立する必要がある。また、元請は、分担する工事分野における直接施工、施工管理はもちろんのこと、業種・工程間の総合的施工管理及び下請の適切な指導監督を行いうる体制（＝総合的管理監督体制）を一層強化する必要がある。

　このような責任施工体制を各々の工事ごとに確保するとともに、一括下請、不必要な重層下請を排除するためには、元請は、優良な下請を選定しつつ、一定の下請管理能力を有する現場代理人等を配置し、下請の施工形態等を的確に把握する必要がある。更に、元請・下請を問わず、施工に携わる個々の企業は、技術者の配置を適正に行う必要があり、このためには、建設業法において主任技術者又は監理技術者を工事現場ごとに配置すること、特に一定金額以上の公共性の高い工事について、専任で配置することを義務付けている制度が遵守されることが必須の条件である。このうち、下請の施工形態等の把握の充実を図るためには、施工に携わる下請企業の概要、下請工事の内容、下請に付する理由等を記載した下請台帳（仮称）の作成を義務付ける等の方策を講ずる必要がある。なお、多くの都道府県においては、各々の発注工事に関し、下請報告書提出の義務付け等の措置を講じているところである。

　また、適正な技術者の配置のうち、その専任制については、昨年6月の建設業法改正により、指定建設業が係わる公共工事における技術者の専任制確保のため所要の措置を講じたところである。今後、指定建設業以外の公共工事並びに民間工事における技術者の専任制の確保を図るため、専任の主任技術者又は監理技術者の氏名を下請台帳に記載させる等の方策を講じていくことが望ましい。

(2) 施工責任範囲の明確化

　元請・下請間の機能分担の在り方の変化を背景として、元請・下請間の施工責任について、現状では、元請・下請間で合意を欠き、不明確なものとなつており、下請契約、下請価格等をめぐるトラブルの基本的な要因となつていると考えられる。もとより、下請価格は市場メカニズムの中で、形成されるものであるが、これまで、元請・下請間においては、価格決定を行う上で、基本となる基準・ルールが不十分な面があつた。そこで、元請・下請間において、合理的な契約関係を築き、適正な価格が形成されるためには、これらの基準・ルール作りを行う必要があり、そのためには、まず、業種ごとの標準施工要領書、作業標準等を策定す

ること等により、早急に、施工責任範囲を明確にする必要がある。

これらのことは、下請の自主的施工管理体制を確立する観点からも欠かせないことであり、元請企業においては、個別の企業ごとに、常時発注する下請企業との間で定例的な協議の場を設け、双方が納得できる基準、ルール作りを行つていく必要がある。また、施工責任範囲の統一化、標準化を図る観点から、業界団体が中心となつて、地域別及び中央に、元請・下請間の基準、ルール等を協議する場を設けるとともに、協議の場で元請・下請双方の合意のあつた基準・ルール等については、業種、企業規模を十分に留意し、その普及を図る必要がある。なお、行政としても、協議の場の円滑かつ有効な運営を確保するため、適切な助言を行うとともに、協議の場で元請・下請双方の合意のあつた基準・ルール等については、その普及のために必要な措置を講ずる必要がある。

(3) 元請企業による下請指導等の充実

元請企業においても、より高品質な建設生産物の最も効率的な生産を確保するため、下請企業を支援し、自主的施工管理体制を確立することが重要な課題となつている。

このため、元請企業としては、適正な見積に基づいた受注活動、下請価格や支払条件の適正化に努める一方、自主的施工管理体制の確立に努めている優良な下請企業に対しては、部分一式等下請発注形態を工夫したり、安定発注に努める必要がある。また、下請選定に当たつての企業評価基準を確立し、公表することにより、経営改善の方向を示す一方、下請企業の業種特性及び企業規模を考慮した下請評価、指導を行うことにより、自主的施工管理体制の確立を目指す意欲と能力のある下請企業を育成する必要がある。

また、中長期的には、元請企業による下請企業の適正な評価・選定・指導を推進するため、経営状況、工事経歴等に関する企業情報を提供するシステム、業種別の標準的下請評価基準、及び下請管理能力・下請指導実績等を加味した元請企業評価基準の在り方等について検討していく必要がある。

五 企業基盤の強化・活性化

元請・下請構造の改善を図るため、元請と下請との間に合理的な分業関係を形成するためには、個々の企業がその企業基盤を強化していくことが基本前提であり、経営管理能力、施工管理能力、施工能力等の向上を通じて企業体質の強化を図ることが必要である。

このため、個々の企業の自助努力及び業界団体の積極的活動を基本としつつ、行政としてもこれらの自助努力を補完する立場から、下請企業の責任施工体制の確立、企業体質の強化を図るため、従来の施策の一層の活用を図るほか、新たな方策を積極的に講じていく必要がある。

なお、特に企業基盤の弱い中小建設業者について一企業だけで取り組むのが困難な場合には、同業あるいは異業種間において業務提携、合併等共同化を図つた上で、強化・活性化を目指すのが有効であろう。

(1) 経営改善指導体制の整備

建設業者が経営方針を設定することは、自ら行う経営改善努力に具体的指針を与えるとともに、元請・下請が自らの方針に合致したパートナーを適切に選択し、合理的な分業関係を築く上でも重要である。

このような経営方針を実現するため、経営改善を行うに際して、特に企業基盤の脆弱な中小建設業者にあつては、自助努力のみで企業体質の改善・強化を図ることが必ずしも円滑に行われない場合もあると考えられ、このような場合には、建設業経営に関する専門家から適切な助言・指導を受けつつ、経営改善のための企業努力を行うことが望ましく、そのための体制整備を図ることが急務となつている。このため、業界団体が、経営改善の積極的な取り組みを行うとともに、建設業の特殊性を熟知し、的確な経営改善指導を行い得る人材（建設業経営アドバイザー（仮称））の育成を図り、さらに、このような人材を活用して行う経営改善指導の体制作りを進める必要がある。

また、建設業は多種多様な業種・業態によつて構成され、これらによつて建設生産が成立していることから、経営改善指導は、一律に行われるべきものではなく、業種、業態ごとの特性を踏まえて設定された経営目標や、それを達成するため策定された経営改善指針に基づき行われることが必要である。

(2) 経営管理能力の向上方策

建設業者が適切な経営改善努力により企業基盤を強化していくためには、その前提として、建設業者が、財務内容を的確に把握することができるよう、財務管理、積算・見積、原価管理能力等の経営管理能力の向上を図り、適正価格での受注を行う必要がある。このため、建設業経理事務士等の普及、活用を図るとともに、標準性等を確保しつつ、業種・業態別に経営管理業務等のＯＡ化を促進すること、及び経営管理業務に携わる者に対する教育・研修を行うこと等に対する適

切な助成を講ずることが必要である。

また、様々な情報を効率的に伝達・処理し、各種業務の合理化・高度化に寄与する情報ネットワークの構築等を通じて、情報化に的確に対応した経営管理等を行うことにより、企業基盤の強化・活性化を図ることは、今後の重要な課題であり、その具体的なあり方についての検討を推進する必要がある。

(3) 施工管理能力の強化方策

元請・下請間において定められた施工責任範囲を各々が適正に管理することは、責任施工体制の根幹である。そのため、下請企業がその役割と責任にふさわしい施工管理能力を身につけるとともに、元請企業が業種・工程間の総合的管理能力を充実させる必要があり、技術検定制度の拡充、施工管理者教育の活用等を図るほか、業界団体等が施工管理能力の向上等を目的として自主的に実施している資格制度等の普及・活用を促進する必要がある。

(4) 生産工程の合理化・施工能力の向上方策

今後の建設需要の高度化に的確に対応し、良質な建設生産物の効率的生産を確保していくためには、建設業における品質管理能力の向上を図るとともに生産工程の合理化を図つていくことが必要である。このため、プレハブ化、施工のオートメーション化・ロボット化や工法の標準化を推進するとともに、技術開発を促進するための助成措置や新技術・新工法の普及・活用を推進するための方策が必要であり、また、建設業者が自社の施工責任範囲内において行う生産性向上のための活動のうち、優れたものについて、奨励・促進するための方策を講ずる必要がある。下請企業が責任施工体制を確立するためには、優秀な基幹労働力を確保・育成することが不可決であり、このためＯＪＴ等企業が実施する研修事業のうち一定の指針に適合するものについて助成措置を講ずる等企業が自助努力として行う人材の育成に対し適切な支援を行う必要がある。

また、積極的に他の諸国と技術交流を行うことも必要であり、これは、一面では、国際社会における一員としての責務を果たす意味においても重要で、それに対する助成方策を行う必要がある。

(5) 若年労働者の確保

意欲と活力にあふれる若い労働力を確保することは、主として、直接に労働者を使用する専門工事業や、中小総合工事業のみならず、産業の活性化の意味において建設業全体にとつて極めて重要である。このためには、産業基盤の安定を図

り、個々の企業における賃金、休日その他の労働条件等を向上させること及び専門工事業等が新規学卒者等を自ら雇用することを基本として、これらについて、元請を含めて、建設業全体の課題であるとの認識の下に、改善への取り組みを行うことが不可欠である。また、これらの対策の実施に当たつては、個々の企業努力には限界があり、元請を含めた業界団体等による積極的な指導、援助が必要である。このような施策と併せて、関係教育機関に対する建設業への入職促進に係る積極的な活動の展開も有効である。行政においては、これらの建設業界の自助努力に対して、積極的な支援を行う必要がある。

六　発注者等の在り方

発注形態は、近年、建設需要の多様化に伴つて発注者の総合的判断により、総合工事業者への一括発注、分離発注、コストオン方式等多様化の傾向が見られる。建設生産システムにおいては、元請・下請構造とともにその川上に位置する発注者及び、設計者の在り方も重要である。

特に我が国の建設市場の約４割を占める公共工事における発注の在り方は大きな影響を持つており、62年６月に行われた建設業法の改正の中で、経営事項審査制度の見直しが行われ、公共工事の発注者が、真に「技術と経営に優れた企業」を選定し得るよう条件整備を図ることとしているが、発注の平準化を配慮するとともに、技術開発へのインセンティブにつながる発注の在り方、更には、施工体制への関与の在り方等について効率的な建設生産システムの形成の観点から検討がなされるべきである。また、58年３月に行つた「建設工事の入札制度の合理化対策について（第二次建議）」等を踏まえ、的確な予定価格の設定、指名審査の厳正化、発注機関相互の連絡調整の強化等について引き続き、徹底に努めていく必要がある。

また、設計者の役割も、建設需要の多様化、高度化に伴い、その重要性が増しており、発注者から設計者、元請、下請にわたる建設生産システムにおける各々の対話、意思疎通の必要性がますます増大している。今後とも引き続き、施工品質、施工条件等の一層の明確化を図るとともに、効率的な建設生産システムの形成の観点から、設計者をも含めて総合的な検討がなされるべきである。

七　建設構造改善の実施体制

建設業の構造改善は、より高品質、高性能の建設生産物を生産し、期待される役割を担うよう建設業の不合理な部分の改善を行い、更に一層の産業の高度化を図ることにより、産業基盤の安定化を目指すものであり、個々の企業、業界団体が、自

覚をもつて、積極的に自主的努力を行つていくことが基本である。行政としては、建設業構造の実態を総合的に調査し、これら自主的努力が、より効果的なものとなるよう条件整備を図るべく諸方策を講じていく必要がある。そのためには現行の「元請・下請関係合理化指導要綱」を改訂し、本答申の内容を盛り込み、同要綱の周知徹底、国、都道府県、業界団体等による指導体制の強化を図る必要がある。また、今後、元請・下請関係の状況等を踏まえ、適宜、指導要綱の見直しを行つていくのが望ましい。

　更に、以上述べた建設業構造改善方策の方向については、建設省において、その具体的内容と実施方法等を明らかにするとともに、構造改善の実施に向けた体制づくりを行い、実効性ある実現を期する必要がある。その実施に当たつては、建設業振興基金、建設経済研究所、建設業情報管理センター、日本建設情報総合センター等の財団法人、建設業諸団体、保証事業会社等を十分活用する必要がある。また、特に建設業構造改善における業界団体の果たす役割が大きいことに鑑み、建設業者の組織化、並びに事務局体制の強化等を含めた業界団体の在り方について検討していく必要がある。

○新たな社会経済情勢の展開に対応した今後の建設業の在り方について(第一次答申)

―入札・契約制度の基本的在り方―

〔平成 4 年11月25日〕
〔中央建設業審議会〕

はじめに

　公共事業に関する入札・契約制度については、従来より当審議会の建議を受け、建設省をはじめ関係機関において対応されてきたところであるが、公共事業の円滑な執行及びこれを担う建設業の健全な発展を図るため、常に時代の変化に対応した幅広い視点から検討を行うことが必要である。特に近年、外国企業の参入等による国際化の進展、建設市場における公正な競争の確保の要請、良質な住宅・社会資本整備の計画的かつ着実な推進の要請、民間の技術開発の進展等、新たな社会経済情勢の展開が見られつつあり、このような状況に的確に対応することが必要となっていることから、入札・契約制度の基本的在り方について幅広く検討を行うことが現在強く求められている。

一　現行の入札・契約制度の概要及び制度の沿革

　入札・契約制度の基本的在り方を検討するに当たり、まず現行の入札・契約制度の概要及びそれが採用されるに至った経緯等について概観する。

　(1)　現行の入札・契約制度の概要

　　①　入札・契約方式の種類

　　　　現在、会計法令及び地方自治法令(以下会計法令等という。)においては、次の 3 方式を定めている。

　　　イ　「一般競争」とは、競争入札に付する工事の概要等を示した公告をして入札参加を希望する全ての者により競争を行わせ、最も低い価格の入札者を落札者とする契約方式である。

　　　　なお、この一般競争について事前に競争参加希望者に対して資格審査を実施し、一定の資格を有する者に限り入札に参加させる方式を「制限付一般競争」という。

　　　ロ　「指名競争」とは、発注者があらかじめ競争参加希望者の資格審査を実

施して有資格業者名簿を作成し、個別の工事発注前にその名簿の中から発注工事等級、技術的適性、地理的条件等の指名基準を満たしていると認められる有資格業者を多数選定したうえで、指名して競争入札を行う契約方式である。

　　ハ　「随意契約」とは、発注者が請負業者を選定するのに競争入札の方法ではなく個別に選定した特定の者を契約の相手方とする契約方式である。

　②　運用の状況

　　会計法令等においては原則として一般競争を採用することとされているが、公共工事の入札・契約については一般競争はほとんど採用されず、指名競争が主な契約方式となっている。

　　また、随意契約については会計法令等において限定的に採用することとされ、実際にも災害復旧等緊急に施工する必要がある場合等特に理由がある場合に限って採用されている。

(2)　入札・契約制度の沿革

　　明治22年に会計法が制定され、一般競争入札方式を原則とすることが明示されたが、不良不適格業者の排除の徹底等を図ることを目的として、明治33年勅令により一般競争入札方式の例外として指名競争入札方式が創設された。

　　その後、大正10年に一般競争入札方式の原則を緩和する改正が行われ、一般競争入札方式によることが不利となる場合には各省大臣の認定により指名競争入札を採用することが可能とされた。

　　第二次大戦後、日本国憲法の制定に伴い、昭和22年に会計法の全面的改正が行われたが、入札・契約制度については従前の内容をほぼ引き継いだ。その後、昭和36年には、指名基準の根拠規定の挿入等の改正が行われ、現在に至っている。

二　入札・契約制度の基本的在り方を検討する視点

　入札・契約制度の基本的な在り方については、以下の5つの視点から検討を行うこととする。

(1)　国際化の進展及びより開かれた行政に対する要請を踏まえた透明性の確保

　　現在、日米建設協議、ガット・ウルグアイ・ラウンドの場での多国間協議が進行しており、建設市場の国際化は今後着実に進むものと考えられ、また、近

年より開かれた行政に対する要請が強くなってきている。

したがって、手続き面等を中心に現行の入札・契約制度を点検し、できる限り透明で明確なものにする必要がある。
(2) 競争性の確保

国際化への対応をはじめとする建設産業の発展及び質の高い住宅・社会資本を整備するためには、個々の建設業者が自ら努力することが必要であるが、特に技術と経営に優れた企業の成長を促すとともに、経済的、効率的な事業執行を図るため、適正な競争が確保されることが必要である。さらに、独占禁止法違反事件を契機に公正な競争の確保への要請が強まっており、このような観点から入札・契約制度を見直すことが重要である。
(3) 契約に当たっての対等性の確保

公共工事の契約に当たっては、発注者と受注者とが請負契約の基本である双務性を確保するだけではなく、契約に至るまでの手続きも含め対等性を確保することが必要である。このため現行の指名競争入札制度の手続き面の改善も含め、幅広く入札・契約制度の点検を行うことが必要となっている。
(4) 計画的に良質な住宅・社会資本整備を進めるに当たっての信頼性の確保

我が国の住宅・社会資本整備は欧米諸国に比べ依然として立ち遅れているが、本格的な高齢化社会が到来すると予測される21世紀までの残された期間は、着実な住宅・社会資本整備を図るための特に貴重な期間である。このため、「公共投資基本計画」等に基づき住宅・社会資本整備を効率的かつ着実に推進しなければならないが、特に公共工事は国民の税金等で賄われており、疎漏工事を防止し、良質な工事施工を確保する必要がある。
(5) 民間の技術開発の進展等を背景とする民間技術力の積極的な活用

我が国の建設業界においては、研究・技術開発に対し着実に投資を行ってきたこともあり、建設技術の高度化、技術力の向上が著しい状況にある。

一方、住宅・社会資本整備に対するニーズは高度化、多様化してきており、良質な住宅・社会資本ストックを形成するためには、現在これらの民間技術力を積極的に活用することが特に求められている。

三　欧米主要国の入札・契約制度の概要

欧米主要国の入札・契約制度について得られる情報の範囲内で概観する。

(1) アメリカの入札・契約制度

　連邦政府と各州政府では入札・契約方式は異なっており、連邦調達規則により連邦政府の入札・契約制度を見ると、入札参加については完全公開での一般競争の原則をとっているものの、一定金額以上の契約について入札ボンド、履行ボンド及び支払ボンドなどの保証を義務付けており、この与信を保証（ボンド）会社から受ける際に行われる経営能力等についての審査が、実質的に事前の資格審査の機能を果たしている。

　一方、州政府の入札・契約制度を見ると、基本的には連邦政府の入札・契約制度に準じているものの、事前資格審査制度を併用している州が多い。

(2) イギリスの入札・契約制度

　地方政府はもとより中央政府においても入札・契約に関する法律による体系的な制度は存在しないが、1964年にまとめられたバンウェル委員会報告書を契機として指名競争入札方式が一般的になっている。

　このバンウェル委員会報告書においては以下の理由により指名競争入札を採用することが適当であるとしている。

　　イ　一般競争入札は価格のみに比重を置き過ぎて、工事の仕上がり具合に注意を払わないという問題があり、工事は低廉であるということ以上に仕上がりの質が求められなければならない。そのためには誠実でかつ当該工事の施工に関して十分な資質と能力を持った相手方と契約をする必要がある。

　　ロ　一般競争入札を採用した場合、万一の場合に備えて履行保証制度を採用していれば良いと言う議論もあるが、履行保証制度では、不良工事の手直しや未完成工事を継続するのに相当の不便や時間のロスが生じることとなる。

　イギリスで広く採用されている方式は指名競争入札方式の一つの形態であり、入札に際して、施工業者の入札意向を確認すること（意向確認方式）、落札後に価格入り数量明細書を提出させ審査を行うことが特徴となっている。

(3) フランスの入札・契約制度

　フランスの入札・契約制度は公共契約法典により定められているが、相手方選定に当たり考慮される要素が、価格のみの方式と価格以外のものも考慮する方式とに分かれ、さらにそれぞれの方式について入札参加者を制限する方式としない方式がある。

この中で最も多用されている方式は制限付きの提案募集による契約（アペルドッフル）で、上限価格を弾力的に設定し、入札価格のみではなく、維持費、技術的価値、工期等も勘案して落札者を決定する方式である。
(4) ドイツの入札・契約制度
　ドイツの入札・契約制度は、建設工事請負契約施行規則により、公開入札、制限競争入札等が定められており、公開入札が原則であるが、実際には制限競争入札がかなり行われているといわれている。
　この制限競争入札は、入札参加希望者を募る場合と募集を行わずに発注者が指名を行う場合とがあるが、過去の工事実績、技術等を審査のうえ、入札参加者の選定を行い、落札者の決定に当たっては、価格だけでなく技術的な要請等を満たし適当と考えられる条件を提示した者とする方式である。
(5) 欧米主要国の主な特徴
　以上に述べたことから欧米主要国の入札・契約制度に関し総じて見られる特徴としては、次の点が挙げられる。
　　イ　欧米主要国での公共工事の入札・契約方式は、一般競争を採用している国、指名競争を原則とする国等、各国の特色があって一様ではない。
　　ロ　一般競争入札方式を採用しているアメリカは、長年の歴史を有する保証（ボンド）制度を基に、入札参加者の資格審査を実質上民間の保証会社に委ねるという仕組みを有している。
　　ハ　イギリスのバンウェル委員会の報告にあるように「誠実で、十分な資質と能力を持った」業者により良質な工事が確保されるよう各国とも何らかの制限を設けている。
　　ニ　落札者を決定する際には、イギリスのように工事費の内訳や見積条件等の入札内容の詳細な審査を行う国もあり、また、フランス、ドイツのように価格のほかに入札者の技術提案の内容を含め総合的に評価する方式を採用している国もある。
　　公共工事に関する入札・契約制度は、各国が様々な制度を導入しているが、どのような制度を導入すべきかは、その国の制度採用の歴史、住宅・社会資本に対して求める質の確保の方法、不良工事発生による損失に対する考え方等により異なるものであり、諸外国の制度の特色を踏まえつつ、わが国に適した制度を導入すべきである。

四　契約方式の基本的考え方の検討

現行の入札契約方式は一(1)で記したように3種類存在するが、そのなかで、まず原則的な方式といわれている一般競争入札方式、特に制限付一般競争入札方式について、以下のように検討を行う。

(1) 制限付一般競争入札方式の検討

① 一般的に適用すると仮定した場合

入札条件に何ら制限を課さない完全な一般競争入札方式は、三で触れたように欧米主要国においても現実には存在せず、施工が確実になされるためには入札条件に何らかの制限を課すことが必要となる。例えば、ランクの特定を行い制限を課すことが考えられる。しかし、ランク別の業者数は、一部の発注者における上位ランクを除けばかなり多く、入札に関する審査の事務量が入札者の数に応じて著しく増大するのみならず、このような条件だけでは不誠実な業者等を排除することが困難となることから、疎漏工事の防止等のための施工監督等をより厳格に行わなければならず、業務の量が極めて膨大となる。

また、一般競争入札では、価格競争にさえ勝てば何回でも落札者となり得るため、過当競争、いわゆるダンピングの発生を招来するおそれが多い（昭和58年中央建設業審議会建議）ばかりでなく、同じランクの中で上位にある建設業者が下位業者に対し優位に立つことにより、中小企業の受注機会の確保という点に支障を及ぼすおそれが多いと考えられる。

② 一部限定的に適用すると仮定した場合

一方、比較的数の少ない上位ランクの建設業者を対象に制限付一般競争入札方式を導入すると仮定した場合でも、工事施工が適切になされるためには、入札参加業者のランクの特定を行うとともに、工事施工能力を担保する一定の条件を設定することが必要である。

疎漏工事を排除し、一定水準以上の安全で確実な施工を行う業者を選定するためには、当該工事の各種施工条件（地形、地質等の自然的条件、近隣の状況等の社会的条件）等に応じた施工実績の有無、経験を有する技術者の状況など、詳細な条件についても選定の条件として採用することが必要である。

さらに、技術と経営に優れた企業の発展を促進するためには、長期的に良質な工事を持続しようとする努力を企業の信頼性として評価し、業者の選定

に反映することが望まれるが、そのためには過去の工事成績についても選定の条件とすることが必要である。

しかしながら、制限付一般競争入札において条件設定を行う場合は、できるだけ幅広い入札参加を許容するという一般競争入札の趣旨から、参加資格の有無が明確に判断し得る客観性を有していなければならず、過去の類似工事の実績等に関し、客観的に判断し得る明確な条件でなければならない。

したがって以上のような詳細な選定条件は、制限付一般競争入札において入札参加業者の資格を規定する客観的な条件としてはなじみにくく、これらの条件は、むしろ指名競争入札において、指名業者を選定するための審査基準にふさわしい性格のものである。

(2) 契約方式の基本的考え方

したがって、制限付一般競争入札方式を現状において導入することは困難であり、公共工事の入札・契約方式としては、従来通り指名競争入札方式を運用上の基本とすべきである。

制限付一般競争入札方式の導入については、以上のように入札審査、施工監督等の事務量の増大のほか、疎漏工事を排除するための客観的条件の付け方について技術的に検討すべき課題が存在するなど、導入に当たっての条件整備を行う必要があることから、今後引き続き幅広い検討を重ねることが必要である。

工事施工の質を確保するため、信頼し得る施工業者を選定するという観点からは、指名競争入札方式がより優れていると判断されるが、一方、一般競争入札方式は入札参加意思のある業者に対し、広範な参加機会の確保を図るという利点を有している。こうした利点を活かすため、幅広く施工業者の技術力等の情報を集めるなど、指名競争入札方式についても以下で検討するように引き続き的確な改善を行うことは必要である。

また、住宅・社会資本整備に対する近年の国民の多様なニーズに対応するためには、特に民間技術の活用が望まれるが、このような技術開発の積極的な活用のための入札方式をはじめ多様な入札・契約方式を導入することが必要である。

なお、現行の契約制度のもとでは、一般の物品と建設工事請負等の契約方式について同様の取扱いがなされているが、工事請負については、その目的物が国民共有の資産として早期に供用されることが期待され、かつ、長期に効用を

発揮する特性を持つことなどから、落札者の決定に当たっては、価格以外の評価すべき様々な要素が存在すると考えられる場合があり、例えば一部の工事については品質、工期、デザイン、施工の安全性等の重要な要素と価格を総合的に評価し決定することがより適切な場合もあると考えられることから、今後このような課題についても検討することが必要となろう。

五 現行の指名競争入札方式の改善

四(2)で触れたように、指名競争入札方式及びその運用については改善を行う必要があるが、まず二で示したように、(1)透明性の確保、(2)競争性の確保、(3)対等性の確保の視点等から、現行の指名競争入札方式について検討を行い、以下のような事項について改善を図ることが必要である。

(1) 透明性の確保

① 現行指名基準のより一層の具体化

指名基準の制定及びその公表を徹底するとともに、現行の指名基準について、可能な範囲で、より具体的な適用基準を策定することを検討すべきである。その際、工事の技術的適性等を考慮に入れた建設業者の施工実績等に関するデータベースの整備を行い、指名に際しての企業評価に関する情報の充実を図る必要がある。

② 非指名者、非落札者に対する対応

ガットにおける議論の推移を見つつ、一定の工事について指名されなかったあるいは落札者とならなかった建設業者に対し、その要請に応じ、その理由を説明することとするとともに、苦情の処理が適切に行われるよう検討すべきである。

③ 指名業者、入札結果等の公表

指名業者、入札結果については、入札・契約制度の透明性を確保するため、昭和57年中央建設業審議会建議により公表することとされているが、いまだに公表を行っていない発注者は速やかに公表を行うとともに、入札結果については、全入札者及びその入札金額を公表することが望ましい。

なお、同建議においては、指名業者については指名通知後なるべく早期に公表するものとされている一方で、独占禁止法等の違反防止のために指名業者の公表を入札後に行うことが適当であるとの意見があるが、開かれた行政

が強く望まれていること等から、現段階においては、指名通知後なるべく早期に公表することとする。
- (2) 競争性の確保
  - ① 技術力の的確な評価、反映

    通常より高度な技術力を要する工事については、入札参加希望者から技術情報を収集する等により、各建設業者の技術力をより的確に評価し、反映させる入札・契約制度を検討し、技術と経営に優れた企業の一層の発展を図ることが必要である。
  - ② 工事費内訳書の提出

    入札者の見積り根拠を明確にするため、一定の工事の入札に際し、工事費内訳書の提出を義務付けることを検討する必要がある。
  - ③ 入札参加資格に係る審査の見直し

    技術力、工事の安全成績、労働福祉の状況等の事項の評価を的確に行い、技術と経営に優れた建設業者の成長を促すため、入札参加資格の審査項目、評価手法の見直しが必要である。また、発注機関が入札参加資格審査申請者に対して経営事項審査を受けることを義務付けることとすべきである。
- (3) 対等性の確保
  - ① 適正な予定価格の設定等
    - イ　刊行物等を活用し、市場価格の実勢を迅速かつ的確に反映した設計単価を設定するとともに、安全対策、環境対策等の実施に対応し得る機動性のある積算体系を整備する必要がある。
    - ロ　適正な工期の設定について一層の徹底を図るとともに、設計書金額の一部を正当な理由なく控除し予定価格を作成するいわゆる歩切りについては、厳に慎むべきである。
  - ② 工事希望の反映

    指名に当たり、建設業者の入札参加意欲が反映されることが望ましいことから、指名に至る段階で工事希望を徴し（意向確認）、この中から、あるいはこれを優先して、指名する制度について、三(2)で触れたイギリスの入札・契約制度等を参考に、一定の工事について導入を図るべきである。
  - ③ 入札辞退の自由

    指名を受けた者は入札手続きのあらゆる段階において辞退できる旨を徹底

する。

④ 見積期間の確保

見積期間については、週休二日制の定着を勘案しつつ、建設業者が適正に見積ることを可能とするため、土曜、日曜、祝日を除いた期間で適正な見積期間が確保されるよう努めるべきである。

(4) その他

① 指名業者数の取扱い

指名業者数については、予算決算及び会計令において、「なるべく10人以上指名しなければならない」とされており、原則はあくまで10社以上の指名であるが、過疎地等の地域的な要因、工事施工に要する技術力の特殊性等によりこれに満たないこととなる場合における指名業者数の取扱いについては、有効な競争の確保に十分留意しつつ、画一的な運用を行うことなく適正な運用を図ることが必要である。

一方、昭和57年当時なるべく20社とする措置を導入したことを受け、現在でも10社に比べかなり多い数値を設定している場合があるが、これについても適正な運用を図ることが必要である。

② 共同企業体制度の取扱い

共同企業体制度については、昭和62年の共同企業体の在り方に関する中央建設業審議会建議等を受けてその徹底に努めているところであるが、特に地方公共団体における運用に関して小規模な工事の共同企業体による施工等必ずしも趣旨に沿った運用がなされていない状況にあり、建議等の徹底に向けてさらに努力する必要がある。

なお、共同企業体の在り方に関する建議が出されてから5年余りが経過したことから、その後の実態も踏まえ、共同企業体の在り方について別途検討を行うことが必要である。

③ 参加資格審査手続の簡素化等

契約参加資格審査手続については、経営事項審査結果通知書の効率的活用、申請手続の簡素化等を行うなど、審査手続に関連する事務負担の軽減化を図るべきである。

④ 発注標準の見直し

発注標準の公表を徹底するとともに、工事の質の向上、建設業の施工能力

の向上等に伴う発注規模の拡大に適切に対応し、建設業の生産性の向上にも資するため、工事の規模及び特性を考慮し、発注標準について適切な見直しを行うべきである。

⑤ 工事完成保証人のあり方

工事完成保証人を選定する場合における相指名業者に限定することのない幅広い選定措置の徹底、その他工事完成保証人の全般的なあり方についての検討を行う必要がある。

⑥ 入札回数の見直し

不落札の場合、入札事務の簡素化を図るため、入札回数は2回を限度とする方向で見直しを行うべきである。

⑦ 発注機関と建設業界との意見の交換

入札・契約制度について、建設業界の理解を促進させるとともに、その運用実態を的確に把握し、制度のより一層の適正な実施を確保するため、地方においても発注機関と建設業界との意見の交換に努めるべきである。

六 多様な入札・契約方式の検討

公共工事の入札・契約方式については、指名競争入札方式における的確な改善を行うに当たり、五で述べた事項に加え、建設業者の技術に関する適切な競争を確保するとともに、入札参加意欲のある建設業者に対し、できるだけ広範な参加機会を確保することが望まれる。

また、民間の技術開発を促進するとともに、公共工事においてその成果を積極的に活用していくことが必要となっている。

このため、これらの観点を重視した入札・契約方式として以下のような多様な方式の導入の検討が必要である。

(1) 技術力を重視した入札方式（技術情報募集型指名競争入札方式）

近年、建設技術の高度化、多様化等が急速に進展していることから、技術的に高度な工事の実施に際しては、企業の技術力等の評価を的確に行うことが重要になっており、指名を行うに際し、発注者が事前に技術情報を募集する手続きを導入すべきである。

具体的には、

① 対象ランクの登録業者に対し、事前に掲示を行い、類似工事の実績、配置

予定の技術者、当該工事の施工計画等の技術情報を幅広く募集し、あるいは、

② あらかじめ、発注者が対象ランクの登録業者の中から相当数の業者を選択し、技術情報の提出を求めることにより、

提出された技術情報を参考にして指名を行う方式等である。本方式を採用することにより、企業の技術力のみでなく、参加意欲についても反映することが可能となる。

なお、本方式は、幅広く技術情報を収集し審査を行い、当該工事の施工能力を判断することから、指名業者数の取扱いについて、競争性の確保に配慮しつつ、画一的な運用を行うことなく適切な運用を図ることが必要である。

(2) 参加意欲を重視した入札方式（意向確認型指名競争入札方式）

指名競争入札の参加者を決めるに当たっては、五(3)②で触れたように建設業者の入札参加の意欲が的確に反映されることが望ましいことから、参加意欲があるかどうかを確認する方式を導入することが必要となっている。

したがって、技術情報募集型指名競争入札方式に準ずるような技術力を必要とする工事について、対象ランクの登録業者の中から相当数の業者を選択し、選択された者のうち、参加意欲及び配置予定の技術者等を参考に指名を行う方式等を導入すべきである。

なお、この方式は三(2)で触れたイギリスの入札・契約制度の考え方に近いものである。

(3) 民間の施工に関する技術開発を活用した入札方式（施工方法等提案型指名競争入札方式）

民間の技術開発の進展が著しい分野の工事においては、技術開発の積極的活用及び促進のため、施工方法等に関する独自の提案を募り、施工に反映させる方式を導入すべきである。

具体的には発注者が指名の際、施工方法等に関し提案を求める範囲及び標準的な内容を提示し、入札参加者は、独自の提案が有る場合は発注者に対し提案を行い、審査を経て入札し、最低価格の入札者を落札者とする方式等である。

本方式は(1)の技術情報募集型指名競争入札方式の一環として、技術情報の募集の手続きに組み込んで実施することもできる。

なお、本方式はＶＥ（Value Engineering）制度の考え方（同等の性能、機

能を確保しつつ、投資コストを削減するための改善提案を認める考え方）のうち、いわゆる契約前のＶＥ制度の考え方に近いものであるが、契約後に代替案の提案を認める契約後のＶＥ制度については、落札者に対する利益の還元方法の法的位置付けなどについて、今後幅広い検討が必要である。

(4) 技術提案の内容を加味し選定を行う入札方式（技術提案総合評価方式）

　民間技術のノウハウを活用することにより特に優れたデザイン、施工方法等を採用し得る可能性が高い工事の分野については、建設業者の技術提案を募集し、発注者が審査を行い、最適な提案を行った業者を落札者とする方式の導入を図ることが必要となっていると考えられる。

　具体的には入札参加者が、発注者の提示する指示書に基づき施工実績、技術者経歴及び設計、施工方法等に関する技術提案並びに価格を同時に入札し、発注者は入札価格に加え、技術提案の内容を品質、工期、デザイン、施工の安全性等の観点から総合的に評価し、落札者を決定する方式等である。本方式の導入のためには、総合評価における評価要素の抽出及び的確な算定方式の構築、実施に当たっての手続などについて十分な検討が必要である。

　なお、この方式は三(3)で触れたフランスなどの入札・契約制度の考え方に近いものである。

(5) 建設工事の総合管理方式

　本方式は、ＣＭ（Construction Management）方式といわれ、発注者の代理人として事業全体にわたり、設計の検討、工程管理、品質管理、費用管理などプロジェクトのマネージメントを行う方式である。

　日本の公共事業の場合、発注機関の技術者が、コンサルタントを活用しながら設計業務、管理業務を行っていること、総合工事業者が施工段階におけるマネージメント機能を既に果たしていること、工事に関わる地域住民、関係機関との調整については建設業者だけでは対応が困難であること等から、ＣＭ方式を直ちに導入する状況にはないが、今後本方式については、発注者との役割分担の明確化、法制度との調整などに関し幅広い検討が必要である。

七　公共工事発注機関相互の連絡、協調及び支援体制の強化

　公共工事については、地方公共団体発注工事のウエイトが高く、特に市町村については発注件数が多いことから、入札・契約制度の的確な運用、事業の円滑な執行

に当たっての地方公共団体、とりわけ市町村の果たすべき役割は大きい。

したがって、以下のように国、都道府県、市町村等の公共工事発注機関相互の連絡、協調等の体制を強化するとともに、特に都道府県における組織の充実を図り、市町村への指導、連絡体制を強化する必要がある。

なお、地方公共団体における事業の円滑な促進を図るため、請負契約の議会議決対象額について引上げを図るよう努めるとともに、議決手続きについても専決処分の活用等が講じられるよう努めることが必要である。

(1) 公共工事発注機関における技術者不足と支援体制の強化等

現在、特に市町村においては技術者が不足しており、積算を含む適切な発注体制に支障をきたす状況も生じているので、例えば都道府県における建設技術センターの新設、拡充（既設29都道府県）を促進し、同センターが市町村における技術者不足を補完・支援する体制を整備することが必要となっている状況にある。

なお、積算、施工管理等技術管理業務の適正かつ円滑な執行のためには、地方レベルでの各県、市町村等の技術管理担当者が相互に情報交換等を行うことが重要である。

(2) 公共工事発注機関相互の連絡、協調体制の強化

現在、公共工事に関する契約制度の運用の明確化、合理化のため、国、公団等から構成する中央公共工事契約制度運用連絡協議会（中央公契連）が設立されている。一方、地方レベルの組織として、地方公共工事契約業務連絡協議会（地方公契連）及び都道府県公共工事契約業務連絡協議会（県公契連）が設立されており、平成3年度には、全国の都道府県、市町村等が地方公契連又は県公契連に加入することとなった。

現在、中央公契連では、随意契約、指名停止等のモデル作成、各種の申合せ等を行っているが、今後は国、地方が一体となった連絡調整を行う必要が生じている。

このため、国、地方からなる全国的レベルでの公共工事発注機関相互の連絡、協調体制の強化を図ることが必要である。

おわりに

以上のように、当審議会は入札・契約制度の基本的在り方に関し検討を重ね、結

論を取りまとめたものである。現在、良質な住宅・社会資本整備等を通じ、安全でゆとりとうるおいのある国民生活と活力ある経済社会を実現することが強く求められており、また、住宅・社会資本整備を担う建設産業の発展のためにも、入札・契約制度を適切に維持していくことが必要である。

また、特に近年独占禁止法違反事件を契機に公正な競争の確保への要請が強まっているが、独占禁止法等に違反する行為の防止については、基本的には公正な競争が建設業界の健全な発展にも資するという認識のもとに、入札・契約制度を適切に維持することに加え、関係法令の周知について研修等により啓発、指導を継続的に行い、法令遵守の徹底に努めるとともに、違反の事実が明らかになった場合は、建設業法に基づく監督処分、発注に当たっての指名停止措置等により厳正に対応することが必要である。

以上の要請に応えるため、指名競争入札方式の適切な改善及び多様な発注方式の導入など本答申の内容が的確に実施されることを強く望むとともに、入札・契約制度の運用に当たっては、制度に求められる透明性、競争性、対等性等の視点に立ち、絶えず適正な方向に導くよう努力することが必要であると考える。

○新たな社会経済情勢の展開に対応した今後の建設業の在り方について（第二次答申）

―建設業における人材確保―

〔平成5年3月8日〕
〔中央建設業審議会〕

はじめに

　建設業は、我が国の基盤づくりを担う基幹産業である。質の高い住宅・社会資本に支えられた生活大国としての発展を目指す我が国にとって、その重要性はますます高まっている。また、建設業は本来魅力ある産業であり、優れて文化的な産業でもある。ものづくりを通じて、その時代の文化を後世に伝えるのは建設業の役割であるし、自然環境と人間社会との調和を図りながら、新たな世界を造り上げていくのも建設業の役割である。このように、建設業は、人が生涯をかけて従事するだけの価値が充分にある産業であり、今後はこれまで以上に質の高い仕事が求められている産業である。

　ところが、現在、構造的な労働力不足時代の到来を前にして、建設業は、いかにして産業の将来を担う人材を確保するか、という大きな問題に直面している。当審議会人材専門委員会では、平成4年3月にとりまとめた中間報告において、この問題に関し、基本的な認識を次のように整理した。すなわち、

- 労働力の確保が容易であった従来、労働力を外注により確保することで建設業のリスクへの対応が可能であり、その結果、下請構造への依存を高めたことが雇用・労働条件の改善の阻害要因となっている。
- 最近の需要拡大期においても就業者の増加により対応してきたが、未熟練者、高齢者の増加とあいまって、労働災害等の問題が重大化している。
- 今後、建設需要の伸びが見込まれる中で若年労働力の確保が極めて困難になることが必至であり、構造改善努力を怠ることなく、就業者確保の方策を急ぐことが必要である。
- この問題に対して速効的な方策はなく、一歩一歩の積み重ねが重要である。
- 労働時間の短縮等近年の望ましい流れを定着・加速させるため、時機を逸せず果断な対応が必要である。

- すなわち、既存の制度に検討を加えて抜本的な見直しを図り、建設従事者の雇用・労働条件の改善、若年者の確保・育成に努めることが不可欠である。
- 施策の検討にあたっては、発注者等も視野に入れるとともに、関連行政分野への積極的な働きかけが重要である。
- 不良不適格業者の排除等建設業刷新のための努力も必要である。
- 施策の展開に際しては、従事者が主体的な役割を担う、「人」重視のものにすべきである。

との考え方を示したところである。

この答申においては、この基本認識に沿って、①労働力不足時代の到来という背景に照らして、今後の人材対策（人材の入職、育成、定着のための対策）の考え方を整理するとともに、②これを踏まえつつ、基本となるべき対応策及びそれらの円滑な実施を促進するための方策を具体的に提言することとする。

人材対策に「特効薬」はない。様々な施策を地道に積み上げていくことが何よりも大切である。このため、今回の提言事項の内容は広範囲に及ぶとともに、その中には、既に別の機会に指摘されている事項も多く含まれている。当審議会としては、個々の状況に応じ、ここで指摘した事項が可能な限り実践され、もって、魅力ある建設業の発展に貢献することを心から期待するものである。

Ｉ．新たな視点からの人材対策の構築

一　既存のシステムの見直し

今後、構造的な労働力不足時代の中で、建設業が人材を確保しつつ魅力ある産業として発展し、重責を果たしていくためには、建設活動に携わる人の一人一人が、今日的な視点から、これまで当然と考えられていた生産システムの在り方を見直し、雇用・労働条件の改善、人材の育成等の努力を進めていくことが必要である。

すなわち、建設業はいかに合理化が進もうとも、生産活動において多様な職種の労働者への依存が大きいことに特色があり、その点が他産業と大きく異なる点である。しかるに、これまでは、屋外生産、単品受注生産等の建設業の特性に由来する障害を克服し難い制約と考え、この制約の下で、施工量の確保や発注者からの要請を優先事項とし、それに従属して、総合工事業者及び専門工事業者の施

工条件、更にはそこに雇用される「人」の労働条件が規定されるという、重層的な請負構造の中での、いわば片方向に偏重した調整のシステムが中心的な役割を果たしてきた。

　これからは、雇用・労働条件の内容、水準、人材の育成等、「人」を尊重する程度の如何が建設活動の生産性、生産物の質等を左右する重要な要素であることを充分に認識しなければならない。そして、建設業の特性や現実の姿を直視する一方で、「人」を出発点とする要請との調和を目指した、いわば双方向による調整システムを確立することが強く求められる。

二　人材対策の基本的な視点

　新たなシステムの確立と併せ、次に示す方向に沿って人材対策を展開すべきである。その際の努力は長期的な視点に立って地道に積み重ねることが重要である。短期的に不況に直面したとしても、その努力を中断するのではなく、むしろ、その時期を人材対策を充実させる好機ととらえねばならない。

(1)　産業の特性と社会的経済的条件の推移を踏まえた対応

　①　人材確保の基本としての雇用・労働条件の改善

　　建設業をとりまく社会的経済的条件がどのように変化したとしても、人材を確保するためには、安定した収入の確保、ゆとりある労働時間、安全で快適な作業環境の実現など、他産業に比べて遜色のない雇用・労働条件の実現に努めることが基礎であることを忘れてはならない。

　　このため、例えば、ボーナス等を含めた年収、さらには生涯賃金でみて、平均的水準以上の賃金水準を確保する、他産業に遅れをとることのないよう年間総労働時間短縮を推進する等の不断の努力が不可欠である。

　②　労働時間短縮など雇用・労働条件体系の在り方の見直し

　　他産業に比べて遜色のない、魅力ある雇用・労働条件を実現することと、雇用・労働条件体系として、他産業の平均的な姿をそのまま採用することとは同一ではない。むしろ、法定労働時間を遵守した上で、年間総労働時間1800時間等、高次の雇用・労働条件を実効あるものとして目指そうとする場合には、各産業一律の雇用・労働条件体系を採用するのではなく、各産業の特性を尊重し、それとの調和を図った体系を、産業毎に弾力的に構築していくことが重要と考えられる。

　　例えば、週休の拡大については、他産業と同様に完全週休二日制の導入を

目指すことが基本であろう。しかし、職種、地域等の特性から、その徹底を他産業と同様の手順・手法によって追求することが、円滑な生産活動を著しく阻害したり、従事者の収入の減少を招きかねないなどにより、全体として雇用・労働条件の実質的な改善にならないことも懸念される。このようなことを踏まえると、長期雇用を促進し、雇用・労働条件及び就業規則の整備を図りながら、実態に即した変形労働時間制の活用を図る等により、労働時間短縮に実効が上がるようにする必要がある。この場合、休日増を図るために年間単位の休日管理を行うことを前提に、現在の3か月を最長1年までに延長した変形労働時間制を設けることについて検討すべきである。また、収入の安定化を図るうえにおいても、建設業の特質を踏まえて、賃金形態の選択や改善を図っていくことが重要である。

③ 将来を担う人材の確保・育成

これまでも、建設活動においては「人」が大きな役割を果たしてきた。

建設業が将来も活力あふれる産業として発展していくためには、一人でも多くの意欲ある若者を建設業に導くことが何にも増して重要である。このため、各企業、さらには業界を挙げて、人材確保の努力に全力を傾けることが不可欠である。

また、今後、技術が進歩する中で、ロボット化を含めた機械化が進展するとしても、機械化では対応できない質の高い細部の作業など、人の持つ「技」は依然重要な役割を担うと考えられることから、技術開発の動向も勘案しつつ、長期的な視点から、人材の育成に取り組まねばならない。

この場合、工法の変化等現場におけるニーズの動向に適切に対応できるよう、多様で弾力的な育成手法を開発し、活用することが重要である。また、高齢者等の熟練者を通じて「技」を受け継ぐ一方で、将来の技術の変化に対しても柔軟に対応できる幅の広い人材の育成に努めることが求められる。

④ 新たな戦力の開拓

建設需要が着実に増加する一方、構造的な労働力不足の到来が見込まれる中で、女性、高齢者等を建設活動を担う新たな戦力として積極的な位置づけることが必要となろう。その場合、女性や高齢者のニーズに適合した雇用・労働条件の整備、女性・高齢者に優しい建設現場環境の実現等、きめ細かな条件整備を進めることが不可欠である。

これらの条件整備の多くは、女性や高齢者のみならず、建設業従事者全体の福祉の向上にも寄与するものである。このため、女性や高齢者の雇用を促進する努力それ自体が建設業全体の魅力の向上につながり、幅広く人材の確保につながるという好循環が引き起こされることが期待される。この意味でも、新たな戦力を開拓する努力は極めて重要である。

⑤ 制約条件の克服

これまで、建設業において雇用・労働条件の改善を妨げる要因として、単品受注生産であるため能動的な生産調整ができないなどにより、いきおい片務的な契約関係となりがちであること、基本的に屋外産業であるため天候等の状況に生産活動が左右されることなど、建設業の特性に由来する障害の存在が指摘されてきた。しかし、新たな時代にあっては、これらの障害を所与の制約とみなすのではなく、これらを克服する努力を行うことが必要である。

例えば、能動的に需要を誘導することによる平準化の努力や、必要に応じて業界としての主張を需要者に対して明確に主張する努力も求められよう。また、工事現場を覆う仮設屋根の開発・活用等、天候の如何にかかわらず建設活動を可能とする技術を開発し、普及することも重要である。

⑥ 零細企業への配慮

今後とも、維持補修工事をはじめ小規模工事に対する継続的な需要が見込まれ、生活に密着した場面において仕事の質の向上が求められるなど、中小・零細企業は引き続き重要な役割を担っていくであろう。このため、これら企業の存在を直視し、また、零細事業主（請負業者）と労働者（雇用者）の立場を併せ持つ者も多い等の実態をふまえつつ、こうした主体についても人材対策に組み込まれるよう充分に配慮すべきである。

その前提として、そもそも請負契約か雇用契約かを明確にするとともに、雇用契約である場合には雇用・労働条件を明示することが必要である。また、労働の実態を十分踏まえつつ、例えば労災の特別加入制度の普及等を図ることが求められる。さらに、これまで中小・零細企業の実態が的確に把握されていなかった面があるため、中小・零細企業も含めたデータ類の充実に努めることも重要である。

(2) 役割分担の見直しと発注上の配慮

① 人材対策に係る役割分担の見直し

技能者の人材対策については、直接これらを雇用し、現場の施工を担当する専門工事業者が真剣に取り組むことが大前提である。しかしながら、人材確保は業界全体の問題であるとともに、専門工事業者の大部分を占める中小・零細企業が個別に実施可能な人材対策には限界があるため、総合工事業者を含め、業界全体として応分の役割分担を前提とした人材対策のシステムを構築することが必要である。

このため、人材対策に関する総合工事業者と専門工事業者の役割分担のルールづくりを推進するとともに、それを踏まえ、業界を挙げて人材対策に取り組むための組織・体制の整備を図ることが重要である。

② 関係行政機関の連携

建設業の人材対策は建設産業行政のみで支援できるものではない。労働者の雇用・労働条件や雇用機会の確保、職業能力の開発及び向上等の面では労働行政が重要な役割を果たさねばならない。また、若年者が建設業を含めた各産業の意義や重要性を正しく理解した上で、自らの適性を踏まえ、適切な職業選択を行い得る環境を整える等の面では、教育行政に多くが期待される。

このため、建設産業行政、労働行政、教育行政等関係行政機関間での情報交換を円滑に行い、充分な連携を図ることが不可欠である。例えば、意欲と能力を兼ね備えた優秀な人材を育成するためには、産業の実情の把握、学校教育の理解、職業教育の充実のそれぞれが満たされ、整合性のとれた育成体系を構築・充実していかねばなるまい。

また、建設業における雇用・労働条件の改善に関係する様々な機関からも支援・協力を求め、人材対策の一層の充実を図るべきである。

③ 発注上の配慮

建設産業が意欲ある人材を確保し、育成することは、将来にわたり質の高い建設生産物を確保するという点で発注者にとっても配慮を欠かすことのできない事項である。このような観点から、国の直轄工事はもとより、地方公共団体等が発注主体となる公共工事の発注にあたっても、人を大切にするという視点からの業界の努力を支援するための配慮を行うことが重要である。

例えば、雇用・労働条件の改善の進捗の実態に的確に対応する積算方式に改善することは、建設業の人材確保にとって重要な支援措置となろう。また、債務負担行為の活用等、会計の制度・運用上の配慮をすることも求められる。

国の直轄工事におけるモデル的な取り組みにならって、地方公共団体による公共工事、さらには民間工事においても同様の取り組みが拡がることも期待される。

Ⅱ．対策の具体的方向

一　人を中心に据えた対策の展開
　(1)　建設産業の特性を踏まえた雇用・労働条件の改善

　　　優秀な人材の入職・定着を促進するために第一に取り組むべき基本的方策は、安全の確保、労働時間の短縮、賃金水準の向上と安定化、作業環境・就業環境の改善等、雇用・労働条件の改善を図ることである。その場合、実効ある改善を達成するためには、建設業の特性を充分踏まえ、それとの調和を図りながら弾力的に改善を進めていくことが必要となる場合がある点に充分留意しなければならない。例えば、工事量の季節変動が大きいこと、天候の影響を受けることなどの特性に配慮して、労働時間の短縮等の対策を展開することが求められる。また、技術の開発・普及が雇用・労働条件の改善に当たって大きな役割を果たすことを忘れてはならない。

　　　条件の明示
　　①　建設業においては、雇用・労働条件に関連して法律で定められている事項すら遵守されていない場合も少なくない。このため、雇用・労働条件の改善の前提として請負契約か雇用契約かを明確化するとともに、雇用関係にある場合には、雇入通知書の交付、就業規則等を通じ、遵守すべき雇用・労働条件の明示を徹底すべきである。

　　　安全衛生対策の推進
　　②　我が国の労働災害死亡者数に占める建設業の割合は約4割に達しているが、人命にかかわる安全の確保は、作業環境が満たすべき最も基本的な要件である。関係者各々が自律的に取り組みを進めることにより、建設現場での実効ある安全性の向上を推進することが必要である。
　　③　実態に即した安全対策を推進するためには、事故の原因を的確に把握することが不可欠である。このため、事故原因の科学的な分析を一層進めるとともに、これを踏まえて安全に関する技術の開発のさらなる推進を図るべきで

ある。

④ 新たな技術の導入に際しては、必要な訓練を充分に行うなど、事故を未然に防止するための措置を講ずるべきである。

⑤ 建設業での業務上の疾病者についても、数は減少しているものの、発生の頻度は他産業に比べて高い。このため、健康診断をはじめとする健康管理を徹底し、疾病の減少を図るべきである。

「労働時間の短縮」

⑥ 人材の確保・定着には休日の確保等による自由時間の増大が重要な要因であることから、一層の労働時間の短縮を図るべきである。その際、それを実効あるものとするため、受注生産、屋外生産で工事量の季節変動が大きいなどの建設業の特質を踏まえ、休日増を図るために年間単位の休日管理を行うことを前提に、現在の3か月を最長1年までに延長した変形労働時間制を設けることについて検討すべきである。また、例えば、工事が終了した時に長期の休暇を付与するなど、連続休暇の普及・拡大方策についても検討すべきである。

⑦ 建設業での労働時間の短縮を実現するためには、発注者の理解と支援を得ることが重要である。しかし、その前提として、発注者への転嫁を最小限にとどめるための自助努力を行うことが不可欠であると考えられることから、機械や新たな技術の導入、段取りの改善等、生産性向上のための措置を早急に講ずるべきである。

「雇用形態の安定化」

⑧ 優秀な人材を安定的に雇用することは、雇用・労働条件の改善の観点に加え、建設企業として安定した品質と施工能力を確保するという観点からも重要である。このため、建設業においても、労働者の常用化、直用化に努めるべきである。なお、常用化、直用化が進んだとしても、建設業の性格上、期間雇用の地位の者は依然残ると考えられることから、これらの者が安心して就業できるよう、雇用の安定、労働条件の改善等のための措置を講ずるべきである。

「収入の安定化」

⑨ 建設業の現場従事者では日給をベースとする賃金形態が過半を占めており、このため、悪天候等による不稼働の発生状況により、労働者の毎月の収入額

が大きく変化してきた。今後、週休日が増加すれば、この不安定性の影響が一段と大きくなることが見込まれる。こうした中、人材、とりわけ若年者の確保・定着を図るためには収入の安定化・向上が不可欠であり、そのための方策を官民挙げて検討すべきである。

⑩ その一環として月給制の導入に努めるべきである。その際、個人の希望を尊重した賃金形態を実現する等の観点からの月給制と日給をベースとする制度の選択制、施工実績を収入に反映させる等の観点からの月毎の最低収入を保障する固定給と仕事に応じた給与を組み合せた制度等、建設業の特性を踏まえた月給制を中心とする賃金制度の在り方について検討すべきである。

⑪ また、これまでは、常用化を月給制導入の前提条件と考えがちであった。常用雇用者への月給制導入を進めることはもとより重要であるが、段階的な収入の安定化という観点から、常用化には至らない期間雇用の地位の者への月給制の導入についても検討すべきである。

⑫ 月給制の導入を促進するため、行政としても企業に対し、企業経営安定化の前提となる経営基盤の強化、好事例などの情報の提供等、企業及び業界団体に対する支援方策を検討・実施すべきである。

|快適な作業環境・就業環境の整備|

⑬ 平成4年の労働安全衛生法改正により、安全衛生の向上の観点から快適な職場の形成の必要性が明確に位置づけられたところであるが、それのみならず、生産性を向上するという観点からも、現場環境の改善に積極的に取り組むべきである。

⑭ 作業環境の一環としての作業方法の改善も、労働災害の減少、作業効率の向上、労働時間の短縮等に大きな効果があると考えられることから、機械・器具の操作の平易化、作業内容の簡素化・マニュアル化等きめ細かな配慮を行うべきである。

⑮ 現場で安全かつ積極的に建設活動に取り組める環境づくりには、チームワークの確保が重要であることから、談話室の整備、現場単位でのイベントの実施等、コミュニケーションの活性化を図るための工夫を行うべきである。

⑯ 特に都心部においては、優良な現場施設設置のために必要となる用地の確保が困難であることが多いことから、用地確保も含め、都心部の現場における現場施設の設置の在り方について検討すべきである。

⑰　今後、女性や高齢者の進出を促進する観点からも、現場環境を整備することが重要である。このため、現場にトイレ、シャワー、リフレッシュカー等の導入を推進する、安全面に特に留意した作業環境の改善を進めるなどにより、女性や高齢者に優しい現場の実現に努めるべきである。

⑱　女性も含めた若年者のニーズに対応し、個室化をはじめとして、質の高い宿舎、独身寮の整備に努めるべきである。

⑲　これら、快適な環境を実現するための各般の取り組みに対して、行政は現場のニーズに的確に対応した支援措置を一層充実させるべきである。

技術の開発・普及

⑳　危険な作業、きつい作業等を削減するなどの面で、新たな技術の開発・導入、既存技術の普及を図ることは、雇用・労働条件の改善に直接貢献するものである。このため、官民挙げて建設業における技術の開発・普及に努めるべきである。

㉑　この場合、中小・零細企業にも導入が可能な低コストの技術の開発・普及にも力点を置くことが必要である。

(2) 入職者の確保

　一人でも多くの意欲ある入職者を確保することは、各企業さらには業界全体が今後、更に発展するか否かを決定づけるほどの重要な要素であることを踏まえ、企業、業界を挙げ、きめの細かい入職促進活動を精力的に展開することが何にも増して必要である。

　その前提として、一人でも多くの人が職業選択に際し、建設業に注目し、建設業への就業を志すような環境を整えることが必要である。このためには、これまで以上に教育機関等との連携を強化し、若年者の建設業に対する正しい理解を促すことが重要である。また、これからは、女性、高齢者等も貴重な戦力として積極的に位置づけ、所要の条件整備に努めることも求められる。

建設業の重要性・魅力のPR

①　PRの内容としては、ものづくりを担う産業という認識はもとより、国民の生活及び文化の基盤ともなる重要な産業であるとの認識の下、環境を創造する産業としての建設業、先端技術を駆使した産業としての建設業、地域社会の文化の核づくりに貢献する産業としての建設業等といった、これまであまり着目されてこなかった面からの重要性・魅力をPRすべきである。当然、

これと併せて、建設業に対するマスナス・イメージを払拭するための業界内の自助努力を徹底することが不可欠である。

② ＰＲの対象としては、就職しようとする学生のみならず、就職選択に影響を及ぼす教師や両親、建設関連学科生の供給基盤となる小中学生、社会全体における建設業の評価を決定づける世論等、幅広い対象を視野にいれるべきである。

③ ＰＲの手法としては、ＰＲの対象それぞれが建設業に対して有しているイメージを把握した上で、対象に応じて効果的にＰＲを進めるべきである。例えば、若年者に対しては、建設業が「生きがいを持って取り組める」産業であることをＰＲすること、世論に対しては、建設活動が歴史的に果たしてきた役割、将来に向けて果たすべき役割等をＰＲする工夫が求められよう。その際、業種ごとの生涯展望を示したガイドブック、建設業の役割を明らかにする建設博物館、一般向けマスコミとの連携など、これまであまり活用されていないＰＲ手法の実施について検討すべきである。

④ 建設活動と地域社会との接点としての建設現場を活用して、建設活動の重要性をＰＲすることも有効である。

⑤ ＰＲの実施体制としては、これまでも個々の業界や企業で様々な活動が実施されてきたところである。今後は、これらの多様な取り組みの努力を維持しつつ、より総合的、継続的にＰＲ活動を行っていくための体制の整備を図るべきである。

教育界との連携

⑥ 建設関連学科を有する大学、高等専門学校、工業高校、専修学校のみならず、今後、若年者の送り出し手として期待される普通科高校、建設活動に関する基本的な理解形成に大きな役割を果たす小中学校も視野に入れつつ、幅広く教育機関との交流・連携を深めるべきである。その中で、建設業に対する理解を促進するとともに、その役割を担う教育機関の充実強化を図ることが重要である。

⑦ 建設活動への理解を深めるためには、児童・生徒・学生、教師及び保護者に現場を開放し、その姿を知ってもらうことが重要である。特に、平成6年度から本格実施される新学習指導要領では、「課題研究」の一環として「産業現場等における実習」が重要視されていることから、企業の受け入れ体制、

事故に備えた保険の活用方法等を明確にし、現場実習の実施を促進するべきである。

⑧　平成6年度から創設される高等学校の総合学科では、勤労体験学習、職業人との対話等を重視する科目を設けることとされていることから、これを通じ、高校生の建設活動への理解を深めることも必要である。

⑨　建設業界としても教育の実態を理解し、認識を深めることが重要である。それと併せて、建設業界から、知識と経験を備えた者を教育機関へ講師として円滑に派遣できるような仕組みづくりを行うべきである。

⑩　これまで、各都道府県毎に若年建設従事者入職促進協議会を設置するなど、若年者確保の施策を講じており、今後とも、地方レベルでの地道な取り組みを積極的に支援していくことが必要である。その観点からも、官民で若年者の就業促進の在り方について協議する全国的な体制を整備すべきである。

[資格取得への誘導]

⑪　資格等の取得が、意欲ある学生・生徒の建設関連学科への進学及び卒業後の就業率・定着率の向上を促す要素として機能する面もあることを踏まえ、高校生程度で受験できる試験制度を創設し、資格取得へのインセンティブを与えるべきである。

[女性雇用の促進]

⑫　女性雇用については、男女を均等に取り扱い、女性の就業の場を確保・拡大していくことが重要である。建設業においてもこれを踏まえつつ、女性の働きやすい環境を整備する観点から、女性のライフサイクルに照らし、職業生活と家庭生活の両立を目指しての育児休業制度の活用、一旦離職した女性の再雇用の促進等をはじめとする雇用・労働条件体系の整備や見直しについて官民挙げて検討すべきである。

⑬　建設業では、女性の優れた感性や特質を活かすことにより、これまで以上に質の高いものづくりを効率的に行うことができる分野において、こうした女性の特性に配慮した教育・訓練が必要である。また、再雇用に伴う再訓練、高校普通科卒業者に対する長期の基礎訓練の実施等、女性のニーズに適合した教育・訓練の実施も必要である。

[高齢者雇用の促進]

⑭　我が国全体が高齢化社会を迎える中で、建設業においても今後の高齢者へ

の依存が高まることは避けられまい。このため、高齢者雇用の進展を前提とし、労働時間の在り方、賃金体系の在り方等、雇用・労働条件体系の整備について官民挙げて検討すべきである。

⑮ 機械化の推進等によって作業条件の改善を図り、力仕事が中心の「力」の現場から、知識、知恵、判断力等が尊重される「知」の現場へと転換を図るべきである。一方、高齢者は労働災害の危険性が大きいことから、今後、任意の労災補償制度への加入促進等、事故発生時のための備えにも充分配意する必要がある。

|ターゲットの特質に応じた求人対策|

⑯ 新規学卒者、女性、高齢者等、雇用を促進しようとする各ターゲットのニーズを把握し、それぞれのニーズに的確に対応した諸条件を整え、求人活動を工夫・展開すべきである。

⑰ 条件整備に当たっては、真に建設業に従事したい人を最優先の対象とすべきである。しかし、最近の若年者は必ずしも定着を前提としておらず、事実、若年者の転職者層が増大してきているため、これらの若者も重要な供給源と認識し、定着や将来の再入職につながる工夫をすることが必要である。また、定着の意思がない者でも一定期間安心して仕事ができるような環境整備にも努めることが求められる。

|外国人労働者についての考え方|

⑱ 外国人の労働者としての受入れについては、いわゆる単純労働者は中長期的な視点に立って慎重に検討するとする従来の立場を堅持すべきである。一方、国際貢献の観点から技術・技能を移転するための研修については、新たな制度の創設・活用も含め、積極的に進めるべきである。

(3) 人材の育成・定着

人材の育成は業界全体の重要な課題であるとともに多大なコストを要するものであることから、専門工事業者のみならず、総合工事業者も応分の負担を行うことにより推進していくことが必要である。また、施設整備の投資を節減するという観点からも、極力既存の施設の有効活用を図ることが現実的な対応と考えられる。教育・訓練の実施に当たっては、現場の動向・ニーズに的確に応えられるよう、熟練した「技」を継承するための現場での実地訓練（ＯＪＴ）も含め、多様な手法を採り入れることが重要である。

また、能力の向上に対する積極的な取り組みを促し、建設業への定着を確保するためには、教育・訓練の成果、技能の重要性等を社会的にも経済的にも適正に評価することが不可欠である。例えば、資格受験上の取り扱いに一定の教育・訓練の成果を反映させることも考えられる。企業が、「技」を修得した者を適切に処遇し、これらの人々が、退職後も含めて、生涯に渡り安心して仕事を行い、生活を営めるような条件を整備することも重要である。

職業訓練の充実

① 職業訓練施設のより一層の活用を図るため、職業訓練に関する各種助成措置について業界、企業への一層の周知を図ることが重要である。また、平成4年の職業能力開発促進法の改正により、職業訓練体系の再編が行われたところであるが、建設分野においても、地域及び現場のニーズを踏まえた職業訓練を実施する、未就業者や就業はしているが基礎が備わっていない者の訓練の受皿を整えるなどの観点から職業訓練の充実を積極的に図るとともに、特に、認定職業訓練施設をより有効に活用すべきである。

② 現場の状況に詳しいトレーナーの育成、現場における技術進歩の流れにより的確に対応したカリキュラム・教材の作成等、効率的かつ効果的に訓練を行うための基礎的条件を一層充実させるべきである。また、職種の特性を踏まえつつ、多能工の育成の在り方について検討することも求められる。

③ 長期的な観点から、職業訓練への積極的な取り組みに向けて、評価・処遇体系における職業訓練の位置づけの在り方について検討することが求められる。

職長等の育成・評価

④ 工程管理、安全管理等、一定の管理能力を備えた職長クラスの人材が現場で強く求められている。このため、まず、「職長」の役割・職責を明確にすることが重要である。その上で、職長または中核的技能者の養成を目的とした高度の教育・訓練機関の整備等を図るべきである。

⑤ 職長等が誇りをもって職務を全うすることができるよう、職長手当の充実等企業内で適正な処遇を努めるとともに、職長等の社会的な地位を確立するための顕彰を全国レベル、地域レベル等様々な場で一層推進すべきである。

熟練者（特に高齢者）の活用

⑥ 熟練者、とりわけ高齢者の経験・知識を活かすため、例えば、いわゆる親

方を含むこれらの人々が若年者にマンツーマンで指導するOJTシステムの開発等について官民で検討すべきである。また、これら経験者を職業訓練施設その他の教育・訓練機関の講師として登用する例も多くなっているが、今後この傾向が一層活発化することが望ましい。

|人材育成努力の評価|

⑦　これまで、各地の認定職業訓練施設の運営、これらの機関の積極的な活用等を通じ、業界のために人材育成の地道な努力を積み重ねてきた功労者を幅広く評価し、その努力が社会的に認められるようにする方法について検討すべきである。

|企業内での処遇体系の整備|

⑧　教育・訓練が実効のあるものとなるためには、参加する受講者一人ひとりが積極的な意欲をもって取り組むことが何よりも重要である。このため、教育・訓練の結果到達する資格または技能水準に応じた的確な処遇、各種手当て制度を充実させるなどにより、技能水準向上のインセンティブを付与するよう努めるべきである。また、建設業者団体による資格制度の充実についても検討すべきである。

⑨　就職した者が社内においてどのような育成ステップを経てどのように昇格していくかなどの全体像を把握できるよう、生涯を見通した賃金や退職金・年金制度も含めて、企業における昇進、給与及び評価の体系について明示するよう努めるべきである。また、行政はこうした努力を支援すべきである。

⑩　特に、建設業退職金共済制度については、今後、地方公共団体発注の公共工事、民間工事等における加入促進、総合工事業者による専門工事業者の加入促進等により一層普及を図ることが重要である。このため、これらの観点も含め、本制度をより利用しやすいものとするため、掛金納付方法の近代化等制度及びその運用の在り方について官民挙げて早急に検討すべきである。

|資格取得への配慮|

⑪　建設現場の施工管理に充分な能力を有し、現に指導監督的な業務に携わっているものの、試験による資格取得になじまない者に対して、特別の研修の実施による資格取得の促進についてさらに配慮すべきである。

|労務単価の適正評価|

⑫　公共事業において適切に労務評価を行う観点から、必要に応じ三省協定に

基づいて実施される公共事業労務費調査の改善に努めるべきである。

⑬ 実態を適切に反映した労務単価を設定するためには、公共事業労務費調査の基礎資料となる賃金台帳が正しく調製されていることが不可欠である。このため、賃金台帳の記載方法の周知等により、適正な賃金台帳の整備を一層推進すべきである。

二 「人」中心の対策を促進する方策

(1) 人を大切にする企業の評価

「人を大切にする」対策としては、労働基準法、労働安全衛生法等での法定事項の実施、社会保険及び労働保険への加入等、法律上義務づけられている事項から、休暇制度の充実、法定外の福利厚生の充実に至るまで、幅広い内容が考えられる。「人を中心に据えた対策」の大部分が該当するとも言えよう。

これら、一連の対策の多くは、その実施にコストを要するものであるため、円滑な実施が困難になりがちな面があることは否定できない。このため、魅力ある建設産業の発展に向け、「人を中心に据えた対策」に相応の資源を配分している「人を大切にする企業」が、工事の受注競争や人材の確保競争において適正に評価されて発展を遂げ、社会的にも認知されるような環境整備を官民挙げて進めることが不可欠である。

総合工事業者による専門工事業者の評価

① 人を大切にする建設業を実現するためには、現場の施工を担当する従事者を直接雇用する専門工事業者の姿勢が極めて重要であり、人を大切にするという視点を含めた総合工事業者による専門工事業者の評価・選定システムの確立・普及に努めるべきである。また、専門工事業者の支援を担う者を選任し、その資質の向上を図る等により、評価・選定システムに盛り込まれた考えに沿った専門工事業者への助言・育成の充実を図ることも求められる。

現場所長等の評価

② 労働時間の短縮等、現場において人を中心に据えた対策を実施できるか否かは、適正な工期と施工条件での受注と同時に、現場所長の判断によるところが大きい。このため、生産の効率化等の視点に加え、現場で作業に従事する人を大切にするという従事者または専門工事業者からの視点も含めた現場または現場所長の評価の在り方について検討すべきである。

労働市場での評価

③ 就職希望者が人を大切にする企業か否かを的確に判断できるよう、教育関係機関、労働行政機関と連携を強化し、第一次構造改善推進プログラムにおいて策定した労働事項評価マニュアルを基礎として教育関係機関、労働行政機関への的確な情報提供に努めるべきである。

④ 行政としても、企業が行っている雇用管理の客観的な評価を行い、その改善方策について具体的に助言・援助を行うことが必要である。

不良不適格業者の排除

⑤ 労働関係法令等により義務付けられている最低限の事項すら守ろうとしない企業がこれらを誠実に遵守しようとする企業より競争上有利になることは断じて避けねばならない。このため、業界内での自主的な制度の確立、法令違反に関する情報交換等関係行政機関間での連携の強化等により、官民を挙げて、労働関係法令、出入国管理関係法令等で定められている事項が遵守されるようなシステムの構築に努めるべきである。

資格審査上の配慮

⑥ 入札・契約制度の基本的在り方に関する平成4年11月25日付け中央建設業審議会第一次答申を踏まえ、労働福祉の状況等について主観的事項の審査項目、評価手法の見直し等も含め、入札参加資格に係る審査の見直しについて検討すべきである。また、前述の法令違反に関する情報交換その他の方法を発注者とも連携して活用することにより、指名基準の運用等に反映させるよう努めるべきである。

積算上の配慮

⑦ 公共工事を発注するに当たっては、これまでも週休二日制の導入等労働時間の短縮の進展や現場環境の改善、安全教育の実施等に配慮した積算の実施に努めてきたが、今後とも、例えば、月給制の進展に対応した積算体系の在り方を検討するなど、人を大切にする費用の積算上の在り方を検討すべきである。特に、これらに関する具体の施策の展開について地方公共団体等との連携を図り、推進していくことが重要である。

(2) 受注産業、屋外産業としての制約の克服

これまでは、ともすれば、単品受注産業であるため生産量の能動的な調整ができないこと、屋外産業であるため生産活動が直接的に天候の影響を受けること、等の諸点は建設産業が「人を中心に据えた対策」を展開するうえで克服し

難い障害とみなされがちであった。しかしながら、構造的な労働力不足時代を迎える今後は、業界の主体的な努力や技術開発等を通じてこれらを克服し、魅力ある基幹産業としての発展を図っていかねばならない。

 業界サイドの能動的な努力

① 建設工事量の平準化を図り、雇用・労働条件の安定的向上を実現するに当たっては、建設需要の過半を占める民間工事の動向が重要な意味を持つ。このため、適正な競争の中での経済原理を活用した民間工事需要の誘導策など、能動的に工事量の平準化を進めるための工夫について検討すべきである。

② 現場の施工担当者を直接雇用する専門工事業者の経営の安定化を図るため、総合工事業者は専門工事業者に対する発注の平準化に努めるべきである。

 公共工事量の平準化

③ 公共工事量は季節的に大きく変動し、そのことが労働時間の短縮、常用化等の雇用・労働条件の改善を妨げる要因となっている面もあることから、公共工事量の平準化に向けて、長期的な視点から、会計制度及びその運用の在り方について検討することが求められる。現状においては、特に、国及び地方公共団体による債務負担行為の一層の活用に努めることが重要である。

④ 発注に当たっては、余裕期間を見込んだ早期契約制度の活用等の計画的発注、発注規模の適正化などきめ細かな配慮に努めることも必要である。また、補助金に関する手続きの一層の簡素化や迅速化について検討することも求められる。

 全天候型技術の開発・普及

⑤ 悪天候による不稼働の発生は、日給労働者の収入の減少、工事の遅れを取り戻すための労働時間の増加等、雇用・労働条件の改善を阻害する一方、悪天候下でも作業を敢行すれば、安全衛生上の問題等を生じかねない。このような悪天候に起因する障害を克服する最も根本的な対策は、天候の状況に左右されることなく作業ができる現場を実現することであり、このため、官民挙げて、全天候型の技術の開発・普及を推進すべきである。

⑥ 公共工事においてはこれまでも通年施工の観点から積雪寒令地での技術開発に努めてきたところであるが、今後、雨天対策も含めた全天候型技術の開発・普及を図るため、公共工事でモデル的に全天候型の技術を活用すべきである。また、民間工事についてもこれらの技術の普及を進めるため、全天候

型仮設屋根に対する経済的な支援等積極的な普及促進策が求められる。

〔悪天候リスク分散システムの検討〕

⑦　悪天候による不稼働が発生した場合の収入の減少を防ぎ、収入の安定化・向上を図るための方策としては、長期的には天候により収入が左右されない月給制の導入を図ることが基本であるが、未だ月給制でない労働者の収入を確保するため、または、月給制の場合に企業が負担するリスクを軽減するための共済、保険等の活用等について検討すべきである。

〔工期変更等への対応〕

⑧　悪天候等による不稼働が発生した場合の工期の逼迫を防ぐには、国の直轄工事の例にみられるように、予想される悪天候等を明示的に織り込んだ工期を設定するなど、あらかじめ、ゆとりある工期の設定に努めることが重要である。そのうえで、予期せざる悪天候等が生じた際、工期変更等に一層的確に対応するため、請求手続の円滑化等所要の条件整備の在り方について検討すべきである。

(3) 体制の整備

「人を中心に据えた対策」を着実かつ強力に実施していくためには、総合工事業者と専門工事業者の役割分担を踏まえ、業界を挙げての取り組みを実行していくための組織・体制の整備を行うことが重要である。また、建設活動において重要な役割を担っている全国各地の中小・零細企業がこれらの対策の必要性を認識し、真剣に取り組んでいけるような土壌づくりを進めることも不可欠である。

〔総合工事業者と専門工事業者の役割分担の明確化〕

①　中央及び各都道府県毎の建設生産システム合理化推進協議会の設置・活用等により、業界において、人材の確保・育成に関する総合工事業者と専門工事業者の役割分担の明確化に努めるべきである。

②　現場でものづくりを担う「人」を大切にした建設業を実現するためには、何よりもまず、直接施工機能を担う専門工事業者自らが、今後人材確保をめぐる環境が一層厳しいものとなることを今以上に認識し、複数の専門工事業者が共同しての取り組みも含め、人材対策への主体的かつ真剣な取り組みに向けて、更なる意識改革を行わねばならない。また、人材対策を担う担当者の養成、資質の向上を図ることも必要である。

③ 広く業界全体の基幹的技能者の確保・育成を図るため、人材対策上積極的な役割を担う専門工事業者のみならず、総合工事業者も含めて応分の費用負担を行うことにより、業界を挙げ、様々なニーズに的確に対応した多種多様な手法を開発・活用すべきである。また、その際の体制の在り方について検討することが求められる。さらに、行政は、これら総合工事業者と専門工事業者が一体となった取り組みの支援に努めるべきである。

業界としての主張

④ 良いものを造るためには相応の時間と費用がかかること、突貫工事等のサービスの供給には限界があることなど「人を中心に据えた対策」を円滑に実施していくうえでの業界としての意見や立場を最終需要者、世論等に対して主張し、働きかけていくための体制を整備すべきである。また、行政もこうした世論の形成を支援すべきである。

地方での取り組みの支援

⑤ 各地方の中小・零細企業を含めたすそ野の広い人材確保対策の展開を促すため、研修等を通じて情報の提供を図るなど地域に根ざし、また、地域の特性を織り込んだ人材対策への取り組みを積極的に支援する体制を整備すべきである。

⑥ モデル的な工事の実施も含め、国の直轄事業で行われている「人を大切にする」視点からの取り組みを地方公共団体へ拡大するよう努めるべきである。

人材対策に関する継続的な検討

⑦ 関係機関の連携により、人材対策に関して中長期的な観点から、建設業界の具体的なニーズを踏まえ、それに的確に対応した対策の在り方について継続的に検討することが必要である。

○新たな社会経済情勢の展開に対応した今後の建設業の在り方について（第三次答申）

―建設業における技術開発と生産性の向上―

〔平成5年3月8日〕
〔中央建設業審議会〕

一　基本的考え方

(1) 建設業を取り巻く状況

　　我が国の建設業は、80兆円を越える建設投資を担い、600万人以上の就業人口を擁する基幹産業であるが、雇用・労働条件、総合工事業者と専門工事業者の関係の在り方、重層化した施工形態等の面で依然として多くの課題を抱えている。

　　また、建設業における生産性については、工事現場における省力化は進んでいるが、付加価値労働生産性で見た場合には、製造業等と比較して建設業の数値は低い水準であり、生産性の向上が図られていないという見方もある。付加価値労働生産性を諸外国と比較すると、通貨換算レート、統計値の算出方法の違い等の問題はあるものの、他の諸国に比べ必ずしも低い数値ではない。他方、建設生産物の価格は相対的に高いという指摘があるが、自然条件等の違いから構造設計基準が異なること等の諸々の要因があると考えられる。

　　これまでも建設業の近代化・合理化、構造改善のための対策は鋭意行われてきたが、建設技術の高度化や建設市場の国際化等の新たな社会経済情勢の下で、主として次のような理由により、更に生産性の向上を図り建設業の健全な発展を進める必要に迫られている。

　　すなわち、今日、我が国の経済規模に応じた豊かさを国民が実感できるよう公共投資基本計画の着実な実施等による住宅・社会資本、民間資本の整備が強く求められている。建設業はその直接の担い手として大きな役割を担っており、今後とも技術開発を始め生産性の向上に努めることにより適正な供給能力を確保し、建設生産物の価格の高騰を避けつつ、良質な住宅・社会資本・民間資本整備を円滑に行うことが期待されている。

　　また、中・長期的に予測されている生産年齢人口の減少、労働者の現場離れ志向により労働力供給の制約が強まるとともに、労働時間短縮の推進、労働者

の高齢化、女性労働者の増加等の変化が進む中で、労働時間短縮等に伴う企業の負担増を削減しつつ、建設業者の施工能力を確保するために、また快適な作業環境の創造、安全性の確保等による雇用・労働条件の改善を図るためにも技術開発と生産性の向上は不可欠である。

さらに、今後、外国企業の日本の建設市場への参入が進むことが予想される中で、適正かつ公正な競争を確保することにより、技術と経営に優れた企業の成長を促す必要がある。

(2) 基本的視点

建設業は、単品受注、屋外での現地組立作業等の特殊性があり、各工事ごとに異なる条件の下で多くの関係者の協力により生産活動が行われることから、製造業に比べて生産物の規格化が難しく、天候の影響を受けやすいなど生産性の向上が図られにくい産業である。従って、生産性を向上するに当たっては、一つの視点からだけではなく多様な取組を行うことが必要であるとともに、業種、企業規模、地域等のそれぞれに適した対応が求められる。また、当然のことながら、品質、安全の確保、環境保全は前提条件とした上で生産性の向上が図られるべきである。

生産性の向上は技術開発が基本であり、施工の機械化、資材の工場生産化等を始め建設技術の開発・普及を進める必要がある。その際、全天候型技術の開発や作業環境の改善等に十分配慮し、建設業の有する特殊性を克服することが重要である。

他方で、建設工事には建設業者だけではなく、発注者、設計者、資材業者等多くの者が関係しており、施工の機械化などのハード面における取組に限らず、発注・設計段階における施工のしやすさ、効率化等への配慮、施工段階における関係者の役割と責任に応じた協力等のソフト面での取組も不可欠である。

また、労働力供給の制約、労働時間短縮等を考慮すると、建設業に従事する優秀な人材の確保・育成により人的な面からも生産性の向上を図ることが重要であるとともに、建設業者の大半を占める経営基盤が脆弱な中小建設業者の技術力、経営管理能力を向上することが必要である。

生産性を議論するに当たっては、生産性を表わす指標が必要であるが、建設業の場合には、一つの指標のみで判断するのではなく、工事単位、企業単位、業種単位、建設業全体のそれぞれの段階に適した指標を用いて総合的に判断す

るべきである。

　なお、建設生産物という大規模で使用期間の長いものについては、それが出来上がるまでの段階のみの視点で生産性を考えるのではなく、維持保全、再建設などを含めたライフサイクルで考えることも重要であり、この視点に立った生産性の向上に関して検討することが今後の課題である。

二　建設技術の開発及び普及

(1)　技術開発を進める上での基本的考え方

　　建設工事の基本は、需要者（発注者）の求めに応じて、よいものを良好な環境を創造しつつ効率よく安全につくることにある。このことを前提に、施工における省力化、施工環境の改善、安全性の向上等を目指して、新しい工法、機械・ロボットの開発等建設技術の開発とその普及を進める必要がある。

　　建設技術の開発は大企業を中心にこれまでも行われており、特に最近の建設技術の高度化は目をみはるものがある。しかし、売上高に対する研究費の割合は、全産業の平均値の約5分の1であり依然低水準にある。

　　今後、建設技術の開発を更に進めるためには、官民における研究開発を推進し、その実用化を図るための環境整備を行う必要がある。この場合、技術開発のための投資はリスクを伴い、これを企業単位で行うことは困難な場合もあることから、技術の開発及び普及を促進するためには、建設業者間、建設業者団体の協力や行政による支援が求められる。

　　また、行政においては、建設技術の開発を効率的に行うために、研究開発の最重点課題の選定とその目標を定めるとともに、産学官が連携するための中・長期的計画を策定する必要がある。

(2)　省力化へ向けた技術開発

①　施工の機械化・ロボット化の促進

　　工事現場において人手による作業を機械等により代替し、省力化を進めるためには、施工の機械化・ロボット化等が必要である。しかし、新工法や機械・ロボットの開発はこれまで建設業者や機械製造業者が各社各様に行い、操作方式が異なるなどの面があった。今後は、建設業者、機械製造業者、機械賃貸業者、発注者等のより一層の協力により、建設機械の基本部分の規格統一や使いやすく有用な機械の開発等を促進する必要がある。

　　また、高度化された技術を活用した建設機械は、例えば床仕上げロボット

が広い面積の工場や倉庫の工事現場で活用されているように、大規模工事での使用が主である。中小規模の工事に使用する機械については、例えば都市内の中小規模の土木工事の省力化に資するミニ・バックホウの生産台数は顕著な増加を示しているが、今後人手による作業をさらに削減するためには、主として中小建設業者を対象として、小型の建設機械や道具の改良・開発、工法の合理化に関する技術開発を促進するとともに、省力化設備を導入するための税制、金融制度の活用・充実を図る必要がある。

② プレハブ化等の促進

工事現場における作業を削減するためには、建設業と同じ単品受注生産である造船業界やプレハブ住宅業界での取組と同様に、仕様の標準化により施工の効率化を図り、工場生産化、ユニット化されたものを現場で組み立てることが有効であり、これを促進する必要がある。この場合、公共発注機関を始めとした発注者や設計者の理解が不可欠であり、プレハブ化された資材を用いる工法を積極的に活用することが重要である。

また、施工の省力化に資する資材を開発することが重要である。この場合、工事に用いる資材等の種類及び量が多く、また、建設工事においては建設発生土を始め多量の副産物を発生するため、省エネルギー・省資源を始めとする環境問題、再生資源の活用等の課題にも対応する必要がある。

(3) 施工環境改善へ向けた技術開発

① 全天候型技術の開発及び普及

建設工事は屋外での活動が多く、天候の影響を直接受けることにより、工程、作業の遅れを生じることが多いことから、悪天候下においても施工が可能となるよう、積雪寒冷地域等における通年施工や雨天対策も含めた全天候型技術の開発及び普及の方策について検討する必要がある。また、天候による影響が少なくなるよう工場生産化を促進することも工期の短縮等のために有効な手段である。

② 快適な作業環境の創造

工事現場において快適な作業環境を創造することは、仕事の効率化を図る上でも、また若者を始めとした人材を確保する観点からも重要であり、さらに工事現場周辺との調和を保ちつつ円滑に施工を進める面からも取り組むべき課題である。そこで、快適な作業環境の形成に資する機械、高齢者や女性

が操作しやすい機能や装備に配慮した機械の開発及び普及を促進する必要がある。

(4) 開発された技術の活用・普及

建設技術は施工において活用され、建設業における生産性の向上に資することが重要であり、公共工事の発注においても開発された技術を積極的に活用することが必要である。具体的には、民間より公募した技術を公共事業に採用する特定技術活用パイロット事業等を推進するとともに、平成4年11月の中央建設業審議会答申「新たな社会経済情勢の展開に対応した今後の建設業の在り方について（第一次答申）―入札・契約制度の基本的在り方―」を踏まえ、民間の施工に関する技術開発を活用した入札方式、技術提案の内容を加味し選定を行う入札方式等の多様な入札・契約方式の導入等技術開発にインセンティブを与える方策について幅広く検討する必要がある。

開発された技術の幅広い普及については、特に技術開発に対する投資余力がない中小建設業者に対し技術開発の成果を積極的に導入する必要があることから、優れた民間技術を行政として認定するとともに、開発された技術に関する情報を建設業者等が簡便に入手、活用できるよう、新技術の内容や活用方法等の情報を建設業者等に対し提供するシステム（JACIC NET等）を整備する必要がある。

また、施工の省力化や作業環境の改善に資する建設機械・ロボットを普及するため、税制、金融制度の活用、賃貸システムの整備が必要であるとともに、公共工事等においてこれらの率先的な活用を推進する必要がある。特に、ロボット化のための技術の開発を支援するため、ロボットに求められる施工性能等に関する評価基準を策定し、基準を満足するロボットを公表することにより、そのロボットの現場への普及を図るための制度を整備する必要がある。

三 建設工事の発注・設計から施工に至る過程での対応

建設生産物が出来上がる過程には、発注者、設計者、総合工事業者、専門工事業者、資材業者、機械製造業者、機械賃貸業者等の多くの者が関係しており、建設業における生産性を向上させるためには、建設業者だけではなく、これらの関係者の協調関係が不可欠である。

(1) 発注・設計段階での対応

① 生産性の向上に配慮した発注・設計の実施

施工は設計図書に基づき行われることから、円滑な施工のためには設計が適正になされるとともに設計の意図が的確に施工側に伝達される必要がある。そこで、詳細図の不備等により設計の意図が的確に施工側に伝わらないことから手戻りが生じることを防ぐため、設計・施工間の情報の円滑な伝達のための方策を充実する必要がある。

また、効率的な施工のためには、建設機械・ロボットやプレハブ化された資材等の活用について、設計段階においても配慮する必要があり、そのためにはこれらの活用のための情報を施工側が設計側へ提供することが必要である。

そこで、以上のような課題について、各工事現場における情報交換だけではなく、設計者の団体、建設業者の団体等の間において検討が進められることが必要である。

なお、共同企業体制度については、上記の第一次答申を踏まえ、効率的な施工を確保するため、昭和62年の共同企業体の在り方に関する中央建設業審議会建議等の徹底に向けて更に努力する必要があるとともに、その後の実態も踏まえ、共同企業体の在り方について別途検討する必要がある。

② 工事量の平準化等

工事量は、特に公共工事において、単年度予算制度との関係により、10月から12月の繁忙期と4月から6月の閑散期との間に大きな差があり、繁忙期における建設労働者の超過勤務、閑散期における労働力、建設機械の遊休化が生じることにより、雇用・労働条件の悪化や生産性の低下等を招きがちである。そこで、債務負担行為等の一層の活用、通年施工の推進等を積極的に行うことにより工事量の平準化を推進する必要がある。なお、この問題は会計制度及びその運用に関わってくるものであり、今後の検討が求められる。

また、建設業者が資材や機械の調達、人員の配置、労働時間短縮の推進等を的確に行うことができるように余裕期間を見込んだ早期契約制度の活用を含め、工期設定についても工夫する必要がある。

さらに、工事規模の拡大により、大規模機械の導入、稼働率の向上等が図られ、施工の効率化に結び付くことから、中小建設業者の受注機会の確保にも配慮しつつ、発注標準の見直しを含めて公共工事の発注規模の拡大を図る必要がある。

これらの点については、発注者の対応を待つだけでなく、民間工事を含め工事の発注時期、工期の設定等について建設業者としても積極的に働きかけるとともに、総合工事業者と専門工事業者の間など建設業者間においても工事量の平準化、適正な工期の確保等に配慮することが必要である。

③ 工事関係書類の簡素化

建設工事においては施工に直接関係する仕事だけではなく、施工図、発注者に提出する書類、安全関係の書類等の作成に多くの時間と手間を要している。そこで、検査、監督等のために建設業者が作成する必要がある書類の簡素化、統一化、情報管理化等により工事現場の事務の効率化を促進する必要がある。

(2) 施工段階での対応

① 関係工事業者の役割分担の明確化

建設業は総合的管理監督機能を担う総合工事業者と直接施工機能を担う専門工事業者がそれぞれの役割と責任を果たしながら生産を行う産業であり、建設業における技術開発と生産性の向上を図る上で両者の協力関係を構築することは不可欠である。この場合、特に直接施工段階における生産性の向上を図るため、専門工事業者の施工の効率化、人材育成、経営基盤の強化等に関する両者の役割と責任について検討するための協議の場を充実するとともに、各工事における工程管理や工法等について工事関係者の意思疎通が十分図られるような環境を整備することが必要である。

② 下請構造の適正化

建設工事においては、分業化、専門化された多くの建設業者が工事に関わることから、建設工事に関する契約の重層構造が生ずることは避けられず、重層構造が効率的な面もある。しかし、過度の重層化は、管理費等の累積や責任の所在の不明確化、施工能力を有しない企業の介在等により効率性の低下、雇用の不安定化等を招くことになる。不必要な重層下請を排除し、適正な施工体制を確立するためには、一括下請負の禁止、施工体制台帳の整備等の遵守を徹底するだけではなく、責任施工能力を有する企業と適正な手続、内容の契約を締結することが必要である。

そこで、施工能力、経営管理能力等の観点から専門工事業者の評価を行うシステムを整備するとともに、下請契約の締結に至るまでの手順を明確にし

た指針を策定する必要がある。特に、専門工事業者を選定し、契約を締結するに当たっては、経済的側面だけに重点を置くのではなく、直用化の促進等による直接施工能力の強化や新工法・新技術の導入等により生産性の向上に努めている建設業者の努力が報われるよう配慮することが必要である。

また、工事量の平準化を推進することも、工事量の季節変動等による人件費等の負担増を避けるために生ずる重層化をなくすためには有効である。

③ 工程管理等の効率化

多くの工程が複雑に絡む建設工事においては、前工程の遅れが後工程の工期を圧迫するなど、施工の非効率化を招くことがあるため、工程の相互関係を明確化し、効率的施工に資する総合的な工程管理等を確立する必要がある。そこで、例えばネットワーク工程管理などを含め管理の在り方を示した工程管理等に関するマニュアルを作成し、普及を図ることが必要である。

また、工事現場の管理の質の向上、効率化を進めるため、労務、機械、品質、出来形のデータ等施工管理に関する諸情報について、その収集、蓄積、分析、整理の自動化、迅速化を図るためのシステムを整備する必要がある。

さらに、生産性を向上させるためには、工事の段階だけでなく、計画、設計段階から、場合によっては維持管理までを含めた事業全体の総合的な管理の在り方について検討する必要がある。

なお、例えば道路の使用に関する行政手続を含め関係者との協議に要する時間、建設工事契約後における用地の確保に要する時間等が施工の非効率化や工期の圧迫を招いている場合もあり、発注者を始めとする関係者の適切な対応が求められる。

(3) 取引情報の交換の効率化

建設業における生産性を向上させるためには、経理、財務管理等の業務処理の効率化を図ることも重要である。この場合、個々の企業内におけるオフィス・オートメーション化、CAD化等の促進も重要であるが、企業間においても迅速かつ正確な取引情報の交換による事務処理の効率化を図るためにオンライン取引等通信ネットワークを活用した情報化を促進することが有効である。

そこで、現在検討が進められている建設産業情報ネットワーク（CI―NET）の利用による取引情報のオンライン交換を導入し、建設業者間だけではなく、建設業者と資材業者等の間においても広く活用するべきである。

四　人材の確保・育成及び中小建設業者の振興・育成
　(1)　人材の確保・育成
　　　建設業は、多くの工事関係者による組立産業であり、異なる自然環境の下で、よいものを効率よくつくるためには、新しい工法等に対応しながら適切な施工管理を行うことが不可欠であり、技術開発を踏まえた施工管理を担う人材が今後一層必要となる。また、建設機械等の導入を図ったとしても機械化になじまない作業が存続するなど、人手に依存する部分は残らざるを得ない。
　　　このため、今後とも、雇用・労働条件の改善、建設業に従事する者の能力の評価と処遇の改善等を一層進めることにより、若者の入職促進、優秀な人材の確保・定着を図ることが必要である。特に、雇用、収入が不安定であることが建設業のイメージ向上を阻害する一因であるため、常用化、直用化、月給制の導入に努めるなど雇用、収入の安定化を進めるべきである。また、建設業に従事する者が生涯を通じて職業意識を醸成し、労働意欲と生きがいを持ちながら職業生活を送ることができるように入職後の教育・訓練、評価・処遇等が体系的に明示されるよう努めるべきである。
　　　労働力供給の制約が強まる中で、生産性を向上させるためには、人材の育成が重要であり、施工管理に携わる技術者、作業管理者たる職長等の資質向上のための教育・訓練を充実するとともに、高齢化、女性の進出等に対応した教育・訓練を行う必要がある。
　　　また、技術力を向上させるためには、資格取得等を通じて人材育成を図ることが重要であり、国家資格に限らず、建設業者団体による資格制度についても充実を図り、奨励すべき資格制度については、仕様書における積極的な活用等により制度を普及する必要がある。
　　　さらに、専門工事業者等については、新しい機械・ロボットの操作のための教育・訓練も必要であるとともに、特に中小規模の工事において工程、作業ごとに労働者が異なることによる非効率を防ぐため、関連する複数の工程、作業を担う多能工を育成することも有効である。また、専門工事業者団体がこれまでに蓄積した技術を集大成し標準作業要領を策定することなどにより作業の効率化、作業密度の向上を促進する必要がある。
　(2)　中小建設業者の振興・育成
　　　中小建設業者、専門工事業者は、労働集約的な面が強く、経営基盤が脆弱で

あることから設備投資が困難な面があるが、施工に直接携わる重要な役目を果たしており、建設業全体の生産性の向上のためにはこれらの建設業者の努力が強く求められる。

① 施工能力等の向上

専門工事の種類は多数に及び、例えば基礎工事のように機械の導入は進んでいるが工場生産化等には馴染みにくいものもあれば、外壁工事のように工場生産化が進んでいるものもあり、それぞれの工事によって固有の課題があることから、これらに応じて技術開発、人材育成等生産性の向上のための対策を検討する必要がある。

また、技術革新に対応できる専門性の高い専門工事業者の育成を図る一方で、複数の工程を多くの建設業者が施工することから生ずる非効率を省くため、部分一式工事等多様な業種・工程を担う能力を有する専門工事業者の育成を図ることが重要である。総合工事業者においても、施工能力、施工管理能力の向上に努めている専門工事業者の受注機会を拡大するよう配慮すべきである。

② 経営基盤の強化

経営基盤が脆弱な中小建設業者は組織化を進めることにより諸課題に対応することが有効であることから、組織化を促進するための税制、金融等の助成制度を拡充するとともに、事業協同組合、協業組合等の活用、情報交換等を行うための専門工事業者団体の横断的な組織の充実等を進めるべきである。

また、公共工事の発注に係る建設業者の資格審査等における建設業経理事務士の位置付けを検討するとともに、今後の建設業を担う若手経営者、後継者の育成のための研修、建設業者に対する簡易財務診断、オフィス・オートメーション化による事務管理部門の効率化等を促進し、経営面、事務管理面での体制を強化する必要がある。

五 生産性に関する指標の整備

生産性を示す指標については、これまで付加価値労働生産性、労働原単位等が便宜的に用いられている。しかし、付加価値労働生産性は、他産業との比較が容易であるものの、各産業によって算出方法に差異があり、また建設業については景気変動の影響を受けやすいこと等の特性が、労働原単位は、景気変動の影響を受けやすいこと、建設業の業種別の数値が算出されていないこと等の特性があり、

技術開発を始めとする生産性の向上の状況を正確に伝えられない面がある。

　建設業における生産性について現状を把握するとともに、向上させるための対策を検討するためには、工事単位、企業単位、業種単位、建設業全体のそれぞれの段階に適した指標を用いることが必要であり、上記の2つの指標の外に、企業単位での完成工事高又は総資本に対する利益率等、工事単位での投入労働力量や機械化率等の様々な指標を用いて判断する必要がある。

　また、景気変動の影響が極力排除され、業種別等の各段階における生産性の向上の成果が的確に表れ、また生産性の向上の目標を設定することが容易な指標を整備する必要がある。現在、建設業者団体の中には、その業種に適当な指標の検討を積極的に行っているところもあり、今後とも業界、行政が協力して更に検討を深める必要がある。

おわりに

　生産性の向上は基本的には個々の企業が適正な競争の下で自主的に取り組むべきものである。今後公共投資を始めとして建設投資の伸びが予想される中で、建設生産物の価格の高騰を排除しつつ建設投資を担うためには、建設業者は生産性の向上により十分な供給能力を確保しておくことが不可欠である。

　なお、建設生産物の価格については、建設工事を契約する際に、需要者（発注者）等と建設業者との間、建設業者間ともに工事に要する費用の内訳を全く明示しないで締結される場合もあり、関係者の不満や誤解を招いてきたところである。今後、需要者を始め関係者が信頼関係を保ちつつ工事を行うためには、建設業における生産性の向上が建設生産物の価格に適正に反映されることも含め、供給される建設生産物の費用が明確にされ、適正な価格が需要者にも理解されるように形成されることが必要である。

○公共工事に関する入札・契約制度の改革について

〔平成5年12月21日〕
〔中央建設業審議会〕

一 はじめに

(1) 「公共工事に関する特別委員会」の設置

　　本年（平成5年）に入り、地方公共団体の首長と我が国建設業界を代表する企業の幹部が公共工事をめぐる贈収賄容疑によって相次いで逮捕・起訴されたことによって、公共工事の執行、ひいては公共事業そのものに対する国民の信頼が著しく損なわれるに至った。

　　当審議会はこのような事態を重く見て、本年7月、公共工事の入札・契約制度全般に亘る思い切った改革に着手することとし、「公共工事に関する特別委員会」（以下「特別委員会」という。）を設立した。特別委員会はこのような設立経緯から、当審議会の通常の構成とは異なって、学識経験者のみによって構成され、8月2日の第1回委員会以来、12月21日までの約5か月間に11回の委員会を開催し、精力的な検討を行ってきた。また、特別委員会では、国のみならず、地方公共団体における入札・契約制度の改革を十分視野に入れながら検討を行ってきたところである。今般、その審議結果が総会において報告され、それを基に、ここに当審議会の建議を行うものである。

　　もとより、公共工事の入札・契約制度全般に亘る広範なテーマについて、極めて限られた期間において検討したものであるので、改革の方向を指し示すに止まらざるを得なかった事項もある。また、入札・契約制度の改革のみで、一連の公共工事をめぐる問題のすべてを解決できる訳ではない。より広く、政治、経済など社会全体のシステムの構造的な改革に待たなければならない部分も多く残されている。

　　しかしながら、本建議は、入札・契約制度改革の主要なテーマをほぼ網羅し、そのそれぞれについて具体的な提案を行ったものであり、公共工事に対する国民の信頼回復の礎となることを期待している。国、地方公共団体を始め、あらゆる関係者においては、まず自ら襟を正し、今まで以上に厳正かつ公正な任務の執行を行うべきことはいうまでもないことであるが、今後、本建議を踏ま

て、早急に制度の具体化に向けての検討を行い、実現可能なものから、可及的速やかに実行に移すとともに、粘り強く改革を推し進めていかなければならない。

(2) 今回の改革の歴史的意義

我が国においては、明治33年の指名競争方式の創設から数えれば約90年、公共工事の入札・契約制度としては、指名競争方式を基本としてきた。

指名競争方式それ自体は諸外国でも使われており、正しく使われれば効率的な制度である。住宅・社会資本整備が遅れている我が国において、効率的に、良質のストックを形成するのに指名競争方式は貢献してきた。しかし、今回、一連の不祥事が明らかにされる中で、指名競争方式の根幹である、発注者は「公正で中立である」という前提に大きな不信が投げ掛けられた。「信頼のできる業者を選ぶ」と同時に「不正が起きにくい」システムを構築するため、今まさに公共工事の入札・契約制度に関する従来の考え方の転換に踏み切るときが来た。

すなわち、公共工事の入札・契約制度の改革の柱として一般競争方式を本格的に採用するときが来たと考えるべきであろう。一般競争方式の採用自体は、昨年11月の当審議会の答申においては「引き続き幅広い検討を重ねることが必要」としたところであるが、その検討を大幅に前倒しし、実行しようとするものである。

今回の改革は部分的な修正ではなく、抜本的な改革を目指したものである。入札・契約制度の改革は、単に指名競争方式を一般競争方式に変えれば済むというものではなく、システム全体の改革であり、その意味で歴史的な改革である。

(3) 入札・契約制度に関する基本的認識

公共工事に関する入札・契約制度は、国により、時代により様々である。各国の制度を概観してみると、米国は一般競争方式、日本は指名競争方式、その中間に欧州諸国が位置する。英国は1960年代に一般競争方式から指名競争方式へと重点が移行し、今、日本は「指名競争方式が基本」から「一般競争方式の本格的な採用」へと移行しようとしている。米国の一般競争方式も、時代により様々な工夫が加えられてきた。

すなわち、入札・契約制度は社会的、文化的、歴史的環境に大きく依存して

いる。これらの環境が変われば制度も変わるし、変えなければならない。したがって、各種の入札・契約制度の良いところだけを集めた一つの制度を作ることは困難であり、状況が多様であるならば、これに応じた多様な制度を考えることがより現実的であろう。

(4) 制度改革の留意点

　　国民の税金を使って行う公共工事の発注はとりわけ公正でなければならない。今回の改革の大きな狙いは、入札・契約手続きの「公正さ」を確保することであり、「公正さ」は、適正な競争と透明な手続きを通じて生み出される。そしてこのことが不正を起きにくくするだけでなく、適正な競争を通じ、技術革新へのインセンティブ、価格引下げの効果がもたらされ、納税者に利益をもたらすことになる。

　　しかし、不公正を生み出す余地の少ない制度にしようとすれば、それだけ手続き上、実態上のコストが増加する場合があることも留意する必要がある。手続き事務の増加等に加えて、不良業者参入による品質低下や工事の途中放棄の危険、さらには建設産業自体の混乱などの心配も想定され、これらのコストを最小化する努力が必要である。

　　結局、不公正を排除することによって期待できる利益と公正さを担保するために必要となるコストのバランスをどのようにとるかも制度改革に当たって見逃してはならないポイントであり、制度の改革に当たっては、この点についての見極めと国民的合意が必要である。

二　入札・契約制度改革の基本的視点

　(1) 現在の問題点

　　① 入札・契約手続きにおける不正行為の発生

　　　　当審議会において、特別委員会を設置し、入札・契約制度に関して検討を行うこととなった直接の契機は、公共工事をめぐる汚職などの不祥事の発生にある。

　　　　その背景としては、発注者及び建設業者のモラルの問題に加えて、選挙に金がかかることや議会のチェック機能の低下、いわゆる「天下り」等様々な政治的、社会的要因等も指摘されているところであるが、あわせて入札・契約制度についても問題点が明らかにされたところである。

すなわち、今回の一連の事件においては、発注者の恣意的な指名の運用が行われた可能性が指摘され、そのような不正行為に対するチェックシステムが現行の入札・契約制度において十分用意されていなかったという欠陥が表面化することとなった。

また、一部の発注者に見られる、工事完成保証人を入札に参加した者同士（いわゆる「相指名業者」）に限定したり、共同企業体の結成に当たって予備指名を行うような行為が、建設業者間の談合を誘発しているのではないかという意見や、あるいは予定価格が事前に建設業者に漏洩しているのではないかという疑念が提起されている。それとともに、不正行為を行った建設業者に対するペナルティが軽すぎ、不正行為の歯止めとしての役割を十分果たしていないのではないかという指摘も行われている。

したがって、今回の事件を単なる発注者及び建設業者のモラルの欠如に帰着させるのではなく、そのようなモラルの欠如を招いた社会的背景にも洞察を加えながら、それを抑制する制度的担保措置についても検討を行うことが重要な課題となっている。

② 建設市場の国際化への要請

我が国の建設市場に関する制度は、内外無差別を基本として運用されている。しかしながら、10年程前までは、外国企業の参入希望もほとんどなかったため、我が国の制度が主として国内企業を念頭に置いて定められているものであることは否めない。

今日、建設工事に係る新しい国際調達のルールが定められようとしている状況を踏まえ、外国企業の競争参加を念頭に置きながら、国際的に見て十分なじみやすく、わかりやすいシステムとなっているかどうかを改めて見直す必要が生じている。

(2) 改革の基本的視点

今回の制度改革の主たる目的が公共工事の発注をめぐる不正行為の防止にあることに鑑みれば、不正の起きにくいシステムの構築が、検討に当たっての第一の視点となるべきことは言うまでもない。そのためには、手続きの透明性・客観性、競争性を高めるための様々な工夫がなされなければならない。具体的には、

ア 発注者の恣意的な判断の入り込む余地の少ない制度を採用するとともに、

諸基準の制定・公表により、手続きの客観性を高めること。また、発注者が信頼できる建設業者を的確に選定するために、建設業者に関する客観的なデータを集積し、これを活用すること、

イ 手続きの透明性を高めるため、特に第三者による監視を強めること。第三者を関与させる方法としては、競争参加の資格条件の設定・資格の確認、苦情処理、入札監視など様々な場面が考えられるが、これらの活用に当たっては、いたずらに組織のみが拡大しないように、効率的な制度の構築に留意すること、

ウ 競争性が発揮されやすい条件整備を行うことにより、入札談合等の不正を排除すること、

エ ペナルティの強化を図り、公正なルールが守られるようにすること、
などの措置を講ずることが重要である。

　同時に、不正防止のためのシステムを検討するに当たっては、公共工事の質の低下や工期の遅れなど「角を矯めて牛を殺す」ことにならないよう十分注意することが必要である。建設工事は、その契約時点では目的物が存在していないうえ、仮に工事に瑕疵があったとしても、引渡しを受けた段階で直ちにそれを発見することは極めて困難であり、結果として納税者に損失をもたらしたり、場合によっては、国民の生命・安全が脅かされることにつながるおそれもある。したがって、適正な工事の執行を確保するためには、入札・契約手続きにおいて、現場条件が各々異なる個別の工事に見合った信頼のおける施工業者の選定を的確に行い得るかどうかが重要である。

　また、実務的には、事業の円滑な執行という観点も忘れてはならない。公共工事は、年間約47万件も発注されており、その円滑な執行は国民生活上も国民経済上も重要であり、入札・契約手続き及び工事監督に要するコスト、労力及び時間をなるべく少なくすることが必要である。

　さらに、今日の建設市場の国際化の拡大に伴い、公共工事の入札・契約制度についても国際性を加味した見直しを行うとともに、外国企業の競争参加が容易となるような条件整備を進めることが必要である。

　以上の視点は、手続きの透明性・客観性を高めることが国際性の拡大につながるように互いに補完し合う場合もあるが、手続きの透明性・客観性を単純に高めようとすると、工事の質の低下や事務量の増大を招く場合もあり、互いに

トレードオフの関係に立つ場合もある。

　一方、現在の我が国の公共工事に係る市場の実態に目を転ずると、発注者の態様、工事の規模や性格、それを受注する建設業者の状況のそれぞれが非常に多岐に亘っており、それを一律に論ずることには無理があると言わざるを得ない。

　したがって、今回の入札・契約制度の改革が主として不正防止の観点から行われるとしても、具体的にどの視点をどの程度重視すべきであるかについては、このようなトレードオフの関係や公共工事に係る市場の実態を十分踏まえた検討を行う必要がある。

　また、建設業は、特に地方においてはその地域の経済と雇用を支える基幹産業となっているが、競争参加に係る資格審査が不十分なままに、誰でも自由に市場参入が認められることとなると、かつて我が国でも経験したように不良不適格な企業が伸長し、「技術と経営に優れた」良質な企業が市場から排除され（「悪貨が良貨を駆逐する」）、雇用不安を始めとした大きな社会的混乱が生ずるおそれがある。このため、入札・契約制度の検討を行うに当たっては、建設業者の実態を十分踏まえた選択と運用が必要である。

(3) 改革の基本的考え方

　① 一般競争方式の採用

　　指名競争方式が悪用されたことが今日の深刻な不祥事を引き起こす一因になったことに鑑みれば、不正の起きにくい入札・契約方式への改革が必要である。このため、

　　ⅰ) 手続きの客観性が高く、発注者の裁量の余地が少ないこと、

　　ⅱ) 手続きの透明性が高く、第三者による監視が容易であること、

　　ⅲ) 入札に参加する可能性のある潜在的な競争参加者の数が多く、競争性が高いこと、

　が求められており、これらの点に大きなメリットを有している一般競争方式の採用の可能性について、まず第一に検討されるべきである。

　　しかしながら、無制限の一般競争方式による場合には、誰でもが競争に参加できるため、施工能力に欠ける者が落札し、公共工事の質の低下や工期の遅れをもたらすおそれがある。このため、そのような競争方式が公共工事において用いられている国は見当たらず、各国とも不良不適格業者の排除に

様々な工夫をしているところである。例えば、一般競争方式を採用している米国においては、入札ボンドによる審査、発注者による事前・事後の審査等により、何重ものセーフガード（信頼できる業者を選択するための担保措置）を講じている。

一般競争方式は、その他にも入札・契約や工事監督に係る事務量の増大、受注の偏りや過大受注のおそれなどの問題も有しており、そのようなデメリットを極力少なくするための方策について検討することが必要である。

② 指名競争方式の改善

一般競争方式については、不良不適格業者の排除等の措置に限界があることから、発注される工事の規模や内容によっては一般競争方式のデメリットが顕在化することがある。このような場合には、信頼できる建設業者の選定、入札・契約や工事監督に係る事務の簡素化、受注の偏りの排除、良質な施工に対するインセンティブの付与などのメリットを有する指名競争方式を活用することが適当である。

この場合においても、指名競争方式の透明性・客観性、競争性を格段に高めることが必要であり、その具体的な改善方策について検討する必要がある。

③ 多様な入札・契約方式の活用

競争入札方式は、一般的には、価格によって落札者が決定される。しかし、技術競争を促進しながら、公共工事の質を高めるためには、公共工事契約の相手方の選定に際し、価格以外の技術的要素を重視することも重要な方法であると考えられる。

このため、価格だけでなく、工期、安全性、維持管理費用、デザインなどの要素をも総合的に評価することにより契約の相手方を決定する技術提案総合評価方式の導入を検討すべきである。

また、災害復旧工事等の緊急を要する工事や特殊な技術を要する工事については、随意契約によることが適当であると考えられるが、その場合にも手続きの透明性・客観性を高める工夫が必要である。

従来、ともすればある一つの方式（例えば指名競争方式）がすべての公共工事を通じて最もふさわしい入札・契約方式であるというように考えられがちであったが、多様な入札・契約方式の中から、それぞれの方式の特徴を勘案しながら、対象工事の性格、建設業者の状況等市場の特性に応じた最適な方式を、

新しい視点に立って選択することこそが基本となるべきである。

三　入札・契約方式改革の基本方針
　(1)　一般競争方式の採用
　　①　適用の対象
　　　　一般競争方式の対象範囲については、工事の特性及び我が国の建設市場の状況を十分踏まえた検討を行うことが必要である。

　　　　一般競争方式のメリットを十分に活かし、そのデメリットをできるだけ顕在化させないためには、資格審査等の制度的工夫を図ることが必要であるが、当面、次の理由により、一定規模以上の大規模工事について一般競争方式を採用することが合理的であると考えられる。

　　　ⅰ）施工の難易度という点からは、大規模工事ほど施工業者の選定について慎重とならざるを得ないが、現実には、大規模業者については経営能力や施工の信頼性に不安の残る者はほとんどいないのに対して、規模が小さくなるに従って、財務・経営能力や信用力に不安の残る者が増大する傾向にあること。
　　　ⅱ）大規模業者については過去の工事実績等に関する情報が豊富であり、発注者においても容易に施工業者の能力が判断できること。
　　　ⅲ）不良不適格業者の参入は小規模工事の方が容易であること。
　　　ⅳ）小規模工事は発注件数が多く、事務量が膨大となること。
　　　ⅴ）ガット政府調達協定改定交渉の進展等大規模工事の分野について国際調達のルールが定められつつあること。

　　　　一般競争方式の対象となる工事は、国、公団等については、原則として、各々一定規模以上の大規模工事とするが、地方公共団体の工事については国、公団等の規模を参考としながら、工事の内容、さらには不良不適格業者の混入可能性等を総合的に考慮して定められるべきである。

　　　　一定規模以下の工事については、どのような発注方式を採用するかは基本的には発注者の選択に委ねられるべきであると考えられるが、その現実的な選択として、指名競争方式を主として活用するものとしても、大幅に透明性・客観性、競争性を高める措置を講ずる必要がある。

　　　　将来に向けては、資格審査体制の充実を図るとともに、建設業界における

競争体質の強化、入札手続き及び施工監督に係る事務量の軽減方策の検討を進め、また、一般競争方式の実施状況を勘案しながら、一般競争方式の対象範囲を拡大することが必要である。

② 競争参加者の資格審査の必要性

　ア　セーフガード（信頼できる業者を選択するための担保措置）の必要性

　　一般競争方式は、一定の資格を満たす者であれば誰でも競争に参加できる仕組みであり、競争性が高い反面、不良不適格業者の混入する可能性も大きいことから、セーフガードの重要性は高い。このことは一般競争方式を採用している各国に共通する考え方である。

　　この場合、ペーパーカンパニーや暴力団関係企業のように、そもそもの営業に問題がある者のみならず、一般には優良企業とされている者であっても、対象工事の規模や必要とされる施工技術等からみて的確な施工に不安が生ずる場合、他に多くの工事を抱え過大受注となる場合なども、的確に選別することができるものでなければならない。

　イ　セーフガードの一層の充実

　　我が国においては、建設業法による許可制度、経営事項審査をベースとして各発注者において競争参加資格の審査を行い、さらに有資格者名簿に登録された業者の中から信頼できる業者を指名することによって、セーフガードが講じられてきた。

　　このうち、建設業の許可制度は建設業の営業のための最低必要条件であるに止まり、工事規模、施工技術の程度等に差異がある個別的な建設工事の適正な施工を確保するには不十分である。

　　今後、一般競争方式を幅広く採用していくとすれば、建設業許可の段階における不良不適格業者の的確な排除に一層努めるとともに、経営事項審査や個別工事に係る技術力の審査等資格審査体制の充実により、的確なセーフガードが構築されなければならない。

　ウ　我が国における入札ボンド制度導入の可能性

　　入札に参加するに当たって実質的な事前審査としての役割を果たす入札ボンド制度を導入してはどうかとの議論がある。

　　この制度は、米国、カナダ等で広く使われているが、ヨーロッパ等他の国ではほとんど使われていない。

入札ボンドは落札者が契約を締結することを保証するものであるが、契約時には履行ボンドの提出が求められるため、入札ボンドの発行時には、履行ボンドの発行を前提とした審査が行われている。

本制度は、第三者による審査であり発注者の恣意から独立していること、ボンド会社自らの経営に影響するので真剣な審査が期待できること、与信枠の設定等により過大受注の防止が図られること、保証会社に審査を委ねられるので発注者の審査業務の軽減が図られることというメリットを有している。

その反面、入札ボンド審査の内容は財務・経営状況の審査が主であって、技術審査については技術者の保有状況等の一般的な審査に止まらざるを得ないこと、ボンド会社は営利企業であること等の限界があり、米国においても、入札ボンド制度に加えて、発注者による厳格な審査が行われている。

米国のボンド制度は100年以上の歴史の中で資格審査機能の充実が図られたものであり、法律によりほとんど全ての公共工事について入札・履行ボンドが義務付けられていることにより成り立っているものである。我が国においては、現状ではこれらの素地があるとはいい難いが、履行ボンドの検討状況を踏まえながら、今後引き続き、入札ボンドについても検討されてしかるべき課題であると考える。

③ 競争参加資格の設定と確認等

　ア　総合的経営力・技術力の審査と評価結果の活用

　　一般競争方式の参加者を的確に審査するためには、米国で行われている入札ボンド審査と同様に、参加者の総合的な財務・経営状況や技術力について、客観的に判断する必要がある。このための方法としては、我が国で既に定着している経営事項審査の充実・活用を図ることが妥当である。

　　競争参加者の資格要件として経営事項審査の評価結果を活用するに当たっては、競争性の確保の観点から十分な競争参加資格者が確保される必要があり、あまりに制限的にならないようにすべきである。

　イ　個別工事に係る条件の提示

　　公共工事の発注に当たって、具体的な工事に照らして本当に施工能力があるかどうかを判断するためには、過去の同種工事の実績、十分な資格・経験を有する技術者の配置等を条件とすることが必要である。これらの条

件については、入札に参加しようとする者が条件に適合しているか否かを自ら判断できるように、客観的かつ具体的に公告しなければならない。

また、特に施工の難易度が高い工事については、予め当該工事に係る施工計画の提出を求め、それについての事前技術審査を行う方式（「施工計画審査型」）も考えられる。

手持ち工事量からみた受注可能量、過去の工事成績、労働安全の状況等については、今すぐ客観的な条件として設定することは困難であるが、いずれも受注者の選定に当たって重要な事項であり、その条件化の方法について早急に検討する必要がある。

競争参加資格条件の設定に当たっては、予め条件の設定の考え方（基準）を制定・公表するとともに、具体的な条件設定に当たっても、合議制を活用すべきである。また、必要に応じ、学識経験者の意見を聴くことも検討すべきである。

ウ　競争参加資格の確認等

競争参加資格者の確認については、必要に応じて合議制を活用しながら、入札の実施前に行うこと（事前審査方式）とし、特に技術的難度の高い工事等にあっては、学識経験者による専門的意見を聴くことも検討すべきである。

米国の連邦工事等においては、入札ボンド審査に加えて、入札後の審査制度が設けられている。入札後の審査制度は、最低価格入札者のみを審査すればよいので審査業務が軽減され、その分念入りな審査が可能となるというメリットがある。しかし、事前審査と異なり、契約をほぼ手中にしている者を入札後の審査により失格とすることは、当事者間の紛争の激化、異議申立てによる手続きの遅延等をもたらすことから、よほど重大な事由がない限りは、入札・契約手続きの最終段階で最低価格入札者を失格とすることには相当の困難を伴うこととなる。

参加資格の確認結果については、申請者全員に対して通知をするとともに、資格がないと認められた者に対しては、その理由を明記すべきである。

参加資格が認められた業者名や業者数は、競争性を維持する観点から、入札時まで伏せておくことが適当である。

なお、入札終了後においては、入札経緯及び結果について閲覧方式によ

(2) 指名競争方式の改善

現行の指名競争方式は、その運用において透明性・客観性、競争性に欠ける場合が見られるなどの問題があり、今後、この方式を採用する場合には、その大幅な改善が必要である。

① 指名基準の公表等による透明性・客観性の確保

指名基準及びその運用基準の策定及び公表、指名業者名並びに入札経緯及び結果の公表、入札辞退の自由の確保等これまでの当審議会の答申・建議の実施の徹底を早急に図ることに加えて、後述するように非指名理由等の説明、第三者機関における苦情処理など手続きの透明性・客観性の確保を図る制度の創設を行うべきである。

② 建設業者の技術力、受注意欲を反映した指名競争方式の改善

建設業者の技術力、受注意欲を反映した指名を行うため、昨年11月の当審議会答申・建議に基づく「技術情報募集型」及び「意向確認型」の指名競争方式を発展させ、新たに対象を広げつつ、「公募型」及び「工事希望型」の指名競争方式の導入を図るべきである。

これらの方式は、いずれも入札参加意欲の確認を行うとともに、簡易な技術資料の提出を求めたうえで指名を行うものであり、技術資料を提出したにもかかわらず指名から外れた者に対しては、その要請に応じ、非指名理由を説明することとし、一層の透明性、客観性の向上を図ることとする。

(3) その他の入札・契約方式

① 技術提案総合評価方式

現行の入札制度においては、最低の価格を提示した業者が自動的に落札者となるため、工期、安全性、維持管理費用、デザインなどの競争が発注者にとってメリットとなる場合にも、それらは落札者の決定に反映されないという問題がある。

また、現行入札・契約制度の下では、価格のみが重視されるため、不良な建設業者にとっては、公共工事が格好の参入のターゲットになるおそれがある（現にニューヨーク市ではそのような指摘がなされている。）うえ、価格以外の要素による競争が欠落しているため、入札談合を誘発しやすい側面も見られる。

したがって、民間の技術開発の著しい分野で特に施工実績の少ない工事などを対象に、技術提案総合評価方式の導入を図ることとし、総合評価のための評価要素である価格、工期、安全性、品質などの評価手法の開発を早急に進めるべきである。

この場合、総合評価の基準については公表することとし、審査に当たっては合議制の機関によるとともに、必要に応じ、学識経験者の意見を聴くことが適当である。

② 随意契約

随意契約については、現在災害等の緊急時を除いてはあまり活用されていないが、手続きの透明性・客観性を確保しつつ、特殊な技術を要する工事などもっと活用が図られてよいと考えられる。すなわち、随意契約のむやみな拡大は厳に慎むべきではあるが、随意契約によることが適当な場合にまで形式的に指名競争方式を活用することはかえって不自然な結果を招くこととなるので、制度の的確な運用が必要である。

四　制度改革の具体的提案
(1) 競争参加資格審査制度の改善
　① 現在の競争参加資格審査制度

我が国の競争参加資格審査制度は、入札参加希望業者が欠格要件に該当しないかを審査した後、客観的事項と主観的事項について審査した結果を点数化し、その総合点数に応じ順位付けを行った上で、A～E等の等級に区分する仕組み（いわゆる「格付け」）を採っている。

客観的事項は、各発注機関に共通の審査項目であり、建設業者の施工能力や経営状況を客観的な指標で評価するものであることから、実際には、ほとんどの発注機関で建設業法上の制度である「経営事項審査」（建設業法第4章の2）が利用されている。

また、主観的事項は、工事成績、安全成績等発注者ごとの評価項目を示すものである。

　② 競争参加資格審査制度の改善

資格審査の一層の合理性を確保するとともに、その機能を高めるため、次の事項について改善を図るべきである。

ア　透明性・客観性の確保

　経営事項審査については、誰が見ても分かりやすいものとなるよう総合評価の算定方法の見直しを行う。

　従来、各発注者ごとに行っている主観的事項とされてきた「工事の安全成績」、「労働福祉の状況」について、経営事項審査の評価項目に加え、全国統一の項目とする方向で検討を行う。

　なお、工事成績等については、現在は、各発注者が自らの発注工事の実績に基づき評価しているものであるが、工事の質の確保を図る上で極めて重要な項目であることから、評価の客観化を行い、全国統一の項目とすることを検討する必要がある。

　経営事項審査の結果について異議のある建設業者は再審査の申立てができることとされている（建設業法第27条の28）が、加えて、その結果を公表することとする。その具体的な方法等については、さらに検討を行う。

　各発注者における資格審査及び格付けの結果についても同様に公表することを検討する。

イ　審査精度の向上

　経営事項審査については、各評価項目のウェイトの見直し、技術者のカウント方法の改善等により評価精度を高めることが重要である。

ウ　経営事項審査の義務付け

　適正な公共工事の施工を確保するため、公共工事を施工しようとする建設業者は、予め、必ず経営事項審査を受けなければならないこととする。また、それに対応して、建設業者に関する客観的な評価を発注者間で共有するため、全ての発注者は資格審査に経営事項審査を活用することが期待される。

　建設業者が経営事項審査の申請に当たり、虚偽の記載等を行った場合についての罰則規定を設けるべきである。

エ　外国企業の適正な評価

　建設市場の国際化に対応し、国際的視点に立った企業評価の見直しを行うべきである。

　経営事項審査における技術者数及び営業年数の評価に当たっては、海外における技術者数及び営業年数も対象とすべきである。このうち、特に外

国企業の技術者の資格については、我が国のものと同程度の資格であるかどうかは、直ちに明らかになるものではないので、当面は、建設大臣の個別審査による特認制度とすることが適当である。

また、外国企業の工事成績、安全成績等についても、発注者への個別問合わせや証明書の提出等の方法により、内外無差別かつ客観的に評価する方法について検討すべきである。

さらに、海外においては、持ち株会社等によるグループ経営を行っている企業も存在しており、その場合においては、持ち株会社等の保証によりグループ全体の能力を基準として評価する方法も考慮されるべきである。同様に、海外企業が日本法人を設立している場合においては、親会社の保証により、親会社を含めた能力を基準とする評価手法の導入についても考慮する必要がある。

　　オ　評価システムの定期的なチェック

経営事項審査制度の重要性に鑑み、制度の透明性・客観性の確保、審査精度の向上等の観点から、制度全体について定期的に点検を行う必要がある。

(2) 苦情処理制度の創設

一般競争方式においては、発注者において競争参加資格がないと認めた者に対して、その理由を付して通知するとともに、その者の要請に応じて競争参加資格がないと認めた理由の説明を行うことが適当である。

指名競争方式においては、不良不適格業者による非指名理由説明要求の濫用を排除するため、当面、公募型及び工事希望型入札方式について、技術資料の提出者に対し、要請に応じて非指名理由の説明を行うことが適当である。

「技術提案総合評価方式」が導入された場合には、非落札者に対する非落札理由の説明も行う必要がある。

また、手続きの透明性・客観性を一層高めるため、これらの発注者の理由説明に不服のある場合は、公正かつ独立した第三者機関に対してさらに申立てできる制度を検討することとする。

(3) 入札監視委員会（仮称）の設置

資格審査・格付け、競争参加条件の設定・資格の確認（又は指名業者の選定）、資格停止（又は指名停止）等の手続きの透明性を高めるためには、第三者を活

用することが有効である。

第三者の活用の方法としては、競争参加条件の設定・資格の確認（又は指名業者の選定）等の行為そのものに第三者を関与させる方法もあるが、第三者の人選や中立性の確保の困難性、行政責任の不明確化等の問題があることを考慮すれば、それらの行為の運用状況について第三者による事後的なチェックを受けるものとすることが適当である。

第三者の関与の具体的方法としては、競争参加条件の設定・資格の確認（又は指名業者の選定）等の経緯及び理由について、発注者から定期的に報告を受け、その内容について監査、勧告することを目的とする入札監視委員会（仮称）の設置が考えられる。

同委員会は学識経験者等によって構成することとし、勧告内容についても公表することが望ましい。

委員会の具体的な設置の根拠、業務内容等については、既存の監査組織等との役割分担の整理が必要であり、苦情処理に係る第三者機関との関連を含めて検討をすすめ、委員会が実質的に機能するよう十分配慮すべきである。

(4) 建設業者選定のためのデータベースの整備

発注者がより客観的な基準により信頼のおける建設業者を選定するためには、建設業者に関する財務・経営情報に加え、過去の工事実績及びその成績、手持ち工事量、技術者データ、労働福祉の状況等の客観的なデータをなるべく多く集積し、それを活用することが望まれる。

このことは、入札・契約手続きの透明性・客観性の向上につながるのみならず、入札・契約事務の効率化にも資するものである。

こようなデータの収集及びデータベースの整備は、各発注機関がばらばらに行うことは非効率であり、各発注機関が共同で利用できるようなデータベースの整備を進めることが必要である。この場合、発注者が各種データを入手するために複数のデータベースにアクセスする必要が生ずるようなことにならないよう、データ管理及びデータ提供の在り方を十分検討する必要がある。

一方で、建設業者の立場を考え、収集したデータの情報管理の在り方について慎重な検討が必要であるとともに、本人からの開示請求及び誤記入の場合の訂正要求の制度を用意すべきである。

また、特定の建設業者がどの工事の入札に参加し、落札したかの実績を一覧

できるようにすることによって、透明性・客観性を高める効果も期待できることから、そのようなデータの集計・公表についても検討を行うべきである。

なお、的確な施工確保のためには、建設業法に定める専任技術者の的確な配置が必要であるが、専任技術者の確認システムの構築には時間を要するため、当面、契約から竣工までの間、指定建設業監理技術者資格者証の提出を求める等簡易な方式の検討が必要である。

(5) 履行保証制度の抜本的見直し

① 工事完成保証人制度

工事完成保証人制度は、工事請負者が万一工事を完成できない場合に、他の建設業者（工事完成保証人）が本来の請負者に代わって工事を続行し、完成を保証するという役務的保証制度であり、経済的負担なしに工事の完成を確保できるという面で発注者にとってメリットの大きい制度である。

しかしながら、本来競争関係にあるべき建設業者が何らの対価なしに他の建設業者の保証をするということの不自然さ、特に相指名業者が保証人になる場合には落札者よりも高い価格で応札した者が万一の場合に工事を引き受けなければならないことの不合理、「談合破り」に対して工事完成保証人となることを拒否するという形で談合を助長する可能性等の問題点が指摘されている。

したがって、現行の工事完成保証人制度については、廃止することとする。しかし、それに代わるべき代替措置を直ちに体系化し、整備することは困難であるので、概ね１年程度を目途に検討し、新しい履行保証システムを早急に確立すべきである。

なお、それまでの間においては、工事の完成そのものを担保することの必要性を勘案しながら、工事完成保証人を活用することもやむを得ないが、その場合においても、相指名業者から工事完成保証人を選定してはならないこととすべきである。

② 金銭保証人及び履行保証保険等

現行の「公共工事標準請負契約約款」においては、工事完成保証人と並んで、金銭保証人及び履行保証保険が規定され、工事契約においてこれらを選択できることとされている。ＥＣ諸国においては、金銭保証が主流となっているほか、我が国でも横浜市、神戸市等において履行保証保険が広く用いら

れていることに鑑みれば、新しい履行保証システムにおいても、金銭保証人及び履行保証保険が従来以上に活用されてよいと考えられる。

なお、東京都においては、既に工事完成保証人を廃止し、その代替措置として、実績のない建設業者については履行保証保険を求める一方、実績のある者については無保証としているところであり、そのような方法も検討に当たっての参考とされるべきである。

③ 履行ボンド制度

工期の遅延が極めて重大な支障を招く場合等において、金銭保証では履行保証として十分でなく、直接工事の完成そのものを保証する役務的保証が必要となる場合もあると考えられることから、現行の工事完成保証人に代わる新たな役務的保証機能についても検討する必要がある。

役務的保証制度の一つの方式である履行ボンド制度は、特に米国において普及しているが、米国の社会状況、多年に亘る経験の蓄積等米国固有の条件に基づく部分も大きく、我が国では、米軍発注工事を除き、ほとんど利用されていない。

したがって、役務的保証に対する発注者のニーズがどの程度強いかを踏まえつつ、履行ボンド制度の形態、整備すべき条件等について検討すべきである。

(6) 共同企業体制度の改善

① 共同企業体制度の現状と問題点

現状の特定建設工事共同企業体を見ると、受注機会の配分と誤解を招くような共同企業体がかなり存在している。特に、会社の規模に大きな差がある者の組合わせによる共同企業体の場合には効果的な共同施工の確保が困難であり、施工の効率性を阻害している場合もある。また、予備指名制度が談合を誘発しているのではないかと批判されていること、共同企業体の運用基準が未制定の発注者があることなど様々な問題点が指摘されている。

② 単体発注の原則の徹底

受注機会の配分と誤解を招くような特定建設工事共同企業体を排除するため、「単体発注の原則」をより一層徹底し、特定建設工事共同企業体の対象工事の規模の引上げを行う。なお、特定建設工事共同企業体により施工することとした工事であっても、単体で施工できる業者がいる場合には、単体と

特定建設工事共同企業体との混合による入札を容認する方向で検討すべきである。ただし、大規模であって、かつ、技術上の必要性が高い工事については、特定建設工事共同企業体のみの工事とすることが適当な場合も多い。

共同企業体の結成方法としては、予備指名は行わないこととし、企業の自主的な結成に委ねることが適当である。

特定建設工事共同企業体の構成員数は2～3社とするとともに、施工技術上の特段の必要性がある場合を除き、最上位等級と第三位等級以下の組合わせによる特定建設工事共同企業体は廃止することが望ましい。

共同企業体の運用基準を定めていない公共工事の発注者にあっては、早急に基準を定め、公表すべきである。

(7) コンサルティング業務発注の透明性・客観性、競争性の向上

建設コンサルタント業者への委託契約発注に当たっては、指名競争方式がかなり採用されている。しかしながら、欧米においては価格のみによる競争はほとんど行われていないうえに、我が国のコンサルティング業務発注については、発注される業務の内容、時期、方法等が外部から分かりにくいとの批判もあることから、今後、国際化の動きに的確に対応する観点からも、手続きの透明性・客観性、競争性を高める工夫が必要である。

そのため、公募型プロポーザル方式等発注業務の内容を事前に公表し、受注希望者を募る方法を新たに導入するとともに、苦情処理システムの検討、外国企業を含めた企業評価方法の改善、技術者の適正な評価方法の検討、随意契約ガイドラインの制定、指名基準等の策定及び公表、データベースの整備等を早急に行うことが必要である。

また、建設コンサルタント業者の守秘義務を明確化するとともに、書面により発注者の承諾を得ている場合など、手続きの透明性・客観性が確保されている場合以外は、建設コンサルティング業務についての再委託の禁止を徹底する等、建設コンサルタント業者の中立性・独立性を強化する。

企画段階におけるアイデア提供を無償で行わせることは、手続きが不透明であり、国民の疑惑を招く恐れがあるので、発注者において積極的にアイデア等を求めようとする場合においては、適正な対価の支払いを行うこととすべきである。

(8) 制裁措置の強化

① 違法行為等に対する制裁措置（ペナルティ）の強化

談合、贈収賄等を行うことが、当該企業にとって、社会的、経済的にも大きな損失となるよう、建設業許可行政庁による監督処分及び発注者による指名停止措置のそれぞれについて、適切な見直しを行い、ペナルティの強化を図ることが必要である。

また、不正行為防止の観点からは、建設業法以外の領域の問題もあるので、これらに関する法制的対応等を通じ効果的なペナルティの強化を図ることも検討されるべきであろう。

建設業法に基づく監督処分については、処分の基準を制定・公表するとともに、営業停止処分の対象を公共工事に係る営業に限定したり、地域を限定するなどにより、機動的かつ長期間にわたるより効果的な処分とすることも検討すべきである。あわせて、許可の取消等が行われた場合、新たな許可の取得を禁止する欠格期間を延長すべきである。

一般競争方式において、一定の不誠実な行為等について資格登録の一時停止を行うため、「一般競争参加資格停止要領（仮称）」を早急に策定する必要がある。

指名停止に係る措置要領を策定又は公表をしていない発注者にあっては、早急にその策定、公表を行うべきである。

② 談合情報対応マニュアルの作成

談合情報については、その内容の信憑性、入札までの時間的余裕の有無等が区々であり、一律の対応をとることは困難であるが、発注者においては、公正取引委員会への通知等を含めた手続きの流れについてマニュアル化し、その内容を公表することについて検討すべきである。

③ 入札談合が行われた場合の独占禁止法に基づく損害賠償請求

談合の防止を図る観点からも、特に談合金の授受がある場合など損害額の認定が容易な場合には、発注者において損害賠償を請求するようにすべきである。

(9) 予定価格をめぐる措置

最近、予定価格の漏洩と談合により落札価格が予定価格の直下となっている事例があるのではないかという疑念が出されている。

このため、予定価格の事前公表を行うことにより、予定価格を探ろうとする

不正な動きを防止し、不自然な入札を行いにくくすべきであるとする意見がある。また、予定価格の事前公表をしても、競争的環境の下では必ずしも談合を助長しないという意見もある。

しかしながら、事前公表については、入札談合がさらに容易に行われるようになる可能性があり、競争を通じて納税者の利益を最大限に実現するという競争契約制度の根幹に触れること、建設業者の真面目な見積もり努力のインセンティブが失われること、予定価格直下への入札価格の集中をもたらすおそれがあること等から、予定価格の事前公表を行うことは問題が多い。

一方、事前公表をすべきでないとしても、不自然な入札のチェックが可能となること、積算の妥当性の向上に資すること等から入札後の公表を行ってはどうかとの意見がある。これについては、以降の同種工事の予定価格を類推させ、事前公表と同様の弊害を誘発する等の問題があり、事後公表の適否については慎重に検討する必要がある。

以上、当審議会としては、不自然な価格による入札を防止する措置について検討を重ねたが、現時点で、ここに示されている以上の結論を得るには至らなかった。しかしながら、予定価格の漏洩をめぐり国民からいささかも疑念を持たれることのないよう、以上のような観点を踏まえ、より効果的な漏洩防止対策などについて、今後とも幅広く検討を進める必要がある。

五 新しい競争体制に向けての課題
(1) 競争条件の整備
① ダンピング防止等

公共工事における競争は、価格のみの競争に陥り易い性格があり、特に一般競争方式が本格的に採用される新しい競争体制の下では、ダンピングに対する注意が一層不可欠となる。

いわゆるダンピング受注は、公正な取引秩序を歪め、建設業の健全な発展を阻害するとともに、特に、工事の手抜き、下請へのシワ寄せ、労働条件の悪化、安全対策の不徹底等につながりやすく、その的確な排除が特に必要である。

このため、発注者においては、現行の低入札価格調査制度及び最低制限価格制度の積極的な活用を図る必要がある。また、適正な積算に基づく入札を

確保する新たな方策についても検討すべきである。

　また、一部の発注者において見られる不採算工事の受注強制などは、厳に慎むべきであり、入札辞退の自由の確保等、発注者と受注者の対等な契約関係の樹立に努めるべきである。

② 元請責任の強化等

　建設業においては、企業数が多いうえ、現場が常に移動することから、製造業に比べて元請・下請関係が流動的であり、また、必要以上の重層下請などと相まって、十分な元請け責任を果たしていない例も見られる。一方、下請契約を結ぶに当たって、下請けからの積上げでなく、「指値」によって契約価格が決定される場合も多いと言われている。

　建設大臣等建設業許可行政庁においては、建設業法に定める一括下請負の禁止や下請保護に関する規定が遵守されるよう一層の指導の強化を図るとともに、建設現場における技術者の適正設置を一層徹底する必要がある。また、公正取引委員会とも適切な連携を図りながら、定期的に、あるいは問題のありそうな事例に着目して、報告徴収及び立入検査を実施するよう努めるべきであり、そのための業務執行体制の在り方についても検討する必要がある。

　公共工事を施工する元請けが一定金額以上の工事を下請施工させようとする場合には特定建設業の許可を要すること（建設業法第3条第1項第2号）の徹底を図るとともに、特定建設業者としての施工体制台帳の整備の義務付け等元請け責任の明確化、強化についても検討する必要がある。

　専門工事業者においても、新しい技術に対応できなかったり、契約、積算、経理等を不得手とする施工業者が存在しており、当該企業の努力とともに、元請企業においても適切な指導を行うことが望まれる。

③ 中小企業の受注機会の確保

　公共工事の発注に当たっては、「官公需についての中小企業者の受注の確保に関する法律」に基づく、いわゆるランク別の発注標準の遵守、工事の態様に応じた分離発注等を引き続き推進するとともに、発注標準の一層の適正化を進めることとすべきである。

　なお、発注標準については公表することとされており、その徹底を図るべきである。

　共同企業体の運用における「単体発注原則」の徹底は、従来、共同企業体

が特に地方公共団体において、地元企業の育成のためにしばしば使われてきたという事実に鑑みれば、何等かの代替措置を講ずることが必要となる。例えば、地方公共団体事業である場合には、下請業者に関する要件（下請比率、対象企業の属性等）を予め条件として提示し、それを満たす企業に発注する方法も一案として考えられることから、その具体的運用方策について検討する必要がある。

④ 建設産業の将来ビジョンの策定

建設産業が活力にあふれ、若者にとっても魅力ある産業へと転換することが強く求められている。特に、新しい競争体制の下で、中小企業を中心に建設産業の将来に不安感が高まっていることから、建設産業についての詳しい実態調査や産業組織論的な分析を行い、業種・業態別の産業ビジョンを早急に提示すべきである。

このビジョンは、現在の52万業者体制をそのまま維持するということではなく、「技術と経営に優れた企業」が伸長し、企業競争の結果、その努力に欠ける企業は淘汰されることにもなるという考え方に基づいたものでなければならない。

なお、建設業が受注産業であり、在庫を持てないという特性から、受注獲得競争に走らざるを得なくなるという側面も見られ、年度内における発注量のばらつきがその傾向を加速しているとも考えられるので、発注の平準化や発注予定工事情報の事前公表にも努めるべきである。

(2) 発注体制の改善

① 地方公共団体等に対する改善策の徹底

発注者の恣意的な運用を排除するためには、単なるモラルの強調だけでなく、制度的な歯止め措置を講ずることが必要である。各地方公共団体にあっては、入札・契約制度の運用に係る諸基準の制定、公表が正しく行われているかどうかを再度点検し、不十分なものについては、早急に措置すべきである。

建設省及び自治省においては、地方公共団体の入札・契約制度の運用改善を進めるために、諸基準のモデル案（ひな型）を提示する等的確な助言、指導を行うとともに、定期的に実態調査を行うべきである。

また、地方公共工事契約業務連絡協議会（地方公契連）等の一層の活用を

図るべきである。
　② 技術力の脆弱な地方公共団体に対する業務支援
　　　現在、特に小規模な市町村においては技術者の不足から、発注体制が不十分な例も見られ、それを補完・支援する体制の整備が必要になっている。具体的には、公団、事業団等における受託制度を活用するとともに、都道府県における建設技術センター等の新設、拡充を促進すべきである。
　　　また、特殊用途の建築物や特殊な構造物に関する工事などの特別の工事や、大規模地域開発に係る工事等については、都道府県等の発注体制の現状を考慮しつつ、ブロック単位などの広域的な技術支援組織を検討する必要がある。
　　　民間の技術力を積極的に活用するため、CM方式（コンストラクション・マネジメント。発注者との契約に基づき、設計の検討、工程管理、品質管理、費用管理などの全体又は一部について受託した業務を行う方式）についても、適用事業の考え方、発注者との役割分担の明確化などについて検討を進めるべきである。
　③ 発注者等における業務執行体制の整備
　　　入札・契約制度の改善を図ることにより、いわば「公正さを担保するためのコスト」として入札・契約手続きや監督・検査に要する事務が増大することが予想され、それに的確に対応するため、業務執行の効率化と定員の確保等体制の整備を図る必要がある。
　　　また、建設業法に係る諸規定の的確な運用を図るためには、報告徴収及び立入検査を積極的に活用する必要があるが、建設省及び各都道府県の建設業行政担当部局の業務執行体制の現状はそれに対応できる状況になく、その整備も今後の課題である。
(3) 建設業界の信頼回復
　① 新しい行動理念の樹立
　　　今回の事件を個別企業の問題としてではなく、業界全体の問題として重く受け止め、建設業界再生のための「新しい行動理念」を樹立し、国民の信頼回復に真剣に取り組むことが必要である。
　　　一般競争方式の本格的実施等により、建設業界としては新たな競争的環境に置かれることとなるが、独占禁止法等の法令遵守とともに、「企業の自己責任原則」を明確にし、それに則り行動する必要がある。

さらに、建設業界全体として、受け身となりがちであったこれまでの姿勢を正し、建設業界の将来像や建設業を取り巻く様々な課題に対して積極的に発言していくことが強く求められている。このため、建設業者団体においては、団体活動の適正化、公益活動の充実を図るとともに、外部に開かれた組織体制への見直しが必要であり、行政としても適切な助言、指導をしていく必要がある。

② 法令遵守の徹底

建設業界においては、選挙協力等政治との関わりについて様々な指摘がなされているところであり、公職選挙法や政治資金規正法等の遵守を徹底するほか、次のような課題に重点的に取り組む必要がある。

ア 談合防止の徹底

公共工事は国民の税金によって賄われるものであり、公正な競争によって形成された価格により契約が締結されることが基本である。したがって、いわゆる談合によって競争が制限され、適切な価格形成が妨げられることのないよう、建設業界を挙げて取り組む必要がある。

イ 使途不明金の解消

使途不明金の存在は、企業の経理内容を不透明にするとともに、真実の所得者に課税されないことから税負担の公平の阻害につながる。加えて、違法な政治資金や暴力団への資金提供など違法・不当な支出の源泉となるおそれがあるばかりでなく、建設業界が不明朗な取引に支配されているとの印象を与えることになるので、その解消に努めるべきである。

架空取引を偽装すること等によるいわゆる「裏金」の捻出は、到底容認できるものではなく、そのような行為が決して生じることのないよう徹底が図られるべきである。

ウ 暴力団対策の強化

建設業は、暴力団の標的とされやすい特性を有しており、その排除対策の徹底を図ることが肝要であり、警察との連携の強化を図るとともに、建設業の許可において、暴力団関係企業の排除を行うほか、各建設業者においても暴力団対策責任者の明確化、社内の連絡相談体制の整備等全社的な取組みを行うことが必要である。

③ 社内管理体制の強化等

企業活動の適正化を図るためには、まず、内部組織の管理体制面からの総点検を実施し、法務担当部局等による社内管理体制の充実を図るとともに、社員に対する教育・研修の計画的な実施、社外監査役の活用等を図る必要がある。

六　おわりに

　今回の建議は、入札・契約制度全般に亘る思い切った改革を提案したものであるが、言うまでもなく、公共工事にまつわる不正は、これらの制度の改革のみによって防止できるものではない。広く関係者の意識改革を始め、政治改革の実施、不正行為の取締りの強化等総合的な取組みが不可欠である。

　また、多種多様、かつ、多数存在する発注者の実態を見れば、全ての発注者が同一歩調で一気に改革を実現しようとすることは不可能に近い。そのようなことをしようとすればかえって無用の混乱を招くことにもなりかねない。したがって、各発注者においては、まずできるところから速やかに実施に移すという姿勢が必要である。

　特に、履行保証制度のように新たなシステムの構築が必要になる場合や、資格登録制度のように特定の時期に切替えが行われるような場合には、一定のタイミングを把えて実行に移すことも有効な考え方である。

　さらに、地方公共団体における入札・契約制度の改革については、全国3300の地方公共団体を一律に論ずることはできないが、各地方公共団体にあっては、本建議の内容を十分参酌し、自ら率先して実効性の高い対策をとることが期待されている。

　今回の改革が制度の抜本的な変更を意味するものであることから、その改革の影響を現時点ですべて見通すことは困難である。したがって、いわば試行錯誤の中から新しい秩序をつくり上げていく覚悟が必要である。このため、本建議の実施状況についての定期的なフォローアップを行い、制度や運用を絶えず見直し、その改善に対し持続的な努力を払うことが重要である。

　生活空間の豊かさが求められている今、住宅・社会資本整備に寄せる国民の期待は高く、その担い手としての建設業の役割も大きい。また、地域の経済を支える基幹産業として、さらには、我が国産業全体における重要な雇用の場として、その役割は重い。建設業は、本来「夢を形にする」ダイナミックでロマンにあふ

れた産業である。いかに現在の試練が厳しくても、これを乗り越えてこそ明るい未来も開けてくる。発注者、受注者、そしてすべての関係者においては、今般の改革が、公共工事に関する行政の見直しや建設業界の構造変革につながるものであるという自覚を持ち、本建議の内容の実現に向けて、強い決意をもって、粘り強くかつ着実に取り組んでいくことが強く求められている。

○新たな時代に向けた建設業法の在り方について

〔平成6年3月25日〕
〔中央建設業審議会〕

「新たな時代に向けた建設業法の在り方について」

一　はじめに
二　不良不適格業者の排除の徹底
　(1)　許可要件の強化
　(2)　建設業者に対する監督の強化
三　経営事項審査の改善
四　技術と経営に優れた企業の育成
　(1)　施工技術の確保・向上
　(2)　適正な施工体制の確保
　(3)　経営能力の確保・向上
五　手続の簡素・合理化等
　(1)　許可の有効期間の延長
　(2)　許可事務のＯＡ化の促進
　(3)　許可申請添付書類等の簡素・合理化
　(4)　建設業の許可が不要な建設工事の額の見直し等
六　施工技術の高度化・専門化に対応した業種区分の見直し

「新たな時代に向けた建設業法の在り方について」

一　はじめに

　中央建設業審議会においては、平成5年12月21日に「公共工事に関する入札・契約制度の改革について」の建議（以下「建議」という。）を行い、今後の新しい入札・契約制度の在り方について基本的方向を提示したところである。政府においては、この建議等を受け、平成6年1月18日に「公共事業の入札・契約手続の改善に関する行動計画」を定め、新しい入札・契約制度の実現に向けて第一歩を踏み出したところであるが、建設業の許可、経営事項審査、建設業者に対する監督等建設業法上の制度の在り方については、さらに具体的に検討すべき課題が残

されている。

　これらの課題のうち、建設業の許可制度の点検・見直し等については、平成3年6月13日の建設大臣諮問「建設技術の高度化や建設市場の国際化等の新たな社会経済情勢の展開に対応した今後の建設業の在り方について」に関する検討課題の一つとして、ワーキンググループで従来より検討が重ねられてきたところである。

　当審議会においては、これらの検討経緯をも踏まえつつ、「新たな時代に向けた建設業法の在り方」について審議した結果、以下のような結論を得たので、ここに建議する。

二　不良不適格業者の排除の徹底

　建設業界から不良不適格業者を排除することは、建設業の健全な発展を支える最も基本的な条件である。

　特に、昨今の公共工事をめぐる相次ぐ不祥事を踏まえ、建議においては、建設業許可の段階における不良不適格業者の的確な排除に一層努めるとともに、建設業許可行政庁による監督処分等の適切な見直しを行い、違法行為に対するペナルティの強化を図ることが必要であるとされている。

　このため、建設業の許可の一層の厳格化と法令の遵守の徹底、さらに法令に違反した建設業者に対する監督の強化が必要である。

(1) 許可要件の強化

① 欠格要件の強化

　建設業の許可要件のうち「欠格要件」を一層厳格化し、許可の取消し処分を受けた者が許可を再取得できない期間の延伸、一定の刑事罰を受けた者の排除措置の強化等を図ることが必要である。

② 暴力団排除の徹底

　建設業からの暴力団関係企業の排除について、現在の運用は、誠実性の要件として、役員等が暴力団の構成員である場合は許可がなされないこととされているが、許可段階での暴力団の排除のため、より明確な基準の整備が要請されており、また、許可後においても暴力団を排除するため、許可の取消し対象となる欠格要件として位置付けることが求められている。建議においても暴力団関係企業の排除の徹底が強調されているところである。

そこで、暴力団のうちでも、特に、要件として明確な「暴力団員による不当な行為の防止等に関する法律」による「指定暴力団」については、従来の誠実性の要件から切り離して欠格要件の一つとして位置付けることにより、その排除の一層の徹底を図るべきである。

(2) 建設業者に対する監督の強化

いわゆる入札談合、贈賄等不正行為を効果的に防止するためには、営業停止等建設業者に対する監督処分の運用を強化するほか、以下のような法制度を整備する必要がある。

① 許可取消事由となる違法行為の拡充

許可の欠格要件となる刑事罰の強化等を行うことにより、許可の取消事由を拡大し、不良業者を排除すべきである。

② 監督処分結果の公表

建設業者が指示処分、営業停止処分等の監督処分を受けたという事実は、建設工事の注文者にとって建設業者の信頼性等を判断する極めて重要な情報であり、この事実については、閲覧等により開示すべきである。特に、許可取消しや営業停止については、その事実を広く周知せしめないと取引の相手方が不測の損害を被るおそれが強いことから、処分を行った際に公告する必要がある。

③ 許可行政庁以外の都道府県知事による監督処分

現行の監督処分は、処分対象たる建設業者を許可した許可行政庁のみが行うこととなっているが、工事現場とのつながりが強い建設業においては、当該建設現場等に即して適切な指導、監督が行われるべきであり、建設業者が活動を行った地域を所管する都道府県知事にも本来の許可行政庁の権限と抵触しない範囲で監督処分権限を付与すべきである。

三 経営事項審査の改善

経営事項審査は公共工事の入札参加資格の審査の基本となる制度であり、公共工事の適正な施工の確保のため、その役割は一段と重要になってきている。また、透明性・客観性の高い入札制度を確立するためには、経営事項審査制度の改善が必要となっている。

具体的には次のような改善を行うべきである。

① 一定の公共工事を請け負おうとする建設業者に対し、経営事項審査を受けることを法律上義務付け、併せて経営事項審査申請書等の虚偽記載について罰則を設ける。

② 公共工事の発注者が建設業者に関する情報に広くアクセスできるようにするため、当該発注者が請求したときは、経営事項審査の結果を通知しなければならないこととする。

③ 経営事項審査の総合評点の算出式を改善し、各評価項目の適正なウェイト付けの実現を図る。

④ 従来、発注者ごとの主観的事項とされてきた工事の安全成績及び労働福祉の状況を客観的な経営事項審査の評価対象項目に加える。

⑤ 経営事項審査に当たって技術職員数の業種別算定を導入し、技術力評価の適正化を図る。

⑥ 経営事項審査に関する事務の合理化を促進するため、経営事項審査の締切日及び基準日の設定を改善する。

四 技術と経営に優れた企業の育成
(1) 施工技術の確保・向上

質の高い建設生産物を効率的に、かつ安全に生産するためには、建設工事の現場における施工技術の確保を図るとともに、技術者の資質の向上を図ることが重要である。また、公共工事における一般競争入札の本格的採用に伴い、従来にも増して適正な施工を確保する仕組みの充実が求められる。

具体的には、次のような施策を講じることが必要である。

① 監理技術者・主任技術者の設置の徹底のための措置

建設工事の現場に技術者を設置することは工事の適正な施工を確保する上で極めて重要なことであり、その確実な実施により一括下請負等の防止にも大いに寄与することとなる。建議においては、建設現場における技術者の適正配置の一層の徹底を求めているが、技術者の設置を担保する現行の措置としては、指定建設業監理技術者資格者証（以下「資格者証」という。）によるもの以外、確実な措置が存しない。

そこで、資格者証の交付・携帯を指定建設業以外の特定建設業に係る監理技術者に拡大し、発注者や許可行政庁の求めに応じて提示できるようにすべ

きである。

　また、建設工事の現場には施工体制台帳を備えさせ、元請業者の監理技術者等が、当該工事現場における技術者の配置、下請関係等の施工体制を常時把握できるようにすべきである。

　なお、建設工事現場における技術者の設置の徹底と併せ、専任制が要求される公共工事の規模については、経済情勢の変化等を踏まえ、適切に見直すべきである。

② 監理技術者・主任技術者の業務の明確化

　建設工事の適正な施工の確保のために最も重要な役割を担っているのが工事現場に設置される監理技術者・主任技術者であるが、建設業法上はその業務及び権限は明示されていない。建設業の適正な活動を確保し、監理技術者・主任技術者の地位の向上を図るためには、その役割を法律上確立すべきである。

③ 監理技術者・主任技術者の資質の向上のための措置

　近年、建設工事の施工技術の高度化、専門化には著しいものがあり、また建設業に寄せられるニーズも安全や環境、美観等極めて多様なものとなっている。建設工事の施工の要となる監理技術者・主任技術者はより良い建設生産物を提供するため、これらの新たな要請にも積極的に応えていくことが求められている。

　そこで、監理技術者・主任技術者に対しては、技術者にとって必要とされる新たな知識や技術を習得するための講習を充実すべきであり、特に、監理技術者に対しては、講習の受講を法律によって義務付けることが適当である。

④ 指定建設業の拡大

　特定建設業の中でも、施工技術の総合性等に対応した高度な技術力を必要とする指定建設業は、現在、五業種（土木、建築、管、鋼構造物、舗装）について指定されているが、施工技術の確保の必要性とそれに応える技術力の充実等を勘案し、順次指定の拡大を図るべきである。当面は、建設業の特性、資格を有する技術者の現状等を踏まえ、電気工事業、造園工事業に拡大する必要がある。

(2) 適正な施工体制の確保

　建設工事の適正な施工を確保するためには、工事現場に技術者を適正に配置

するとともに、建設生産システム、すなわち元請・下請関係が適正かつ合理的に形成されていることが重要である。この点において、発注者から工事を直接請け負い、専門工事業者と下請契約を締結して工事を遂行する、いわゆる総合工事業者（とりわけ特定建設業者）の役割は極めて重要であると言え、昨今の建設現場における安全確保の要請、公共工事の適正な執行の必要性等の諸情勢を踏まえると、特定建設業制度の一層の充実が必要となってきている。建議においても元請責任の強化を強く求めており、特定建設業者としての施工体制台帳の整備の義務付け等元請責任の明確化、強化を図る必要がある。

① 特定建設業の役割の強化

　一定金額以上の下請契約を締結して工事の施工を行うためには特定建設業の許可が必要であることの徹底を図るため、公共工事の発注者とも十分連携を図り、一定金額以上の工事の受注は特定建設業者であることを条件とすること等の対応を図る必要がある。また、許可行政庁は工事現場のパトロール等を通じその監視を徹底する必要があるが、このような監視を容易にするため、資格者証の交付を受けた監理技術者の設置等の義務付けを図る必要がある。

　さらに、これらの措置と併せて、特定建設業者の許可を要する下請契約に係る金額及び監理技術者を設置すべき下請契約に係る金額について、物価変動等を考慮しその合理化を図る必要がある。

② 施工体制台帳の整備

　適正な施工体制の確保を図るためには、元請の立場にある建設業者が工事現場ごとに、下請業者の現況、技術者の設置等、その施工体制を常時、的確に把握していることが必要不可欠である。そこで、これらの把握に必要な情報を整理した施工体制台帳を工事現場の事務所等に備え付けることとし、元請業者が施工体制を的確に把握できるように措置することが必要である。発注者や許可行政庁としても施工体制台帳によって施工状況のチェックが容易となり、下請保護の一層の促進や一括下請負等の防止を図ることができる。

　また、施工体制台帳制度の一環として、下請業者やその主任技術者さらに下請業者間の役割分担が一覧できるような施工体系図を作成し、現場に掲示するようにすべきである。

　施工体制台帳等の整備については、一定額の下請けを行うことが想定され

る特定建設業者から義務付けることが適当である。
(3) 経営能力の確保・向上

建設業が国民の信頼を確保しつつ健全な発展を遂げるためには、施工能力を高めることと併せて、近代的な企業としての経営能力を確保・向上することが不可欠である。

① 適正な見積りの確保

建設業に関する経営能力の全般的な改善を図るためには、請負金額の算定に当たって、適切な見積りを実施することが最も重要な課題の一つとなる。すなわち、工事費の内訳等の根拠が明示された見積り努力を行うことにより、注文者の保護が図られるのみならず、ダンピングの防止や下請業者の保護の促進にもつながることとなる。

特に、建設業者は、注文者の請求に応じ、請負契約が成立するまでの間に、見積書を提示しなければならないことを建設業法において義務付けるべきである。

② 営業所ごとの帳簿の備付け

建設業者が適正な経営を行う上で、自ら締結した請負金額を適切に把握し、その進行管理をしていくことが重要であるが、その基本として、営業所ごとに帳簿の備付けを徹底することが必要である。

③ 経営能力の向上

建設業の経営能力を向上させるためには、請負契約等の適正な締結、企業会計原則の徹底、ＥＤＩ（電子情報交換）による取引情報交換の推進等が重要である。このため、建設業の企業会計を整理分析し、経営の健全化について適切な判断を行える者の設置を積極的に促進することが望まれ、例えば、経営事項審査に当たって建設業経理事務士等を評価項目とすること等の措置が必要と考えられる。

五　手続の簡素・合理化等
(1) 許可の有効期間の延長

建設業の許可は３年ごとに更新を行うこととされているが、許可要件の適合性、閲覧情報の正確性等に支障のないよう十分配慮した上で、許可の有効期間の延伸を行い、更新手続の簡素・合理化を図ることが望ましい。有効期間の延

伸に伴う、建設業者の信頼性等の継続を担保するためには、許可に当たって必要に応じ条件を付けることができるようにすることが適当である。

また、許可の有効期間の延長に伴い、建設業者に係る的確情報を確保するためには、閲覧に係る書類の変更届出義務の重要性が増してくる。この届出義務の遵守徹底を図るためには、その義務が遵守できる合理的なものである必要があり、その観点から、届出の期限は遵守しやすいものに見直すべきと言える。

(2) 許可事務のOA化の促進

昭和63年以来、許可事務のOA化が進められており、現在、専任技術者については(財)建設業情報管理センターに設けたデータベースにより名義貸し等がチェックできるようになっている。今後は、許可関係書類の電子情報化を進めるとともに、許可情報すべてをデータベース化して、変更等があった場合に的確に対応するとともに、閲覧者の利便を図ることが望まれる。

(3) 許可申請添付書類等の簡素・合理化

許可申請添付書類等の簡素・合理化については、従来より進められてきているが、許可更新手続及び許可事務負担の軽減に関する上記の措置と併せて、許可申請添付書類等についても一層の簡素・合理化を図るべきである。この場合、許可審査の厳正さの確保、閲覧者に対する適切な情報提供の範囲について十分留意して実施すべきである。

(4) 建設業の許可が不要な建設工事の額の見直し等

① 建設業の許可が不要な軽微な建設工事の額の引上げ

建設業の許可は、一定の軽微な建設工事のみを請け負う者については不要とされているところである。

この一定の軽微な建設工事については、昭和59年以来請負代金の額が300万円未満の工事（建築一式工事にあっては900万円未満の工事又は延べ面積150平方メートル未満の木造住宅工事）とされているが、物価上昇等に合わせて適切な引上げを図るべきである。

② 許可要件のうちの財産的基礎要件の引上げ

一般建設業の許可基準として、少なくとも上記の軽微な建設工事以上となる工事を請け負うことができるだけの財産的基礎又は金銭的信用を有していることが必要となることから、軽微な建設工事の額の引上げに伴い、この見直しも必要となる。

また、特定建設業については、請負代金の額が政令で定める金額以上の請負契約を履行するに足りる財産的基礎を有していることが要求されるが、特定建設業の許可を要する下請契約に係る額の引上げに伴い、この改正も必要となる。

六　施工技術の高度化・専門化に対応した業種区分の見直し

建設工事は、多種多様な専門技術の組み合わせにより行われており、建設業の健全な発達を促進するためには、それぞれの専門的技術分野において建設業を営む者の資質の向上、施工能力の確保を図ることが必要である。

このため、業種別許可制度が採用されており、その許可業種区分は、建設業法別表に建設業の実態に即して建設工事の種類ごとに定められている。

現行の28業種の区分は、昭和46年改正時点の建設業の実態に即して定められたものであるが、技術開発の進展、施工形態の変化等に伴い、現在の建設業の実態に即していない部分が生じてきているため見直しを行うべきであると言う意見が提起されている。

しかしながら、見直しの方向については、業種の細分化、統合化、一式工事化等様々であり、現状においては具体的な方向性を見い出し得ない状況にある。業種区分の在り方は、建設業行政の根幹の一つであり、建設工事の在り方そのものと密接に関係がある重要な課題であるので、今後とも、新しい競争体制の下における建設産業組織の在り方も踏まえつつ、積極的に検討を続けていく必要がある。

中央建設業審議会委員名簿（50音順）

（学識経験者）

	碓井　光明	東京大学法学部教授
	加藤　忠由	全国建設労働組合総連合中央執行委員長
	小坂　　忠	財団法人国土開発技術研究センター理事長
	佐野　正一	社団法人日本建築協会会長
会長	志村　清一	東日本建設業保証株式会社社長
会長代理	高橋　国一郎	社団法人日本道路協会名誉会長
	高橋　善一郎	公認会計士
	中村　金夫	株式会社日本興業銀行相談役

中 村 隆 英　　東京大学名誉教授

深 尾 凱 子　　埼玉短期大学教授

(建設工事の需要者)

片 山 正 夫　　住宅・都市整備公団副総裁

近 藤 俊 幸　　電気事業連合会副会長

鈴 木 道 雄　　日本道路公団総裁

高 木 丈太郎　　三菱地所株式会社社長

高 橋 俊 龍　　東京都副知事

棚 橋　　 泰　　日本貨物鉄道株式会社代表取締役社長

渡 邉　　 宏　　東京ガス株式会社取締役会長

(建設業者)

小 野 金 彌　　社団法人全国中小建設業協会副会長

紅 田 和 典　　社団法人日本電設工業協会副会長

柴 田　　 平　　社団法人日本土木工業協会会長

白 谷 清 二　　社団法人日本空調衛生工事業協会会長

竹 中 統 一　　社団法人建築業協会会長

都 築　　 基　　社団法人全国鉄筋工事業協会会長

藤 田　　 晋　　社団法人全国建設業協会会長

○「建設市場の構造変化に対応した今後の建設業の目指すべき方向について」～技術と経営に優れた企業が伸びられる透明で競争性の高い市場環境の整備～

〔平成10年2月4日〕
〔中央建設業審議会〕

はじめに

　建設業は、国内総生産の2割弱に相当する建設投資を担うとともに、全就業人口の約1割を擁する我が国の基幹産業であり、また、国民生活や産業基盤を支える住宅・社会資本整備の担い手として、重要な役割を果たしてきたが、我が国の社会経済構造の変革が進む中で、建設市場は、かつてみられない大きな構造変化に直面している。（☆参考資料1　建設市場の構造変化に対応した今後の建設業の目指すべき方向）

　その第1は、建設投資が低迷している中で、建設業者数が増加していることである。建設業許可業者数は増加基調にあり、現在、過去最高の水準にある一方、建設投資はバブル崩壊後伸び悩み気味であり、将来的にもこれまでのように右肩上がりに増加していくようなことは予想し難い。

　第2に、公共投資を取り巻く環境の大きな変化である。公共投資については、財政構造改革の観点から、一定の期間その水準を抑制することとされており、先行きは相当厳しいと見込まれる。加えて、公共工事コスト縮減対策に関する行動指針が平成9年4月に策定され、公共工事コストの一層の縮減を推進することとされており、建設業者としても効率的な工事の執行が求められている。

　第3は、我が国建設市場の国際化による競争の激化である。WTO政府調達協定の発効に伴う海外企業の本格的参入により、建設市場の競争性はますます高まってきている。

　こうした中で、特に公共事業への依存度の高い中小・中堅建設業者にとって、今後厳しい時代を迎えることが予想される。既に、受注の減少や不良資産の処理の遅れなどによる倒産が急増していることにみられるように、建設業は厳しい経営環境に直面している。

今後、技術と経営に優れた企業が伸びられる透明で競争性の高い市場環境の整備を進めていくことが急務である。

すなわち、各企業の自助努力と市場競争原理を基本としつつ、

○ 技術力による競争が促進される入札・契約方式の導入、技術力の企業評価への適切な反映、技術力に欠け適正な競争を妨げる不良不適格業者の排除の徹底など技術力による市場競争の促進

○ 量的な側面だけでなく質的な側面をも重視した経営への転換、企業の連携強化による経営力・技術力の充実など新たな企業経営の展開

○ 技術開発の進展等に対応した規制の緩和、的確な企業情報の開示の推進、入札・契約手続の透明性の向上など適正な競争環境の整備

○ 生産・経営の効率化、元請下請取引の適正化など建設生産システムの合理化の推進

などを積極的に進めていく必要がある。

また、技術と経営に優れた中小・中堅建設業者が伸びられる環境づくりを進めていく観点から、引き続き、公共工事の効率的な執行を確保しつつ、優良な中小・中堅建設業者の受注機会の確保対策を推進する必要がある。

さらに、これらの措置と併せ、引き続き、平成5年12月21日の当審議会建議に基づく入札・契約制度の改革の一層の定着・浸透、法令遵守の徹底、不正行為に対する厳正な制裁措置などを通じて不正行為の防止を図り、公共工事の効率的執行に努めるとともに、建設業者においては、事業活動の適正化に万全を期し、国民の信頼を得ながら、その社会的責務を全うするよう一層の努力を払う必要がある。

このような基本認識の下、当審議会は、平成8年6月に基本問題委員会の設置を決定し、同年9月から基本問題委員会において審議を始め、建設業者団体等からの意見聴取をも踏まえ、平成9年1月には、

○ 民間の技術力を活用する入札・契約方式の導入、手続きの透明性の一層の向上など入札・契約制度の更なる改善

○ 公共工事における企業評価の在り方、経営力・技術力の強化のための企業連携の促進など建設業の構造改革の推進

の2項目を検討事項の柱とし、基本問題委員会に第1分科会及び第2分科会を設けて、それぞれ検討を進めることとした。平成9年6月には、喫緊の課題である公共工事のコスト縮減に関連のある、多様な入札・契約方式の導入、不良不適格業者の

排除及び経営力・技術力の強化のための企業連携の促進について基本問題委員会として中間報告を行った。第1分科会を5回、第2分科会を7回、基本問題委員会を7回開催し、精力的な検討を行ってきたが、今般、その審議結果が総会において報告され、それを基に、ここに当審議会の建議を行うものである。（☆参考資料2 審議経過）

I 入札・契約制度の更なる改善

［1］多様な入札・契約方式の導入

1．検討の視点

　公共工事の入札・契約制度については、平成5年12月21日の当審議会建議に基づき、透明性・客観性・競争性を大幅に高め、「不正が起きにくい」システムとすることを目指して、大規模工事についての一般競争方式の採用、指名競争方式の改善、工事完成保証人制度の廃止と新たな履行保証体系への移行などの抜本的な改革が進められてきた。

　今後は、これまで進めてきた入札・契約制度の改革の一層の定着・浸透を図っていくとともに、同建議にも示されているように、多様な入札・契約方式の中から、それぞれの方式の特徴を勘案しながら、対象工事の性格、建設業者の状況等に応じた最適な方式を、新しい視点に立って選択することができるように、入札・契約方式の多様化を一層進めていく必要がある。

　その際、品質確保、コスト縮減等を図るために民間の技術力を一層広く活用する仕組みを導入するとともに、これにより技術力による競争を促進することが必要である。

2．基本的考え方

(1) 民間の技術力を活用する仕組み

　現行の公共工事における競争入札制度においては、競争参加者は、発注者が示す設計図書に基づいて入札し、価格競争により落札者となれば、その設計図書に従って施工を行うことになる。発注者は、その有する技術的知見をもとに、一般的に用いられている標準的な技術を前提として設計図書を作成しており、受注者は、設計図書で指定されていない施工方法等についてのみ、自らの技術力に基づき最も効率的な施工方法等を選択して、工事を施工することができる。

　しかしながら、民間において、技術開発の進展が著しい分野や固有の技術を有す

る分野の工事については、そうした民間の技術を一層広く活用することにより、機能、品質の確保と両立させつつコスト縮減などを図ることが可能となる場合が少なくないと考えられる。

このような工事については、より効率的な事業執行を行うため、設計から施工に至る各段階で、発注者の技術力に加えて、建設業者、設計者等の個別、具体の民間の技術力を一層広く活用できるような仕組みを導入することが適当と考えられる。

こうした仕組みとしては、まず、設計段階で、設計業務の担当者以外の専門家が代替案の検討を行う方式（設計ＶＥ（Value Engineering））が考えられる。

また、工事の入札段階及び施工段階においては、基本的な方式として、次のようなものが考えられる。

① 工事の入札段階で、設計図書による施工方法等の限定を少なくし、指定されない部分について技術提案を受け付けて、事前審査した上で価格競争を行う方式

② 契約後の施工段階で、設計図書で指定された施工方法等について、代替する技術提案を受け付けて、契約変更を行う方式

(2) 設計・施工技術の一括活用の導入

公共工事における設計は、発注者自らが行うか、又は技術力のある設計者に委託して行うのが基本であり、設計と施工を分離して発注することを原則としているが、これは、施工段階での競争性を確保する必要があること、施工者の判断が発注者の利益に必ずしも一致しないこと等によるものである。

しかしながら、特別な場合には、設計・施工を一括して発注することが合理的なこともある。特殊な施設等について設計技術が施工技術と一体で開発されるなどにより、個々の業者等が有する特別な設計・施工技術を一括して活用することが適当な工事については、設計・施工分離の原則の例外として、概略の仕様や基本的な性能・設計等に基づき、設計・施工を一括して発注する方式の導入が必要と考えられる。この方式においては、適正な設計・施工を確保するため、設計案等について事前審査した上で、価格競争を行うことになる。

(3) 価格のみの競争の見直し

価格以外の工期、安全性などを重視すべき工事については、現行の価格のみの競争により落札者を決定する方式でなく、工期、安全性などの価格以外の要素と価格とを総合的に評価して落札者を決定する総合評価方式を導入すべきことが既に指摘

されている。

　上記のような新たな方式は、建設業者等にとっては、技術力が優れていれば受注の可能性が高まるメリット等があり、その導入により、技術開発や生産性向上の取組みに対するインセンティヴが働き、そのような取組みが一層促進されることが期待される。

　また、新たな方式においては、技術力による競争を一層促進することとなり、現行の方式と比べて入札談合を誘発しにくくするという面もあると考えられる。

３．新たな入札・契約方式
(1) 類型
　新たな入札・契約方式を、入札・施工の段階別に、技術提案の範囲、落札者の決定方法により区分すると、次のように整理される。

　　① 工事の入札段階で施工方法等の技術提案を受け付ける方式（以下「入札時ＶＥ」と称する。）
　　　ア．落札者の決定方法が価格のみの競争であるもの（以下「技術提案型競争入札方式」と称する。）
　　　イ．落札者の決定方法が総合評価方式であるもの（以下「技術提案総合評価方式」と称する。）
　　② 施工段階で施工方法等の技術提案を受け付ける方式（以下「契約後ＶＥ」と称する。）
　　③ 入札時に設計案等の技術提案を受け付け、設計と施工を一括して発注する方式（以下「設計・施工一括発注方式」と称する。）

(2) 対象工事
　新たな入札・契約方式については、基本的に、発注者の技術力に加えて、個別・具体の民間の技術力がある場合に、これを一層広く活用することにより、品質の確保、コスト縮減などを図ることが可能となるような工事を対象とするものである。したがって、本来発注者が保有すべき技術力についてまで、安易に民間の技術力に依存することを意図するものではない。

　また、新たな入札・契約方式においては、発注者の技術提案に対する審査事務等の負担も考慮する必要がある。

　したがって、その導入に当たっては、導入による効果と発注者の審査事務等をも勘案して、対象工事を適切に設定する必要がある。基本的には、相応の効果が得ら

れる一定規模以上の工事を対象とするべきと考えられるが、各発注者ごとに、その有している技術力に大きな格差があるとともに、発注する工事の規模や内容も様々であることから、一律に対象工事の規模や内容を定めることは適切でなく、各発注者において適切に判断すべきものと考えられる。

以下に、対象工事分野のおおむねの考え方とこれに対応する新たな入札・契約方式を示すこととする。

対象工事のおおむねの考え方	対応する新たな入札・契約方式
・比較的高度又は特殊な技術力を要するとともに、民間において、技術開発の進展が著しい工事や施工方法等に関して固有の技術を有する工事で、コスト縮減が可能となる技術提案が期待できるもの	入札時ＶＥのうち、技術提案型競争入札方式
・上〔右〕記のような工事のうち、例えば、施工期間の制約が強いもの、環境への影響に特に配慮すべきもの、特別な安全対策を必要とするものなど価格以外の要素を特別に重視しなければならない工事	入札時ＶＥのうち、技術提案総合評価方式
・民間において、技術開発の進展が著しい工事や施工方法等に関して固有の技術を有する工事で、主として施工段階における現場に即したコスト縮減が可能となる技術提案が期待できるもの	契約後ＶＥ
・高度又は特殊な技術力を要するとともに、施工技術の開発の著しい工事で、設計技術が施工技術と一体で開発されるなどにより、個々の業者等が有する特別な設計・施工技術を一括して活用することが適当なもの	設計・施工一括発注方式

(3) 手続の概要

新たな入札・契約方式の手続の概要は、以下のとおりである。(☆参考資料3 新たな入札・契約方式の手続の概要)

なお、これらの方式のうち、総合評価方式や設計・施工一括発注方式については、技術提案を求める建設業者等の範囲を適切に設定することにより、建設業者等及び発注者双方の過度の負担の軽減を図るとともに、技術力による競争を効率的・効果的に実施する必要がある。

① 入札時ＶＥ
　ア．技術提案型競争入札方式

　　　競争参加希望者から、施工方法等についてコスト縮減が可能となる技術提案を受け付け、その内容をも審査して、競争参加者をあらかじめ決定する。予定価格は、発注者が定める標準的な施工方法等に基づき設定されるが、各競争参加者は自らの提案に基づいて入札し、価格競争により落札者を決定する。

　イ．技術提案総合評価方式

　　　同種工事の実績等の審査により競争参加者をあらかじめ決定し、当該競争参加者が施工方法等についての技術提案と価格提案とを一括して行い、工期、安全性などの価格以外の要素と価格を総合的に評価して、落札者を決定する。予定価格は、発注者が定める標準的な施工方法等に基づき設定する。

② 契約後ＶＥ

　　工事請負契約書に、受注者からの提案を受け付ける旨の条項を追加し、契約後、受注者が施工方法等についてコスト縮減が可能となる技術提案を行い、採用された場合、当該提案に従って設計図書と契約額を変更する。その際、契約額の縮減額の一部に相当する金額を受注者に支払うことを前提として、契約額の減額変更を行う。

③ 設計・施工一括発注方式

　　同種工事の実績等の審査により、技術提案を求める競争参加希望者をあらかじめ決定した上で、当該競争参加希望者から、設計案等の技術提案を受け付け、その内容をも審査して、競争参加者をあらかじめ決定し、価格競争により落札者を決定するか、同種工事の実績等の審査により競争参加者をあらかじめ決定し、当該競争参加者が設計案等の技術提案と価格提案を一括して行い、総合評価により落札者を決定する。予定価格は、概略の仕様や基本的な性能・設計等に基づき設定する。

　　なお、設計と施工を同一業者が行う方式としては、この他に、現場の施工条件や施工業者が保有する機材等により施工方法等が異なるため、これらを踏まえた詳細設計を行うことが効率的な工事を対象に、基本設計に基づいて、詳細設計と施工を一括して発注する方式（詳細設計付競争入札）や特許工法等の新開発工法等を用いる工事を対象に、設計業務完了後に、当該設計を行った業者

と工事施工について随意契約を行う方式も実務的に適当な場合がある。

4．技術提案を巡る課題への対応

(1) 技術提案に対する審査

新たな入札・契約方式においては、技術提案について、競争参加者を決定するための事前審査や落札者を決定するための価格も含めた総合評価等を公正、的確かつ速やかに行うことが必要であり、これらの審査に対する信頼性の確保が運用上の重要な課題となる。

このため、技術提案の審査に当たる発注者においては、それぞれに自らの技術力の確保、向上に努める必要がある。審査体制については、発注者内部の合議制の機関を活用するとともに、工事や技術提案の内容が技術的に特殊な場合等には、必要に応じて外部の専門家の意見を聴くこととすることが適当である。

また、審査の公正さを担保するため、手続の透明性の確保が必要である。このため、発注者は、技術提案の審査の結果、入札時の提案を適正と認められなかった競争参加希望者や契約後の提案を採用されなかった受注者に対して、その者の要請に応じて、その理由を説明することが適当である。特に、総合評価方式の場合には、まず、適切な評価方法を設定することが重要であるが、手続面においても、あらかじめ評価項目、評価基準等の総合評価の方法を公表するとともに、総合評価の結果を公表し、併せて、非落札者に対して、その者の要請に応じて、非落札理由を説明することが適当である。さらに、これらの発注者の理由説明に不服のある場合は、入札監視委員会等の公正かつ独立した第3者によって構成される機関に対して申立てができるものとすべきである。

(2) かし担保責任

建設工事におけるかし担保責任については、原則として、当該かしが発注者の指図等により生じたものであるときを除き、受注者が負うこととされている。

入札時あるいは契約後における受注者の技術提案に起因するかし担保責任については、基本的には、提案者である受注者が責任を負うべきものと考えられる。ただし、特別な場合には、その責任を免れる余地もあると考えられ、試行過程でさらに、具体的な取扱いについて検討が必要である。

(3) 提案された技術の保護

入札時あるいは契約後に受注者より提案された技術については、特許権等知的所有権に係るものを除き、発注者が以降の発注においても、制約なく使用できるとす

ることが考えられるが、当該技術が一般的に用いられる標準的な技術となるまでの間は、提案のインセンティヴを高める意味もあり、当該技術を保護することも考えられ、試行過程でさらに、具体例に基づき検討が必要である。

(4) 技術提案に要するコスト

技術提案のためには、建設業者の技術の蓄積度や提案の内容にもよるが、相応のコストが発生することとなる。入札時に技術提案を受け付ける方式においては、提案内容が優れていれば受注可能性が高まるということが提案のインセンティヴとなり、提案のコストや提案内容に応じた受注の可能性を総合的に勘案して、技術提案や価格提案を行うこととなる。その結果、受注できればそのメリットを享受することができるが、受注できない場合には、そのコストを回収できない。このようなことについては、積算などに要する費用が建設業者の負担になっているのと同様、建設業者のリスクと考えることができる。

しかし、提案のインセンティヴを更に高めるためには、受注した場合のメリットとして、適正な提案について企業評価に反映させることも検討する必要がある。

さらに、特に、設計案の提案については、相当のコストを要する場合も考えられ、リスクの増大により提案のインセンティヴが阻害されてしまうことも考えられるため、受注者以外の者も含め、適正な提案を行った者に対して、その内容に応じ、企業評価に反映させることや提案コストの一部を発注者が負担することの可能性についても検討する必要がある。

なお、契約後ＶＥの場合には、提案の企業評価への反映のほか、提案により工事費が減額変更された場合の完成工事高に関する企業評価上の扱いについて適切な配慮が加えられる必要がある。

5．新たな入札・契約方式の導入の進め方

(1) 試行の必要性

新たな入札・契約方式については、各発注者ごとに、技術力や発注工事の内容が様々であり、また提案される技術内容も様々と考えられるため、対象工事の選定や技術提案を巡る課題への対応など、画一的に定めることが適切でない事項がある。

このため、各発注者においては、これまでの基本的な考え方を踏まえて新たな入札・契約方式を試行し、その実施事例を積み重ねて、必要に応じて修正を加えつつ、各発注者間の情報交換を進めることにより、適切な方式に収れんさせていくことが適当であると考えられる。

また、新たな入札・契約方式を実施した場合には、技術提案に基づいた適正な施工が確保されるように、適切な監督・検査が行われる必要がある。
(2) 総合評価方式

　総合評価方式については、必ずしも最低価格の応札者が契約の相手方となるとは限らないので、建設業者はもとより広く国民の理解を得るという観点からも、対象工事の選定や総合評価を適切に行うことが必要である。

　このため、当面は、個別具体的に価格のみの競争により難いと認められる対象工事を一つ一つ取り上げて、総合評価方式の実施について、現行制度に基づく大蔵大臣との個別協議により判断を重ねていくことが現実的であり、実施事例の積み重ね等により対象工事の類型化が可能となれば、その類型化を踏まえて、包括的に処理することが適当と考えられる。

　さらに、大蔵大臣協議の廃止・簡素化・迅速化を含む総合評価方式の円滑かつ効果的な実施の在り方や総合評価方式の地方公共団体への導入についても、審議の過程で活発な議論があったことから、その実施状況をも踏まえつつ検討する必要がある。

　また、総合評価方式の基本的な在り方として、3(3)では、同種工事の実績等の審査により競争参加者をあらかじめ決定し、当該競争参加者が技術提案と価格提案を一括して行うこととしている。これに加え、技術力による競争の一層の充実等を図るという観点から、競争参加者の決定に際して、同種工事の実績等に加えて、予定される技術提案についての考え方等をあらかじめ審査した上で競争参加者を決定することも実務に適していると考えられるので、試行段階では、これらの手続についても十分考慮する必要がある。
(3) 設計・施工一括発注方式

　設計・施工一括発注方式は、公共工事における設計・施工分離の原則の例外となるものであることから、真に必要性がある場合に限って導入されるべきものである。このため、まず、具体的にどういう工事において、この方式を導入していくことが適切かについて、検討する必要がある。

　また、この方式においては、発注者は、設計・施工の両面にわたって、技術的に的確な判断を行うことが必要となるので、それが可能となるような審査体制の整備が不可欠である。

　さらに、特に建築工事において、設計について、設計者と建設業者が共同で技術

開発に当たる場合には、常に設計・施工一括発注方式でなければならないとは限らず、一括発注の考え方を踏まえながらも、設計と施工を段階的に契約する方式も考えられるので、実態に適した方式の選択を認めていく必要がある。

(4) 標準的な契約約款の整備

新たな入札・契約方式のうち、例えば、設計・施工一括発注方式等については、標準的な契約約款を整備することが必要である。

当面は、試行的に各発注者ごとに対応していくことになるが、そうした試行の結果も踏まえて、早期に標準的な契約約款の整備を行う必要がある。

(5) 今後の課題

新たな入札・契約方式の審議の過程では、例えば、

① 価格以外の要素と価格を総合的に評価して落札者を決定する総合評価方式や設計以前に予定価格を設定する設計・施工一括発注方式における予定価格の上限拘束性についての弾力的措置

② 発注者と建設業者が価格や技術についてネゴシエーションを行った上で、契約の相手方を決定する方式の導入

などについて活発な議論があった。これらについては、今後、多様な入札・契約方式の実施状況も踏まえながら検討すべき課題と考えられる。

公共工事に関する入札・契約方式の在り方に関しては、近年特に自由な議論が求められているところであるが、今後の議論としては、現行制度にとらわれず、公共調達の一層の合理化、行政事務の簡素化等の視点から、さらに点検が行われることが必要である。

[2] 入札・契約手続の透明性の一層の向上

1. 検討の視点

公共工事の入札・契約手続を公正に行うためには、透明性の確保が不可欠であり、平成5年12月21日の当審議会建議に基づく入札・契約制度の改革の一環として、

① 一般競争方式や公募型指名競争方式等透明性の高い新たな入札方式の導入

② 入札監視委員会等による入札手続の監視

③ 指名基準等の策定及び公表や入札経緯及び結果の公表の徹底

等の措置を講じてきている。

さらに、同建議においては、経営事項審査の結果の公表、各発注者における資格

審査・格付けの結果の公表や予定価格の事後公表の検討についても言及されている。一方、近時、公正な行政運営を図るために行政情報を国民に明らかにすることが強く要請されており、政府においては、情報公開法の制定に向けた取組みが進められている。また、地方公共団体に対して、予定価格の事後公表等を求める訴訟が提起されている。

　こうした状況を踏まえ、入札・契約手続の透明性の一層の向上を図り、その公正さを確保するため、これらの諸情報の公表について検討する必要がある。

２．経営事項審査の結果及び資格審査・格付けの結果の公表

⑴　公共工事の競争入札における競争参加資格審査の概要

　我が国では、多岐にわたる工事の規模・内容に応じて、多数の建設業者の中から、確実な契約履行能力を有する競争参加者を公正かつ効率的に選定するため、基本的な枠組みとして、次のような競争参加資格審査を行っている。すなわち、各発注者は、競争参加希望者の経営状況や施工能力に関する客観的事項（各発注者に共通する事項。以下同じ。）及び主観的事項（各発注者ごとに評価する特別事項。以下同じ。）について審査した結果を点数化（客観点数・主観点数）し、その総合点数に応じ配列した上で、必要に応じ工事の規模に対応するA～E等の等級に区分する仕組み（いわゆる「格付け」）を採っており、各等級別に契約予定金額の基準（いわゆる「発注標準」）を設定している。（☆参考資料４　公共工事の競争参加資格審査の概要）

　客観的事項については、建設業法上の制度である経営事項審査の結果が各発注者で活用されており、主観的事項については、各発注者により差異があるが、工事成績、特別な工事の実施状況等が採用されている。

　経営事項審査は、完成工事高、経営状況分析、技術職員数等の各項目ごとに、その数値に基づいて評点化し、それを重み付けして合計し、総合評点を算定する仕組みとなっている。

　そして、個別工事の発注に際しては、一般競争方式の場合には、有資格業者について、必要な経営事項審査に基づく点数、同種工事の施工実績等の資格要件を設け、その審査・確認を実施し、指名競争方式の場合には、有資格業者の中から工事規模に対応する等級、技術的適性等を勘案して競争参加者を指名することとしている。

　このように、経営事項審査や資格審査・格付けは、各発注者による競争参加者の選定上、重要な機能を果たしている。

⑵　経営事項審査の結果の公表

経営事項審査の結果については、公表されていないが、審査項目である完成工事高や技術職員数等の数値情報は、ほとんどの項目が既に許可関連の閲覧書類に記載されており、それらに応じて付与される評点については、その算出方法が既に公表されていることから、近似的な評点は計算可能な状況にある。

経営事項審査の結果は、競争参加者選定手続の透明性の一層の向上による公正さの確保、企業情報の開示や相互監視による虚偽申請の抑止力の活用といった観点から、公表することが適当である。

この場合、公表内容については、当該建設業者本人に通知している内容と同様、総合評点及び完成工事高等の審査項目ごとの数値・評点とするべきである。

また、公表方法については、利便性に配慮して、閲覧に加えて、データベース・システムや出版物等の活用を図ることが適当である。

なお、平成10年の上半期中を目途に経営事項審査の見直しを行い、見直し後の経営事項審査の結果から、公表を行うことが適当である。

(3) 資格審査・格付けの結果の公表

資格審査・格付けの結果については、現在、建設省直轄工事では、当該建設業者本人に対し、客観点数及び等級を通知しているが、公表はされていない。

各発注者は、企業評価の向上のためのインセンティヴを付与することを目的として、当該建設業者本人に対し、客観点数、主観点数及び等級を通知することが適当である。

さらに、競争参加者選定手続の透明性の一層の向上により公正さを確保する観点から、当該建設業者に対する社会的評価への影響にも配慮しつつ、当面、等級を公表することが適当である。その具体的な方法等についてはさらに検討を行う必要がある。

3．予定価格の公表

予定価格の事前公表については、予定価格が事前に明らかになると、予定価格が目安となって競争が制限され、落札価格が高止まりとなること、建設業者の見積り努力を損わせること、談合が一層容易に行われる可能性があることなどの理由から行われていない。

また、予定価格の事後公表については、以降の同種工事の予定価格を類推させ、事前公表と同様の弊害を誘発するという問題が指摘されている。

しかしながら、予定価格の事後公表については、積算基準に関する図書の公表が

進み、既に相当程度の積算能力があれば予定価格の類推が可能となっているとともに、施工技術の進歩等により工事内容が多様化し、事後公表を行ったとしても以降の工事の予定価格を類推することには一定の限度がある一方、事後公表により、不正な入札の抑止力となり得ることや積算の妥当性の向上に資することから、予定価格の事後公表に踏み切り、具体的な方法等について検討を開始すべきである。

また、予定価格の事前公表についても、上記のような問題点がある一方、事後公表による効果に加えて、予定価格を探ろうとする不正な動きを防止する効果もあるとの指摘もあることから、透明性、競争性の確保や予定価格の上限拘束性の在り方と併せ、今後の長期的な検討課題とすべきである。

[3] 地方公共団体における改善の徹底

1．検討の視点

　入札・契約制度の改善を進めるに当たっては、公共工事の発注件数で約9割、発注金額で約7割を占める地方公共団体の対応が大きな課題である。

　地方公共団体における入札・契約制度の改善を図るため、これまで、建設省及び自治省による改善状況の実態調査とそれを踏まえた共同通知など様々な取組みが行われてきている。

　しかしながら、市町村を中心として未だ改善の趣旨の徹底が不十分であり、その理由としては、取組意識の不十分さ、技術者不足などが考えられる。

　今後、平成5年12月21日の当審議会建議に基づく入札・契約制度の改革の一層の定着・浸透を図るとともに、多様な入札・契約方式の導入や入札・契約手続の透明性の一層の向上等を進めるためには、地方公共団体における取組姿勢の向上を図りつつ、発注体制の強化・支援を推進することが必要である。

2．対応策
(1) 取組姿勢の向上

　地方公共団体の状況に応じた適切かつ積極的な取組みを促進するため、以下の措置を講じる必要がある。

　① 地方公共工事契約業務連絡協議会や都道府県公共工事契約業務連絡協議会の活動の一環としての研修制度等を通じて、取組意識の啓発を図るとともに、市町村などの実態に応じて、きめ細かい支援を行う。

　② 地方公共工事契約業務連絡協議会単位又は都道府県公共工事契約業務連絡協

議会単位で改善の申合せ及びそのフォローアップを行う。

(2) 発注体制の強化・支援

地方公共団体における発注体制の把握に努めるとともに、特に、技術者が不足しているなど技術力がぜい弱な地方公共団体においては、発注体制の整備に努めるほか、以下のような発注体制の強化・支援を進める必要がある。

① 技術的な助言・支援、先導的な取組状況についてのきめ細かい情報提供など国・都道府県の技術力の活用を進める。

② 建設技術センター等技術者を有する公的な組織の整備・充実とその活用を進める。

③ 建設コンサルタント、設計者等の民間の技術者を有する組織の活用により、発注業務等の支援を進める。

④ 発注者支援データベース・システムの普及を図る。(☆参考資料5　発注者支援データベース・システムの概要)

Ⅱ　建設業の構造改革の推進

[1] 建設業許可業種区分の見直し

1. 検討の視点

建設業に関する現行の許可制度の基本的な枠組みは、昭和46年の業種別許可制度の導入時に定められたものである。それまでは、建設業の営業については登録制度がとられていたが、この登録制度では主として請け負う建設工事に関し一定期間の実務経験を有する技術者がいれば登録を受けることができ、登録を受けた後は、主として請け負う建設工事に限らずいかなる種類の建設工事でも請け負うことができることとなっており、技術力、資力、信用の無い業者の輩出を防止することができなくなっていた。そこで、登録制度から業種別許可制度への改正が行われ、建設業の業種ごとに許可を行うこととし、建設業者の技術力の確保や建設業者の地位の安定・確立を図ることとしたものである。このときに業種区分についても28の業種区分に改正され、現在に至っている。(☆参考資料6　建設業許可業者の状況・業種区分の変遷)

このように、現在の業種区分になってから既に25年余りが経過しており、その間の施工形態の変化や技術開発の進展を踏まえ、現行の28業種区分が適切なものであ

るかどうかを検討する必要がある。

2．今後の方向

　業種区分の法律上の意義としては、まず、建設工事の定義づけとしての意義があげられる。業種区分は、建設業法制定時から、その適用範囲を明確にするため、基礎的な単位工事を基準として定められていた。

　その後、昭和46年に、業種別許可制度が導入された際、その許可の単位を建設工事の定義づけである業種と同一のものとした。これにより、業種区分は許可を受けることにより請け負うことができる建設業の範囲を定める単位としての意義も有することとなり、また、業種ごとに許可に必要な技術者等の要件が定まることとなった。

　業種区分の見直しは、業種の工事量の多さ、施工体制の整備の度合い、技術的な特性、営業形態などを勘案し、法律上の意味を持たせるにふさわしいか否かの観点から行われる必要がある。

　業種区分の取扱いについては様々な方向性があり得、建設業界からの要望も業種の細分化を求めるものから統合化を求めるものまで様々である。しかし、規制の合理化や技術者の多能工化の促進の観点からも、また、より体系的で分かりやすくするという観点からも、業種区分を単に並列的に並べるだけではなく、共通する技術者資格などを勘案しながら、技術体系等に応じてある程度のまとまりをもったグループに分け、そのグループの中に様々な業種を位置づけることとした上で、当該グループを許可の単位とし、その範囲内では業種区分を超えて請け負うことができるようにするという方向で検討をすべきと考えられる。

　このような方向に基づき、業種区分の見直しについては、業種ごとにその施工体制、技術的特性、営業形態などについての実態把握や将来予測を的確に行いつつ、専門的な見地からの検討も加えながら、引き続き、総合的な検討を行い、早期に結論を得る必要がある。

［2］公共工事における企業評価の在り方

1．検討の視点

　公共工事における企業評価の概要については、各発注者が建設業者の経営状況や施工能力に関する客観的事項及び主観的事項について審査した結果に基づいて、必要に応じ等級に区分しており、客観的事項については経営事項審査の結果が各発注

者において活用され、主観的事項については工事成績、特別な工事の実施状況等が採用されている。

　経営事項審査は、完成工事高等の項目ごとに、その数値に基づいて評点化し、それを重みづけして合計する仕組みとなっている。(☆参考資料7　経営事項審査の審査項目及び基準の概要)

　これまでの企業評価においては、施工能力の評価に当たっては、量的な指標が最も端的であると考えられることから、量的な指標である完成工事高が重要な役割を果たしてきた。

　しかしながら、完成工事高の重視については、完成工事高競争を余儀なくされ、企業の合理的な経営戦略をゆがめる一因となっている、あるいは専門性の高い技術力や経営力によって伸びていこうとする中小・中堅建設業者の足かせになっているとも考えられる。また、今後、建設市場の量的拡大が望めないなど建設業を取り巻く環境が大きく変わる中で、企業評価においても、量的な側面だけでなく質的な側面をも重視する必要があると考えられる。

　以上のような認識に基づき、経営事項審査を中核とする企業評価制度について、
　○　量的な指標である完成工事高の比重の見直し
　○　建設業者の技術力の重視
　○　建設業者の経営力の重視

などの視点からの見直しを行い、規模の競争ではなく技術力・質による競争を促すようなものとすることが必要である。

　さらに、等級制度は、個別工事の発注に際して、多数の建設業者の中から当該工事をより適切に施工できる競争参加者を公正かつ効率的に選定する上で重要な機能を果たしてきているが、より一層、適正な競争が促進されるようにする必要がある。

２．経営事項審査の見直し
(1) 完成工事高の比重の見直し

　規模のみでなく、技術力・質に関する指標をより重視する観点から、完成工事高の比重の実質的縮減を図る必要がある。現在、完成工事高については、過去２年間の平均の完成工事高に対応して、最高3270点から最低491点の評点が与えられ、当該評点に対し0.35の係数が乗じられている。しかし、特に少数の大手建設業者において総合評点に占める完成工事高の評点の割合が0.5以上になり、0.35と大幅なかい離が見受けられる場合がある。これは、完成工事高の評点分布が他の審査項目に

比較して幅が広いものとなっている結果であり、こうした現状を踏まえ、評点分布の幅を圧縮し、完成工事高の比重の実質的縮減を図る必要がある。

なお、現行の評点の算出方法は評点表による段階状のものとなっているが、建設業者の完成工事高の変化がそのまま反映できるよう、その算出方法を線形式に変更することも検討する必要があると考えられる。

また、完成工事高については、工事の内容によって評価を変えるべきであるとの考え方もあるが、多種多様な内容に応じ評価を変えることとするのは、その基準や実際の審査事務の在り方など検討すべき課題が多いものと考えられる。

さらに、実質的な施工を伴わないいわゆる水増し申請を抑止する観点から、完成工事高について、元請・下請の区別、工期、配置技術者等を明らかにして申請させること等により審査の充実を図ることが必要と考えられる。

(2) 技術力の重視

① 技術職員評価の見直し

現在の技術職員評価は、在籍する技術職員で技術者資格（建設業法上、主任技術者又は監理技術者となることができる一定の資格又は経験。以下同じ。）を有する者を評価対象としているが、技術力をより重視する観点から、現在、技術者資格として認められていない国家資格や、国家資格に準ずると認められる民間資格で技術者資格と同等と認められるものについても評価対象に加えることが適当である。

また、技術職員評価を在籍する技術職員数のみで行うことについては、効率的な経営の阻害要因ともなりかねない等の問題点も指摘されている。こうした指摘に対しては、完成工事高との相関を勘案して技術職員数の評価を行うことや、例えば業務提携をしている建設業者間で技術者の調達について協定している場合などにおいて、在籍する技術職員以外の一定の技術職員を評価対象とすることも検討する必要がある。

さらに、技術力の評価については、品質管理能力等を含め幅広く検討することも必要と考えられる。

② 専門的な技術力の評価に資する経営事項審査の区分の見直し

建設業者の専門的な技術力に関わるきめ細かい情報が企業評価に反映されるよう、経営事項審査の区分について見直しを行う必要がある。

現在、経営事項審査は建設業許可の区分と同一の28業種別に行われているが、

これでは、各建設業者の特色が評価されにくいとの指摘があり、また各発注者の発注区分も経営事項審査の区分とは一致していない例がある。

このため、各建設業者の専門的な技術力の評価や発注者の便宜の観点から、当該工種の施工量、定型性や発注動向等を勘案しながら、28業種別の評価に加えて、その内訳として専門的工種単位の評価も表示することが適当である。

(3) 経営状況の重視

最近相次いで発生している建設業者の経営破たんなどに見られるように建設業を取り巻く経営環境が厳しくなる中で、建設業者の経営状況が経営事項審査に一層的確に反映されるようにしていく必要がある。

現在、経営状況分析は、財務諸表をもとに、収益性、流動性、生産性、健全性の4項目について12の指標を用いて評点を算出しているが、その最高点は1118点、最低点は0点で、当該評点に対し0.2の係数が乗じられている。しかし、評点分布の幅が完成工事高や技術力に比べ狭いものとなっているため、特に少数の大手建設業者において総合評点に占める経営状況分析の評点の割合が0.1に満たず、0.2と大幅なかい離が見受けられる場合がある。このような状況を踏まえ、経営状況を経営事項審査により大きく反映させるため、経営状況分析の評点分布の幅を拡大することにより、経営状況分析の比重の実質的拡大を図る必要がある。

また、現行の経営状況に関する12の指標は昭和63年に定められたもので、建設業者を取り巻く経済状況も大きく変わったことから、不良資産の反映等の観点も含めて、指標の妥当性等について検討を行い、早期に結論を得る必要がある。

なお、許可関連の閲覧書類において、長期借入金、保証債務、完成工事未収入金等の財務状況を詳細に記載し、建設業者の経営状況をより的確に提供する必要がある。

さらに、企業会計では、連結決算を重視する方向にあるが、このような流れを受けて建設業者の経営状況分析に当たって連結決算を用いることを検討すべきである。

(4) 経営目標や組織形態の多様化への対応

公共工事のコスト縮減が重要課題とされる中で、コスト縮減にも資する技術開発の強化を進め、また、経営の合理化等のため組織形態の多様化を進める上で、経営事項審査が、その阻害要因とならないようにする必要がある。

このため、契約後ＶＥに係る工事において、提案により工事費が減額変更された

場合の完成工事高については減額変更前の契約額で評価する特例を設けることが適当である。

また、分社化等の組織形態の多様化への対応としては、営業譲渡の場合の完成工事高の取扱いについて明確化を図るとともに、現在、外国企業にのみ特例的に認めているグループ評価について、グループの認定に関する基準、認定事務の執行体制等の問題点をも考慮しながら、国内の建設業者への適用を検討する必要がある。

(5) 地域別の評価の取扱い

現行の経営事項審査では、全国的に営業を展開している建設業者と主としてある地域を中心として営業を展開している建設業者の間で大きな差が生じていることから、地域別の評価を導入すべきであるとの意見がある。地域の中小・中堅建設業者が地域の経済社会の発展に果たすべき役割は大きく、公共工事の効率的な執行を確保しつつ、今後とも、その受注機会の確保に努めることが必要であるが、経営事項審査は企業の客観的事項の全体について総合的な評定を行うべきものであり、1つの建設業者について複数の総合評点が出ることとなる地域別の評価は経営事項審査制度にそぐわないと考えられる。

3．発注者による技術力評価の充実

企業評価制度において技術力に関する指標の重要性が高まる中、各発注者が、主観的事項として工事成績の評価を行うとともに、企業評価全体に占める工事成績評価の比重を高めていくなどの積極的な対応が必要である。

また、建設省直轄工事では、平成8年2月に工事成績の評定方法の統一化が行われたが、より多くの発注者が統一化された評定方法により工事成績評価を行うようにするとともに、自らの発注工事の成績のみを評価対象とするにとどまらず、工事成績のデータベース化などにより、発注者間で相互活用する方策を検討することが必要である。

さらに、ＶＥ方式等の新たな入札・契約方式における技術提案について企業評価に反映させることを検討する必要がある。

4．等級制度の運用の合理化

等級制度の運用を見ると、発注する工事の技術的難易度等に応じて、当該工事の規模に対応する等級に格付けされた建設業者以外の建設業者の指名を行うといった弾力化が図られているが、今後、このような運用を一層推進するとともに、競争性を一層高めるため、等級区分の統合、工事の技術的難易度の適切な反映方策などに

ついて検討すべきである。

［３］不良不適格業者の排除

１．検討の視点

　建設業は総合組立産業であることから、目的物に応じて多様な専門技術の結合が必要となるとともに、受注生産であることもあって工事量の変動が大きい。この結果、様々な専門工事業者が参加する重層的な下請構造となることが避けられず、こうした構造が、施工体制における責任分担の不明確化やペーパーカンパニー等の不良不適格業者の参入をもたらす要因となっていると考えられる。

　こうした不良不適格業者の存在を放置する場合には、適正な競争を妨げるだけでなく、まじめに努力し、技術力を向上させようとする優良な建設業者の意欲を削ぐことになりかねない。

　このため、不良不適格業者の排除を図り、公共工事の品質確保、コスト縮減等を実現する必要があることは言うまでもないが、事態の改善が進んでいない。

　不良不適格業者の排除に当たっては、建設業の許可行政としての取組みのみならず、発注者が建設業者の選定や施工段階での監督・検査において果たすべき役割は大きく、これまで以上に、両者の連携を強化し、事態の改善を図るべきである。

２．不良不適格業者の排除のための取組み

(1) 発注者支援データベース・システムの活用

　建設業法では、公共性のある工作物に関する重要な工事のうち一定のものについては、一定の技術者を工事現場ごとに、専任で配置しなければならないこととされている。(☆参考資料８　技術者の現場専任制の概要)

　この技術者の現場専任制は、建設工事の適正な施工を確保するとともに、施工能力を超えて過大受注を行うような不良不適格業者の参入を排除し、まじめに技術者を養成する優良な建設業者を育成する上で、重要な役割を果たしている。

　監理技術者の現場専任制の確認を厳格に行うためには、従来膨大な作業が必要とされ、実務上厳格な確認が期待できなかったところであるが、平成８年度から発注者支援データベース・システムが稼働した結果、事務処理に格段の改善が図られることになった。このシステムでは、公共工事の各現場に配置される監理技術者が、工事実績情報サービス（ＣＯＲＩＮＳ）に登録されることを利用して、配置予定の監理技術者について、その資格と他の工事現場との重複配置の有無を確認することが

できることとなっている。(☆参考資料9　発注者支援データベース・システムによる技術者専任制の確認)

　したがって、公共工事の各発注者は、この発注者支援データベース・システムを積極的に活用することによって、専任技術者の適正配置を徹底することが可能となり、これは一括下請負の排除の徹底にも資するものである。

　現状においては、発注段階で不良不適格業者を排除する方策としては、この発注者支援データベース・システムを活用することが最も効率的と考えられるが、特に地方公共団体においては、より簡易なシステムの導入などシステムに対する多様な要望があることや発注者として不良不適格業者の排除の徹底に向けた取組意識が必ずしも十分でないことなどから、その活用状況はいまだ不十分である。このため、地方公共団体にとってのシステム活用上の利便性の向上と併せて、地方公共団体の意識の啓発に努めながら、このシステムの普及を図っていくことが必要である。

　なお、発注者支援データベース・システムの活用等により、監理技術者の現場専任制の確認を徹底するに当たっては、工事現場の実態を踏まえ、技術者を専任で配置すべき期間や現場の単位について明確化を図りつつ、適切な運用を図るとともに、現場専任制の対象工事の規模を適宜見直す必要がある。

　さらに、主任技術者についても、そのデータベースの整備、工事実績情報サービス（CORINS）の活用等による現場専任制の徹底を図る方策を検討すべきである。

(2)　施工体制台帳の活用と現場施工体制の立入点検

　平成6年の建設業法の改正により、特定建設業者は、工事現場ごとに施工体制台帳を作成しなければならないこととされた。この施工体制台帳には、当該建設工事について下請企業とその技術者や下請工事の内容等を記載することとされている。この改正は、発注者から直接建設工事を請け負った特定建設業者が施工体制台帳を作成することを通じて、適切な施工体制を確保することを意図したものである。

　しかし、公共工事の各発注者においても、この施工体制台帳を活用することにより、現場の施工体制を効果的に把握することが可能となることから、施工体制の確認を受注者のみに委ねることなく、発注者自らも施工体制台帳の提出を求め、積極的に活用しつつ、現場の立入点検等を行い、施工体制の確認を行うことも必要である。

(3)　違反業者に対する制裁措置

不良不適格業者の排除を図るためには、技術者の現場専任制や一括下請負の禁止に違反している建設業者に対しては厳正に対処し、抑止力を高めることが必要である。

技術者の現場専任制違反や一括下請負が確認された場合には、建設業法に基づく監督処分を厳正に行うとともに、発注者においては、直ちに是正を求めた上で、必要に応じ契約の解除を行うなど厳正に対応することは当然である。また、発注者における指名停止等の措置についても厳正に行う必要がある。

また、発注者の書面による承諾を得た場合には、一括下請負の禁止の規定は適用されないが、発注者がこのことを悪用して不正行為を働く事例も見受けられたことから、承諾に基づく一括下請負について、実務上の必要性が乏しければ、廃止の方向で検討すべきものと思われる。

(4) 企業情報の公開の推進

不良不適格業者の排除のためには、相互監視による虚偽申請や不正行為の抑止、民間発注者の適切な建設業者選定の促進による市場メカニズムを通じた選別等の観点から、建設業者に関する情報の公開を進めることが重要である。

現在、建設業者に関する情報公開としては、許可申請書、添付書類及び変更届出書が公衆の閲覧に供されているが、これだけでは、必ずしも十分ではない。このため、建設業許可情報のみならず、経営事項審査情報、工事実績情報、技術者情報等の建設業者に関する情報の公開について検討すべきである。

その際、公開すべき情報の項目について十分な検討を行うとともに、公開の方法について、データベース・システムの活用等国民が利用しやすい方法を検討すべきである。

(5) いわゆる「上請け」への対応

近年、地方公共団体における行き過ぎた地域の中小建設業者の受注機会の確保対策に起因する、いわゆる「上請け」（中小建設業者が受注し、大手建設業者がその下請となること）の弊害についての指摘が多い。上請けは、一括下請負につながりやすいため、その的確な排除が必要であり、実態調査の実施、発注者支援データベース・システムの活用等による入札・契約手続きの早い段階からの配置予定技術者の確認、施工体制台帳の活用やその情報公開の検討等実効ある排除措置を講じるべきである。併せて、分割発注に当たっては公共工事の効率的な執行の要請の範囲内で行うとともに、建設業者の選定に当たっては技術力のある建設業者による適正な競

争を通じて公共工事の効率的な執行が確保されるよう十分留意する必要がある。

［4］経営力・技術力の強化のための企業連携の促進

1．検討の視点

建設業を取り巻く今後の状況は、特に公共事業への依存度の高い中小・中堅建設業者にとって、厳しい時代を迎えることが予想され、建設市場構造の再編を迫られる可能性が高まっている。このような状況に適切に対応していくためには、個々の企業としての努力はもとより、企業連携・協業化等により、資金負担や危険負担の軽減、技術力の強化・相互移転、工事の確実な施工等を図り、経営力・技術力を強化する必要性がますます高まっていくものと予想される。こうした企業連携・協業化等の形態としては、現実の企業連携の実態などからみて、例えば総合工事業者同士、専門工事業者同士等の企業連携が一般的なものとして想定される。

一方、公共工事に関しては、機能、品質の確保と両立させつつ、コスト縮減を図っていくことが喫緊の課題となっており、そのためには適切な発注ロットの設定が求められているが、企業連携・協業化の方向は、このような政策の円滑な受入れを可能とすることからも、その促進が必要である。

こうした連携・協業の形態には、構成員の組合せ、結合の強弱により様々なものがあり、企業の判断により選択されるべきものと考えられるが、協業化の第一段階としては、元請企業による経常建設共同企業体（以下「経常ＪＶ」という。）の結成が、現実的に有効な方策と考えられ、経常ＪＶの活用促進策について検討する必要がある。（☆参考資料10　共同企業体）

さらに、今後の建設業を取り巻く厳しい環境を踏まえれば、これまでメリットが小さいと言われてきた建設業者間の合併についても視野に入れて検討を進める必要がある。

2．経常ＪＶの活用促進

(1)　経常ＪＶの対象企業の拡大

現行の共同企業体運用準則においては、優良な中小建設業者についてのみ、経常ＪＶを結成することが認められているが、昨今の経営環境は、中小建設業者のみならず中堅建設業者についても厳しいものとなっており、最近では、中堅建設業者においても、相互の経営力と競争力の強化を図るための業務提携の締結等協業化を志向する動きが出てきている。

これらの状況を踏まえ、優良な中堅建設業者についても、経常ＪＶの結成が可能となるよう、経常ＪＶの対象企業の範囲を拡大する必要がある。

(2) 経常ＪＶの企業評価

経常ＪＶの資格審査に当たっては、経常ＪＶの結成にインセンティヴを与えるため、共同企業体の結合の強弱及び適否を勘案し、客観点数及び主観点数について調整することができることとされているが、具体的にどのような場合にどの程度の調整を行うかについて明確ではないため、ほぼすべての発注機関において、このような調整が行われていない。

したがって、経常ＪＶの適切な活用を促進する観点から、どのような場合にどの程度の調整を行うかの判断基準を明確にするため、構成員間の結合の強さ、継続的な協業関係の確保、必要な技術力の確保等に係る評価基準を策定し、公表する必要がある。

また、発注時に同種工事の施工実績等を経常ＪＶの全構成員に求める運用等についての緩和を進める必要がある。

なお、共同企業体の運用基準を定めていない発注機関にあっては、早急に基準を定め、公表すべきである。

(3) 経常ＪＶの運用の合理化の検討

従来の経常ＪＶの運用をみると、中小建設業者の共同受注のためのシステムとしての機能が強いものであったと考えられるが、今後は、事業活動や施工体制の合理化のための協業の１類型として、積極的な位置付けを与えていく必要がある。このことにより、企業統合が進みにくい市場構造の中にあって、各企業の技術者や営業組織などの経営資源の相互有効利用の途が開かれ、企業統合と同様の効果が期待できると思われるので、建設業界においても、より真剣に検討されることが望まれる。

３．企業合併の支援措置の拡充

建設業者の合併は、得意な技術分野、営業地域等の相互補完やスケールメリットによる経営基盤の強化などを通じて建設業者の経営力・技術力の強化に資するものであるが、特に公共事業における受注機会の確保などの面から見て、元請企業同士の合併のメリットは小さいとの指摘もある。

これまで、建設業の体質強化に向けた合併を支援する観点から、建設業者の合併に係る許可及び経営事項審査の事務取扱の円滑化を図るとともに、中小建設業者間の合併について、資格審査に当たって一定期間内の総合点数の調整措置などを講じ

てきている。

　今後は、地域における企業連携の動向等を踏まえつつ、総合点数等の調整措置に係る対象企業の拡大、期間の延長等の企業評価の特例措置の拡充、受注機会の確保面において合併が不利に働くことのないようにするための合併企業の取扱いなどについて検討することが必要である。

［5］元請下請取引の適正化

1．検討の視点

　建設業においては、重層的な下請構造となることが不可避であるが、元請下請関係には従属関係が生じやすく、ともすれば不適正な代金設定・代金支払・工期等の押しつけといった片務性を招くことが少なくない。

　元請下請取引の適正化は、建設業の健全な発展のために重要な課題であり、特に最近の厳しい経営環境の下ではその必要性が一層強まっている。元請企業においては下請企業が対等な立場のパートナーであるとの認識を高めるとともに、まず、当事者である元請企業と下請企業双方の努力と協議により、対等な立場で契約を締結し、協力して工事を適切に施工し、合理的な対価が元請企業から下請企業に支払われる仕組みを構築していかねばならない。

　元請下請取引は民間同士の契約関係であり、本来、自由な経済活動に委ねるべきであるが、行政においても、元請企業が取引上の地位を不当に利用する等不公正な取引方法に該当する行為を行うような場合には必要な関与を行うべきである。また、技術と経営に優れた専門工事業者が自由に伸びられるような競争環境づくりについて積極的に対応することや、最近相次いで発生しているような建設業者の経営破たんに伴う下請企業等への影響を最小限のものとするための対応も、行政に求められている。

　こうした観点から、行政においても、これまで、元請下請取引適正化に係る建設業法の規定並びに建設生産システムの合理化を一層推進するための行政による指導及び建設産業の取組みの指針として当審議会答申を受けて平成3年2月に策定された「建設産業における生産システム合理化指針」（以下「指針」という。）の趣旨を徹底するため、適正な下請契約の締結、代金支払の適正化等について、毎年、金融繁忙期に建設産業団体の長あてに、予算成立時に各発注機関の長あてに通達を発出する等元請下請取引の適正化を指導してきたが、必ずしも適正な取引が行われてい

るとは言い難い状況に鑑み、一層の徹底方策について検討する必要がある。(☆参考資料11 建設産業における生産システム合理化指針の概要)

また、元請下請取引においては、協力会といった形での系列化が見受けられるが、近年、元請下請双方での新規取引先の開拓が活発化し、取引先の多角化が進展しており、競争が激しくなっていく中で、下請企業においても、元請企業の対等なパートナーたるにふさわしい力を身につけていく必要がある。

２．元請下請取引適正化のための対応策

(1) 見積り及び協議の徹底

建設業法の規定並びに指針及び前記通達において、適正な下請契約の締結の促進を図ってきたが、依然として必ずしも適正な下請契約の締結が行われているとは言い難い状況にあることから、行政においては、必要経費が適正に支払われることを確保するため、下請契約の締結に際し、経費内訳を一層明確にした見積書の提出及びそれを踏まえた双方の協議の実施を徹底するための措置を講じる必要がある。

(2) 前払金の下請企業への支払の適正化の徹底

建設業法の規定並びに指針及び前記通達において、元請企業が前払金の支払を受けた時は下請企業に対し工事着手に必要な費用を前払金として支払うよう適切な配慮をすることとされているが、下請企業に必ずしも前払いされていない状況も見受けられるので、行政においては、前払金の支払の適正化について、一層の徹底を図るための措置を講じる必要がある。

(3) 施工体制台帳の活用

適切な施工体制を確保する観点から、特定建設業者は、工事現場ごとに、一次下請だけでなく二次下請以下も含む施工体制台帳を作成しなければならないこととされている。施工体制台帳には、下請契約の内容も含まれているが、下請代金については一次下請のものだけが明らかとなる仕組みとなっている。下請代金の設定をより合理的にすることを促す観点から、公共工事の発注者が施工体制台帳の提出を求めることや、二次下請以下の下請代金についても、施工体制台帳において明らかにすることを検討する必要がある。

(4) 対等な協議の場の整備

上記の指針の趣旨の徹底等を図る目的で、元請企業と下請企業双方の協議の場として、都道府県単位で地方システム協議会が設置されているが、行政においては、この設置を促進すべきである。

(5) 下請代金支払状況等実態調査の拡充

　建設省及び中小企業庁においては、下請代金支払状況等実態調査を実施し、改善の必要がある元請企業に対し、個別に改善報告を求めるとともに、下請企業に対し、反面調査を実施しているが、下請代金支払状況の実態をより広範・正確に把握するため、実態調査及び反面調査の対象数の増加を図るとともに、個別指導の充実を図るべきである。

(6) 連鎖倒産防止等のための関係省庁における緊密な連携

　建設業の倒産は、当該会社の問題にとどまらず、関連する下請企業や建設労働者など広範な分野に影響を及ぼし、多大な社会的混乱が生じるおそれがあるため、連鎖倒産防止対策や労働者対策について機動的な対応が可能となるよう、関係省庁における緊密な連携を確保すべきである。

3．専門工事業者の企業力の向上

　今後、建設市場の競争が激化し、取引先の多角化が進展していく中で、元請下請取引の適正化を図っていくためには、専門工事業者自身においても、企業力を高め、生産性を向上させていくことにより、競争力を強化し、元請企業への過度の依存体質から脱却して、自立した活力ある体質への転換を図っていかなければならない。

　そのためには、専門工事業者においては、元請企業の要求の高度化に対応する力を備えるとともに、コスト縮減、技術力の向上、特殊・専門技術の具備、優秀な技能者の確保・育成等に努めることは言うまでもなく、現場管理能力を強化していわゆる責任施工、材工一式請負等の建設工事の一部分を主体的に担える実力を備えていくことが必要であり、そのために以下のような対策を講じていく必要がある。

(1) 企業力指標の活用

　専門工事業者が自らの経営改善、営業活動、経営計画等の指標として活用することにより、自ら企業力の向上につなげていくことができる専門工事業者企業力指標（ステップアップ指標）が試案としてとりまとめられたが、今後、その充実を図るとともに、専門工事業者及び専門工事業者団体がこの指標を積極的に活用することにより、自らの企業力の向上を図っていくことが必要である。

(2) 基幹技能者の確保・育成

　専門工事業者の生産性の向上のためには、基幹技能者（職長等）を確保・育成することが非常に重要であり、そのため、基幹技能者についての評価制度の整備を進めるとともに、その内容を踏まえ、基幹技能者を上記の専門工事業者企業力指標に

おいて評価対象とすることを検討すべきである。さらに、基幹技能者の評価制度が定着した段階では、基幹技能者の建設業法上の技術者制度への位置付けを検討した上で、必要に応じ、経営事項審査制度の評価対象とすることを検討することも考えられる。

(3) 企業連携・協業化の推進

建設市場構造の再編に対応するためには、個々の企業としての努力はもとより、企業連携、協業化等により、経営力・技術力を強化する必要性は高まるものと予想され、専門工事業者においても、事業協同組合の結成等組織化・共同化・合併等を視野に入れることも必要である。

(4) 専門工事業界の構造改善

専門工事業者が企業体質の強化を図るためには、個々の企業としての努力はもとより、業界全体で協力し業種の構造を改めていくことも重要であるため、専門工事業者団体においては、中小企業近代化促進法を活用し構造改善事業に取り組むこと等により、競争力の強化を図っていくことが必要である。

おわりに

当審議会は、近年の建設市場の構造変化に対応し、技術と経営に優れた企業が伸びられる透明で競争性の高い市場環境の整備を進める観点から、入札・契約制度の更なる改善と建設業の構造改革の推進に関し、検討を重ね、結論をとりまとめた。

建設業を取り巻く環境が大きく変化し、建設業は、厳しい経営環境に直面しているが、このような時こそ、建設業が技術に支えられた生産性の高い産業を目指して抜本的な体質改善を行う絶好の機会といえる。また、そうしなければ、この苦境を乗り切り、新しい時代を切り拓くことは困難であろう。このため、公共工事の各発注者、許可行政庁、建設業者など関係者が一体となって、技術と経営に優れた企業が伸びられる環境づくりに早急に取り組むことが重要である。本建議の内容を関係省庁はもとより、全国の地方公共団体その他の関係機関が的確に実施することを強く要望する。

また、建設業者に対しては、本建議の内容を十分参酌し、建設業が、真に国民から期待と信頼を寄せられる産業として、その社会的責任を果たし、さらに発展することを目指して、今後とも不断の努力を続けることを求めるものである。

中央建設業審議会委員名簿（五十音順）

	氏　名	現　職
（学識経験者）		
	井上　雄治	㈳日本建築士事務所協会連合会会長
	碓井　光明	東京大学大学院法学政治学研究科教授
	金本　良嗣	東京大学大学院経済学研究科教授
	佐藤　正明	全国建設労働組合総連合書記長
	玉光　弘明	㈶全国建設研修センター副理事長
	友永　道子	公認会計士
会長	中村　金夫	㈱日本興業銀行相談役
	長瀧　重義	新潟大学工学部教授
	深尾　凱子	埼玉短期大学教授
	丸山　良仁	㈶建設業振興基金理事長
（建設工事の需要者）		
	安藝　哲郎	東急不動産㈱取締役社長
	梅野　捷一郎	住宅・都市整備公団理事
	坂本　春生	㈱西武百貨店代表取締役副社長
	坂本　由紀子	静岡県副知事
	笹山　幸俊	神戸市長
	塩田　澄夫	日本鉄道建設公団総裁
	鈴木　道雄	日本道路公団総裁
	外門　一直	電気事業連合会副会長
（建設業者）		
	今村　治輔	㈳建築業協会会長
	小野　金彌	㈳全国中小建設業協会会長
	小牧　正二郎	㈳日本電設工業協会会長
	錢高　一善	㈳全国建設業協会会長
	寺本　明男	㈳日本空調衛生工事業協会会長
	戸田　守二	㈳日本土木工業協会会長
	前田　又兵衛	㈳日本建設業団体連合会会長

| | 山崎　善弘 | ㈳日本機械土工協会会長 |

中央建設業審議会基本問題委員会委員名簿

（五十音順）

		荒井　晃	東京電力㈱常務取締役
		石井　常雄	茂原市長
		井上　繁	㈱日本経済新聞社論説委員
		井上　雄治	㈳日本建築士事務所協会連合会会長
		碓井　光明	東京大学大学院法学政治学研究科教授
			（中央建設業審議会法制小委員会委員長）
		小野　金彌	㈳全国中小建設業協会会長
委員長		金本　良嗣	東京大学大学院経済学研究科教授
			（中央建設業審議会構造改善小委員会委員長）
		國島　正彦	東京大学大学院工学系研究科教授
		公文　宏	石油公団副総裁
		黒田　晃	㈳建設コンサルタンツ協会理事
		坂本　春生	㈱西武百貨店代表取締役副社長
		澤田　保	公認会計士
		鈴木　道雄	日本道路公団総裁
		錢高　一善	㈳全国建設業協会会長
		谷川　直武	㈳日本建設業経営協会会長
		千葉　一雄	㈳日本電設工業協会理事
		張　富士夫	トヨタ自動車㈱専務取締役
		中村　清	元会計検査院長
		檜垣　正巳	東京都副知事
		藤井　シュン	㈱日本興業銀行産業調査部長
		藤原　房子	ジャーナリスト
		前田　又兵衞	㈳日本建設業団体連合会会長
		三輪　芳朗	東京大学大学院経済学研究科教授
		山崎　善弘	㈳日本機械土工協会会長

六波羅　昭　　㈶建設経済研究所常務理事

基本問題委員会分科会委員名簿

第1分科会（15名）

	石井　常雄	茂原市長
	井上　繁	㈱日本経済新聞社論説委員
	井上　雄治	㈳日本建築士事務所協会連合会会長
主査	碓井　光明	東京大学大学院法学政治学研究科教授
	金本　良嗣	東京大学大学院経済学研究科教授
	國島　正彦	東京大学大学院工学系研究科教授
	公文　宏	石油公団副総裁
	黒田　晃	㈳建設コンサルタンツ協会理事
	鈴木　道雄	日本道路公団総裁
	錢高　一善	㈳全国建設業協会会長
	谷川　直武	㈳日本建設業経営協会会長
	中村　清	元会計検査院長
	檜垣　正已	東京都副知事
	藤井シュン	㈱日本興業銀行産業調査部長
	前田又兵衞	㈳日本建設業団体連合会会長

第2分科会（17名）

	荒井　晃	東京電力㈱常務取締役
	碓井　光明	東京大学大学院法学政治学研究科教授
	小野　金彌	㈳全国中小建設業協会会長
主査	金本　良嗣	東京大学大学院経済学研究科教授
	坂本　春生	㈱西武百貨店代表取締役副社長
	澤田　保	公認会計士
	鈴木　道雄	日本道路公団総裁
	錢高　一善	㈳全国建設業協会会長

千葉　一雄	㈳日本電設工業協会理事
張　富士夫	トヨタ自動車㈱専務取締役
檜垣　正巳	東京都副知事
藤井シュン	㈱日本興業銀行産業調査部長
藤原　房子	ジャーナリスト
前田又兵衞	㈳日本建設業団体連合会会長
三輪　芳朗	東京大学大学院経済学研究科教授
山崎　善弘	㈳日本機械土工協会会長
六波羅　昭	㈶建設経済研究所常務理事

○技術者制度研究会報告

〔平成14年10月23日〕
〔技術者制度研究会〕

1　はじめに

　建設業は、住宅、社会資本を整備するという大きな社会的使命の担い手である。また、建設業は、他の産業とは異なり、主として現地における一品受注生産、総合組立生産、現地屋外生産等の産業特性があることから、公共工事、民間工事に関わらず、発注者は、施工能力、経営管理能力、社会的信用等から信頼する建設業者を選定して、建設工事を託しているのが実態である。

　そのため、建設業にとって技術力は特に重要であり、建設工事の適正な施工を確保し、生産性を向上させるためには、優秀な技術者がその技術力を施工現場において十分に発揮することが必要不可欠である。

　そこで、建設業法においては、建設工事の適正な施工に必要な知識及びその応用能力を有する技術者を営業所や現場に配置することを規定し、また、施工技術の確保及び向上を図るため、技術検定などの制度を設けている。

　こうした制度は、不良・不適格業者を排除し、建設工事の適正な施工を確保するために、一定の成果をあげてきたものと考えられる。

　一方、建設投資が減少し、建設市場が縮小する中で、企業間の競争が一層激しさを増しており、建設業についてもこれまで以上に生産性の向上が求められており、企業の経営力及び技術力の向上が急務となっている。

　企業の生産性を向上させるためには、経営の合理化及び効率化が必要であり、技術者制度を含めた諸制度の見直しが求められるが、不良施工や一括下請負などが後を断たない状況の下では、民間工事及び公共工事の発注者を保護する等の観点から、不良・不適格業者を排除するための制度についても要請が大きい。

　このため、建設業の置かれている現行の環境の下で、既存制度の効果を再点検しつつ、必要な制度を再構築していくことが求められている。

　建設業を取り巻く厳しい情勢の影響等を受け、企業によるリストラや人材の流動化が進み、優秀な技術者が流出する傾向が指摘され、若手技術者の減少及び技術者の高齢化による技術力の空洞化が懸念されている。

技術者制度については、建設産業全体の技術力の保持という点も期待されており、こうした観点からどのような役割を果たしうるかについても検討が必要である。

建設業にとって技術者の果たすべき役割は大きく、技術者制度の有する役割も極めて大きいが、社会経済情勢が大きく変化する中で、そのあり方についても見直ししていくことが求められている。本研究会は、こうした要請に応えるべく平成14年1月より検討を進めてきたが、ここにその結果をとりまとめ、報告を行うこととしたものである。

2　技術者制度の目的

建設業の社会的責務は、良質な住宅、社会資本等の整備を行うことである。

技術者制度は、この社会的責務を果たす上で、中核的な部分をなすものであり、発注者の保護、技術者の育成の観点からも、果たすべき役割は大きい。

そこで、技術者制度については、企業の組織的技術力に加えて、技術者個人の技術力に着目していくことが重要であることから、その目的を以下の2点に整理する。

① 高度な技術力を有する技術者が、企業の組織的技術力を活用しつつ、その技術力を施工現場において十分に発揮することにより、適正な施工が確保され、かつ、生産性の高い仕事が行われること。

② 適正な施工を確保し、かつ、生産性の高い仕事を行った技術者及び企業がさらなる活躍の場を得られる等、技術力等に優れた技術者及び企業を適切に評価する仕組みを構築することにより、技術者及び企業が持てる技術力を十分に発揮できる環境を整備すること。

この2つの目的にかなう制度の構築こそが制度設計上の目標であり、その実現により不良・不適格業者の排除に貢献するものと考えられる。

3　技術者のあるべき姿と現行制度における課題

技術者制度の検討に当たり、適正な施工が確保され、かつ、生産性の高い仕事を担保するため、発注者が建設工事に携わる技術者及び企業に対し何を求めるかを明確にすることが必要である。

この発注者が求めるものを、(1)技術者に対する関心、(2)企業に対する関心及び(3)技術者と企業の関係に対する関心の3つに分類し、それぞれについてあるべき姿を整理した。

このあるべき姿に照らして現行の技術者制度及び運用の状況を評価し、その課題を抽出すると、以下のように整理される。

なお、今回の検討では、対象とする制度の範囲を、建設業法に基づく技術者制度、公共工事等の入札・契約に係る技術者制度とし、また、対象とする技術者の範囲を、主として元請業者が配置する監理技術者及び主任技術者とした。

(1) 技術者に対する関心
① 現場技術者の職務内容及び職務分担
＜あるべき姿＞

・現場技術者は、それぞれの職務分担に応じ、工程管理、品質管理、安全管理等の施工の技術上の管理を誠実に実施。

・現場技術者を指導監督しつつ、施工の技術上の管理を統括する技術者（以下、「統括技術者」という。）の下、一元化された職務体制により責任をもって施工。

・現場技術者は、発注者等に対し、必要に応じ、施工体制、品質等の説明を実施。

＜現行制度及び運用の状況＞

・現場ごとに、統括技術者として、監理技術者又は主任技術者（以下、「監理技術者等」という。）1名の配置を義務付け。

・監理技術者等の職務として、建設工事の施工計画の作成、工程管理、品質管理その他の技術上の管理及び施工に従事する者の技術上の指導監督を規定。

・現場代理人を請負契約の履行に関し一切の権限を行使する者と規定。現場代理人と監理技術者等との兼務は可能（契約約款）。

・施工体制台帳により、元請業者は、当該工事の施工に当たる全ての建設業者を把握及び指導。また、発注者は、施工体制台帳を通じて施工体制をチェック。

＜課題＞

- 監理技術者等の職務内容が不明確であり、統括技術者であるという位置づけも曖昧。
- 元請業者の監理技術者等と下請業者の主任技術者の職務内容の相違が不明確。
- 現場代理人と監理技術者等の職務内容、責任及び権限の分担等が不明確。

② 統括技術者の職務体制

＜あるべき姿＞

- 統括技術者が工事内容に応じて当該施工現場に常駐し、その職務を専任。
- 統括技術者の途中交代は、技術力が交代前と同等以上確保され、工事の継続性等が担保されると発注者が認めた場合において可能。

＜現行制度及び運用の状況＞

- 適正な施工を確保するため、公共性のある工作物に関する一定規模以上の工事についての監理技術者等の専任を要求。
- 工事準備に未着手である場合、工場製作のみが稼動している場合等においては、必ずしも専任を要さないと運用で規定。
- 工事途中の監理技術者等の変更は、好ましいものではないと運用で規定。

＜課題＞

- 監理技術者等が実際に現場に専任しているか否かの確認が、発注者によっては不十分。
- 契約工期全体に専任を要求、監理技術者等の途中交代を認めない等、専任期間及び途中交代の運用が硬直的。

③ 統括技術者の職務に対する誠実性

＜あるべき姿＞

・技術者にふさわしい倫理観を有し、誠実に職務を遂行。

＜現行制度及び運用の状況＞

・監理技術者等については、職務を誠実に行うよう規定。

＜課題＞

・不誠実な職務執行や不正行為に対する技術者の責任が不明確。

④　必要な技術力の確保
＜あるべき姿＞

・技術者個人として、資質及び能力の維持及び向上に継続的に努力。
・統括技術者は、適切な資格と実務経験等を保有。

＜現行制度及び運用の状況＞

・建設業許可を取得する際には、一定の資格又は実務経験を有する技術者がいることが要件。
・監理技術者等は一定の資格又は実務経験を有する者でなければならないことを規定。また、公共工事の監理技術者に対し、有する資格等を記載した監理技術者資格者証（以下、「資格者証」という。）の所持を義務付け。
・資格者証の交付及び更新時において、監理技術者講習の受講を義務づけ。

＜課題＞

・民間工事における監理技術者等、公共工事における主任技術者については、有する資格や実務経験等が容易に確認できない実態。
・入札参加資格の技術者要件として、監理技術者としての経験を必要以上に厳

しく要求することにより、技術者の固定化を強いることとなり、生産性の向上に支障。
・技術者個人の技術力を評価することが不十分。
・技術者の継続的な学習を評価する仕組みが未整備。

⑤ 営業所の技術者の職務内容及び職務体制

＜あるべき姿＞

・請負契約の適正な締結のため、技術者が工法検討、説明、見積り等を適切に実施。

＜現行制度と運用の状況＞

・営業所（常時請負契約を締結する事務所）ごとに技術者を専任で配置。

＜課題＞

・営業所の技術者の専任に係る運用が硬直的。
・営業所の位置づけ、営業所の技術者の職務内容が不明確。

(2) 企業に対する関心
① 企業の現場技術者に対するバックアップ体制
＜あるべき姿＞

・企業の有する組織的技術力を十分に活用しつつ、本支店、営業所等の技術者が現場技術者を適切にバックアップ。

＜現行制度及び運用の状況＞

・大規模工事の場合は、本支店、営業所等のバックアップのもと、現場代理人、監理技術者及び複数の技術者からなるチームを構成し施工管理を行うのが一

般的。一方、中小規模工事の場合は、1人の監理技術者等が現場代理人を兼務し、全ての職務を行う体制が主体。

＜課題＞

・施工現場をバックアップする体制に対する評価及び確認が不十分。
・企業の技術力に対する評価手法が未整備。

② 優秀な技術者の育成及び確保

＜あるべき姿＞

・技術力の向上及び継承のため、技術者の育成が重要であることを認識。
・様々な機会を通じて積極的に技術者を育成及び確保。

＜現行制度及び運用の状況＞

・技術者の育成については、基本的には企業の責任により実施。技術者は、企業内での評価向上のため、個別に研鑽。
・経営事項審査においては、企業の技術力について技術者の数により評価。

＜課題＞

・厳しい経済状況を反映して、企業における技術者の育成及び確保の優先度が低下。
・技術者の育成に努める企業に対する評価の仕組みが未整備。

(3) 技術者と企業との関係に対する関心

① 統括技術者と企業との信頼関係

＜あるべき姿＞

・統括技術者が企業の有する組織的技術力と自らの技術力を十分に発揮できる

よう、統括技術者と企業との間に十分な信頼関係を維持。

＜現行制度と運用の状況＞

・監理技術者等は建設業者と直接的かつ恒常的な雇用関係にあることが必要と運用で規定。

＜課題＞

・CM等を活用した新たな発注形態の普及に応じ、中長期的には、監理技術者等と企業との間の雇用関係の在り方について検討が必要。

4　技術者制度の見直しの方向

　上記の技術者制度の課題は、(1)技術者及び企業の果たすべき役割、(2)技術者と企業との関係並びに(3)良質な技術者の育成及び確保の3つの点に分類することができる。この3つの点については、
　① それぞれの制度、仕組みが、発注者保護等の施策目的を達成する上で適切か
　② それぞれの制度、仕組みが適切に運用されているか
　③ 本来、発注者、受注者間の関係に委ねられるべき点はないか
　④ 経営環境が変化する中で、制度、仕組みの効率以上に経営にマイナスとなっていないか

等の観点から見直しを行うことが必要である。そのため、運用面を含めた技術者制度の見直しの方向について、以下のように整理する。

　(1) 技術者及び企業の果たすべき役割
　　① 監理技術者等の職務
　　　a) 監理技術者等が行うべき職務内容
　　　　監理技術者等に関する制度は、現場の施工面における技術者制度の中核をなすものであり、的確な運用が求められる。
　　　　こうした観点から、監理技術者等の責任を明確化するため、監理技術者等が行うべき職務の細目を整理、明確化することが必要である。

また、職務の遂行に当たっては、発注者に対し、施工体制、品質等の説明を行うとともに、周辺の住民等に対しても、必要に応じ、適切に説明を行うことが必要である。

　　　元請業者が複数の技術者からなるチームにより施工を行う場合には、監理技術者等は施工現場の技術者集団を指導監督しつつ、施工計画の作成、工程管理、品質管理等の建設業法に規定された監理技術者等の職務を統括することが基本であると整理することが、実態に即していると考えられる。

　b)　元請と下請の技術者の職務内容

　　　元請業者は、技術者を用いて発注者との請負契約に従い建設工事を実施するが、その際、技術者の職務内容について整理する必要がある。

　　　元請業者が複数の技術者からなるチームにより施工を行う場合、チーム内の職務分担は、それぞれの施工現場に委ねられるものであるが、適正な施工を確保するためにも、職務分担を明確にしておくことが必要である。

　　　なお、下請の技術者については、実態を把握しきれていないことから、詳細な調査の上、別途検討が必要である。

　c)　営業所(常時請負契約を締結する事務所)の技術者のあり方

　　　営業所の技術者は、基本的には請負契約の締結に当たり、技術面でのサポートを行うものと位置づけれらるが、専任の技術者を置き、現場での工事従事を禁止していることが、企業経営者に負担であるとの指摘もある。このため、職務に支障がない範囲で、専任を要しない施工現場の技術者になり得る等、弾力的に運用すべきである。

　　　なお、交通手段の発達、情報化の進展等、社会経済情勢が著しく変化し、営業所に専任技術者を置くことの重要性が低下する一方、ペーパーカンパニー等、不良・不適格業者の参入等の問題もあることから、営業所の位置づけ、請負契約の適正な締結のために技術者が行うべき職務、技術者の専任の必要性等について、あるべき姿に立ちかえり、さらに検討を重ねることが必要である。

② 適正及び合理的な施工体制

　a)　工事内容及び建設業者の規模に応じた施工体制

　　　必要な技術者の配置は、工事内容(工種、難易度等)に応じ、法令で一律に定めることは困難である。したがって、技術者の配置に係る法令上の

規制は、これまでどおり、大規模工事と中小規模工事を区別せず、必要最小限のもの（一定の資格等を有する者を監理技術者等として設置）とすべきである。一方、工事内容等に応じ、発注者が技術者の配置に関し必要な条件を付すことは必要であり、請負業者は、その範囲において、工事内容、バックアップ体制、経済性等を勘案し、技術者の配置について自ら決定することとなる。

また、適正な施工を確保するためには、発注者が元請業者における技術者の配置、本支店、営業所のバックアップ体制等の施工体制を確認できることが重要であることから、元請業者が発注者の求めに応じ、元請業者の施工体制に係る情報を提示することを義務付けるべきである。

b) 現場代理人と監理技術者等との関係の整理

監理技術者等が統括技術者として位置づけられるのに対し、現場代理人は、実態上施工現場全体の責任者として位置づけられることが多いが、現行の制度上必ずしも両者の関係は整理されていない。

一元化された責任体制の下、施工の技術上の管理を適正に実施するためにも、監理技術者等が統括技術者であることを十分に認識する必要がある。

なお、現場代理人と監理技術者等にそれぞれ別の者を充てる場合には、発注者に対する責任の所在を明確にするため、現場代理人と監理技術者等の職務内容、権限等を明確化すべきである。

③ 監理技術者等の専任及び途中交代

監理技術者等の専任制は、発注者保護等の観点から設けられているものであるが、例えば長期にわたる工事や工場製作と現場施工が分離される工事等においては、生産性向上の観点から、施工実態に合わせた運用が必要である。

特に、監理技術者等の途中交代等については、一律に規制するのではなく、個別工事の内容に応じて、弾力的に運用すべきである。このため、請負業者が施工体制に係る情報を発注者に提示すること等により、発注者が施工体制等を十分に把握したうえで、発注者と請負業者が協議して決定する環境を整備することが必要である。

a) 専任期間等の明確化

監理技術者等の専任期間については、発注者と請負業者が協議の上、契約書等、書面により確認する等の対応が必要である。

用地買収期間等、実態的に工事が行われていない期間にまで専任を求めることは必ずしも適切ではない。

また、鋼橋、ポンプ、ゲート、下水道施設工事等の工場製作過程を含む工事（以下、「工場製作過程を含む工事」という。）においても、監理技術者等の専任が求められるが、同一工場内で、複数の工事に係る製作を一元的な管理体制のもとで行うことが可能な場合は、一人の監理技術者等がこれらの工事を管理できる等、適正な運用を推進する必要がある。

なお、CORINS（工事実績情報データベース）において、監理技術者の専任を確認することが可能であるが、その登録主体を市町村等にまで拡大することが必要である。

b) 途中交代の弾力的運用

交代前の技術者と同等以上の技術力が担保され、工事の継続性、工期の遵守等に支障がないと認められる場合には、発注者と請負業者の協議により、監理技術者等の途中交代を可能とすることが適当である。例えば、監理技術者等を交代前に一定期間重複配置した場合等で、技術力が交代前の技術者と同等以上確保され、工事の継続性等が担保されると発注者が認めた場合は、途中交代を可能とすることが適当である。

特に、工場製作過程を含む工事で工場製作期間と施工現場の稼動期間が重複しないものにおいては、工場製作を担当する監理技術者等と施工現場を担当する監理技術者等を別の者とし、工場製作期間が終了した段階で途中交代を可能とすることを明確にし、適正に運用していく必要がある。

④ 監理技術者等の資格要件

a) 監理技術者等の資格等の確認方法の充実

監理技術者等は現場の施工において重要な役割を担うものであり、従事する監理技術者等が十分な能力及び実務経験を有するか否かが、発注者にとっては大きな関心事である。このため、監理技術者等が適切な資格、実務経験等を有していることのチェック体制を充実するため、技術者データベースの整備が必要不可欠である。

技術者データベースには、取得資格、工事経歴に加え、継続的学習実績等を記載することが望ましい。また、技術者データベースは、可能な限り既存のシステム及びデータベースを相互連携し、活用することが適当であ

り、その際、登録されるデータの種類、書式等について、各システム間で連携を図ることが求められる。さらに、専任制のチェック体制を充実する観点からは、技術者データベースの内容を現場で確認できるような対応も必要である。

なお、技術者データベースの公表に当たっては、技術者に関するデータの開示に対する社会的要請と技術者個人の事情とのバランスをとることについて配慮が必要である。

このデータベースは、監理技術者等による不正行為の排除にも資するものと考えられる。

　b）入札参加資格に係る監理技術者等の要件の適正化

公共工事の発注に当たっては、工事の重要性に鑑み、従事する技術者に対し条件を付すことが基本であるが、実態的には、必要以上に厳しい条件を付す事例が見られる一方、技術者要件を全く課さない事例も少なくないとされる。

公共工事においては、適正な施工の確保等の観点から、工事内容に即した合理的な技術者要件を課すことが必要であり、非合理的なものについては、その適正化を図ることが必要である。

(2) 技術者と企業との関係

監理技術者等と建設業者との雇用関係のあり方

発注者は、受注者の技術力に信頼を置いて建設工事を発注するものであることから、受注者が優秀な技術者を有していることが当然に求められる。

建設工事の適正な施工を確保するためには、技術者の技術力と企業の組織的技術力を相互に十分発揮することが重要であり、少なくとも監理技術者等と所属企業との間には、直接的かつ恒常的な雇用関係があることが、当面は必要である。

また、企業の組織的技術力の維持及び向上のためにも、技術者等の人材育成は重要であり、企業と技術者が一定の雇用関係にあることが不可欠である。

直接的かつ恒常的な雇用関係は、ペーパーカンパニー等、不良・不適格業者の排除のためにも必要であるが、企業経営の合理化及び効率化を図るためには、技術者をより効率的に活用することが必要であることから、当面、一体的な経営を行っている持株会社グループ及び親子会社グループにおいて、一定の要件

を満たす場合に技術者の流動化を認めることが適当である。

今後は、CM等を活用した新たな発注形態の増加や雇用形態の多様化も想定され、中長期的には、この制度のあり方について検討が必要である。

(3) 良質な技術者の育成及び確保

① 技術者の質の向上

技術者の質の確保は技術者制度の根幹であり、技術者自らが常に業務に関する技術力の維持及び向上に努めることを何らかのかたちで位置付けるべきである。特に、資格者証の交付及び更新の要件としての監理技術者講習に対する推薦が廃止されるが、技術力の維持及び向上を図るため、信頼に足る既存の講習等を活用することにより、技術者が資格取得後も継続的に学習を行う仕組みを整備し、これを誘導的な制度として位置づけることが必要である。

② 良質な技術者の確保

技術力の継承という観点からは、企業の果たすべき役割が極めて重要であることから、教育プログラム等により技術者の人材育成に努めている企業を適正に評価する仕組みについて検討することが必要である。

また、良質な技術者を建設業界として一定量確保するためにも、業界の魅力及び技術者のステータスを向上させることが必要であり、高等学校、高等専門学校、大学教育等まで視野においた産官学での連携が必要不可欠である。

③ 技術者個人の評価とペナルティ制度

現場における適正な施工を確保するためには、技術者個人の資質によるところが大きいこと、また、技術力等に優れた技術者がいきいきと活躍できる環境を整備することが重要であることから、これまでの企業主体の評価のみならず、技術者個人の評価を重視していくことが必要である。

このため、技術者の資質、倫理観等の確立を図るとともに、不正又は不誠実な行為や不良工事に関与した場合の技術者個人に対する対応についても、検討が必要である。特に、資格者証又は技術検定合格証明書の偽造又は行使を行う等、不正行為を行った者に対し、ペナルティを課すことを含めて厳格に対処することを検討する必要がある。

5 おわりに

本研究会においては、業界関係者に対するヒアリングや施工現場の視察を実施し、

技術者制度の実態を把握するとともに、8回にわたる議論を重ね、技術者制度のあるべき姿を明確にした上で、現行の技術者制度及び運用の状況を評価し、改善方策の方向を検討した。

これまで、建設業法における技術者制度は、不良・不適格業者の排除を主要な目的として構築されてきたが、たとえ優良又は適格といわれる業者であっても、一品受注生産等の産業特性から、個々の施工現場においては、不良施工や不良行為を起こし得ることから、本研究会ではさらに踏み込んで、これまで技術力評価の拠り所とされてきた企業の組織的技術力に加えて、現場における技術者個人の技術力に着目していくことが重要であると再認識した。

そのうえで、本研究会では、技術者制度の目的を、①技術者が企業の組織的技術力を活用しつつ、その技術力を施工現場において十分に発揮することにより、適正な施工が確保され、生産性の高い仕事が行われること、②技術力等に優れた技術者及び企業が持てる技術力を十分に発揮できる環境を整備することの2つに整理した。

また、本研究会においては、現場における監理技術者等の技術者を中心に検討を重ねてきたが、本報告の検討内容は、発注者側の技術者にも十分関連することを認識する必要がある。

本研究会は、時間的制約により今回十分な検討が行われなかった以下の検討課題についても、更なる検討が必要であると考えている。

① ＪＶ工事における技術者の配置
② ＡＰＥＣエンジニア等の資格制度と施工管理技士との関係の整理
③ 技術者の質を確保するための実務経験者、技能者等の扱い
④ 継続工事等、密接不可分な工事における監理技術者の兼任の扱い

建設業の技術者を巡る課題は、工事規模の大小、工種、施工現場の状況等の多様な要素を抱えており、また、社会経済情勢によっても変化しうるものである。このため、技術者制度そのものも不断に見直されるべきものであると考えられ、今後も関係者の間で常に議論がなされるべきものと考えられる。

最後に、本研究会の改善方策の検討結果を踏まえ、関係者間で実現に向けた具体的な議論、検討が早急に進展することを期待するものである。

改訂7版　建設業法と技術者制度

1989年3月27日　第1版第1刷発行
2009年3月12日　第7版第1刷発行

編著　建設業技術者制度研究会

発行者　松　林　久　行

発行所　株式会社 大成出版社

東京都世田谷区羽根木1—7—11
〒156-0042　電話(03)3321—4131(代)
http://www.taisei-shuppan.co.jp/

©2009　建設業技術者制度研究会　　　　　印刷　亜細亜印刷
落丁・乱丁はおとりかえいたします。
ISBN978—4—8028—2870—3

大成出版社図書のご案内

36年にわたる実績！
信頼ある建設業法解説書の「定本」

〔改訂11版〕
［逐条解説］建設業法解説
編著／建設業法研究会

建設業者にとって最も重要な「建設業法」を条文ごとにわかりやすく解説！
知りたいことすべてに応える、建設業法の解釈と実務のための必携書!!

Ａ５判・上製函入・908頁・1140ｇ・図書コード2839
定価6,300円（本体6,000円）

元請負人と下請負人との対等な関係の構築、
　公正かつ透明な取引の実現のために

〔改訂版〕　ポイント解説
建設業法令遵守ガイドライン
―元請負人と下請負人の関係に係る留意点―
編著／建設業許可行政研究会

　本書では、ガイドラインの全文を掲載するとともに、内容の理解がより進むよう、イメージ図や参考となる関連情報を追加しています。
　違法行為の防止は、建設業に携わる各人が、守るべきルールを知ることから始まります。本書が有意義に活用され、元請負人と下請負人との対等な関係の構築及び公正かつ透明な取引の実現に少しでも役立つことをねがっています。（はじめにから抜粋）

Ｂ５判・160頁・335ｇ・図書コード2867
定価1,575円（本体1,500円）

大成出版社　TEL.03(3321)4131　http://www.taisei-shuppan.co.jp/